U0352968

国家出版基金项目
NATIONAL PUBLICATION FOUNDATION

"十三五"国家重点出版物出版规划项目

持久性有机污染物
POPs 研究系列专著

持久性有机污染物的地球化学

张 干 李 军 田崇国 等/著

科学出版社

北京

内 容 简 介

持久性有机污染物(POPs)的污染问题是人类社会共同面对的全球性环境问题。POPs 成因多样、来源广泛,可在地表各圈层间分配交换,并通过大气、水流、迁徙生物等移动介质发生长距离迁移,已触及地表系统的每个角落。本书由总论、研究实例两部分组成,尝试以地球化学的视角,观察和分析典型 POPs 的环境地球化学性质、成因来源、赋存机理、时空分布、大气迁移、区域源-汇过程、大气-地表交换及其在河口海岸带的归趋,力图呈现 POPs 在地表各圈层及其间的活跃动态。本书还对人类活动和气候变化情景下 POPs 生物地球化学效应进行分析,简要介绍 POPs 地球化学研究的方法手段。

本书有助于加深读者从区域与全球尺度对 POPs 环境命运的理解,并可供从事 POPs 区域环境过程与污染控制研究的读者参考。

审图号:GS(2019)4066号

图书在版编目(CIP)数据

持久性有机污染物的地球化学/张干等著.—北京:科学出版社,2019.10

(持久性有机污染物(POPs)研究系列专著)

"十三五"国家重点出版物出版规划项目 国家出版基金项目

ISBN 978-7-03-062494-9

Ⅰ.①持… Ⅱ.①张… Ⅲ.①持久性-有机污染物-地球化学-研究 Ⅳ.①X5

中国版本图书馆CIP数据核字(2019)第213799号

责任编辑:朱 丽 杨新改/责任校对:杜子昂
责任印制:吴兆东/封面设计:黄华斌

科学出版社 出版

北京东黄城根北街 16 号
邮政编码:100717
http://www.sciencep.com

北京建宏印刷有限公司 印刷

科学出版社发行 各地新华书店经销

*

2019 年 10 月第 一 版 开本:720×1000 1/16
2022 年 3 月第四次印刷 印张:26
字数:520 000

定价:180.00 元

(如有印装质量问题,我社负责调换)

《持久性有机污染物(POPs)研究系列专著》
丛书编委会

丛 书 序

持久性有机污染物（persistent organic pollutants，POPs）是指在环境中难降解（滞留时间长）、高脂溶性（水溶性很低），可以在食物链中累积放大，能够通过蒸发-冷凝、大气和水等的输送而影响到区域和全球环境的一类半挥发性且毒性极大的污染物。POPs 所引起的污染问题是影响全球与人类健康的重大环境问题，其科学研究的难度与深度，以及污染的严重性、复杂性和长期性远远超过常规污染物。POPs 的分析方法、环境行为、生态风险、毒理与健康效应、控制与削减技术的研究是最近 20 年来环境科学领域持续关注的一个最重要的热点问题。

近代工业污染催生了环境科学的发展。1962 年，*Silent Spring* 的出版，引起学术界对滴滴涕（DDT）等造成的野生生物发育损伤的高度关注，POPs 研究随之成为全球关注的热点领域。1996 年，*Our Stolen Future* 的出版，再次引发国际学术界对 POPs 类环境内分泌干扰物的环境健康影响的关注，开启了环境保护研究的新历程。事实上，国际上环境保护经历了从常规大气污染物（如 SO_2、粉尘等）、水体常规污染物[如化学需氧量（COD）、生化需氧量（BOD）等]治理和重金属污染控制发展到痕量持久性有机污染物削减的循序渐进过程。针对全球范围内 POPs 污染日趋严重的现实，世界许多国家和国际环境保护组织启动了若干重大研究计划，涉及 POPs 的分析方法、生态毒理、健康危害、环境风险理论和先进控制技术。研究重点包括：①POPs 污染源解析、长距离迁移传输机制及模型研究；②POPs 的毒性机制及健康效应评价；③POPs 的迁移、转化机理以及多介质复合污染机制研究；④POPs 的污染削减技术以及高风险区域修复技术；⑤新型污染物的检测方法、环境行为及毒性机制研究。

20 世纪国际上发生过一系列由于 POPs 污染而引发的环境灾难事件（如意大利 Seveso 化学污染事件、美国拉布卡纳尔镇污染事件、日本和中国台湾米糠油事件等），这些事件给我们敲响了 POPs 影响环境安全与健康的警钟。1999 年，比利时鸡饲料二噁英类污染波及全球，造成 14 亿欧元的直接损失，导致该国政局不稳。

国际范围内针对 POPs 的研究，主要包括经典 POPs（如二噁英、多氯联苯、含氯杀虫剂等）的分析方法、环境行为及风险评估等研究。如美国 1991～2001 年的二噁英类化合物风险再评估项目，欧盟、美国环境保护署（EPA）和日本环境厅先后启动了环境内分泌干扰物筛选计划。20 世纪 90 年代提出的蒸馏理论和蚂蚱跳效应较好地解释了工业发达地区 POPs 通过水、土壤和大气之间的界面交换而长距离迁移到南北极等极地地区的现象，而之后提出的山区冷捕集效应则更加系统地解释了高山地区随着海拔的增加其环境介质中 POPs 浓度不断增加的迁移机理，从而为 POPs 的全球传输提供了重要的依据和科学支持。

2001 年 5 月，全球 100 多个国家和地区的政府组织共同签署了《关于持久性有机污染物的斯德哥尔摩公约》（简称《斯德哥尔摩公约》）。目前已有包括我国在内的 179 个国家和地区加入了该公约。从缔约方的数量上不仅能看出公约的国际影响力，也能看出世界各国对 POPs 污染问题的重视程度，同时也标志着在世界范围内对 POPs 污染控制的行动从被动应对到主动防御的转变。

进入 21 世纪之后，随着《斯德哥尔摩公约》进一步致力于关注和讨论其他同样具 POPs 性质和环境生物行为的有机污染物的管理和控制工作，除了经典 POPs，对于一些新型 POPs 的分析方法、环境行为及界面迁移、生物富集及放大，生态风险及环境健康也越来越成为环境科学研究的热点。这些新型 POPs 的共有特点包括：目前为正在大量生产使用的化合物、环境存量较高、生态风险和健康风险的数据积累尚不能满足风险管理等。其中两类典型的化合物是以多溴二苯醚为代表的溴系阻燃剂和以全氟辛基磺酸盐（PFOS）为代表的全氟化合物，对于它们的研究论文在过去 15 年呈现指数增长趋势。如有关 PFOS 的研究在 Web of Science 上搜索结果为从 2000 年的 8 篇增加到 2013 年的 323 篇。随着这些新增 POPs 的生产和使用逐步被禁止或限制使用，其替代品的风险评估、管理和控制也越来越受到环境科学研究的关注。而对于传统的生态风险标准的进一步扩展，使得大量的商业有机化学品的安全评估体系需要重新调整。如传统的以鱼类为生物指示物的研究认为污染物在生物体中的富集能力主要受控于化合物的脂–水分配，而最近的研究证明某些低正辛醇–水分配系数、高正辛醇–空气分配系数的污染物（如 HCHs）在一些食物链特别是在陆生生物链中也表现出很高的生物放大效应，这就向如何修订污染物的生态风险标准提出了新的挑战。

作为一个开放式的公约，任何一个缔约方都可以向公约秘书处提交意在将某一化合物纳入公约受控的草案。相应的是，2013 年 5 月在瑞士日内瓦举行的缔约方大会第六次会议之后，已在原先的包括二噁英等在内的 12 类经典 POPs 基础上，新增 13 种包括多溴二苯醚、全氟辛基磺酸盐等新型 POPs 成为公约受控名单。目前正在进行公约审查的候选物质包括短链氯化石蜡（SCCPs）、多氯萘（PCNs）、六氯丁二烯（HCBD）及五氯苯酚（PCP）等化合物，而这些新型有机污染物在我国均有一定规模的生产和使用。

中国作为经济快速增长的发展中国家，目前正面临比工业发达国家更加复杂的环境问题。在前两类污染物尚未完全得到有效控制的同时，POPs 污染控制已成为我国迫切需要解决的重大环境问题。作为化工产品大国，我国新型 POPs 所引起的环境污染和健康风险问题比其他国家更为严重，也可能存在国外不受关注但在我国环境介质中广泛存在的新型污染物。对于这部分化合物所开展的研究工作不但能够为相应的化学品管理提供科学依据，同时也可为我国履行《斯德哥尔摩公约》提供重要的数据支持。另外，随着经济快速发展所产生的污染所致健康问题在我国的集中显现，新型 POPs 污染的毒性与健康危害机制已成为近年来相关研究的热点问题。

随着 2004 年 5 月《斯德哥尔摩公约》正式生效，我国在国家层面上启动了对 POPs 污染源的研究，加强了 POPs 研究的监测能力建设，建立了几十个高水平专业实验室。科研机构、环境监测部门和卫生部门都先后开展了环境和食品中 POPs 的监测和控制措施研究。特别是最近几年，在新型 POPs 的分析方法学、环境行为、生态毒理与环境风险，以及新污染物发现等方面进行了卓有成效的研究，并获得了显著的研究成果。如在电子垃圾拆解地，积累了大量有关多溴二苯醚（PBDEs）、二噁英、溴代二噁英等 POPs 的环境转化、生物富集/放大、生态风险、人体赋存、母婴传递乃至人体健康影响等重要的数据，为相应的管理部门提供了重要的科学支撑。我国科学家开辟了发现新 POPs 的研究方向，并连续在环境中发现了系列新型有机污染物。这些新 POPs 的发现标志着我国 POPs 研究已由全面跟踪国外提出的目标物，向发现并主动引领新 POPs 研究方向发展。在机理研究方面，率先在珠穆朗玛峰、南极和北极地区"三极"建立了长期采样观测系统，开展了 POPs 长距离迁移机制的深入研究。通过大量实验数据证明了 POPs 的冷捕集效应，在新的源汇关系方面也有所发现，为优化 POPs 远距离迁移模型及认识 POPs 的环境归宿做出了贡献。在污染物控制方面，系统地摸清了二噁英类污染物的排放源，获得了我国二噁英类排放因子，相关成果被联合国环境规划署《全球二噁英类污染源识别与定量技术导则》引用，以六种语言形式全球发布，为全球范围内评估二噁英类污染来源提供了重要技术参数。以上有关 POPs 的相关研究是解决我国国家环境安全问题的重大需求、履行国际公约的重要基础和我国在国际贸易中取得有利地位的重要保证。

我国 POPs 研究凝聚了一代代科学家的努力。1982 年，中国科学院生态环境研究中心发表了我国二噁英研究的第一篇中文论文。1995 年，中国科学院武汉水生生物研究所建成了我国第一个装备高分辨色谱/质谱仪的标准二噁英分析实验室。进入 21 世纪，我国 POPs 研究得到快速发展。在能力建设方面，目前已经建成数十个符合国际标准的高水平二噁英实验室。中国科学院生态环境研究中心的二噁英实验室被联合国环境规划署命名为"Pilot Laboratory"。

2001 年，我国环境内分泌干扰物研究的第一个"863"项目"环境内分泌干扰物的筛选与监控技术"正式立项启动。随后经过 10 年 4 期"863"项目的连续资助，形成了活体与离体筛选技术相结合，体外和体内测试结果相互印证的分析内分泌干扰物研究方法体系，建立了有中国特色的环境内分泌污染物的筛选与研究规范。

2003 年，我国 POPs 领域第一个"973"项目"持久性有机污染物的环境安全、演变趋势与控制原理"启动实施。该项目集中了我国 POPs 领域研究的优势队伍，围绕 POPs 在多介质环境的界面过程动力学、复合生态毒理效应和焚烧等处理过程中 POPs 的形成与削减原理三个关键科学问题，从复杂介质中超痕量 POPs 的检测和表征方法学；我国典型区域 POPs 污染特征、演变历史及趋势；典型 POPs 的排放模式和运移规律；典型 POPs 的界面过程、多介质环境行为；POPs 污染物的复合生态毒理效应；POPs 的削减与控制原理以及 POPs 生态风险评价模式和预警方法体系七个方面开展了富有成效的研究。该项目以我国 POPs 污染的演变趋势为主，基本摸清了我国 POPs 特别是二噁英排放的行业分布与污染现状，为我国履行《斯德哥尔摩公约》做出了突出贡献。2009 年，POPs 项目得到延续资助，研究内容发展到以 POPs 的界面过程和毒性健康效应的微观机理为主要目标。2014 年，项目再次得到延续，研究内容立足前沿，与时俱进，发展到了新型持久性有机污染物。这 3 期"973"项目的立项和圆满完成，大大推动了我国 POPs 研究为国家目标服务的能力，培养了大批优秀人才，提高了学科的凝聚力，扩大了我国 POPs 研究的国际影响力。

2008 年开始的"十一五"国家科技支撑计划重点项目"持久性有机污染物控制与削减的关键技术与对策"，针对我国持久性有机物污染物控制关键技术的科学问题，以识别我国 POPs 环境污染现状的背景水平及制订优先控制 POPs 国家名录，我国人群 POPs 暴露水平及环境与健康效应评价技术，POPs 污染控制新技术与新材料开发，焚烧、冶金、造纸过程二噁英类减排技术，POPs 污染场地修复，废弃 POPs 的无害化处理，适合中国国情的 POPs 控制战略研究为主要内容，在废弃物焚烧和冶金过程烟气减排二噁英类、微生物或植物修复 POPs 污染场地、废弃 POPs 降解的科研与实践方面，立足自主创新和集成创新。项目从整体上提升了我国 POPs 控制的技术水平。

目前我国 POPs 研究在国际 SCI 收录期刊发表论文的数量、质量和引用率均进入国际第一方阵前列，部分工作在开辟新的研究方向、引领国际研究方面发挥了重要作用。2002 年以来，我国 POPs 相关领域的研究多次获得国家自然科学奖励。2013 年，中国科学院生态环境研究中心 POPs 研究团队荣获"中国科学院杰出科技成就奖"。

我国 POPs 研究开展了积极的全方位的国际合作，一批中青年科学家开始在国际学术界崭露头角。2009 年 8 月，第 29 届国际二噁英大会首次在中国举行，来自世界上 44 个国家和地区的近 1100 名代表参加了大会。国际二噁英大会自 1980 年召开以来，至今已连续举办了 38 届，是国际上有关持久性有机污染物（POPs）研究领域影响最大的学术会议，会议所交流的论文反映了当时国际 POPs 相关领域的最新进展，也体现了国际社会在控制 POPs 方面的技术与政策走向。第 29 届国际二噁英大会在我国的成功召开，对提高我国持久性有机污染物研究水平、加速国际化进程、推进国际合作和培养优秀人才等方面起到了积极作用。近年来，我国科学家多次应邀在国际二噁英大会上作大会报告和大会总结报告，一些高水平研究工作产生了重要的学术影响。与此同时，我国科学家自己发起的 POPs 研究的国内外学术会议也产生了重要影响。2004 年开始的"International Symposium on Persistent Toxic Substances"系列国际会议至今已连续举行 14 届，近几届分别在美国、加拿大、中国香港、德国、日本等国家和地区召开，产生了重要学术影响。每年 5 月 17～18 日定期举行的"持久性有机污染物论坛"已经连续 12 届，在促进我国 POPs 领域学术交流、促进官产学研结合方面做出了重要贡献。

本丛书《持久性有机污染物（POPs）研究系列专著》的编撰，集聚了我国 POPs 研究优秀科学家群体的智慧，系统总结了 20 多年来我国 POPs 研究的历史进程，从理论到实践全面记载了我国 POPs 研究的发展足迹。根据研究方向的不同，本丛书将系统地对 POPs 的分析方法、演变趋势、转化规律、生物累积/放大、毒性效应、健康风险、控制技术以及典型区域 POPs 研究等工作加以总结和理论概括，可供广大科技人员、大专院校的研究生和环境管理人员学习参考，也期待它能在 POPs 坏保宣教、科学普及、推动相关学科发展方面发挥积极作用。

我国的 POPs 研究方兴未艾，人才辈出，影响国际，自树其帜。然而，"行百里者半九十"，未来事业任重道远，对于科学问题的认识总是在研究的不断深入和不断学习中提高。学术的发展是永无止境的，人们对 POPs 造成的环境问题科学规律的认识也是不断发展和提高的。受作者学术和认知水平限制，本丛书可能存在不同形式的缺憾、疏漏甚至学术观点的偏颇，敬请读者批评指正。本丛书若能对读者了解并把握 POPs 研究的热点和前沿领域起到抛砖引玉作用，激发广大读者的研究兴趣，或讨论或争论其学术精髓，都是作者深感欣慰和至为期盼之处。

2017 年 1 月于北京

前　　言

　　持久性有机污染物（POPs）污染问题是人类社会面对的长期环境问题，危害生态系统和人体健康。具有 POPs 特性的有机化学物质数量众多，被列入《关于持久性有机污染物的斯德哥尔摩公约》的 POPs 名单的物质在持续增多；非故意生产排放的 POPs 来源复杂，控制难度大、成本高；固体废弃物（如电子垃圾）的粗放式处理可向环境中高强度排放 POPs；POPs 在环境中、生物体内可发生复杂的化学转化和毒性变化，能形成更为复杂的二次污染物；因全球变化、人类活动扰动，环境中的 POPs 可能发生二次排放。POPs 在地表系统各圈层介质中广泛分布，即使在偏远极地、海斗深渊，亦已有 POPs 的存在。POPs 可借食物链发生富集放大，通过多种暴露途径进入生命机体，危害人体健康和自然生态系统。由于 POPs 在环境中难以降解并具生物累积性，其对生命健康的危害，甚至可体现在百年尺度上。

　　POPs 一经排放进入地表环境，即开始其地球化学旅程。典型 POPs 的持久性、挥发性、亲脂性，使其可在地表系统水、土、气、生各圈层间发生分配交换，随大气、水流、迁徙生物等移动介质发生长距离迁移，在森林、极地、湖泊、海洋、河口等生态系统中展现各具特色的生物地球化学过程。见微知著，一些 POPs 甚或可作为大气环流、洋流和人类活动对自然环境影响的示踪剂。

　　本书尝试以地球化学的视角，观察、分析典型 POPs 在地表系统中的环境命运，力图呈现 POPs 在地表各圈层、圈层间以及典型生态系统中的活跃动态，以丰富环境地球化学学科的内容。全书共七章。第 1 章为总论，简述 POPs 的概念、内涵和环境地球化学性质，系统梳理 POPs 的成因和源排放、地表环境介质中的赋存与环境行为、大气-地表交换、全球和区域归趋等的环境地球化学过程，并介绍 POPs 地球化学研究的若干方法和手段。其中，还提出 POPs 的四种成因类型，指出 POPs 的排放源区正从发达国家向低纬度带发展中国家发生转移，提出我国陆表 POPs 的源-汇过程框架，探讨人类活动、气候变化情景下 POPs 的生物地球化学效应。第 2 章是大气 POPs 观测实例，介绍作者在亚洲和我国国家尺度上利用 POPs 大气被动采样技术进行观测的方法和结果。第 3 章是区域 POPs 环境归趋的数值模拟研究实例，介绍运用逸度模型、大气传输模型对我国和亚洲区域尺度下典型 POPs 的源-汇过程及其驱动机制。第 4 章是关于森林生态系统中 POPs 的分布和归趋研究实例，展示我国背景森林土壤中 POPs 的空间分布，以同位素标记多氯联苯（PCBs）结合凋落物分解现场实验探查 PCBs 在海南尖峰岭热带森林生态系统中的环境命运,对比解剖森林过滤作用和冷凝富集作用对贡嘎山山地森林土壤中 POPs 富集的相对贡献,考察海南岛不同年龄典型人工林和天然林对POPs 富集能力的差异及其演化规律。第 5 章是典型 POPs 在热带玛珥湖、我国东部边缘海、赤道印度洋的水-气界面交换和水柱过程研究实例。第 6 章以广东东江流域为例,介绍多氯萘(PCNs)、氯化石蜡(CPs)在大气-土壤界面的交换和沉降机制。第 7 章则以滴滴涕(DDT)、六六六(HCH)为例,研究典型 POPs 在我国长江口和东海海岸带不同环境介质中的分布,及其界面交换通量、沉积埋藏历史与通量等生物地球化学循环。

本书内容是作者团队集体多年研究的成果的总结,并由相关研究人员分工执笔写作。其中,第 1 章由张干、赵时真执笔,第 2 章由李军、李琦路执笔,第 3 章由田崇国、徐玥执笔,第 4 章由郑芊、刘昕执笔,第 5 章由李军、黄玉妹、林田执笔,第 6 章由王琰执笔,第 7 章由林田、赵祯执笔。唐建辉、钟广财、金彪、蒋昊余、王少锐参加了书稿的讨论工作,对本书亦有贡献。衷心感谢北京大学陶澍院士、中国地质大学(武汉)祁士华教授、复旦大学郭志刚教授、中国科学院水利部成都山地灾害与环境研究所吴艳宏研究员和郜海健博士、哈尔滨工业大学李一凡教授、英国兰开斯特(Lancaster)大学 Kevin Jones 教授、英国自然历史博物馆高级科学家 Baruch Spiro 博士、挪威水研究所(NIVA)高级科学家 Luca Nizzetto 博士、香港理工大学李向东教授等参与有关合作研究。

感激江桂斌院士邀请撰写本书。

感谢科学出版社朱丽女士悉心策划《持久性有机污染物(POPs)研究系列专著》丛书。感谢朱丽、杨新改两位女士的耐心修改和精心编辑。书中凡所错漏,但由作者负责。

著 者

2019 年 9 月

目　　录

第 1 章　POPs 的环境地球化学

本章导读

- 简述持久性有机污染物的定义、环境地球化学性质及其产生与排放。
- 以地球化学视角，概述 POPs 在环境介质中的赋存、圈层交换及其全球和区域归趋。
- 简述人类活动、气候变化等胁迫因子引致的 POPs 生物地球化学效应。
- 简介 POPs 的区域暴露和健康风险。
- 介绍 POPs 地球化学研究中常用方法和手段。

1.1　引　　言

持久性有机污染物(persistent organic pollutants, POPs)是 20 世纪 80 年代以来在国际上受到广泛关注的一类环境有机污染物，对生态环境和人体健康具有潜在的危害。2001 年 5 月 17 日，在瑞典首都斯德哥尔摩，包括中国在内的 127 个国家和地区联合签署了旨在减少或消除 POPs 的《关于持久性有机污染物的斯德哥尔摩公约》(简称《斯德哥尔摩公约》，亦称《POPs 公约》)。2004 年 5 月，《POPs 公约》正式生效实施。截至 2006 年 6 月，已有 151 个国家或区域组织签署了该公约，其中 126 个已正式批准。

POPs 具有毒性、难以降解、可产生生物蓄积，往往通过空气、水和迁徙物种作跨越国际边界的迁移，并沉积在远离其排放地点的地区，随后在该地的陆地生态系统和水域生态系统中蓄积(引自《POPs 公约》中文官方文本)。可见，其对人体健康和生态环境的危害，以及长距离迁移和污染全球化属性，是 POPs 之所以成为全球环境问题，需人类社会共同应对的原因所在。

随着 POPs 筛查方法和分析技术的进步，更多的化学物质被确认为具有 POPs 的特性，相应地，亦有更多的化学物质纳入《POPs 公约》名录中。表 1-1 中列出了截至 2017 年 5 月已列入《POPs 公约》的化学物质名录。可见，在首批 12 种 POPs 的基础上，已新增 17 种，总数增加至 29 种/类。目前正接受进一步评估、拟纳入公约的化学物质包括全氟辛基羧酸、三氯杀螨醇等。

表 1-1　已列入《POPs 公约》以及正在审核的化学物质名录

中文名称	英文名称	列入年份	类型	所属附录*
艾氏剂	aldrin	2004	农药	A
滴滴涕	dichlorodiphenyltrichloroethane	2004	农药	B
狄氏剂	dieldrin	2004	农药	A
毒杀芬	toxaphene	2004	农药	A
多氯代二苯并二噁英	polychlorinated dibenzo-*p*-dioxins	2004	副产物	C
多氯代二苯并呋喃	polychlorinated dibenzofurans	2004	副产物	C
多氯联苯	polychlorinated biphenyls	2004	工业品	A、C
六氯苯	hexachlorobenzene	2004	农药/工业品	A、C
氯丹	chlordane	2004	农药	A
灭蚁灵	mirex	2004	农药	A
七氯	heptachlor	2004	农药	A
异狄氏剂	endrin	2004	农药	A
八溴二苯醚	octabromodiphenyl ether (commercial, 6+7-Br)	2009	工业品	A
α-六六六	α-hexachlorocyclohexane	2009	农药/副产物	A
β-六六六	β-hexachlorocyclohexane	2009	农药/副产物	A
林丹	lindane	2009	农药	A
六溴联苯	hexabromobiphenyl	2009	工业品	A
全氟辛基磺酸及其盐	perfluorooctane sulfonates and its salts	2009	工业品	B
全氟辛基磺酰氟	perfluorooctane sulfonyl fluoride	2009	工业品	B
十氯酮	chlordecone	2009	农药	A
五氯苯	pentachlorobenzene	2009	农药/工业品/副产物	A、C
五溴二苯醚	pentabromodiphenyl ether (commercial, 4+5-Br)	2009	工业品	A
硫丹	endosulfan	2011	农药	A
六溴环十二烷	hexabromocyclododecane	2013	工业品	A
多氯萘	polychlorinated naphthalenes	2015	工业品	A、C
五氯苯酚及其钠盐和酯类	pentachlorophenol and its salts and esters	2015	农药	A
六氯丁二烯	hexachlorobutadiene	2015	工业品/副产物	A、C
短链氯化石蜡	short-chain chlorinated paraffins	2017	工业品	A
十溴二苯醚	decabromodiphenyl ether	2017	工业品	A
全氟辛基羧酸及其盐类	perfluorooctanoic acid and its salts	2019	工业品	A
三氯杀螨醇	dicofol	2019	农药	A

*附录 A：必须采取措施消除生产和使用的 POPs；附录 B：必须采取措施限制生产和使用的 POPs；附录 C：必须采取措施减少非故意排放的 POPs。

POPs 主要由人类活动产生，一经释放叠加到地表系统中，将在大气、水、土壤和生物等圈层及其界面，发生分配、迁移、富集和转化，并与地表自然物质发生相互作用，开始其环境地球化学过程。本章将从介绍 POPs 的环境地球化学性质开始，主要围绕 POPs 在地表环境介质中的赋存、分布、交换、迁移和富集等，阐述 POPs 环境地球化学过程。

1.2　POPs 的环境地球化学性质

1.2.1　POPs 的化学组成和结构特点

1) 高卤族元素含量

典型的 POPs 在化学组成上以富含氯、溴、氟等卤族元素为其显著特点。如，多氯联苯(polychlorinated biphenyls，PCBs)的氯原子数可达 10 个，多氯代二苯并二噁英/呋喃(polychlorinated dibenzo-p-dioxins/furans，PCDD/Fs)的氯原子数可达 8 个；多溴二苯醚(polybrominated biphenyl ethers，PBDEs)的溴原子数也可达 10 个。以质量计，PCBs 的常用工业品 Aroclor 1254 中，含有 54%的氯，它由 11%的四氯代、49%的五氯代、34%的六氯代和 6%的七氯代联苯组成；又如，氯化石蜡(polychlorinated paraffins，CPs)是一类较新确定的 POPs，其中，短链氯化石蜡(short-chain chlorinated paraffins，SCCPs)工业产品的氯含量在 49%～69%之间，中链氯化石蜡(medium-chain chlorinated paraffins，MCCPs)工业品的氯含量在 41%～57%之间。

碳原子与卤原子形成的共价键十分牢固，是自然界最强的元素结合形式之一。例如，C—F 键是目前已知最强的共价键，其键能约为 462 kJ/mol，可耐受浓硫酸的沸煮。卤原子的加入，使大多数 POPs 具有较高的挥发性、较强的热稳定性，并难于被微生物降解利用。事实上，PCBs、PBDEs 和 CPs 的主要工业用途，即是高温下的绝缘、润滑和阻燃。因此，对含卤族元素的化学物质进行毒理学和环境行为评价，是发现和筛选新型 POPs 的重要途径。

2) 异构体与系列化合物

POPs 的化学结构较为复杂，许多 POPs 均存在多种异构体。如六六六(hexachlorocyclohexane，HCH)的异构体包括 α-HCH、β-HCH、γ-HCH、δ-HCH 和 ε-HCH 等 5 种，环境中主要存在前 4 种异构体；氯丹包括顺式(cis-)与反式($trans$-)两种异构体；HBCD 具有 16 种可能的立体异构体，其中 α-HBCD、β-HBCD、γ-HBCD 是其工业产品中的主要成分。另一方面，PCBs、多氯代二苯并二噁英/呋喃(PCDD/Fs)等，则因其氯原子取代位置的不同，而分别具有多达 209 种同类物。含卤 POPs，因卤原子取代数目、取代位置和碳链长短的不同，使不同 POPs 异构体在物理化学性质(沸点、溶解度等)、环境行为乃至毒性上,均产生不同程度的差异,呈现出规律性的渐变特征(表1-2),构成了所谓POPs系列化合物(同系物)。在环境地球化学研究中,不同来源和成因的POPs往往具有特征的同系物成分谱,可作为指纹(fingerprint)参数,提供其来源信息;不同同系物在环境中的环境行为差异,可用以示踪POPs的地球化学过程。

表1-2　不同氯原子取代数二噁英同系物的蒸气压、水溶解度与正辛醇-水分配系数

同系物分组	分子质量(g/mol)	蒸气压(10^{-3} Pa)	溶解度(mg/m³)	log K_{OW}
一氯代二苯并二噁英	218.5	73～75	295～417	4.75～5.00
二氯代二苯并二噁英	253.0	2.47～9.24	3.75～16.7	5.60～5.75
三氯代二苯并二噁英	287.5	1.07	8.41	6.35
四氯代二苯并二噁英	322.0	0.00284～0.275	0.0193～0.55	6.60～7.10
五氯代二苯并二噁英	356.4	0.00423	0.118	7.40
六氯代二苯并二噁英	391.0	0.00145	0.00442	7.80
七氯代二苯并二噁英	425.2	0.000177	0.0024	8.00
八氯二苯并二噁英	460.0	0.000953	0.000074	8.20

3)手性异构

由于卤原子(杂原子)的引入,许多含卤POPs均具有手性异构特征。如α-HCH、*o,p'*-DDT,顺式氯丹与反式氯丹、七氯以及一些PCBs(如PCB-95、PCB-132、PCB-149和PCB-174等),均存在手性异构现象。有机化合物的手性异构体具有相同的沸点、蒸气压、溶解度,因此,除工业上的人为手性合成外,溶解、蒸发等非生物作用过程不会导致手性化合物的组成分馏。然而,生物体主要通过具有立体选择性的酶过程合成或者降解手性化合物,因此,生物过程可以造成POPs手性异构体的分馏。在此基础上,POPs的手性组成可用ER值[enantiomeric ratio,对映体比例,即(+)和(−)手性化合物含量的比值]表示。ER值是POPs环境地球化学研究的重要示踪指标。例如,环境中"新的"α-HCH由于所经历的生物作用过程较少或时间较短,其手性化合物分馏不明显,往往具有近于1的ER值,相反,"老的"α-HCH经历了较长时间的复杂生物作用,其ER值将偏离1。由于不同区域在α-HCH使用历史和地表生物作用特点上的差异,其ER值可以在较大的区域尺度上对来自于不同源区的α-HCH及其迁移、混合过程进行示踪(Li et al., 2006)。

1.2.2　POPs的环境持久性

POPs在环境中的持久性可包括两个层面的含义:①POPs在特定环境中的停留时间;②POPs在环境中的降解/转化半衰期。前者与POPs的迁移性状(mobility)有关,由大气迁移、水流迁移、生物迁移、区域地表-大气层圈交换等表生地球化学过程制约，是 POPs 在区域空间上的移除；后者则是化合物在自然环境中的降解与形态转化，主要由非生物(abiotic)降解(光降解、水解、矿物催化降解等)、(微)生物降解等过程制约。需要特别指出，无论是 POPs 的迁移性状，还是其降解性状，都与其在自然环境介质中的形态或赋存状态息息相关。

1.2.3　POPs 的疏水性/亲脂性

POPs 的疏水性/亲脂性是 POPs 对生命机体产生危害的重要原因。POPs 的疏水性/亲脂性是指与水相比，POPs 更倾向于溶解在脂肪或类脂质中。POPs 的疏水性可以正辛醇-水分配系数(K_{OW})来表征。POPs 的高疏水性可使其在生物体内发生富集，即 POPs 的生物浓缩作用(bioconcentration)，可用生物浓缩因子(bioconcentration factor, BCF)表征。POPs 的环境持久性、生物浓缩作用共同作用，使 POPs 可以通过食物链，由低营养级生物向高营养级生物发生转移和累积，从而引致 POPs 在食物链顶端生物(如人、鹰、鲸等)体内的高度富集，此即所谓生物放大作用(biomagnification)。值得指出的是，与"传统"意义上的 POPs 不同，全氟辛基羧酸(perfluorooctanoic acid，PFOA)和全氟辛基磺酸(perfluorooctane sulfonate，PFOS)类化合物兼具亲水、疏水基团。一方面，它们易溶于水，可通过洋流等环境介质发生迁移；另一方面，它们又可在生物体内发生富集。其在鱼体内的 BCF 可达 1000～4000。此外，由于其分子结构上的直链特征，PFOA 和 PFOS 对生物体内的蛋白质具有很强的亲和性，易于产生神经毒性。

1.2.4　POPs 的挥发性

POPs 的挥发性是其以气相形态发生大气迁移和扩散的前提之一。大部分 POPs 属半挥发有机化合物。由于其半挥发性，一方面，POPs 可以挥发进入大气，并随之发生长距离的迁移；另一方面，大气中的 POPs 在温度较低以及适宜的地表介质上又会发生吸附或沉降。如此，在较大的空间乃至全球尺度上，POPs 将倾向于从温度较高的地区挥发进入大气，在温度较低的地区向地表沉降。具有这种环境地球化学行为的 POPs，往往含卤原子，分子量在 200～500 之间，蒸气压低于 1000 Pa。而新近列入 POPs 名录的六氯丁二烯(hexachlorobutadiene，HCBD)，则属于挥发性有机物(volatile organic compound，VOC)范畴。

但是，也有一部分 POPs 挥发性较低的水溶性化合物，如 PFOS、PFOA，它们在环境中更倾向于通过水流、大气颗粒物等发生长距离迁移，从而发生扩散迁移，同样可能造成全球性的污染问题。可见，挥发性虽然是大多数 POPs 的典型化学属性之一，但并不是某种化学物质被归类 POPs 范畴的必要属性，因为 POPs 污染的全球化也可以通过水流、迁徙生物等其他迁移载体而发生。

1.2.5 POPs 的环境地球化学空间

有机污染物的不同环境地球化学参数,如正辛醇-水分配系数(K_{OW})、大气-水分配系数(K_{AW})、长距离迁移潜势(long-range transport potential, LRTP)等,可分别用以指示其在大气-土壤界面、大气-水界面的交换特性和大气长距离迁移属性。这些环境地球化学参数的联合运用,可更直观地标示不同有机污染物在地表系统中的层圈交换和迁移能力,构成所谓环境地球化学空间(chemical space)。典型的如,Wania 等利用 K_{OW} 和 K_{OA} 作为横纵坐标,以直观地呈现有机污染物的环境地球化学行为。如图 1-1 所示,高 K_{AW} 和低 K_{OA} 的化合物,属于即使在低温地区也不冷凝的化合物(A类);高 K_{OA} 的属于直接沉降到地表不再回到大气传输的化合物(C 类);低 K_{AW} 和 K_{OA} 的属于水溶性较强可随洋流传输的化合物(D 类);中间位置的化合物则可以多次发生大气-地表交换随大气迁移(B 类)。由图可见,大部分 POPs 落于图中的 B、C、D 交界区域,具有可多次进行地表-大气交换、发生大气迁移的环境地球化学行为。

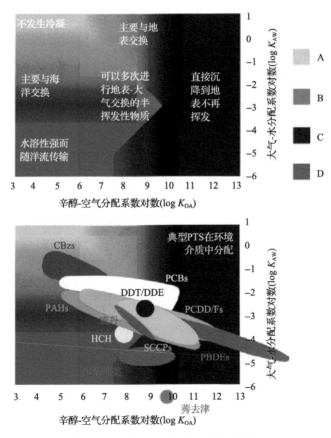

图 1-1 典型 POPs 环境地球化学空间

CBzs 为氯苯类,PAHs 为多环芳烃

1.3　POPs 的产生和排放

1.3.1　POPs 的产生与成因类型

POPs 的成因(origin)与其来源(source)，既有联系，又有区别。作为一大类化学物质(chemical substance)，POPs 的成因即其生成方式，依笔者之见，不外乎以下四类：

(1)化学工业合成成因：顾名思义，这些化合物是人类通过化工合成途径，刻意生产，以满足特定需求。这主要包括农药类 POPs(如有机氯农药)、工业用途的 POPs(如历史上用于变压器绝缘油的 PCBs，用作阻燃剂的 PBDEs，用于防泼水涂层和不粘容器表面处理的 PFOA/S 等)。由于工业产能巨大，此类成因的化合物，是环境中 POPs 的主要来源。

(2)"非故意产生"的 POPs 类化合物(unintentionally-produced POPs，UP-POPs)：指伴随人类生产活动或生活，作为副产物而产生的 POPs 类化合物。例如，钢铁生产、铝合金热加工、垃圾焚烧等过程中，均可生成大量具 POPs 属性的卤代有机化合物，尤其是毒性较大的二噁英类 POPs。近期对我国背景森林土壤中的多氯萘(polychlorinated naphthalenes，PCNs)的调查也表明，作为燃烧副产物的 PCNs 排放，已是我国 PCNs 最主要的来源，其中 CN73 主要来自于炼焦，CN57 则来自于生物质燃烧(Xu et al., 2015)；另据估算，我国过去在 1950~2010 年间，因水泥生产和钢铁冶炼排放的 UP-PCBs 总量，分别达到 132.5 t 和 6.3 t(Cui et al., 2013)。特别地，对于固体垃圾尤其是电子垃圾的粗放式处理(多数涉及简单的燃烧和热处理过程)，不但会释放出固体垃圾中作为工业添加物的 POPs，也会新生成包括二噁英、UP-PCBs 等在内的复杂 POPs 类化合物(Zhao et al., 2017)。因其生成机制的多样性、排放的分散性，UP-POPs 一直是 POPs 控制和削减的难点。随着对相关工业合成 POPs 生产和使用的禁止，可以预期，UP-POPs 将日渐成为 POPs 来源和控制的难点和研究热点。

(3)化学前体物在环境/机体中的二次转化成因：一些化学前体物(precursor)，在环境中可以通过一系列的生物或非生物作用，发生化学转化，形成 POPs 类化合物。例如，日化品中常用的杀生剂三氯生(triclosan)，在水环境中可发生光化学反应，形成 2,8-二氯代二苯并-p-二噁英(2,8-DCDD)和具有 POPs 性状的 2,4-二氯酚(2,4-DCP)(Latch et al., 2005)；又如，调聚反应产生的氟调醇(fluorotelomer alcohols，FTOHs)，具有较强挥发性，在环境中可经生物或非生物转化，生成全氟烷基羧酸(perfluorinated carboxylic acids，PFCAs)类 POPs 化合物，而成为其间接来源(Keranen et al., 2013)。值得指出，类似的由前体物向 POPs 类化合物的二次转化，也可能发生在生命机体中。

(4) 自然成因：一些 POPs 类化合物，其来源也可能与人类活动无关，是自然过程的产物。例如，野火的焚烧，可生成二噁英/呋喃类 POPs 物质(Lammel et al., 2013)；又如，近年发现的海洋环境和海洋生物体内的羟基多溴二苯醚(OH-PBDEs)、甲氧基多溴二苯醚(MeO-PBDEs)等两类多溴二苯醚类化合物，可由海洋生物中有关前体物通过海洋化学机制生成，而非工业合成 PBDEs 的氧化产物(Ueno et al., 2008)，这也已由单体 ^{14}C 测定结果所证实(Teuten et al., 2005)。

在以上四种 POPs 成因类型中，二次转化产物、自然成因的 POPs，有时也会被归入 UP-POPs 范畴。但由于其或缺少较直接的可控性，或控制原理与途径和狭义的 UP-POPs 显著不同，故宜将其单列。

1.3.2 POPs 的排放

1) POPs 的一次排放(primary emission)

如果仅考虑化学工业合成生产的 POPs，则对其向环境中的一次排放的分析，须综合相关产品的用途和全生命周期(life-cycle)进行，一般分为生产、使用、废弃处理等三个主要阶段。农药型 POPs，如有机氯农药，其排放的高值主要出现在使用阶段,以单峰为主;而变压器绝缘用 PCBs，作为阻燃剂的 PBDEs 等工业 POPs，其排放的高值，主要出现在生产和废弃阶段，使用过程中的排放量相对较低。由于在生产、废弃两个主要阶段间存在一定的时间差，其全生命周期的排放会呈现明显的双峰特征。Li 和 Wania(2018)采用简化的物质流模型对 5 种典型 POPs 的全生命周期排放进行了分析，发现 β-HCH 和 PFOA 排放仅集中在其中一个阶段，呈现单峰特征;而 HBCD 等受其中两个阶段共同控制且时间间隔较大，出现双峰特征(Li and Wania, 2018)。而我国东海泥质区 BDE-209 的沉积记录的研究，发现典型的二次叠加的污染特征，也可能正是对应于含 BDE-209 工业产品的生产及其处置环节的排放(Li et al., 2012b)。

2) POPs 的二次排放(secondary emission)

经过上述一次排放，进入到自然环境中的 POPs 化合物，在自然与人类活动胁迫下，又或一次排放源大幅削减的情况下，可能从其土壤、沉积物和冰川等地质储库中再度向大气或水体释放，形成二次排放。一方面,存储在自然环境介质(如土壤、沉积物等)中的 POPs，虽经自然降解和衰减，但其储量占比依然可观。例如，近期对我国 PCB-153 的排放和储存研究表明，在 1952~2005 年间我国共使用 179 t PCB-153,至 2005 年,已有约 56%的 PCB-153 储存在环境土壤中(Xu et al., 2018)，成为潜在的 PCB-153 二次排放源;另一方面，有众多的外在胁迫因素可能引发环境储库中 POPs 的二次排放，典型实例如全球变暖导致的冰雪融化

(Bogdal et al., 2010)，因一次排放源受控和大幅削减而导致的 POPs 在大气-海洋界面的扩散交换方向倒转(Stemmler and Lammel, 2009)等。

1.3.3　POPs 的使用和排放清单

1)基于统计数据和排放因子的"自下而上"的排放清单

POPs 清单是区域和全球 POPs 控制及其环境归宿模拟的基础。按照《POPs 公约》的要求，履约方必须向缔约方递交国家实施计划,其中包括调查和确认 POPs 的使用和排放清单。使用清单需要各国政府在统计调查 POPs 的历史用量、含 POPs 废物、重点行业源和污染场地后建立。而排放清单是基于使用清单，综合社会经济、土地利用等统计数据，以及排放模型而获得的。

农药类 POPs 的大气排放清单中，加拿大环境与气候变化部提出的全球 HCH 排放清单(Li et al., 1996)较为成熟，且应用广泛。他们采用全球排放清单活动(Global Emissions Inventory Activity, IGAC)中 $1° \times 1°$ 网格系统，基于各国 HCH 使用历史，利用农田数据和农作物物候信息进行时空内插，从而获得各单体的排放清单。近年来，我国学者也陆续建立了一系列典型有机氯农药的高质量区域排放清单，如工业 HCH、林丹、滴滴涕(dichlorodiphenyltrichloroethane，DDT)、氯丹和硫丹等(Jia et al., 2009)，为区域环境过程模拟提供了数据基础。

工业用途 POPs(如 PCBs 和 PBDEs)的排放清单，则尚处在摸索阶段。目前广泛使用的 PCBs 排放清单主要是依据历史使用清单和排放模型，利用 $1° \times 1°$ 全球人口空间分布数据内插而获得(Breivik et al., 2002a, 2002b; Breivik et al., 2007)。然而由于工业使用的 POPs 用途多样，排放途径差异大，并受到环境因素的影响，导致准确估算其排放清单难度较大，在实际模拟方面的应用也相对有限。

UP-POPs 排放清单的编制仍处于起步阶段，主要是因为 UP-POPs 的研究开始得较晚，目前仅有我国的 PCDD/Fs(Huang et al., 2015)和 PCBs(Cui et al., 2015)研究。其排放量是由各类污染源活动强度和相应的排放因子相乘获得。然而目前缺乏准确的源活动和排放因子数据，特别是大量的分散燃烧源及其排放因子，影响了 UP-POPs 排放清单的准确性(Breivik et al., 2004)。

2)基于环境观测和数值模拟的"自上而下"的排放清单

除有机氯农药外，现有的工业类 POPs 和 UP-POPs 受制于来源广泛、源活动和排放因子数据的不确定性，限制了清单的准确性以及后续的模型研究，传统"自下而上"的清单编制方法已无法满足高时空分辨率模拟的要求。在此背景下，一些研究者提出"自上而下"的基于观测的 POPs 排放量估算模型方法(Hung et al., 2013)，并付诸实践。例如，近期来自苏黎世大学的一个研究组，先后采用主动采样和被动采样获得苏黎世城市大气中 PCBs 含量，替代多介质模型中排放拟合的

POPs 浓度，从而反演出 PCBs 的排放通量和区域大气浓度的时空变化趋势。他们估算出，瑞士苏黎世城市 6 种指示性 PCBs 的人均排放量为每人每天 86 μg，类二噁英 PCBs 年排放量为 94 g WHO-TEQ[①](Bogdal et al., 2014; Diefenbacher et al., 2015)。该清单与传统自下而上的清单以及观测结果对比结果较好，在城市等复杂环境中有广泛的应用前景。

1.3.4 POPs 全球排放源区的转移

由于发展中国家长期以来经济技术水平的相对薄弱，在很长的一段时期里，作为工业品的 POPs 主要在发达国家和地区生产和广泛使用，因此，在全球尺度上，主要处于北半球较高纬度的发达国家和地区就成为工业 POPs 的主要排放源区。以 PCBs 为例，其历史生产高度集中于北美、欧洲，历史排放量也以这些地区最高。但是，自 21 世纪初以来，尤其是《POPs 公约》签署和生效后，POPs 的全球排放源区正向处于低纬度带的发展中国家发生转移，这至少体现在以下四个方面。

(1) POPs 产能转移。发达国家将与 POPs 相关的化学工业产能，转移到低纬度带发展中国家。以 PFOS 和 PFOA 为例，在 2002 年前，全球主要生产者为美国 3M 公司。在科学界证实 PFOS/A 的环境污染和潜在健康危害后，相关产能很快转移至我国，事实上，自 2004 年后，我国一直是该类化合物的全球最大生产、排放国。

(2) 电子垃圾及相关固体废弃物转移。长期以来，亚洲、非洲发展中国家和地区一直是发达国家包括电子垃圾、塑料在内的固体废弃物的转移目的地(Wong et al., 2007)。粗放式的固体废弃物回收，可产生和向环境中排放大量的 POPs，处于低纬度带发展中国家较高的环境温度，也提升了 POPs 的挥发和排放能力(Breivik et al., 2014; Breivik et al., 2016)。

(3) 使用豁免。在东南亚、非洲的一些国家和地区，用于卫生防疫的有机氯农药类 POPs 禁用时间普遍晚于发达国家。如在部分地区 DDT 仍然得到豁免，用于痢疾防控。

(4) 发展中国家环境管理能力的相对欠缺。此不赘述。

1.4 POPs 在地表环境介质中的赋存和界面行为

1.4.1 地质吸附剂与 POPs 的吸附-解吸

POPs 进入地表系统中之后，将不可避免地与环境物质发生相互作用。在微观层次上，土壤、沉积物等环境介质在物质组成与结构上存在着高度的不均一性，

---

① WHO-TEQ 为世界卫生组织(WHO)修订毒性当量(TEQ)。

集中表现在地质有机质组成、结构与含量上的差异(Hatzinger and Alexander, 1997; Piatt and Brusseau, 1998)，无机矿物类型、孔隙大小与结构的差异(Nam and Alexander, 1998)，以及微生物改造作用的差异等诸方面。POPs 与土壤和沉积物的相互作用可导致其赋存状态的变化。大量的研究表明，随着 POPs 与土壤或沉积物接触时间的延长，其与土壤或沉积物质的结合也愈趋紧密，同时导致其迁移性状(mobility)和生物有效性的降低，这一过程又称为"老化"作用(Gevao et al., 2001; Hatzinger and Alexander, 1997; Piatt and Brusseau, 1998; Reid et al., 2000; White et al., 1997)。POPs 的吸附/解吸，是控制其"老化"的重要过程。除此以外，微孔隙(Steinberg et al., 1987)以及聚合有机质对 POPs 的捕获(Xing and Pignatello, 1997)也是一种重要机制。自然环境介质中不同组成与结构的有机和无机物质，也因此被称为"地质吸附剂"(geosorbent)。

Luthy 等(1997)提出了土壤中地质吸附剂主要类别(domain)的概念模型。其中把包括 POPs 在内的疏水性有机污染物的吸附分为五类情形，分别是①在无定形有机质或软有机质和非水相流体(non-aqueou sphase fluid，NAPL)上的吸附；②在致密的或硬的有机聚合物和燃烧残余物(如炭黑)上的吸附；③在经水润湿的有机物表面上的吸附(如炭黑)；④在经水润湿的矿物(如石英)表面上的吸附；⑤水饱和下在微孔或在含微孔矿物(如沸石)上的吸附等。

在包括 POPs 在内的疏水性有机污染物的吸附/解吸模型方面，Chiou 和 Karickhoff 等(Chiou et al., 1979; Karickhoff et al., 1979)认为非极性有机化合物从水体向土壤的运移过程，实际上是该化合物在水和土壤有机质间的分配过程，可以通过一个线性分配模型来定量描述。在这种模型里，吸附过程是疏水有机物从溶液相到相对均质、类似胶质的土壤有机物相的一种分配过程，其中分配系数是由疏水有机物的溶解度和土壤中有机物的含量决定，同时吸附过程具有可逆性。然而，Weber 等(1983)在研究了不同粒径沉积物的吸附行为后，指出沉积物的吸附能力还可能与沉积物的非均匀的物理化学性质有关。Garbarini 和 Lion(1986)也发现除了土壤/沉积物中有机碳的含量以外，土壤有机质的组成对有机化合物的吸附影响也很大，其中土壤/沉积物的 C/O 比值与分配系数之间具有一定的相关性。随后，不断有研究(Accardi-Dey and Gschwend, 2002; Song et al., 2002; Weber et al., 1992)发现土壤/沉积物中不仅含有类似于胶质的腐殖物质，还含有地质上更加成熟的干酪根和源于不完全燃烧的炭黑或焦炭类物质。Accardi-Dey 和 Huang 等(Accardi-Dey and Gschwend, 2002; Huang and Weber, 1997)在炭黑和干酪根对疏水有机物的吸附实验中发现吸附等温线呈现出明显的非线性并且存在解吸滞后现象。另外，LeBoeuf 和 Weber(1997)通过对差热扫描分析发现，腐殖酸存在玻璃转变温度，受热后可以从玻璃态转变成为橡胶态，这就意味着腐殖酸对疏水有机物的吸附除了线性分配过程外，还可呈现出非线性的吸附过程。Xing(2001)曾观察到不同深度的土壤中提取出的腐殖酸对菲和萘均表现出非线性的吸附行为。线性分配模型不能解释这些非线性的吸附行为。

Weber 等(1992)基于土壤/沉积物有机物的非均质性提出分配反应模型的概念：土壤/沉积物中的有机物由"软碳"(或是无定形的有机物如腐殖物质)和"硬碳"(或是相对致密的有机物如干酪根)组成。疏水性有机物在"软碳"上的吸附遵循的是类似线性分配的过程，而在"硬碳"上的吸附则表现为既有表面吸附又有分配作用。土壤/沉积物对疏水性有机物的吸附过程是在这两类有机物上发生的吸附过程共同作用的结果。这两类有机物在土壤/沉积物中相对含量的多少，决定了土壤/沉积物对疏水性有机物的宏观吸附行为(Huang and Weber, 1997)。Xing 和 Pignatello(1997)也提出一个双元模式模型：土壤有机质含有两种状态区域，即玻璃态区域和橡胶态区域，这种双模式的吸附剂以两种不同的机理来吸附有机物：玻璃态区域为分配过程，而橡胶态区域则以空隙填充方式进行，属表面吸附过程。Huang 等(2003)发现这些模型可以较好地拟合所得到的吸附数据。以上表明，由于土壤/沉积物有机质组成具有高度的非均质性，人们对其吸附机理的认识仍不够透彻，因此对土壤/沉积物有机质结构组成进行更深入细致的研究有助于认清吸附的本质，从而为环境污染的修复工作提供更多的理论依据。

1.4.2 土壤中 POPs 的植物吸收

土壤-植物界面是生物与非生物质量转移界面，亦是土壤污染物进入食物链的主要通道。传统理论认为，土壤中 POPs 的植物吸收和转运能力主要取决于 POPs 的正辛醇-水分配系数($\log K_{OW}$)和植物的蒸腾流系数(TSCF)。只有适度疏水性物质($0.5 < \log K_{OW} < 3$)才能够被植物根系吸收并向地上部转移，而高度疏水性物质($\log K_{OW} > 5.0$)则主要富集在植物根系表面，难以进入根系细胞。诸如多溴二苯醚(PBDEs)和多氯联苯(PCBs)等，因其物化性质造成其植物吸收及转运过程无法经由胞间连丝从一个细胞的细胞质转移到另一细胞的细胞质中，而主要经由胞间空隙或者细胞壁传递至植物木质部，并往地上部转运。植物根系磷脂含量决定着疏水性 POPs 在植物中的积累能力，研究发现，疏水性 POPs 的根系富集系数与植物根系磷脂含量成正相关，转移系数则与其成负相关(Li et al., 2010a)。全/多氟烷基化合物如全氟辛基羧酸(PFOA)和全氟辛基磺酸(PFOS)等离子型 POPs 在植物体中的积累则与植物蛋白含量关系密切，通常蛋白含量丰富的组织中积累较多(Wen et al., 2016)。

然而，在重金属-有机物复合污染下，植物对土壤有机污染物的吸收转运机制有别于单一有机污染。重金属-有机污染物的交互作用，一方面改变了污染物在环境中的存在状态；另一方面，重金属对植物的毒害作用亦可能改变植物对有机物的吸收及转运机制。例如，在重金属(如 Cu)胁迫下，植物根系受损导致根系细胞电解质渗漏率增加，BDE-209（$8.18 < \log K_{OW} < 8.27$）和 BDE-47（$5.87 < \log K_{OW} < 6.16$）等高疏水性物质可进入植物根系细胞，借助蒸腾作用，往地上部迁移（Wang et al., 2016a）。进一步利用手性 PCBs 对映体比值变化追踪污染物在土壤-植物体系中的迁移转化，发现经由重金属（Cu）破坏的植物根系，虽然对 PCBs 的吸收及转运程度增加，但 PCBs 在植物体内的生物转化过程被削弱，转而以被动吸收为主（Wang et al., 2017a）。由此说明，一旦植物根系离子通道被打开，诸如 PBDEs 和 PCBs 等 POPs 的植物吸收及转运程度将显著增加。综上，复合污染下，植物根系生理状态改变，可能打破 PBDEs 等强疏水性物质在植物根-土壤界面的分配平衡，表明在复合污染下，不宜简单采用单一化合物理化参数（如 $\log K_{OW}$）预测化合物在土壤-植物系统中归趋。

1.4.3　大气中 POPs 的气-粒分配

POPs 环境地球化学循环过程中，气态和颗粒态组分在干湿沉降、大气化学反应，以及进入人体的途径等方面均呈现显著差异，这就意味着气-粒分配将显著影响 POPs 的大气环境过程。传统基于热力学平衡（thermodynamic equilibrium）理论认为，POPs 在气相和颗粒相间发生热平衡配分，分配系数与正辛醇-空气分配系数（$\log K_{OA}$）或者饱和蒸气压（P_L）线性相关，依此，挥发性较差的 POPs，如十溴二苯醚（BDE-209）将主要赋存在颗粒物上，并随颗粒物发生长距离大气迁移。

但是，李一凡等通过对我国及全球大量观测数据的分析发现，POPs 的热平衡气-粒配分只是真实环境中的特例，并提出以增加了干湿沉降过程的稳态方程（steady-state equation）来描述大气中 POPs 的气-粒分配行为（Li et al., 2015）。在该模型中，POPs 的气-粒分配系数不仅与 K_{OA} 有关，还是环境温度的函数。依该模型，对 $\log K_{OA} > 12.5$ 的化合物，其气-粒配分熵的对数值将恒定在 -1.53，意味着即使是极低挥发性的 POPs，如 BDE-209，也能以一定比例赋存于气相中，呈气态发生长距离大气迁移。由此他们认为，在偏远、低温的北极环境中观察到的 BDE-209 等极低挥发性 POPs，依然更多地来自气态迁移，而不仅仅是通常认为的借大气颗粒物迁移（Li et al., 2017）到达北极。

1.4.4　水体中 POPs 的赋存与界面交换

在水体中，非离子型的 POPs（多数 POPs 种类）将在悬浮（颗粒）物、沉积物和水相中发生平衡分配，主导因素是化合物的亲脂性（$\log K_{OW}$）、悬浮（颗粒）物/沉积物中的有机碳[如总有机碳（total organic carbon，TOC）]，并受温度影响。作为多介质配分的结果，非离子型 POPs 化合物具较强亲脂性，在水体中将主要赋存于悬浮（颗粒）物、沉积物中，而较少呈溶解态。其中，悬浮（颗粒）物是其在水体中的主要移动载体。除泥沙矿物质外，水体悬浮（颗粒）物还包括高有机质含量的小型藻类、小型浮游动物的活体及残体(Zhang et al., 2013a)；沉积物是天然水体中POPs的储存库或汇(sink)。在水动力作用较强的水体，沉积物可发生再悬浮作用，而成为悬浮(颗粒)物，这将使水柱中 POPs 浓度显著上升(Zeng and Venkatesan, 1999; Zeng et al., 1999)。

以 PFOS、PFOA 为代表的全/多氟化合物(per- and poly-fluoroalkyl chemicals，PFCs)兼具亲水基团和疏水结构，在水-沉积物界面的吸附-解吸受 pH、离子强度，乃至氧化还原状况的影响(Ololade et al., 2016)。相比于非离子型 POPs(如 PCBs)，PFCs 在水相中具有较高的相对含量、极高的移动性，因而也是一类典型的持久性、高移动性有机化合物(persistent mobile organic compounds，PMOCs)(Reemtsma et al., 2016)，如在我国天津海河水体中，水相中的 9 种 PFCs 浓度为 12~74 ng/L(沉积物中为 7.1~16 ng/g)(Li et al., 2011)。由于其具有 PMOCs 属性，许多 PFCs 可进入地下水，在地下含水层中发生累积、成汇，亦较易于"穿透"常规水处理工艺环节，而进入饮用水中，对人体健康造成潜在危害(Schulze et al., 2019)。

沉积物-水界面是水环境中水相和沉积物相之间的转换区，对水环境中物质的循环、转移、储存有重要的作用。在水体污染的外源逐步得到控制后，受污染底泥逐渐成为水体不可忽视的重要污染内源，蓄积在沉积物中的污染物可通过微粒再悬浮、生物扰动等作用被释放出来，进入到上覆水体中，使得上覆水体污染物浓度显著增加，甚至可能导致水体"二次污染"。

水-沉积物界面通量的测量的技术难度较大，但在过去几年来已取得了一定的进展，目前主要有以下几种研究手段。一是通过同步采样，利用沉积物表层水与空隙水之间污染物的浓度差来估算水-沉积物界面交换通量，该方法的缺陷是单个样品具有很强的偶然性，可能无法反映真实的浓度情况。二是利用被动采样装置，以一定的分辨率(如 1~2 cm)采集一系列连续的水-沉积物剖面样品，进而直接估算测定交换通量(Liu et al., 2013b)。最近，有研究者成功尝试了以同位素标记方法研究沉积物中疏水性有机污染物的生物有效性，为水-沉积物界面交换的评估提供了一条新路径(Jia et al., 2014)。

1.4.5　海洋环境中的 POPs

在全球尺度上，海洋是 POPs 的生物地球化学循环的终极"汇区"(ultimate sink)。地表径流尤其是泥沙的输送、水面大气沉降是 POPs 进入海洋水体的主要途径。在海洋水柱上，一方面，以浮游生物及其残体介导的海洋生物地球化学泵(Dachs et al., 2002)，驱动 POPs 由低层大气向海洋沉积物的持续输送，并与碳循环发生耦合/解耦；另一方面，当大气 POPs 逸度因 POPs 生产/使用管控而显著下降后，POPs 的海-气交换方向可能发生倒转，形成从海表水体向大气的 POPs 二次排放(Stemmler and Lammel, 2013)。

海洋沉积物是除土壤外全球 POPs 的最大储库/汇。对主要作为陆源物质的 POPs 而言，90%以上的沉积埋藏发生在海岸带/大陆架上。有研究显示(Jonsson et al., 2003)，大陆架沉积物中埋藏的低氯、高氯 PCBs，分别约占其全球排放量的 10%、80%，占全球生产量的 1%～6%。例如，PCB-153 在大陆架沉积物中的埋藏量约为 1200 t(720～2100 t)，其中近半埋藏于北大西洋大陆架。估算的 PCBs 在全球大陆架的埋藏速率约为 8～24 t/a，PCB-153、PCB-180 的全球环境平均停留时间分别为 110 a 和 70 a，可见即使全球 PCBs 生产和直接(一次)排放停止，其对生态环境和人体健康的影响仍将持续很长时间。

海斗深渊(hadal zone，>6000 m 的极深海)可能成为海洋 POPs 高污染区。海斗深渊通常被认为是遥远而原始的净土，然而，近期中国科学院有关研究发现，马里亚纳(Mariana)海沟 7000～11000 m 沉积物中 PCBs 的浓度高达 931～4195 pg/g (Dasgupta et al., 2018)，远高于已报道的海洋表层沉积物中 PCBs 的浓度，在西北太平洋地区，与马里亚纳海沟 PCBs 浓度相当的，只有日本受人类活动强烈影响的骏河(Suruga)湾。与此同时，在马里亚纳海沟与克马德克(Kermadec)海沟水深 7000～10000 m 处采集的端足目动物钩虾(*Hirondellea gigas* 等)体内，亦检出高浓度的 PCDs 和 PBDEs，其含量水平甚至高于我国污染最严重的辽河水灌溉的稻田螃蟹中的浓度。该区海斗深渊中发现的高 POPs 含量，可能与邻近西北太平洋和北太平洋赤道区的大太平洋垃圾带(Great Pacific Garbage Patch)有关(Jamieson et al., 2017)，但还需研究证实。

海洋环境中的 POPs 主要通过生物富集和生物放大作用对海洋生物形成危害。虽然由于海洋容量巨大，海洋中 POPs 的浓度在不断地扩散、稀释和降解过程中得到显著衰减，但另一方面，依托海洋生态系统中复杂的食物网结构，POPs 又可通过生物富集和放大作用，而在较高营养级(如鲸豚类)或高生物富集能力(如双壳类)的海洋生物体内"逆势"累积，危害野生生物，并可通过海产品食用而危害人体健康。例如，海洋虎鲸(Killer whales)是地球上受 PCBs 污染最严重的物种，有研究发现 PCBs 引致的生殖和免疫功能损害将威胁虎鲸的种群，并预测如果环境中 PCBs 的浓度无显著下降，在未来 100 年中，虎鲸的种群将因为 PCBs 的长期暴露而发生崩塌(Desforges et al., 2018)。

海洋微塑料(microplastics, MPs)是 POPs 的重要载体。MPs 通常指粒径<5 mm 的塑料碎片，化学性质稳定，可在环境中长期存在(Cozar et al., 2014)。全球塑料产量巨大，2013 年已经接近 3 亿 t(刘强等，2017)，其中约有 10%的会进入海洋(孙承君等，2016)，导致全球 MPs 污染问题(Law et al., 2010; Law et al., 2014)。事实上，塑料已是海洋垃圾的主要组成部分，约占海洋垃圾的 60%～80%，在某些地区甚至达到 90%～95%(Moore, 2008)，且每年递增。MPs 在作为物理污染物的同时，还带来 POPs 污染。一方面，MPs 中作为阻燃剂等添加的 POPs 也会随 MPs

进入海洋环境(Law and Thompson, 2014),并可能通过分解、解吸释放进入水体;另一方面,MPs比表面积大、具疏水性,易从水体中富集、持留POPs(Rochman et al., 2013)。因此,MPs是POPs在海洋环境中的重要载体(Mato et al., 2001),可通过洋流作用引发POPs等污染物的长距离迁移扩散(Engler, 2012; Rios et al., 2007; Zarfl and Matthies, 2010),影响污染物的全球分布(Holmes et al., 2012; Mendoza and Jones, 2015)。另一方面,MPs又可介导POPs对海洋生物的毒害作用。如,有研究表明,日本青鳉鱼摄食吸附多环芳烃、多氯联苯和多溴二苯醚的聚乙烯微颗粒后,产生肝脏毒性和异常(Rochman et al., 2014);吸附了芘的聚乙烯、聚苯乙烯微塑料对贻贝暴露实验表明,在贻贝血淋巴、鳃组织中发现微塑料颗粒,并检测出显著的芘浓度(Avio et al., 2015)。

1.4.6 冰冻圈环境中的POPs

冰冻圈(cryosphere)是地球表面被冰雪覆盖的区域,尤以北极、南极、青藏高原等"三极"为典型,具有气温低、太阳辐射强、冰雪堆积与融化的季节变化大、对全球气候变化的响应灵敏且直接等环境特点。虽然远离人类活动,但由于其极寒特点,冰冻圈成为大气POPs冷凝沉降的有利环境,是全球尺度下POPs的重要汇区;在全球变暖的背景下,雪冰融化可能向大气和海水中二次排放POPs。鉴于此,全球"北极观测与评估计划"(AMAP)和我国主导开展的"第三极研究计划"等冰冻圈环境研究计划,均将POPs列为其重要研究内容之一(Grannas et al., 2013; Muir and de Wit, 2010; Wang et al., 2014b)。其中,我国青藏高原POPs的观测与模拟研究,为理解POPs在冰冻圈环境中的命运提供了丰富线索(Cheng et al., 2014; Ren et al., 2019; Wang et al., 2009; Wang et al., 2014b)。

POPs在冰冻圈环境中的地球化学作用机制多样、复杂且特殊。降雪对大气POPs具有很强的沉降清除能力:一方面,低温、高比表面积的雪花可高效冷凝、吸附大气中的POPs;另一方面,降雪也可携除大气颗粒物中的POPs,如有研究表明,瑞典北部水域环境中近三分之二的PCDD/Fs来自降雪输入(Bergknut et al., 2011),而加拿大西部山地随海拔高度的上升DDT和HCH沉降量的增大,则是冷凝富集加强和降雪量增大共同作用的结果(Blais et al., 1998)。在地表,积雪因其高比表面积和低温,可吸附大气POPs(Wang et al., 2014b),而雪表的大气光化学反应则可使POPs发生降解。在地表和海表,成冰/融化作用可从大气、雪水或海水中包裹/释放POPs(Grannas et al., 2013; McNeill et al., 2012)。无论是季节性的,还是全球变暖背景下的雪冰融化作用,均可导致POPs向大气或水体的二次释放(Bogdal et al., 2010; Cheng et al., 2014; Grannas et al., 2013; Woehrnschimmel et al., 2013)。

值得指出,由于POPs的持久性特点,其在长距离传输过程中保留的来源信息,也可能用于示踪大气环流过程。例如,我国学者(Wang et al., 2019)基于连续

3 年高原雪冰全氟烷基酸(perfluoroalkyl acids，PFAAs)观测，获得了雪冰全氟烷基酸在高原内部的空间分布特征和分子指纹谱。基于 PFAAs 特征分子指纹发现，高原可清晰地被分为季风区(短链 PFAAs 为特征污染物)、过渡区(污染特征较复杂)和西风区(长链 PFAAs 为特征污染物)三种特征，这与印度季风-西风相互作用的三种气候模态(季风模态、过渡模态及西风模态)吻合。该研究证实 POPs 本身可作为示踪剂，用于地表过程的研究中。

1.5　POPs 的局地扩散和长距离迁移

1.5.1　POPs 的强源排放对局地环境的影响范围与卤效应

一些 POPs 的强排放源，如历史或现在 POPs 生产厂家、电子垃圾拆解区、危险废物填埋场，以及工业污染场地，可通过多种环境介质向周边发生污染扩散。由于绝大多数 POPs 都含有卤族元素，Pier 等(2003)用"卤效应"(halo effect)来描述强排放源对局地环境的影响范围，其实质为 POPs 的短距离扩散传输。对于卤效应范围的认知，可为 POPs 重要风险源环境风险的防控提供重要参考依据。在已有的一些研究报道中，Bright 等利用土壤中 PCBs 的同系物指纹，确认加拿大北极地区一处 PCBs 排放源的卤效应范围为 10 km(Bright et al.，1995)；Pier 等通过多介质采样所圈定的 PCBs 工业点源的卤效应范围为 27 km(Pier et al.，2003)；在我国，通过分析贵屿电子垃圾粗放式处理集中区周边土壤中 HBCD 的分子指纹变化，确认该强污染源的"卤效应"范围为 10~15 km(Gao et al.，2011a; Gao et al.，2011b)。卤效应范围经过长期的历史演变，可能会进一步缓慢扩大。在环阿尔卑斯山区，Naffrechoux 等通过对 3 个湖泊 PCBs 污染的沉积记录反演，指出该区一个于 1979 年关闭的 PCBs 化工厂的最终卤效应范围约为 40 km。总结以上案例，可见卤效应的一般范围大致在 10~30 km(Naffrechoux et al.，2015)。

1.5.2　POPs 的长距离迁移

环境中的 POPs 可随各种流动介质发生长距离的迁移。除《斯德哥尔摩公约》外，1989 年的《控制危险废物越境转移及其处置巴塞尔公约》，1998 年的《关于长距离越境空气污染物的公约》中都强调控制 POPs 大气跨境迁移的重要性，希望通过控制危险废物跨境迁移防止对环境和人体健康造成危害。通常情况下，大气传输和沉降是 POPs 迁移的重要途径(Buehler and Hites，2002)，其次为水流或洋流。迁移循环过程中的环境行为特征与 POPs 的理化性质有关。早期在南北极背景点监测的 POPs，主要污染仍然来自大气迁移(Halsall et al.，1998)。而一些新型POPs 如 PFOS，由于极性较强，更依赖于水流和洋流迁移。

1) 随大气的长距离迁移

大气作为 POPs 扩散和迁移最活跃的介质，也是 POPs 发生迁移的主要载体。POPs 随大气迁移的方式可分为气态迁移和悬浮颗粒态迁移，以前者迁移能力更强。此外，在迁移过程中，也伴随着污染物的不断沉降和再次挥发迁移，这种现象也被称为"蚂蚱跳效应"，就全球尺度而言，温度和全球大气环流是 POPs 发生转移的主要动力。POPs 的大气长距离迁移能力同它们的物理化学性质密切相关。对 POPs 大气迁移的研究，主要通过综合对源区物质成分及其示踪物的了解、定位的长期观测或加密观测，以及发展合适的数值模型来进行。其中，对 POPs 长距离大气迁移的定位观测主要在远离人类活动的背景点进行 (Becker et al., 2006)。由于大气流动性强，背景点 POPs 的组成特征和变化趋势通常与源区的 POPs 排放有很好的一致性。利用背景点观测可以搜集污染事件信息，结合气流轨迹分析、源区化合物成分谱、对映异构体比值进行来源定位。这种方法反应迅速、信息量大、分辨率高，是研究 POPs 大气长距离迁移的重要手段之一。例如，南北极站点长期的监测，为确证 POPs 的长距离大气迁移提供了重要证据。在北极 Ny-Ålesund 背景点发现了欧洲和俄罗斯排放的林丹和 PCBs (Oehme et al., 1996)；在 Tagish 观测到源自东亚和北美的有机氯农药 (organochloride pesticides，OCPs) 的信号 (Bailey et al., 2000)；在我国和印度分别禁用工业 HCH 后，同时期北极大气中 α-HCH 含量出现两个明显的下降趋势 (Li et al., 2002)；在青藏高原纳木错，大气中较高的 OCPs 含量与来自喜马拉雅山南坡的气流有关 (Xiao et al., 2010)；在青海瓦里关，发现了中亚向我国输入 POPs 的可能大气通道 (Cheng et al., 2007)。这些监测直接观测 POPs 的大气迁移路线，为研究污染物的源汇关系以及大气长距离迁移的作用提供了实证数据。在观测的基础上，还可以通过数值模型进一步确认长距离迁移的源区和影响 POPs 大气迁移的因素。如潜在源贡献分析 (PSCF)、潜在受点影响分析 (PRIF)、化学质量平衡模型 (CMB) 等。利用潜在源贡献分析，可以判断我国腾冲背景点大气中多种 POPs 分别可以追溯到我国珠三角和印度地区 (Xu et al., 2012)；而东部宁波背景点大气中 POPs 主要来自中国北方和日本 (Liu et al., 2013a)。与此相反，潜在受点影响分析多应用在评估某一特定源对周围受点的污染贡献。例如，Lang 等根据 PAHs 清单和气流轨迹，估算出我国排放的 PAHs 向各个方向输出的比例。发现尽管大部分 PAHs 停留在国境内，周围国家仍在不同程度上受到影响 (Lang et al., 2008; Lang et al., 2007)。

2) 河口生物地球化学障 (biogeochemical barrier)

河口是河流和海洋间过渡地带，水动力和沉积条件的变化，以及淡-咸水的混合，可导致悬浮 (颗粒物) 及其上 POPs 大量沉积，同时，胶体物质的产生和沉淀还将引起非离子型 POPs [如全氟烷基磺酸 (perfluoroalkyl sulfonates，PFASs)] 的盐析效应，使其沉淀。如此，河口环境往往成为 POPs 的生物地球化学障。例如，Zhang 等利用系列沉积钻孔的研究发现，相比于珠江口其他地段，DDT 在珠江虎门入海口呈现最大的历史沉积通量(Zhang et al., 2002)；Pan 等和 Wang 等的研究指出，盐度是影响 PFOS 在长江口的水-沉积物分配的重要因素，证实了盐析作用的存在。Chen 等通过研究长江口水文地质条件与 PFASs 迁移行为的关系发现，水体底层流速和悬浮颗粒物可能是污染物迁移的控制因素(Chen et al., 2018)。Munoz 等通过研究法国吉伦特河口 PFASs 的迁移和归趋发现，盐析与颗粒物凝聚作用共同影响河口 PFASs 的分配和归趋，各主控因素之间存在一定协同作用，而且不同链长的化合物受控因素不同(Munoz et al., 2017)。

3) 随洋流的长距离迁移

对于一些 K_{OW} 值较低的 POPs，水流(洋流)也是其发生长距离迁移的重要途径，这对于具有一定水溶性的全/多氟化合物(PFCs)尤为重要。例如，Cheng 等的研究指出，当 pH 为 1~6 时，PFOA 的离子化效率与 pH 无关，PFOA 的 pK_a 可能小于 1，在海水 pH 约为 8.1 的条件下，PFOA 的质子化效率小于 10^{-7}，因此，自然界中 PFOA 应该多以离子态存在(Cheng et al., 2009)。Ahrens 等发现，洋流的流动以及方向的改变与 PFASs 在表层海水中的浓度变化相吻合(Ahrens et al., 2009)。Armitage 等则基于 PFOA 的排放量利用 Globo-POP 模型模拟了 PFOA 向北极地区的迁移，推算 PFOA 向极地地区迁移的通量为 8~23 t/a，认为北极地区的 PFOA 多是通过洋流直接传输迁移所致(Armitage et al., 2006)。该研究结论得到了 Wania 等进一步研究的支持(Wania, 2007)。此外，Nash 等(2010)指出，虽然大洋表层流很难帮助 PFOA 和 PFOS 越过赤道，但是却有可能将它们带到海洋深处，在深海洋流的推动下迁移到南大洋地区，而后由南极洲的上升流带到南大洋表层。同时，他们预测，北大西洋的 PFASs 经历这一过程到达南大洋表层大约需要 50~722 年。Yamachita 等通过对南中国海、苏禄海、拉布拉多海、中日韩沿海、中北大西洋和南太平洋海域水体中水溶性有机氟化物的实测研究提出，PFOA 或许可以作为研究全球海水流动和循环的示踪化合物(Yamashita et al., 2005; Yamashita et al., 2008)。

4) 随迁徙生物的迁移

洄游鱼类和迁徙鸟类在 POPs 的跨境迁移中扮演了重要的角色，是生物传输的重要形式，是除大气和水体外 POPs 在全球传输和再分配过程的第三种途径(Blais et al., 2007)。对 8 个阿拉斯加湖泊的研究发现，太平洋红大马哈鱼对 PCBs 跨境迁移的作用比大气沉降更为重要(Krummel et al., 2003)。通过大马哈鱼积累的 POPs 还可以选择性地富集到更高营养级中。Christensen 等的研究估算，大马哈鱼体内 70%的有机氯农药，85%的低溴代二苯醚和 90%的 PCBs 传递给了其捕食者——不列颠哥伦比亚省灰熊,而且,对于疏水性的 POPs(log K_{OW} 小于 6.5),该传输效率可能比间接的大气传输要高(Christensen et al., 2005)。海鸟通过捕食和排泄将 POPs 从海洋搬运到陆地,是其聚集地 POPs 的污染源。在挪威熊岛一海鸟聚集地的研究发现,当地鱼类体内检出了较高浓度的 PCBs、PCNs 和溴系阻燃剂(brominated flame retardants, BFRs)(Evenset et al., 2005; Evenset et al., 2004)。在加拿大开普维拉的海岸带地区,管鼻鹱(fulmar)将粪便排入悬崖下的池塘中,而这些池塘中 POPs 的浓度比未受管鼻鹱影响的沉积物高 10~60 倍(Blais et al., 2005)。在南极大陆,企鹅对 POPs 跨境迁移的作用也备受关注。在阿尔德雷岛的粪土沉积物中检出了较高浓度的 DDT 和 HCH,这说明企鹅将 POPs 从南大洋迁移到南极大陆(Sun et al., 2005)。Blais 等认为,在偏远地区,生物跨境传输比依靠食物链的生物富集更为重要。从全球来看,生物跨境传输的效率虽然不及大气和洋流的传输,然而,在某些区域,生物的传输作用却大于非生物传输,而且洄游和迁徙的生物也是某些地区的 POPs 的重要污染源(Blais et al., 2007)。

1.6 POPs 的大气-地表交换

地表系统中土壤、水体和植被是 POPs 的主要储库。一方面,当 POPs 人为排放强烈时,大气中 POPs 的浓度增高,地表介质将从大气中吸收 POPs;另一方面,当大气中 POPs 浓度降低或环境温度升高时,吸附于地表介质中而未固定的一部分 POPs 又可重新释放进入大气中,使土壤、水体和植被等成为 POPs 的二次排放源(secondary source)。对 POPs 在不同区域大气-地表界面的平衡状况、交换通量与交换速率的了解,无疑是正确评价其区域环境持久性乃至全球命运的重要前提。

1.6.1 POPs 的大气-水体交换与水柱作用过程

影响 POPs 水-气交换平衡状态的因素很多,其中温度可以直接或者间接地影响水-气交换。水体既能因为 POPs 的大气沉降而成为 POPs 的接收者,也能因为 POPs 的水-气交换挥发而成为大气 POPs 的二次源。经过全球范围内的长期禁用或者严格限用,POPs 的水-气交换方向可能转变为挥发或者平衡,最近,Stemmler 和 Lammel 的模型研究显示全球海洋正在向大气挥发 DDT 和 PCBs(Stemmler and Lammel, 2009; 2013)。场地试验表明,六氯苯(hexachlorobenzene, HCB)也在很多海区(包括太平洋、北冰洋、大西洋、北海等)表现出水-气交换平衡或者接近平衡(Cai et al., 2012; Lohmann et al., 2009; Lohmann et al., 2012; Zhang and Lohmann, 2010)。大幅下降的大气浓度使得海洋再挥发出 POPs 的可能性增加,但很多场地试验表明 POPs 的再挥发并未在全球海洋同步发生。比如,α-HCH 在加拿大北极处于水-气交换挥发状态(Jantunen et al., 2008; Wong et al., 2011);而在格陵兰海和大西洋处于沉降或将近平衡(Lohmann et al., 2009; Lohmann et al., 2012; Xie et al., 2011a)；在南大洋和北太平洋则处于沉降(Cai et al., 2012; Dickhut et al., 2005)。这样的情况可能是随着 POPs 一次排放的大量下降，其他因素对水-气交换的影响越发明显。一些具有类似 POPs 性质的新型污染物(譬如邻苯二甲酸酯、溴系阻燃剂、得克隆等)的水-气交换状态表现为沉降(Moller et al., 2012; Moller et al., 2011a; Moller et al., 2011b; Xie et al., 2007; Xie et al., 2011b)。目前，在亚洲、欧洲、北美洲很多近岸海水或者大洋都观察到了 PCBs 的水-气交换挥发(Fang et al., 2008; Lohmann et al., 2012; Manodori et al., 2007; Odabasi et al., 2008; Sandy et al., 2012; Zhang and Lohmann, 2010)，然而在少数区域(大西洋邻近非洲西部的区域、格陵兰海)仍然观察到 PCBs 的沉降状态(Galban-Malagon et al., 2012; Gioia et al., 2008)。可见，经过长期禁用或者严格限用，POPs 的水-气交换方向及其影响因素表现出更大的区域差异，也更为复杂。影响 POPs 水-气交换的因素很多，要判定影响 POPs 水-气交换的主要因素十分困难，并且难以确定这些因素的影响是暂时的还是持久的，这使评估海洋 POPs 收支面临很大的挑战，需要通过对 POPs 水-气交换开展长期的大尺度观测来获得其空间格局和时间演化趋势。

　　海洋与大气间存在生物地球化学耦合作用(biogeochemical coupling)。半挥发性的 POPs 在水-气界面上与水柱也存在这样的耦合作用机制。藻类等浮游植物可吸收或吸附水中的 POPs，一方面，这可视为 POPs 在食物网中发生生物富集、放大与传递的开始；另一方面，藻类死亡后，将携带一部分 POPs 在水柱中发生沉降。因此，藻类等浮游生物参与的结果，将主要是从表层海水中去除 POPs，并通过一系列水柱作用过程，使其最终进入沉积物中，构成所谓"生物地球化学泵" (biogeochemical pump)(Dachs et al., 2002)。在中高纬度海域，由于生物从水柱中移除 POPs，使水柱中 POPs 处于亏损状态，从而使 POPs 在海-气界面上交换以沉降作用为主，同时也提高了 POPs 的海-气交换通量。由于海洋面积广大，POPs 的海洋生物地球化学泵作用对 POPs 全球循环和最终归宿的影响，无疑具有重大的影响，在一定程度上可能与温度的作用相当(Berrojalbiz et al., 2011; Dachs et al., 2002; Jurado and Dachs, 2008; Kuzyk et al., 2010)。生物泵把 POPs 传输入深海的同时，降低了海水中 POPs 的浓度从而驱动水-气交换沉降。Dachs 等评估了生物泵在全球尺度上的角色，认为生物泵驱动的水-气交换沉降最有可能发生在中高纬度海区，以及其他具有很高的初级生产力的海区(比如有上升流的区域)(Dachs et al., 2002)。生物泵驱动 PCBs 从大气至海水的交换，在格陵兰海附近得到观测验证 (Galban-Malagon et al., 2012)。

　　PCBs 从海水的挥发首先反映了其大气一次排放的大量下降。但是，不同区域的 PCBs 挥发还可能归因于各异的额外因素。在寡营养的大洋，PCBs 表现出水-气交换挥发可能部分地由于不显著的海洋生物地球化学泵(Lohmann et al., 2012;

Zhang and Lohmann, 2010)。在近岸海区，PCBs 的挥发可能由于河流输入导致较高的海水浓度(Garcia-Flor et al., 2009; Sandy et al., 2012)。气候变化，北极融冰导致海水 POPs 浓度升高也能导致 POPs 向大气挥发。这种情况在对北极大气 DDT 的模型研究中有所描述(Ma et al., 2011)。

可见，经过长期禁用或者严格限用，POPs 的水-气交换方向及其影响因素表现出更大的区域差异，也更为复杂。影响 POPs 水-气交换的因素很多，要判定影响 POPs 水-气交换的主要因素十分困难，并且难以确定这些因素的影响是暂时的还是持久的，这使评估海洋 POPs 收支面临很大的挑战，需要通过对 POPs 水-气交换开展长期的大尺度观测来获得其空间格局和时间演化趋势。

1.6.2 POPs 的大气-土壤交换

土壤是全球有机污染物最主要的储库，土壤中污染物的大气-土壤平衡状况及其长期演化趋势与其土气交换过程密切相关。对于 POPs 经大气干湿沉降进入土壤的相关研究已经较多，但是对于 POPs 在大气和土壤界面之间的扩散交换，则由于研究方法的不足，而成为研究难点。

在技术方法上，2009 年，西班牙学者提出了一种新的测量土壤 POPs 逸度的采样装置，可以有效应用于评估 POPs 在大气-土壤界面的平衡状况和交换方向(Cabrerizo et al., 2009)。Perlinger 等研制出集束毛细管扩散采样器(multicapillary diffusion denuder)，用于大气中痕量半挥发性有机污染物的采样研究，试图通过提高时间分辨率，进而以弛豫涡度相关的方法估算 POPs 的地-气交换通量(Rowe and Perlinger, 2009; 2010)。我国学者则尝试用不同高度的大气被动采样装置(Zhang et al., 2011)，以获取近地面大气中 POPs 的垂直分布，并以此评估华北平原 PAHs 的土-气平衡状况(Wang et al., 2011b)。Liu 等(2013c)设计了一套现场观测大气-森林土壤地表界面 POPs 的交换通量的被动实验装置，通过添加 ^{13}C 标记的目标污染物，放置于野外，从而可用于实际示踪其在凋落物中的环境界面过程和动力学机制(Nizzetto et al., 2014)。

在影响因素上，温度被认为是影响有机污染物大气浓度、沉降-挥发过程以及二次污染排放的首要因素(Cabrerizo et al., 2009; Cabrerizo et al., 2011)，有研究表明空气中半挥发性有机物的浓度与环境温度成正相关关系(Kaupp et al., 1996; Wania et al., 1998)。Ribes 等(2003)认为土壤中土壤有机碳含量和土壤黑炭含量对有机污染物的土-气分配平衡具有一定影响，而黑炭的影响大小取决于其占总有机碳含量的比重。土壤有机质含量越高，化合物的土-气分配系数 K_{SA} 值越大。Cabrerizo 等(2013)的研究结果表明当土壤有机质含量每增加 0.5%可抵消温度升高 1℃所造成的大气污染物浓度增加的趋势。

目前，针对区域 POPs 的土-气扩散交换研究获得了一些关于区域大气-土壤

POPs 平衡状态的认识。例如，Petra 等针对欧洲中部和南部地区多氯联苯和有机氯农药的土-气交换趋势进行研究，结果发现：对于高氯取代的 PCBs 以及 DDT 来说，土壤均表现为汇；而对于滴滴伊(DDE)来说，其在土壤和大气间基本平衡；对低氯取代的 PCBs 和 α-HCH 来说，土壤已经成为其二次排放源(Ruzickova et al.，2008)。利用收集的全球大气和土壤中 PCBs 的浓度计算全球 PCBs 的土-气交换趋势，结果显示中国境内低氯 PCBs 以挥发为主，而高氯 PCBs 以沉降为主(Li et al.，2010b)；英国高氯 PCBs 以沉降为主；欧洲 PCBs 则呈现接近土-气平衡状态；挪威 PCBs 则总体以沉降为主。我国珠江三角洲地区 PCNs 在土壤-大气间的交换研究显示，3~5 氯取代的 PCNs 冬季以沉降或接近土-气平衡为主，夏季以挥发为主；而 6 氯取代的 PCNs 则全年均以沉降为主(Wang et al.，2012a)。

1.6.3　POPs 的大气-植物交换与森林过滤作用

植物可以从大气中吸收 POPs，也可以将所吸收的 POPs 重新释放回大气，两个方向的传输速率都很高(Barber et al.，2003)。与此形成反差的是，土壤中的 POPs 由于可能的"老化"作用，以及受土壤层自身覆盖的影响，能自由挥发进入大气的比例则相对较少(Barber et al.，2004)。因此，虽然植被在全球 POPs 储库中所占的比例较小，但由于植被与大气的接触面积大，POPs 在气-植间交换速度快，其在 POPs 全球迁移和 POPs 区域大气浓度的缓冲上，都扮演着十分重要的角色。可以说，植被中的 POPs 是全球 POPs 总体载荷中可交换性最强、最为活跃的部分(Cousins and Mackay，2001)。

植被对大气 POPs 的另一影响途径，是所谓的"森林过滤效应"(forest filter effect)(Wania and McLachlan，2001)。植物从大气中吸收大量 POPs，减低大气 POPs 浓度的同时，通过落叶将 POPs 转移至林下土壤，可显著增加大气 POPs 向地表的沉降通量(Liu et al.，2013c)。如在春天树叶新发时，大气中 POPs 的浓度会有所下降(Gouin et al.，2002; Wania and McLachlan，2001)；随着人工森林的成长，在1990~2010 年，我国北方"三北防护林"对大气中菲的移除量从 36.4 t/a 增加到76.8 t/a，对苯并[a]芘(BaP)的移除量从 2.4 t/a 增加到 4.5 t/a(Huang et al.，2016)。值得指出，在森林中，由于 POPs 倾向于分配富集于植物(叶片)和地表凋落物与土壤中，这导致林下(canopy)空气中 POPs 含量极低，而凋落物也成为大气中 POPs 向地表土壤沉降的首要途径(Nizzetto et al.，2014)。

POPs 在高山土壤中易于发生富集。有研究者(Liu et al.，2014)对我国贡嘎山森林垂直地带谱样品的 PCBs 进行了分析，结合叶面指数、温度等环境参数，发现相比于冷凝作用，森林过滤效应对 PCBs 在山地土壤中富集的贡献更大，也表明森林凋落物是大气-地表 POPs 交换的重要载体。

值得指出的是，植物叶片从形成，到凋落、腐烂的过程，亦是森林生态系统中

POPs 与碳(C)生物地球化学循环的耦合-解耦过程。利用同位素标记技术对我国海南源尖峰岭热带雨林凋落物中 PCBs 归宿的研究表明，与通常的基于全球蒸馏模型的预测不同，凋落物腐烂消失后，PCBs 更多地下渗进入林下土壤，重新进入大气中的 PCBs 相对较少，这可能与热带雨林土壤腐殖层较薄有关(Zheng et al., 2015)。

1.7 POPs 的全球和区域归趋

1.7.1 POPs 的全球蒸馏-冷凝假设

自 20 世纪 60～70 年代 POPs 概念的提出，科学家们就对 POPs 的全球空间分布规律展开了深入的探究，发现中低纬度带为 POPs 的主要源区，而高纬度偏远地区 POPs 呈现逐渐累积的现象。基于该现象，加拿大学者 Wania 和 Mackay(1996)系统提出了 POPs 的全球分馏和冷凝(global fractionation and cold condensation)假设，他们认为在低纬度带尤其是赤道地区，POPs 蒸发量大于沉降量，在高纬度地区则相反，从而造成 POPs 在全球范围内由低纬度向高纬度的定向迁移富集。伴随着 POPs 大气迁移过程的是一系列的大气-地表 POPs 分配过程，由于不同纬度带温度的差异，以及化合物在物理化学性质上的不同，POPs 也将发生组成分异，轻质组分迁移距离更远，更趋向于向高纬度地带或极地富集。此后，针对北极海水与哺乳类动物(包括人)体内高含量的 POPs 富集特征，一些 POPs 在北美不同纬度带沉积钻孔中峰值年代的推移趋势(Muir et al., 1996)，全球树皮中 POPs 的纬向分布规律(Simonich and Hites, 1995)，以及欧洲 50°～78.5°N 和波罗的海(Baltic Sea)地区大气 PCBs 组分的分异作用的研究也支持这一观点(Ockenden et al., 1998)。该全球性过程，无疑将导致 POPs 在寒带与极地地区的不断累积，即成为全球 POPs 迁移和循环过程的"汇"，并对生活在这些地区的人类与野生动物产生危害。需要指出，POPs 也可以沿海拔高度发生分馏冷凝。Blais 等(1998)发现在加拿大西部山区，在 770～3100 m 海拔高程上，降雪中有机氯农药的含量增加了 10～100 倍。在我国青藏高原环境中，也发现了有机氯农药污染的累积(Cheng et al., 2014; Wang et al., 2014b)。`

但是，Ockenden 等(2003)对全球背景土壤中 PCBs 的研究表明，PCBs 虽然存在纬向的组成分馏现象，与全球 PCBs 的历史使用与排放清单的对比发现，仅有极少一部分 PCBs 经过排放或地面-大气交换，再通过长距离迁移而最终"离开"其主要源区(即制造了 70%以上 PCBs 的北半球工业化国家)。土壤生态系统中的碳质循环、生物扰动以及埋藏作用，可能使环境中的 PCBs 失去迁移活性，阻滞其大气-土壤交换过程。从这个角度看，北半球温带富含碳质的土壤和森林是 POPs 向极地迁移富集的"屏障"。也有一些其他全球尺度下的重要过程减低或阻滞了

POPs 向极地的迁移与累积(Jones and de Voogt, 1999),这些过程包括:①"大气稀释"作用使 POPs 向偏远地区的扩散;②土壤、泥炭沼泽和沉积物对 POPs 的埋藏移除;③土壤或沉积物对 POPs 的物理固定和化学固定(如前述"老化"使 POPs 的迁移性下降);④化学反应过程,尤其是大气中的自由基氧化使 POPs 发生降解;⑤土壤、沉积物、水柱以及食物链中的生物降解;⑥POPs 在大气-地表交换的制约等(Jones and de Voogt, 1999)。

1.7.2　POPs 大气迁移的差异清除假设

上述 POPs 全球蒸馏-冷凝假设成为理解 POPs 全球迁移和分布的重要理论,其本质是空间上不同区域的温度控制着半挥发性化学物质的分配系数,或可称为热平衡驱动的 POPs 全球分配。但是,如上所述,"大气稀释"作用使 POPs 向偏远地区的扩散,以及该过程中伴随的不同 POPs 化合物的差异性清除和降解机制,也可能导致类似的 POPs 组成分异结果。2010 年,瑞士苏黎世理工大学的研究组对这一过程进行了数值模拟,并结合大量 PCBs 观测数据,提出了"差异清除假设"(differential removal hypothesis)(von Waldow et al., 2010a; von Waldow et al., 2010b)。在其数值模拟结果中,PCBs 随离开源区的距离,发生组成分馏,这一过程并不受环境温度变化的影响,却与受体区的"偏远度"(remoteness index,RI)有关,来自欧洲的大气 PCBs 系列观测数据证实了其含量和组成与 RI 的显著相关性(von Waldow et al., 2010b)。

1.7.3　我国陆表 POPs 的源-汇过程和机制

对我国边远山地森林土壤中 PCBs 的采样观测发现,PCBs 含量及其组成的空间分布在不同纬度带呈现出轻组分"南高北低"、重组分"北高南低"的特征,不支持理想的全球蒸馏与冷凝模型(Zheng et al., 2014),而北方背景森林土壤中较高的重组分 PCBs 可能来自于境外对我国北方的大气传输。另一项覆盖我国东部到西部的城市和背景土壤中 PCBs 的研究发现,我国环境中的 PCBs 组成呈现自东向西的"经向分馏"特征,表明 PCBs 存在自我国东部人口密集区向西部的扩散迁移(Ren et al., 2007)。徐玥等通过数值模拟实验,发现自 1948~2009 年,α-HCH 和 β-HCH 在亚洲土壤中的残留区逐渐向我国中西部和喜马拉雅南坡的山地森林生态系统转移,说明山地森林生态系统是我国 POPs 的长期"汇区",且与季风边缘高度重合,显示季风是我国 POPs 经向迁移的重要营力,并指出 POPs 在季风携带下的大气迁移、降水、森林过滤和山地冷凝富集等作用,可能是造成 POPs 在森林土壤中累积成汇的综合原因(Xu et al., 2012; Xu et al., 2013b)。对具良好植被垂直地带谱的贡嘎山不同海拔高度和植被带下土壤 PCBs 的分析,发现森林过滤作用(而非山地冷凝作用)是其主控机制,亦即,温度可能并非 POPs 在山地森林土壤中成汇的主控环境因子(Liu et al., 2014)。而基于稳定同位素标记示踪的大气-地表交换现场实验新方法和装置，对海南尖峰岭热带雨林凋落物中 PCBs 的挥发与渗滤通量进行的为期一年的野外模拟实验，则发现由于热带雨林中土壤腐殖层薄、降雨量大，PCBs 向土壤中的渗滤通量显著高于向大气的挥发通量(Zheng et al., 2015)。以上在我国的数值模拟、野外观测和实验证据，均对"全球蒸馏假说"以地表温度差异为主要驱动力的观点提出了挑战。

综合以上，笔者认为，我国陆表 POPs 的"源-汇"过程及相关机制，可能包括东部源区排放、大气经向传输、中西部山地森林过滤沉降、森林土壤残留成汇等四个重要环节，凸显山地森林生态系统在其中所扮演的关键角色，也表明我国中西部山地森林生态系统可能是我国陆表 POPs 长期归宿地和汇区(图 1-2)。

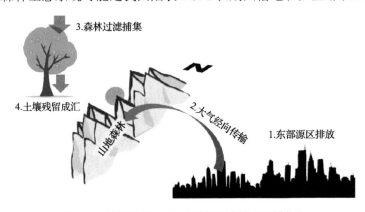

图 1-2　我国陆表 POPs 的源-汇过程"四部曲"

1.8　人类活动、气候变化下的 POPs 生物地球化学效应

1.8.1　电子垃圾与固体废弃物的跨境转移

POPs 有多种途径离开生产它们和使用它们的区域，进行"环球旅行"并对生态系统和人体健康产生负面影响(Vallack et al., 1998)。前期研究主要关注持久性有机物污染物通过大气和水(Armitage et al., 2006)远距离传输(long-range transport，LRT)至偏远地区(Mangano et al., 2017)。近年来，非环境因素主导的远距离传输，如电子垃圾向亚热带和热带国家非法出口也逐渐受到关注(Wong et al., 2007)。这里我们使用广义的"电子垃圾"概念，即泛指任何丢弃的电器和电子设备。有关全球排放、归趋和迁移的研究经常忽略电子垃圾的跨境迁移导致的产品中毒害物质的远距离传输(Breivik et al., 2011)。例如，PBDEs 经由电子垃圾进入中国境内的量是国内生产总量的 3.5 倍(Guan et al., 2007)。特别地，非正规

拆解和回收行为(如露天燃烧)会生成新的毒害污染物[如二噁英(Li et al., 2007)和多环芳烃(Yu et al., 2006)]。

Knut 首次综合环境和非环境模式的远距离传输，模拟其对 PCBs 全球归趋的影响，量化了 PCBs 在不同模式下在全球的排放和传输方式上的区别，发展中国家更温暖的气候和非正规回收方式，将导致全球工业使用的有机污染物的排放增强(Breivik et al., 2014; Breivik et al., 2016)。因为缺少可靠的非法进口活动数据和排放因子，难以量化增强强度(Breivik et al., 2016)。模拟预测发现出口电子垃圾产生的 PCBs 排放对大多数生产使用的源区(如欧洲中部)和北极的大气浓度影响有限，因此这些区域的大气 PCBs 浓度会继续下降(Breivik et al., 2016)；而观测数据显示非法电子垃圾回收处理点附近的 PCBs 大气浓度在过去数十年中不断上升(Asante et al., 2011; Yang et al., 2012)，模型预测也表明进口电子垃圾对未来 PCBs 浓度贡献不容忽视(Zhao et al., 2017)。同时，人体内暴露水平也呈现类似趋势，如加纳人群母乳中的 PCBs 和 PBDEs 含量自 2004 年到 2009 年显著增加(Asante et al., 2011)，而在瑞典却明显下降(Fangstrom et al., 2008; Noren and Meironyte, 2000)。

目前，政策层面更偏重管控污染物通过大气和水远距离传输导致对环境和人类健康的威胁，而非通过电子垃圾等固体废弃物迁移等人为活动进行的远距离传输。由加纳和瑞典人体样本中不同的 POPs 的浓度趋势可知，仅致力于管控和消除发达地区 POPs 的生产和使用，反而会使其寻求垃圾出口市场，导致 POPs 排放增加。因此，应同等重视通过不同途径(水、大气、固体废弃物等)远距离传输带来的负面影响。我国自 2018 年 1 月 1 日起，全面禁止固体废弃物进口。作为曾经电子垃圾等固体废弃物最大的输入国，这一举措将改变全球固体废弃物及与之相关的 POPs 的转移流向。未来的研究需进一步确认 POPs 类工业使用有机污染物随人为活动动态变化的源区，综合带有时空分辨率的监测数据结合反向模拟技术的手段，有望得到排放位置和强度的信息，从而进行有针对性的监测，填补电子垃圾进口的区域的污染数据空白。人类和生态环境对 POPs 的暴露观测和模拟应重点关注局地尺度，综合嵌套局地、区域和全球尺度的模拟方法可以用来比对电子垃圾接受区域和其他区域的环境和健康风险。

1.8.2　全球气候变化下环境中 POPs 的二次排放

全球气候变化是指在全球范围内，气候平均状态统计学意义上的巨大改变或者持续较长一段时间(典型的为 30 年或更长)的气候变动。全球气候变化主要表现在气候变暖、臭氧层破坏以及酸雨等三个主要方面，其中气候变暖是人类目前最迫切的问题，也是目前研究 POPs 二次分配所关注的主要胁迫因素。气候变暖作为连锁反应的开端，可以引发地球表面系统的物质和能量循环异常，如大气环流异常、海洋环流异常、淡水循环异常等。这些异常主要表现在路径、强度和时空规律变化等。赋存的地球表面系统 POPs 也随着气候变暖影响下的物质和能量异常循环，进行二次分配。当前的研究结果显示气候变暖对 POPs 全球循环的二次分配主要体现在以下几个方面：①全球变暖使地球表面系统温度升高，直接促进了 POPs 的二次排放，升温可以导致 POPs 从土壤、沉积物和海洋中挥发出来参与地球表面系统的循环，也可以将封存于冰川和冻土中的 POPs 通过融化、挥发等方式进入并参与地球表面系统的循环；②再次进入地表系统参与循环的 POPs 在大气和海洋环流的运移作用下进行二次分配，气候变暖影响的大气与海洋环流的变化将显著改变 POPs 的全球迁移路径和二次分配的时空分布；③全球极端气候，如时空分布和强度异常的降水将大气中的 POPs 以湿沉降的方式转移到地表系统，异常高强度的降水（洪水）通过剧烈的侵蚀方式将土壤和浅水体沉降物中的 POPs 重新释放进入环境，进而改变了 POPs 的全球分布；④气候变暖改变了地表系统的空间分布和生态生产力，如土壤沙漠化、可利用耕地的区域性北移，进而改变了地表系统对 POPs 的储存能力和二次分配的时空分布；⑤气候变暖使局部区域陆生和水生食物链结构发生明显变化，从而导致 POPs 二次分配的变化；⑥气候变暖在促使 POPs 再循环的同时也加速了其自然降解的速率。虽然气候变暖使地球系统中 POPs 总储量明显减少，但是参与地表循环的 POPs 总量明显增加。全球气候变化引发的地球表面系统的物质和能量循环异常，可以从化学层面表征为碳、氮、磷、硫等在地球系统中的循环异常。在全球气候变化背景下，这些物质的循环异常，以及耦合的循环异常受到了普遍关注，但尚未有将 POPs 与碳、氮、磷、硫循环互相关联、相互作用纳入到一个体系中开展研究。着眼于这样的研究对系统认知气候变化背景下 POPs 二次循环具有良好的发展前景。

1.8.3　土地利用变化对 POPs 的影响

在全球气候变化与人类活动的双重胁迫下，土地利用/覆盖在不同时空尺度下发生快速变化，从而急剧改变地表覆盖状态，增加了地表生态系统的脆弱性。土地利用变化改变了陆地表层物质和能量循环过程，其对 POPs 地球化学过程的影响，主要表现在地表与大气之间的水热界面交换和碳调节这两个关键过程（Pielke et al.，2002）。

水热界面交换过程的影响机制是，当地表生态系统的结构和组成发生变化时，下垫面反照率、粗糙度及植被覆盖比例的变化，使近地层温度、湿度、风速等区域气候发生变化（Nizzetto et al.，2010），而气候条件的变化都可能改变 POPs 在环境介质中的分布。例如，热带毁林可导致区域气温升高（Bonan，2008），可能引起 POPs 从环境库（土壤、植被）中二次释放进入大气。关于气候变化对 POPs 地球化学过程的影响，请参考 1.7 节。

碳调节过程引起的全球碳格局的改变，是影响 POPs 全球迁移和分布的主要原因。全球碳循环与 POPs 的地球化学循环紧密联系，这是因为 POPs 的亲脂特性，使其与有机碳发生偶合作用后协同传输。例如，Nizzetto 等(2010)等运用全球多介质命运模型，估算 PCB153 年排放量的 50%最终储存在有机碳含量丰富的土壤和沉积物中。在全球碳收支中，森林和草地转变为农田导致 121 t 的碳释放，森林砍伐引起的碳排放占人为碳排放(包括化石燃料燃烧和土地利用变化)的 33%(Solomon, 2007)，草地开垦导致 1 m 深度土层内的土壤损失 20%~30%(Houghton, 1995)。土地利用类型改变导致的碳变化可以表现为地表植被和林下土壤有机碳含量的变化。有机碳含量高的植被，往往可以吸收大气中更多的 POPs。据估算，"三北" 防护林从大气中吸收的菲(Phe)和 BaP 由 1990 年的 36.4 t 和 2.2 t 分别增长至 2010 年的 76.8 t 和 4.5 t，年增长速度分别为 5.6%和 5.2%(Huang et al., 2016)。植被从大气中吸收 POPs 的同时，通过落叶将 POPs 转移至林下土壤，增高土壤中 POPs 的含量。大量野外观测证实，POPs 浓度与有机碳含量显著正相关。虽然气温每升高 1℃导致 POPs 的挥发通量增加 8%，但通过将耕地面积的 10%转变为森林或草原，增加土壤有机碳含量，即可有效抵消挥发的 POPs(Komprda et al., 2013)。Liu 等(2017)研究表明，华南地区次生林 20 cm 深度土层中 PCBs 和 PBDEs 的储量比人工林(橡胶林和桉树林)高 1~2 个数量级。

除上述影响机制外，一些其他因素也可能影响 POPs 的环境归趋。比如，土壤耕地面积的扩张会导致农药的使用量；城市化用地的增加会增加非故意排放 POPs 的释放量。

1.8.4　生物质燃烧与 POPs 生成和二次排放

生物质燃烧(biomass burning)包括野火、人为林地和农田废弃物焚烧(清林、清地)、森林/草原大火、泥煤燃烧和室内燃烧(烹调、取暖)等，是多种 POPs 的重要排放来源之一。排放途径主要有燃烧过程新生成的 POPs，以及土壤和燃料本身储存的 POPs 二次释放。

燃烧过程新生成的 POPs 种类以热成因 POPs 为主，如二噁英类。昆士兰大学的 Jochen F. Mueller 研究组通过对土壤基质进行 PCDD/Fs 的加标实验，将土壤在 150~400℃之间进行加热，产生的 2,3,7,8 位取代 PCDD/Fs 同系物较实验前增加，所排放的二噁英毒性当量(toxic equivalency，TEQ)浓度亦随温度升高而增加(Black et al., 2012)。不仅如此，灰烬中 PCDD/Fs 大分子标记同系物浓度也增加，表明受热土壤能促进 PCDD/Fs 的新形成或产生脱氯过程。该过程与 PCDD/Fs 在土壤中的浓度、土壤温度、燃料量、燃料的湿度和土壤加热持续时间等因素有关。

由燃烧高温引起的 POPs 的二次释放，可观测到多种 POPs 的排放。Wang 等实地测定了澳大利亚热带地区典型露天生物质燃烧的 PCBs、PCNs、PBDEs 以及

OCPs 的排放因子(emission factor,EF,即每单位质量消耗的燃料向大气中排放的化合物质量)(Wang et al., 2017c),并估算了 POPs 的年排放量:每年澳大利亚丛林大火/野火对 POPs 的贡献分别为∑PCBs(14~300 kg)、∑PBDEs(8.8~590 kg)、α-硫丹(6.5~200 kg)和毒死蜱(高达 1400 kg),以及∑二噁英类 PCBs 的 TEQ(0.018~1.4 g)(Wang et al., 2017b)。POPs 的排放因子受燃烧阶段影响。PCBs、PCNs、PBDEs 在桉树林烈焰燃烧阶段释放量最高。另外,它还受燃料类型影响。桉树林燃烧排放的 $\sum_{18}$PCBs 是草原大火排放量的 10 倍(Wang et al., 2017c)。

近 20 年来,随着对 POPs 一次排放污染源的有效控制,生物质燃烧对区域 POPs 的贡献作用越来越凸显,经过大气长距离迁移,影响范围更大(Wang et al., 2016b)。我国台湾学者专门就水稻燃烧田和未燃烧田做了试验,发现水稻的露天燃烧对于大气环境中 PCDD/Fs 的含量水平有着显著的影响,相比未有生物质燃烧的区域高达 4~17 倍(Shih et al., 2008),PCDD/Fs 和 PBDEs 的浓度比未燃烧田高 6~20倍,经证明均来源于水稻秸秆燃烧。同时该研究发现,水稻秸秆燃烧对 PBDEs 的贡献量更大,PBDEs 的排放因子是 PCDD/Fs 的 38 倍以上(Chang et al., 2014)。另外,在台湾鹿林山背景站的观测,报道了生物质燃烧来源的 POPs 的远距离传输,显示中南半岛生物质燃烧产生和释放的 PBDEs、PBDD/Fs 等 POPs,可通过大气迁移,影响包括台湾岛在内的我国东南沿海地区(Chang et al., 2013)。美国俄勒冈州立大学 Staci Simonich 研究组在采集的来自西伯利亚森林大火的气团中发现,OCPs 的含量相比未燃烧区域对照组显著升高(Genualdi et al., 2009)。这种生物质燃烧引起的 POPs 释放目前还没有得到足够认识,且无相关模拟研究对此进行追踪。尤其是,随着全球极端气候的持续发生,热带亚热带地区自然森林火灾频发,生物质燃烧的 POPs 生成及二次释放和温带森林生态系统对 POPs 的吸附储存形成鲜明的对比,引发 POPs 全球再分配。

1.9 POPs 的区域暴露与健康风险

1.9.1 POPs 的区域暴露途径与风险

尽管环境污染物对人体的健康危害最终体现在个体水平,但近年来地区性的疾病频发说明,在我国快速的城市化进程中,区域性环境污染对人体健康的危害需引起高度重视,并应利用地球化学、环境化学、医学等不同学科的交叉优势,从区域尺度、个体、分子不同尺度全面评估环境暴露对人体健康的风险。区域 POPs 污染的人体暴露主要是通过呼吸、饮用水、食物链等途径发生。有别于仅影响较少人群的职业暴露和高污染暴露,区域暴露影响更广泛的人群,其对人体健康的影响更难评估。

目前对于 POPs 区域暴露的研究更多地集中在大气 POPs 方面。在我国，Xu 等 (2013c) 通过大气迁移、多介质暴露、风险评价等模型研究了不同暴露源的 HCH 对中国人癌症风险的贡献，指出印度 HCH 的持续高浓度排放，导致 HCH 通过跨界迁移对我国西部地区人群健康产生影响，并可能成为西部地区 HCH 的重要来源；Zhang 等 (2009) 基于高分辨的排放清单数据，利用欧拉大气迁移模型系统评估了生物质燃烧和炼焦等对我国多环芳烃排放的显著影响，并在此基础上通过暴露模型探讨了我国人群通过 PAHs 引发肺癌的风险度。近期，我国学者基于北京大学编制的高分辨率全球燃料燃烧清单 (PKU-FEUL-2007)，编制了全球黑炭的排放清单，利用高分辨率模型，获得了黑炭全球暴露及其人体健康影响的认识 (Wang et al., 2014a)。在全球尺度由于大气具有区域流动性、低剂量长暴露周期等污染特征，因此需要进一步发展、完善基于地理信息系统技术和不同效应终点的污染物暴露模型物；结合流行病学队列研究的特点，开展基于不同健康效应终点的暴露模型。

暴露途径是区域环境污染与健康影响的另一关键因素。对于一些典型的污染物如 PCBs、OCPs、PAHs 等，国内外已开展多年工作，对于食物链、水、大气对人体暴露的贡献较为清楚 (Wong et al., 2006; Zhang et al., 2013b)。但近年来新型污染物的出现，对暴露途径的研究提出新的任务。如近年来国际学者广泛关注的新型 POPs 如多溴二苯醚 (PBDEs) 和六溴环十二烷 (HBCD)，不同国家的研究均证实室内大气和灰尘是人体的主要暴露源，其贡献高达 90%以上 (USEPA, 2010)。室内大气的浓度水平也和人体血清呈现良好的剂量关系 (Dirtu et al., 2012)。因此，针对近年来出现的新型污染物，如卤代阻燃剂、PFCs 等 (Du et al., 2013)，需要尽快甄别人体暴露主要途径及贡献，并针对区域环境污染特征，筛选区域内不同暴露途径的主要致毒污染物。

由电子垃圾粗放式处理带来的有毒污染物污染与人体健康影响，是过去十年来我国区域环境污染与健康研究的热点，也有力带动了我国环境毒害物质与健康的研究。电子垃圾污染物可通过呼吸道、消化道和皮肤等途径侵入人体，危害拆解工人和当地居民的健康。已有研究证实，中国电子垃圾集散地人群体内某些重要典型污染物达到较高水平。例如，贵屿镇电子垃圾拆解工人血清中 PBDEs 的总量是广州地区背景人群的 11～20 倍，为其他国家职业暴露人群的 15～200 倍。更为重要的是，在电子垃圾集散地儿童体内也检测到较高浓度的毒害污染物。贵屿地区儿童 2004 年、2006 年和 2008 年血铅的超标率分别高达 81%、70%和 69%，显著高于无电子垃圾污染的邻镇儿童。浙江台州地区母乳样本中的 PCDD/Fs 含量为 11.59～44.6 pg/WHO-TEQ g，不仅高于中国其他城市母乳样本中相应浓度一个数量级，而且超过了欧洲的最高允许值 (3 pg/WHO-TEQ g)。

1.9.2 人体内暴露与体内转化机理

人体内暴露是地球化学、环境化学及医学的学科交叉点，可真实反映人体的总暴露水平，是开展环境污染与人体健康影响研究的重要基础数据和科学依据。目前，欧盟、美国疾病预防控制中心均已制定长期的人体内暴露研究计划，我国也已在重金属、有机污染物方面开展多年研究(Chan and Wong, 2013; Liu et al., 2013d)，并在新型污染物方面和国际学者同步(Bi et al., 2006; Shi et al., 2009; Yeung et al., 2006)。然而由于POPs的人体内暴露监测难度大、周期长，血液、母乳等样品采集困难，目前的数据难以满足流行病学所需大队列、具有数理统计意义的要求，从而限制了环境污染对人体健康影响研究的深入。因此，急需研发具有高通量、快速、高灵敏度的检测仪器及检测方法；同时利用人工肠胃道等模拟系统(Wang et al., 2011a)，开展体内生物有效性的研究，发展替代体内暴露水平的新评价方法。

污染物在体内的转化产物是指污染物在人体和生物体内经过生物作用形成的降解/代谢产物。已有的研究表明，部分转化产物可能比原型化合物更持久，毒性更强，成为"新POPs"，因此，代谢转化产物是健康毒性效应及健康风险评估的关键科学问题。总体来讲，对于新型污染物转化产物的研究，世界各国均处在起步阶段。我国已在积极开展此方面的研究，如在十溴二苯醚(BDE-209)的转化产物方面率先报道了三个新代谢产物(Yu et al., 2010)。今后的研究需要针对我国区域环境的主要污染物，尽快从体外细胞、动物模型、人体样品水平，开展代谢转化机理研究。

1.9.3 人体内暴露生物标志物

污染物的生物标志物包括暴露标志物和效应标志物两类。由于生物标志物具有高灵敏度和一定的专属性，可直接反映暴露人群长期低剂量的暴露水平及其效应水平(Deziel et al., 2013; Shen et al., 2013)，进而客观评估生物标志物水平与特定危险性之间的关系(Lee et al., 2010)。暴露标志物通常为污染物在人体血液、尿样中的代谢产物，如目前在我国普遍检测的羟基多环芳烃(Zhang et al., 2007)、邻苯二甲酸单酯(Wang et al., 2013)等。然而许多代谢产物无法区别不同的暴露源，且尿样中许多代谢产物存在代谢周期短、代谢水平波动大等特点，较难反映长周期、低剂量下人群的暴露水平。因此，寻找代表暴露途径的生物标志物将为区域环境暴露风险提供突破。

效应标志物可解决人体暴露中混杂因素的干扰(如污染物复合暴露、个人生活方式等)，是探讨环境暴露与健康早前效应的有效手段。我国已在一些POPs的DNA加合物、蛋白质加合物方面开展研究，如PAHs、PBDEs等(Feng et al., 2009;

Lai et al., 2011)。污染物与 DNA 的加合物也在队列研究中较好地反映出环境暴露与 DNA 加合物水平的剂量-效应关系(Tang et al., 2006)。但总体来讲,环境污染物的效应标志物研究进展缓慢,尤其在新型污染物方面。需要进一步寻找和建立可反映暴露剂量与效应关系的生物标志物;发展高灵敏度、高可靠性的生物标志物检测技术,并通过高风险暴露、背景人群对人体健康的早期影响进行评估。

1.10　POPs 地球化学过程研究的若干方法和手段

1.10.1　区域 POPs 采样与观测技术

区域环境观测是区域污染研究的重要环节,是掌握区域污染态势,评估区域污染风险,认识区域污染过程的基础,也为区域污染数值模拟提供验证数据。在区域尺度下进行污染观测的难点之一是,如何在广大的区域范围内进行 POPs 的观测,这有赖于区域观测站网的建设和新型污染观测技术的研发和应用。其中,对于区域 POPs 的观测,过去十年来最突出的进展就是大气被动采样(passive atmospheric sampling, PAS)技术的提出与应用。值得指出,为了更好地反映区域污染物在不同环境介质中的交换和富集,多介质的采样或成对介质的采样策略、逸度采样技术等,已成为 POPs 区域地球化学研究的重要方法。

1) 区域 POPs 观测采样介质的选择

区域环境污染的观测介质主要有空气、土壤、植被、水体、水体沉积物、冰芯、母乳和各类生物样本。区域环境污染监测样品需要有较好的空间可比性,因此,对环境采样介质的选择至为重要。联合国环境规划署(UNEP)专门组织了专家委员会对全球 POPs 观测计划的样品采集和分析提出了技术指南,分析了各种采样介质的优缺点,提出了采样方法和相关的质量控制与保证体系,供全球性的区域对比使用,并推荐大气样本、双壳类生物样本、混合母乳样本(pooled human breast milk)为具有最佳可比性的采样介质。其中,大气由于其区域混合性好,时间分辨率高以及对区域污染物的敏感性高等特点,是最有利于进行区域污染来源与过程研究的采样介质;双壳类可以提供水体在生物生长期内的平均生长水平,并可从水体中富集 POPs 达 1000～10000 倍,而成为区域水体观测的首选介质,其有效性已为有 20 多年历史的国际贻贝观测计划(Mussel Watch Program)所证实。值得指出,随着对海洋微塑料研究热潮的兴起,日本东京大学的 Takada 等倡导以海滩塑料微粒(plastic pellet)作为海岸带 POPs 污染观测的载体,并在亚洲和非洲推动"国际塑料微粒观测(International Pellet Watch)"网络。其他一些重要的介质,如海洋哺乳类、鱼类、鸟蛋也可从不同的侧面提供 POPs 的环境分布信息,及其对不同物种的影响。

2) POPs 大气/水体被动采样技术

POPs 大气被动采样(PAS)技术在近年来得到了快速发展,日益成为大流量大气采样的重要补充手段,并显示出其在广大区域范围内实现大气 POPs 同步观测的优势。PAS 基于气体分子扩散和渗透原理,利用吸附剂捕集空气中气态有机污染物。PAS 装置主要根据吸附材料的不同进行区分。目前已报道的 PAS 装置主要包括半渗透膜被动采样器(SPMD-PAS)、聚氨酯泡沫大气被动采样器(PUF-PAS)、POG 大气被动采样器(POG-PAS)、XAD 树脂被动采样器(XAD-PAS)、聚乙烯被动采样器(PE-PAS)、气态及颗粒态被动采样器和定向大气被动采样器(flow-through sampler)等。

SPMD-PAS 最早由 Huckins 等于 1990 年设计(Huckins et al., 1990),其特点是容量大、耐饱和性强,适合于数月至数年的大气 POPs 连续采样,缺点是操作程序较为复杂,运输和现场安装时容易受到污染,样品分析流程烦琐。PUF-PAS 便于运输,操作简便,分析流程也较为简单,因而得到了日益广泛的应用。特别需要提出的是,基于 PUF-PAS,Harnner 研究组对 PUF 吸附材料进行改进,在原聚氨酯海绵材料中添加 XAD2 粉末,制作了一种新型吸附剂嵌入式聚氨酯海绵材料(sorbent impregnated polyurethane foam, SIP),有效增大了采样容量(Shoeib et al., 2008)。SIP-PAS 已成功应用于采集较高挥发性的有机污染物,如氟调聚醇(fluorotelomer alcohols, FTOHs)和 HCB 等(Genualdi et al., 2010; Koblizkova et al., 2011)。Abdallah 等的研究认为 PUF-PAS 对颗粒物的吸附主要与大气颗粒物的重力学沉降有关(Abdallah and Harrad, 2010),PUF-PAS 气态污染物的采样速率校正主要通过回收率指示物计算获得,目前其应用的难点在于大气颗粒物的干扰。相对于 SPMD-PAS、PUF-PAS 和 XAD-PAS,POG-PAS 的采样速率较快,是一种高时间分辨率的 PAS 装置(Genualdi and Harner, 2012),其采样时间一般为一周以内。该装置的缺点是采样和分析过程容易受到污染,较难控制实验室和野外空白。XAD-PAS 与 SPMD-PAS 一样具有容量大的优点,缺点是结构复杂、制作与运输成本昂贵、操作烦琐。PE-PAS 类似于 SPMD-PAS,但无须油脂填料,操作简单,但采样速率极慢。

考虑城市环境大气高悬浮颗粒物污染的特点,我国学者研制了一种可以同时分别采集大气中的气态及颗粒态有机污染物的 PAS 装置(Tao et al., 2009; Tao et al., 2006),具有一定的推广应用前景。但目前尚存在采样速率较小的缺点。而加拿大学者也在原先 PUF-PAS 的基础上,设计了一种可同时采集气态和颗粒态 POPs 的被动采样器(Eng et al., 2013)。

为了追踪不同风向风速条件下的 POPs 污染物来源,Hung 等利用风向仪原理,设计了可随风向实时旋转的定向采样装置(Xiao et al., 2007; Xiao et al., 2008),大幅度提高了采样速率,缩短了采样时间,但时也带来了易穿透、需风速风向资料方能计算 POPs 大气浓度的弊端。我国学者设计了一种固定方向的风力开合式定向采样装置(Tao et al., 2008)，采样速率受风速控制，具有一定的应用价值。

被动采样基于分子界面交换吸附目标污染物，其采样速率一般与吸附材料性质和界面的分子运动速率有关，因而环境因素对被动采样器的采样速率影响至关重要。对大气被动采样起而言，目前针对温度、风速和采样器外形设计方面的研究较多，尚未有空气湿度方面的研究，此外，大气颗粒物的研究还需进一步加强。对水体被动采样器而言，也应充分考虑颗粒物黏附的影响。计算 PAS 的采样速率可以精确得到采样期间的样品体积，一般采用主动采样进行主动采样校正法、等效体积法和添加回收率指示物法，需要提到的是，利用了添加回收率指示物并结合定点主动采样校正法，同步计算了区域范围内 PUF-PAS 的采样速率，避免了采用单一方法的不足(Wang et al., 2012b)。基于 PUF-PAS 技术，加拿大学者 Harner 等提出并实施了全球大气被动采样(Global Atmospheric Passive Sampling, GAPS)计划(Pozo et al., 2006)。在亚洲等一些地区，也有区域性 PUF-PAS 采样观测研究(Li et al., 2012a; Liu et al., 2009; Zhang et al., 2008a)。

此外，应用于水体 POPs 的被动采样技术近年来也取得了长足的进展。目前主要包括半透膜装置(semipermeable membrane device, SPMD)技术、固相微萃取(solid phase microextraction, SPME)技术和低密度聚乙烯(low density polyethylene, LDPE)膜等几种采样介质和技术。SPMD 技术采样方便，操作简单，能够测定一段时间内的目标物在水体中的浓度，且因其结构与生物脂肪层结构相近，可很好用于水体污染的生物有效性评估，但三油酸甘油酯的存在导致分析难度较大，加之外层的 LDPE 已被验证对 POPs 具有吸附性，也可能会影响测定结果。目前该方法逐步被直接使用 LDPE 作为吸附材料的被动采样技术替代。SPME 是基于液相-固相吸附平衡的原理，该技术样品处理过程不消耗溶剂，同时集采样、萃取、浓缩及进样于一体，简化了分析操作流程；具有较高的灵敏度和选择性，比较适合痕量有机物的分析测定；且便于携带和进行野外现场采样分析。但是，SPME 技术装置的萃取纤维头比较脆弱，不适用于野外的长期原位监测。LDPE 则是在上两项技术基础上发展起来的，利用目标物在聚乙烯与水的分配来简化 SPMD 采样装置，使其成为以固相微萃取为原理，以 LDPE 单相聚合物为吸附相的一项新型被动采样技术。相比其他各种采样器，LDPE 重现性更好、价格更为便宜，且能够调整 LDPE 的用量而降低方法的检测限，监测到在水体中低浓度 POPs。LDPE 特别适合野外的原位监测，该技术已经广泛应用于诸如沉积物孔隙水、水体甚至大气等多种介质，同时还可用作评估沉积物水界面以及水气界面间的交换作用(Lohmann and Muir, 2010)。基于 LDPE 被动采样技术，美国罗德岛大学 Rainer Lohmann 和加拿大环保署 Derek Muir 等发起了全球水体 POPs 被动采样观测计划(AQUA-GAPS)。

利用微塑料作为被动采样器已经在全球沿海开展了诸多 POPs 的分布研究。研究发现不同地区微塑料样品中 POPs 等有机污染物存在差异，这些差异体现了 POPs

使用的区域差异(孙承君等, 2016)。Ogata 等(2009)于 2001～2008 年收集了 17 个国家 30 个海滩的微塑料,研究发现美国海岸微塑料上 PCBs 含量最高,为 605 ng/g,其次是欧洲和日本;微塑料上 HCH 含量最高出现在南非。Heskett 等(2012)对太平洋、大西洋、印度洋上偏远海岛微塑料的 POPs 的研究发现:PCBs 含量小于 10 ng/g-pellet, DDT 含量小于 4 ng/g-pellet, HCH 含量小于 2 ng/g-pellet。Yeo 等(2015)对澳大利亚和新西兰海岸的微塑料的研究发现:PCBs 含量高达 107～294 ng/g-pellet。此外另有研究(Mizukawa et al., 2013)显示葡萄牙沿岸微塑料颗粒中多氯联苯和多环芳烃含量分别为 273～307 ng/g 和 100～300 ng/g;而北太平洋环流系统微塑料颗粒吸附的多氯联苯含量为 1～223 ng/g(Mendoza and Jones, 2015)。

3) 大气-地表界面 POPs 的逸度采样技术

土壤逸度采样器可以采集已经与土壤达到平衡的大气 POPs。POPs 在土壤-大气之间的交换和分配是控制 POPs 在区域和全球范围内的命运和传输的关键过程。一般来说,土壤逸度是根据土壤-空气分配系数的模型,以及相应的不确定性进行估算的,误差较大。针对这一问题,Cabrerizo 等设计了一种由覆盖面板和低速大气主动采样器组成的土壤逸度采样器,该采样器的主要优点是,所采集的气态 POPs 与土壤有充分的接触时间,以达到土-气平衡,从而能够准确测定 POPs 的土壤逸度,为开展土壤-大气间 POPs 交换提供了一种新方法(Cabrerizo et al., 2009; Wang et al., 2015)。该采样器拥有简便、快捷和准确的特点,因而得到了广泛的应用,分别在极地(Cabrerizo et al., 2013; Ren et al., 2019)、中低纬度地区(Meijer et al., 2003)和重污染地区(Wang et al., 2016c)测定了不同类型 POPs 的逸度。该方法在我国珠江三角洲受电子垃圾污染土壤的土-气界面研究中也有所应用(Wang et al., 2016c)。

4) 地质档案(geological archives)

沉积物、冰芯等地质沉积介质能记录更长时间和高分辨率的 POPs 信息,也常用于重建 POPs 输入的污染历史,阐释区域环境中污染的迁移规律和再循环过程,故又称地质档案。

不同水体环境下,沉积物中的 POPs 可能来源于大气-水柱沉降、陆源河流输入两个主要途径。其中,在主要接受大气沉降来源的沉积环境,如偏远地区的玛珥湖、水库、开放海等,其沉积物更倾向于记录 POPs 的区域排放历史,如东海济州岛西南泥质区内沉积钻孔中 DDT 和 HCH 含量时间变化表明,其沉积记录与中国大陆 DDT 和 HCH 的使用量具有一致的变化趋势(Lin et al., 2016);而在主要受河流输入物源控制的沉积环境,如河口、受人类活动影响的湖泊等,其沉积物不但记录了 POPs 的流域排放历史,还记录了人类活动对地表扰动(如土地利用变化)和流域土壤流失以及径流搬运的历史。例如,在有机氯农药禁用以后,珠江流域快速城镇化过程引起的农业土壤加速流失，可能是导致珠江河口沉积记录中有机氯农药浓度在 20 世纪 90 年代仍增加的重要原因(Zhang et al., 2002)。有趣的是，由于受全球变暖或局地气候变化的影响，冰川湖泊的沉积记录一方面可记录 POPs 的排放历史，同时也可能反映因冰川退缩、融化所导致的 POPs 二次释放的历史。例如，Bogdal 等(2009)和 Schmid 等(2011)对阿尔卑斯山冰川湖泊的研究，发现 20 世纪 90 年代中期以后，沉积物中出现了 PCBs 和 DDT 含量的增加(Bogdal et al., 2009; Schmid et al., 2011)，认为是全球变暖导致的冰川融化所致 POPs 二次释放，他们形象地将其称为"Blast from the Past(魅影重现)"。又如，Cheng 等(2014)对我国青藏高原纳木错、羊卓雍错、错鄂湖和星海的沉积记录的研究进一步证实了此现象的存在。

相较而言，冰芯中 POPs 来源单一，更能反映排放源变化和大气环流特征。通过研究喜马拉雅山绒布冰川的冰芯中的 POPs 记录，王晓萍等反演出 20 世纪 60 年代以来印度 OCPs 的排放历史，认为冰芯中 OCPs 记录与厄尔尼诺-南方涛动(El Niño-Southern Oscillation, ENSO)气候系统相关联(Wang et al., 2010; Wang et al., 2008)。

5) 生物与环境样本库(specimen bank)

生物与环境样本库这一概念出现在 20 世纪下半叶，指那些保存良好的、长期的、系统的、具有代表性和可靠性的、能回溯历史的生物样本库。从 20 世纪 60 年代开始，瑞士(Odsjo, 2006)和日本(Tanabe, 2006)就已经储备样本，1979 年美国和德国(Becker and Wise, 2006)分别开始组织保存生物样品，此后法国和韩国也相继开设了自己的生物与环境样本库。这种大规模的样品储备不仅有利于研究生态系统演化、评估环境政策效果和生物健康历史，更为回溯污染物历史提供了基础。以日本为例，爱媛大学在过去 40 年来储存了世界各地 1000 多种超过 100000 份样品(Tanabe, 2006)，研究了金枪鱼和贻贝体内的 POPs 并获得亚太地区污染物空间分布信息，并重演了该区域沙头鲸、海豹、海豚等生物体内 POPs 污染历史，观测到农药禁用后 OCPs 含量的下降以及溴系阻燃剂使用类型转变后生物体内化合物组成的变迁(Tanabe and Ramu, 2012)。

1.10.2　POPs 的地球化学示踪

分子标志物(molecular marker)、POPs 手性组成分析(enantiomeric analysis)、稳定同位素技术广泛用于 POPs 的区域层圈交换、长距离大气迁移与机体作用机理的研究中。

1) 分子标志物

分子标志物示踪，主要是利用 POPs 与其降解产物间的比值，以及 POPs 混合物中不同组分的相对含量或指纹图谱，提取 POPs 的来源与过程信息。以下主要就 POPs 大气长距离迁移的示踪举例。

(1) HCH。曾经最广泛使用的 HCH 是一种混合物,其中包括了 60%~70% 的 α-HCH、5%~12% β-HCH、10%~12% γ-HCH 和少量其他 HCH 异构体。从 20 世纪 70 年代中期以来,世界上大多数国家都先后禁止了混合 HCH 的生产与使用,林丹(γ-HCH)则在 2009 年方列入《POPs 公约》清单。一方面,由于 α-HCH 相对 γ-HCH 具有更好的挥发性,因此经长距离迁移的气团中 α-HCH/γ-HCH 的比值将增高;另一方面,一些国家林丹禁用较晚,以之为气源地的气团中 α-HCH/γ-HCH 的比值又相对较低。故该比值须结合具体研究地区的实际情况,辩证应用。

(2) DDT。DDT 也是一种最广泛使用的杀虫剂,发达国家已禁止使用,但在一些地处热带或低纬度地区的发展中国家,尚有少量使用,以防治痢疾等流行病。一种新的农药——三氯杀螨醇,由于使用 DDT 作为中间体合成生产,其中也含有少量的 DDT 残留。一般而言,DDT 在氧化的条件下,倾向于向 DDE 发生转化,而还原环境下,则较易向滴滴滴(DDD)转化(Zhang et al., 2002)。因此,DDT/DDE 或 DDT/(DDE+DDD)比值,在一定程度上可以反映土壤中 DDT 的"新"或"老"。当有来自尚可使用 DDT 地区或三氯杀螨醇使用量较大地区的气团时,这两个比值也将增大。例如,Kallenborn 等利用 α-HCH/γ-HCH 和 DDE/DDT 比值,结合气团轨迹,研究了大气有机氯农药向南极地区的长距离传输(Kallenborn et al., 1998)。

(3) 氯丹。大气迁移过程中,由于其顺式异构体(TC)较反式异构体(CC)易于降解转化,所以随大气传输距离的增加,TC/CC 比值也将增大。Bidleman 等利用这一原理,对北美氯丹向北极大气的长距离传输进行了示踪(Bidleman and Falconer, 1999)。

(4) PCBs。由多达 209 个理论上可能的同系物构成"分子指纹",一方面可提供来源信息(不同 Aroclor 工业品的 PCBs 指纹图谱不同),另一方面由于不同氯取代数的 PCBs 在挥发性上有较大差别,所以随大气迁移距离的增加,低氯取代 PCBs 同系物的相对含量会增加。如 Ockenden 等利用欧洲大陆和波罗的海大气 PCBs 同系物组分的规律性分异作用,揭示了 PCBs 的纬向长距离大气迁移(Ockenden et al., 1998)。

2) 手性化合物

非生物过程如溶解、挥发、水解、光解等,一般不会造成手性化合物组成的改变,而生命过程则往往具有手性选择性。HCH、DDT、氯丹、七氯等有机氯农药类 POPs,在其商业产品中均为外消旋混合物(racemic mixture),相应的(+)、(−)异构体含量比值(enantiomeric ratio, ER,即对映体比例)为 1。ER 值可作为其 POPs 环境地球化学过程的重要示踪剂。例如,环境中"新的"有机氯农药由于所经历的生物作用过程较少或时间较短,其手性化合物分馏不明显,往往具有近于 1 的 ER 值,相反,"老的"有机氯农药经历了较长时间的复杂生物作用,其 ER 值将偏离 1(Bidleman et al., 1998)。由于不同区域在有机氯农药使用历史和地表生物作用特点上的差异，其 ER 值可以在较大的区域尺度上对来自于不同源区的 POPs 来源，及其迁移与混合过程进行示踪(Bidleman et al., 2012; Jantunen et al., 2008)。

例如，α-HCH 具有手性，Bidleman 等的系列研究揭示，在美国大湖区水体中的 α-HCH 富(+)异构体，而其上大气中 α-HCH 的手性组成则随季节发生有规律变化，反映了存在大气迁移输入的外来 α-HCH 与本地水体挥发 α-HCH 进行了混合(Bidleman and Falconer, 1999)。北极西部海域水体中 α-HCH 富(+)异构体，而白令海和楚科奇海水域则富(−)异构体，其对应大气中的 α-HCH 手性组成与水体一致，基于此，Bidleman 等认为，北极地区的大气 POPs 经向迁移，可以利用 α-HCH 的手性组成变化进行示踪。

一些 PCBs 也具有手性特征(Buckman et al., 2006; Wong and Garrison, 2000; Wong et al., 2001)，并被广泛应用于 PCBs 的来源示踪、介质交换以及生物富集、生物代谢研究中(Chen et al., 2014; Wang et al., 2017a; Zheng et al., 2013)。

3) 稳定同位素

生物体有机质的稳定氮同位素组成(δ^{15}N‰)，可以用来定量反映食物链中生物所处的营养级(Broman et al., 1992; Guo et al., 2008)。由于 ^{14}N 能从生物体内排出，而 ^{15}N 则被生物组织吸收，动物组织摄入的食物富 ^{15}N，这种富集过程经食物链传递，并随年龄而增长。所以随着营养级的增高，δ^{15}N 是增大的(Sun et al., 2017)。与氮同位素相反，^{13}C 与 ^{12}C 在食物链过程中分馏很小，即 δ^{13}C 基本上不随着营养级的变化而改变，因此可以利用生物体内有机碳的稳定碳同位素组成，指示其摄入的碳源(Rau and Anderson, 1981)。

单体同位素分析(compound specific isotope analysis, CSIA)技术能够测定目标有机化合物中特定元素稳定同位素比值，是污染研究领域的一项新技术。该方法利用有机污染物中的稳定同位素信号示踪不同的污染源和降解过程。近年来，对一些 POPs 化合物(如 PCBs、PBDEs)的单体稳定(碳)同位素分析技术取得了长足进展，使 CSIA 技术示踪 POPs 在食物链上的传递及其生物代谢成为可能(Zeng et al., 2013a; Zeng et al., 2012)。如对一个受电子垃圾污染的水塘中鱼体内 PCBs 的 CSIA 研究表明，PCBs 的稳定碳同位素比值较沉积物中的 PCBs 呈整体上升趋势，证明了鱼体内存在 PCBs 的代谢转化过程(Luo et al., 2013; Zeng et al., 2013b)，而两种不同鱼体内 PCBs 同位素模式的相似性，反映出其对 PCBs 的代谢途径相似。DBE-47 和 DBE-99 的单体稳定同位素比值变化特征则显示鱼体内存在 PBDEs 的代谢(Zeng et al., 2013b)。

多元素单体同位素方法联合应用碳、氢、氮等多种元素的单体同位素分析，可以有效识别有机污染物的不同降解反应路径。POPs 涵盖许多氯代有机化合物，因此氯同位素也是与环境紧密相关的稳定同位素。传统的氯稳定同位素测量方法大多是离线测定，目标化合物首先需要通过复杂、耗时的前处理转化为含单个氯原子的工作物质（如 AgCl、CH₃Cl 和 CsCl 等）。Sakaguchi-Soeder 等建立了基于气相色谱-四极杆质谱（GC-qMS）测定有机单体氯同位素的新方法（Sakaguchi-Soeder et al., 2007）。Jin 等进一步优化了不同质谱参数，并且系统地探索了质谱数据的不同数学处理方法对该方法测量精度的影响（Jin et al., 2011）。较传统方法，该方法不需要昂贵的高端机器便可以在线测定单体氯同位素比值，并且具有操作简单、灵敏度高和适用物质范围广等优势。新近的研究成果应用该方法定量观测了包括 PCBs 在内的不同有机污染物在毛细管气相色谱柱上的同位素分馏（Tang et al., 2017）。

传统的单体同位素数据的分析仍依赖于简单的 Rayleigh 模型，但该模型的应用仅局限于封闭环境系统下的同位素数据分析。Jin 等提出了模拟多元素单体同位素信号演化的数学模型，并将其应用于氯化乙烯的单体碳、氯同位素分馏模拟（Jin et al., 2013）。继该模型之后，针对不同类型的有机污染物，又提出了一系列多元素稳定同位素数学模型（Jin and Rolle, 2014; 2016）。

1.10.3 POPs 区域环境过程的数值模拟

污染物的环境过程是由其生成机制、物理化学性质、污染源的排放特征以及相关的环境参数等多因素共同作用形成的，具有一定的复杂性，利用监测分析很难形成规律性的认识。区域环境模型将自然环境视为一系列互相关联的相或区间的组合体，利用数学方法将上述因素纳入到一个系统中，构建一个与真实环境相近的评估环境，从而可使人们对污染物的环境过程形成规律性的认识。利用该模型可有效解决研究区域环境污染的问题。区域环境模型主要用来量化污染来源与过程、解析多因素的控制机制和不同情景下的反演和预测分析。

逸度模型是基于热力学中表征化学品在各相间平衡的逸度概念发展起来的（Mackay, 1979），广泛用于区域 POPs 的环境过程与归趋。逸度模型的最大特点是将大气、土壤、海洋、河流、森林、冰川等多环境介质纳入到一个系统中，以反演和预测污染物的环境过程和归趋。这类模型已经从假定系统处于稳态、平衡和非流动状态的一级（Level I）模型发展到了假定系统处于非稳态、非平衡和流动状态的四级（Level IV）模型（Mackay, 2001）。为评估污染物在全球和区域尺度的空间环境归趋，逸度模型在考虑多环境介质的基础上，在空间上细化为若干连通的网格单元（MacLeod et al., 2005; Tian et al., 2011）。这样的逸度模型在描述污染物的时空分布特征方面具有重要价值（MacLeod et al., 2010）。

大气扩散模型是将污染源的排放数据、污染物质的物理化学性质以及相关的环境参数纳入到一个系统中，利用欧拉方法或拉格朗日方法定量评估污染物在大气中时空变化的方法（MacLeod et al., 2010）。由于 POPs 具有多介质环境迁移的特征，大气扩散模型耦合土壤、水体、冰雪、植被等其他环境相，利用高精度的气象数据(如风、温度以及降水)作为模型输入资料，描述 POPs 在大气中的传输以及在空间各环境介质中的归趋过程成为一个发展趋势。这类模型主要是利用双膜理论描述化学品在水-气界面之间的交换；利用 Jury 模型描述化学品在土-气界面之间的交换，如 CanMETOP 模型和 MEDIA 模型(Zhang et al., 2008b)。

污染物进入环境后，会通过各种暴露途径危害生态系统和人类健康。区域环境污染模型与健康暴露模型耦合，可评估健康风险。例如，Zhang 等在考虑基因易感性的情况下，评估了由多环芳烃导致的我国人口肺癌风险(Zhang et al., 2009)，Xu 等评估了亚洲地区林丹使用导致的我国人口癌症风险(Xu et al., 2013a)。

POPs 进入环境后，其环境过程受环境因素变化的影响。全球变暖是当前主要的气候变迁过程，利用大气扩散模型/逸度模型耦合气候模型，评估全球变暖对 POPs 环境归趋的影响也是当前的一个研究热点问题(Friedman et al., 2013; Komprda et al., 2013)。目前数值模拟技术进一步发展仍面临的重要问题是环境过程表达和模型参数的误差传递所导致的模拟结果不确定性。

参 考 文 献

刘强, 徐旭丹, 黄伟, 等, 2017. 海洋微塑料污染的生态效应研究进展. 生态学报, 37(22): 1-13.

孙承君, 蒋凤华, 李景喜, 等, 2016. 海洋中微塑料的来源、分布及生态环境影响研究进展. 海洋科学进展, 34(4): 449-461.

Abdallah M A-E, Harrad S, 2010. Modification and calibration of a passive air sampler for monitoring vapor and particulate phase brominated flame retardants in indoor air: Application to car interiors. Environmental Science & Technology, 44: 3059-3065.

Accardi-Dey A, Gschwend P M, 2002. Assessing the combined roles of natural organic matter and black carbon as sorbents in sediments. Environmental Science & Technology, 36:21-29.

Ahrens L, Barber J L, Xie Z, et al., 2009. Longitudinal and latitudinal distribution of perfluoroalkyl compounds in the surface water of the Atlantic ocean. Environmental Science & Technology, 43:3122-3127.

Armitage J, Cousins I T, Buck R C, et al., 2006. Modeling global-scale fate and transport of perfluorooctanoate emitted from direct sources. Environmental Science & Technology, ,40: 6969-6975.

Asante K A, Adu-Kumi S, Nakahiro K, et al., 2011. Human exposure to PCBs, PBDEs and HBCDs in Ghana: Temporal variation, sources of exposure and estimation of daily intakes by infants. Environment International, 37: 921-928.

Avio C G, Gorbi S, Milan M, et al., 2015. Pollutants bioavailability and toxicological risk from microplastics to marine mussels. Environmental Pollution, 198: 211-222.

Bailey R, Barrie L A, Halsall C J, et al., 2000. Atmospheric organochlorine pesticides in the Western Canadian Arctic: Evidence of transpacific transport. Journal of Geophysical Research-Atmospheres, 105: 11805-11811.

Barber J L, Thomas G O, Kerstiens G, et al., 2003. Study of plant-air transfer of PCBs from an evergreen shrub: Implications for mechanisms and modeling. Environmental Science & Technology, 37: 3838-3844.

Barber J L, Thomas G O, Kerstiens G, et al., 2004. Current issues and uncertainties in the measurement and modelling of air-vegetation exchange and within-plant processing of POPs. Environmental Pollution, 128: 99-138.

Becker P R, Wise S A, 2006. The US National biomonitoring specimen bank and the marine environmental specimen bank. Journal of Environmental Monitoring, 8: 795-799.

Becker S, Halsall C J, Tych W, et al., 2006. Resolving the long-term trends of polycyclic aromatic hydrocarbons in the Canadian Arctic atmosphere. Environmental Science & Technology, 40: 3217-3222.

Bengtson Nash S, Rintoul S R, Kawaguchi S, et al., 2010. Perfluorinated compounds in the Antarctic region: Ocean circulation provides prolonged protection from distant sources. Environmental Pollution, 158: 2985-2991.

Bergknut M, Laudon H, Jansson S, et al., 2011. Atmospheric deposition, retention, and stream export of dioxins and PCBs in a pristine boreal catchment. Environmental Pollution, 159: 1592-1598.

Berrojalbiz N, Dachs J, Del Vento S, et al., 2011. Persistent organic pollutants in mediterranean seawater and processes affecting their accumulation in plankton. Environmental Science & Technology, 45: 4315-4322.

Bi X, Qu W, Sheng G, Zhang W, et al., 2006. Polybrominated diphenyl ethers in South China maternal and fetal blood and breast milk. Environmental Pollution, 144: 1024-1030.

Bidleman T F, Falconer, R L,1999. Using enantiomers to trace pesticide emissions. Environmental Science & Technology, 33: 206A-209A.

Bidleman T F, Harner T, Wiberg K, et al.,1998. Chiral pesticides as tracers of air-surface exchange. Environmental Pollution, 102: 43-49.

Bidleman T F, Jantunen L M, Kurt-Karakus P B, et al. 2012. Chiral persistent organic pollutants as tracers of atmospheric sources and fate: Review and prospects for investigating climate change influences. Atmospheric Pollution Research, 3: 371-382.

Black R R, Meyer C P, Yates A, et al., 2012. Release of native and mass labelled PCDD/PCDF from soil heated to simulate bushfires. Environmental Pollution, 166: 10-16.

Blais J M, Kimpe L E, McMahon D, et al., 2005. Arctic seabirds transport marine-derived contaminants. Science, 309: 445.

Blais J M, Macdonald R W, Mackey D, et al., 2007. Biologically mediated transport of contaminants to aquatic systems. Environmental Science & Technology, 41: 1075-1084.

Blais J M, Schindler D W, Muir D C G, et al.,1998. Accumulation of persistent organochlorine compounds in mountains of Western Canada. Nature, 395: 585-588.

Bogdal C, Mueller C E, Buser A M, et al., 2014. Emissions of polychlorinated biphenyls, polychlorinated dibenzo-*p*-dioxins, and polychlorinated dibenzofurans during 2010 and 2011 in Zurich, Switzerland. Environmental Science & Technology, 48: 482-490.

Bogdal C, Nikolic D, Luethi M P, et al., 2010. Release of legacy pollutants from melting glaciers: Model evidence and conceptual understanding. Environmental Science & Technology, 44: 4063-4069.

Bogdal C, Schmid P, Zennegg M, et al., 2009. Blast from the past: Melting glaciers as a relevant source for persistent organic pollutants. Environmental Science & Technology, 43: 8173-8177.

Bonan G B, 2008. Forests and climate change: Forcings, feedbacks, and the climate benefits of forests. Science, 320(5882): 1444-1449.

Breivik K, Alcock R, Li Y F, et al., 2004. Primary sources of selected POPs: Regional and global scale emission inventories. Environmental Pollution, 128: 3-16.

Breivik K, Armitage J M, Wania F, et al., 2014. Tracking the global generation and exports of E-waste. Do existing estimates add up? Environmental Science & Technology, 48: 8735-8743.

Breivik K, Armitage J M, Wania F, et al., 2016. Tracking the global distribution of persistent organic pollutants accounting for E-waste exports to developing regions. Environmental Science & Technology, 50: 798-805.

Breivik K, Gioia R, Chakraborty P, et al.,2011. Are reductions in industrial organic contaminants emissions in rich countries achieved partly by export of toxic wastes? Environmental Science & Technology, 45: 9154-9160.

Breivik K, Sweetman A, Pacyna J M, et al., 2002a. Towards a global historical emission inventory for selected PCB congeners: A mass balance approach 1. Global production and consumption. Science of the Total Environment, 290:181-198.

Breivik K, Sweetman A, Pacyna J M, et al.,2002b. Towards a global historical emission inventory for selected PCB congeners: A mass balance approach 2: Emissions. Science of the Total Environment, 290: 199-224.

Breivik K, Sweetman A, Pacyna J M, et al., 2007. Towards a global historical emission inventory for selected PCB congeners: A mass balance approach 3: An update. Science of the Total Environment, 377: 296-307.

Bright D A, Dushenko W T, Grundy S L, et al., 1995. Evidence for short-range transport of polychlorinated biphenyls in the Canadian Arctic using congener signatures of PCBs in soils. Science of the Total Environment , 160/161: 251-263.

Broman D, Naf C, Rolff C, et al.,1992. Using ratios of stable nitrogen isotopes to estimate bioaccumulation and flux of polychlorinated dibenzo-p-dioxins (PCDDS) and dibenzofurans (PCDFS) in 2 fodd-chains form the Northern Baltic. Environmental Toxicology and Chemistry, 11: 331-345.

Buckman A H, Wong C S, Chow E A, et al., 2006. Biotransformation of polychlorinated biphenyls (PCBs) and bioformation of hydroxylated PCBs in fish. Aquatic Toxicology, 78: 176-185.

Buehler S S, Hites R A, 2002. The Great Lakes' integrated atmospheric deposition network. Environmental Science & Technology, 36: 354a-359a.

Cabrerizo A Dachs, J Barcelo D, 2009. Development of a soil fugacity sampler for determination of air-soil partitioning of persistent organic pollutants under field controlled conditions. Environmental Science & Technology, 43: 8257-8263.

Cabrerizo A, Dachs J Barcelo D, et al., 2013. Climatic and biogeochemical controls on the remobilization and reservoirs of persistent organic pollutants in Antarctica. Environmental Science & Technology, 47: 4299-4306.

Cabrerizo A, Dachs J, Moeckel C, et al.,2011. Factors influencing the soil-air partitioning and the strength of soils as a secondary source of polychlorinated biphenyls to the atmosphere. Environmental Science & Technology, 45: 4785-4792.

Cai M H, Ma Y X, Xie Z Y, et al., 2012. Distribution and air-sea exchange of organochlorine pesticides in the North Pacific and the Arctic. Journal of Geophysical Research-Atmospheres, 117.

Chan J K Y, Wong M H,2013. A review of environmental fate, body burdens, and human health risk assessment of PCDD/Fs at two typical electronic waste recycling sites in China. Science of the Total Environment, 463-464:1111-1123.

Chang S-S, Lee W-J, Holsen T M, et al., 2014. Emissions of polychlorinated-*p*-dibenzo dioxin, dibenzofurans(PCDD/Fs) and polybrominated diphenyl ethers(PBDEs)from rice straw biomass burning. Atmospheric Environment ,94: 573-581.

Chang S-S, Lee W-J, Wang L-C, et al., 2013. Influence of the Southeast Asian biomass burnings on the atmospheric persistent organic pollutants observed at near sources and receptor site. Atmospheric Environment, 78: 184-194.

Chen L, Xiao Y, Li Y, et al., 2018. Construction of the hydrological condition-persistent organic pollutants relationship in the Yangtze River Estuary. Journal of Hazardous Materials, 360: 544-551.

Chen S-J, Tian M, Zheng J, et al.,2014. Elevated levels of polychlorinated biphenyls in plants, air, and soils at an E-waste site in Southern China and enantioselective biotransformation of chiral PCBs in plants. Environmental Science & Technology, 48: 3847-3855.

Cheng H, Lin T, Zhang G, et al., 2014. DDTs and HCHs in sediment cores from the Tibetan Plateau. Chemosphere, 94: 183-189.

Cheng H R, Zhang G, Jiang J X, et al., 2007. Organochlorine pesticides, polybrominated biphenyl ethers and lead isotopes during the spring time at the Waliguan Baseline Observatory, Northwest China: Implication for long-range atmospheric transport. Atmospheric Environment, 41: 4734-4747.

Cheng J, Psillakis E, Hoffmann M R, et al., 2009. Acid dissociation versus molecular association of perfluoroalkyl oxoacids: Environmental implications. Journal of Physical Chemistry A, 113: 8152-8156.

Chiou C T, Peters L J, Freed V H,1979. A physical concept of soil-water equilibria for nonionic organic compounds. Science, 206: 831-832.

Christensen J R, Macduffee M, Macdonald R W, et al., 2005. Persistent organic pollutants in British Columbia grizzly bears: Consequence of divergent diets. Environmental Science & Technology, 39: 6952-6960.

Cousins I T, Mackay D, 2001. Strategies for including vegetation compartments in multimedia models. Chemosphere, 44: 643-654.

Cozar A, Echevarria F, Gonzalez-Gordillo J I, et al., 2014. Plastic debris in the open ocean. proceedings of the National Academy of Sciences of the United States of America, 111: 10239-10244.

Cui S, Fu Q, Ma W-L, et al., 2015. A preliminary compilation and evaluation of a comprehensive emission inventory for polychlorinated biphenyls in China. Science of the Total Environment, 533: 247-255.

Cui S, Qi H, Liu L-Y, et al.,2013. Emission of unintentionally produced polychlorinated biphenyls (UP-PCBs)in China: Has this become the major source of PCBs in Chinese air? Atmospheric Environment, 67: 73-79.

Dachs J, Lohmann R, Ockenden W A, et al., 2002. Oceanic biogeochemical controls on global dynamics of persistent organic pollutants. Environmental Science & Technology, 36: 4229-4237.

Dasgupta S, Peng X, Chen S, et al.,2018. Toxic anthropogenic pollutants reach the deepest ocean on Earth. Geochemical Perspectives Letters,7:22-26.

Desforges J-P, Hall A, McConnell B, et al.,2018. Predicting global killer whale population collapse from PCB pollution. Science, 361: 1373-1376.

Deziel N C, Wei W Q, Abnet C C, et al., 2013. A multi-day environmental study of polycyclic aromatic hydrocarbon exposure in a high-risk region for esophageal cancer in China. Journal of Exposure Science and Environmental Epidemiology, 23: 52-59.

Dickhut R M, Cincinelli A, Cochran M, et al., 2005. Atmospheric concentrations and air-water flux of organochlorine pesticides along the Western Antarctic Peninsula. Environmental Science & Technology, 39:465-470.

Diefenbacher P S, Bogdal C, Gerecke A C, et al.,2015. Emissions of polychlorinated biphenyls in Switzerland: A combination of long-term measurements and modeling. Environmental Science & Technology, 49: 2199-2206.

Dirtu A C, Ali N, Van den Eede N, et al., 2012. Country specific comparison for profile of chlorinated, brominated and phosphate organic contaminants in indoor dust: Case study for Eastern Romania, 2010. Environment International, 49: 1-8.

Du J, Wang S T, You H, et al., 2013. Understanding the toxicity of carbon nanotubes in the environment is crucial to the control of nanomaterials in producing and processing and the assessment of health risk for human: A review. Environmental Toxicology and Pharmacology, 36: 451-462.

Eng A, Harner T, Pozo K, 2013. A prototype passive air sampler for measuring dry deposition of polycyclic zromatic hydrocarbons. Environmental Science & Technology Letters, 1: 77-81.

Engler R E, 2012. The complex interaction between marine debris and toxic chemicals in the ocean. Environmental Science & Technology, 46. 12302-12315.

Evenset A, Christensen G N, Kallenborn R, 2005. Selected chlorobornanes, polychlorinated naphthalenes and brominated flame retardants in Bjornoya (Bear Island) freshwater biota. Environmental Pollution, 136: 419-430.

Evenset A, Christensen G N, Skotvold T, et al.,2004. A comparison of organic contaminants in two high Arctic lake ecosystems, Bjornoya (Bear Island), Norway. Science of the Total Environment, 318: 125-141.

Fang M-D, Ko F-C, Baker J E, et al.,2008. Seasonality of diffusive exchange of polychlorinated biphenyls and hexachlorobenzene across the air-sea interface of Kaohsiung Harbor, Taiwan. Science of the Total Environment, 407: 548-565.

Fangstrom B, Athanassiadis L, Odsjo T, et al., 2008. Temporal trends of polybrominated diphenyl ethers and hexabromocyclododecane in milk from Stockholm mothers, 1980-2004. Molecular Nutrition & Food Research, 52: 187-193.

Feng F, Wang X, Yuan H, et al., 2009. Ultra-performance liquid chromatography-tandem mass spectrometry for rapid and highly sensitive analysis of stereoisomers of benzo[a]pyrene diol epoxide-DNA adducts. Journal of Chromatography B, 877: 2104-2112.

Friedman C L, Zhang Y, Selin N E, 2013. Climate change and emissions impacts on atmospheric PAH transport to the Arctic. Environmental Science & Technology, 48: 429-437.

Galban-Malagon C, Berrojalbiz N, Ojeda M J, et al., 2012. The oceanic biological pump modulates the atmospheric transport of persistent organic pollutants to the Arctic. Nature Communications, doi: 10.1038/ncomms 1858.

Gao S, Hong J, Yu Z, et al.,2011a. Polybrominated diphenyl ethers in surfac soils form E-waste recycling areas and industrial areas in South China: Concentration levels, congener profile,and inventory. Environmental Toxicology and Chemistry, 30: 2688-2696.

Gao S, Wang J, Yu Z, et al.,2011b. Hexabromocyclododecanes in surface soils from E-waste recycling areas and industrial areas in South China: Concentrations, diastereoisomer- and enantiomer-specific profiles, and inventory. Environmental Science & Technology, 45: 2093-2099.

Garbarini D R, Lion L W, 1986. Influence of the nature of soil organics on the sorption of toluene and trichloroethylene. Environmental Science & Technology, 20:1263-1269.

Garcia-Flor N, Dachs J, Bayona J M, et al., 2009. Surface waters are a source of polychlorinated biphenyls to the coastal atmosphere of the North-Western Mediterranean Sea. Chemosphere, 75: 1144-1152.

Genualdi S, Harner T, 2012. Rapidly equilibrating micrometer film sampler for priority pollutants in air. Environmental Science & Technology, 46: 7661-7668.

Genualdi S, Lee S C, Shoeib M, et al., 2010. Global pilot study of legacy and emerging persistent organic pollutants using sorbent-impregnated polyurethane foam disk passive air samplers. Environmental Science & Technology, 44: 5534-5539.

Genualdi S A, Killin R K, Woods J, et al., 2009. Trans-Pacific and regional atmospheric transport of polycyclic aromatic hydrocarbons and pesticides in biomass burning emissions to Western North America. Environmental Science & Technology, 43:1061-1066.

Gevao B, Mordaunt C, Semple K T, et al.,2001. Bioavailability of nonextractable (bound) pesticide residues to earthworms. Environmental Science & Technology, 35:501-507.

Gioia R, Nizzetto L, Lohmann R, et al.,2008. Polychlorinated biphenyls (PCBs) in air and seawater of the Atlantic Ocean: Sources, trends and processes. Environmental Science & Technology, 42: 1416-1422.

Gouin T, Thomas G O, Cousins I, et al., 2002. Air-surface exchange of polybrominated biphenyl ethers and polychlorinated biphenyls. Environmental Science & Technology, 36: 1426-1434.

Grannas A M, Bogdal C, Hageman K J, et al., 2013. The role of the global cryosphere in the fate of organic contaminants. Atmospheric Chemistry and Physics, 13: 3271-3305.

Guan Y-F, Wang J-Z, Ni H-G, et al., 2007. Riverine inputs of polybrominated diphenyl ethers from the Pearl River Delta (China) to the coastal ocean. Environmental Science & Technology, 41: 6007-6013.

Guo L L, Qiu Y W, Zhang G, et al., 2008. Levels and bioaccumulation of organochlorine pesticides (OCPs) and polybrominated diphenyl ethers (PBDEs) in fishes from the Pearl River estuary and Daya Bay, South China. Environmental Pollution, 152: 604-611.

Halsall C J, Bailey R, Stern G A, et al., 1998. Multi-year observations of organohalogen pesticides in the Arctic atmosphere. Environmental Pollution, 102: 51-62.

Hatzinger P B, Alexander M, 1997. Biodegradation of organic compounds sequestered in organic solids or in nanopores within silica particles. Environmental Toxicology and Chemistry, 16: 2215-2221.

Heskett M, Takada H, Yamashita R, et al., 2012. Measurement of persistent organic pollutants (POPs) in plastic resin pellets from remote islands: Toward establishment of background concentrations for International Pellet Watch. Marine Pollution Bulletin, 64: 445-448.

Holmes L A, Turner A, Thompson R C, 2012. Adsorption of trace metals to plastic resin pellets in the marine environment. Environmental Pollution, 160: 42-48.

Houghton R A, 1995. Land-use change and the carbon cycle. Global Change Biology, 1: 275-287.

Huang T, Tian C, Zhang K, et al., 2015. Gridded atmospheric emission inventory of 2,3,7,8-TCDD in China. Atmospheric Environment, 108: 41-48.

Huang T, Zhang X, Ling Z, et al., 2016. Impacts of large-scale land-use change on the uptake of polycyclic aromatic hydrocarbons in the artificial three Northern Regions Shelter Forest Across Northern China. Environmental Science & Technology, 50: 12885-12893.

Huang W, Peng P A, Yu Z, et al., 2003. Effects of organic matter heterogeneity on sorption and desorption of organic contaminants by soils and sediments. Applied Geochemistry, 18: 955-972.

Huang W, Weber W J, 1997. A distributed reactivity model for sorption by soils and sediments. 10. Relationships between desorption hysteresis, and the chemical characteristics of organic domains. Environmental Science & Technology, 31: 2562-2569.

Huckins J N, Tubergen M W, Manuweera G K, 1990. Semipermeable membrane devices containing model lipid: A new approach to monitoring the bioavailability of lipophilic contaminants and estimating their bioconcentration potential. Chemosphere, 20: 533-552.

Hung H, MacLeod M, Guardans R, et al., 2013. Toward the next generation of air quality monitoring: Persistent organic pollutants. Atmospheric Environment, 80: 591-598.

Jamieson A J, Malkocs T, Piertney S B, et al., 2017. Bioaccumulation of persistent organic pollutants in the deepest ocean fauna. Nature Ecology & Evolution, 0051.

Jantunen L M, Helm P A, Kylin H, et al., 2008. Hexachlorocyclohexanes (HCHs) in the Canadian archipelago. 2. Air-water gas exchange of alpha- and gamma-HCH. Environmental Science & Technology, 42: 465-470.

Jia F, Bao L-J, Crago J, et al., 2014. Use of isotope dilution method to predict bioavailability of organic pollutants in historically contaminated sediments. Environmental Science & Technology, 48: 7966-7973.

Jia H, Li Y-F, Wang D, et al., 2009. Endosulfan in China 1-gridded usage inventories. Environmental Science and Pollution Research, 16: 295-301.

Jin B, Haderlein S B, Rolle M, 2013. Integrated carbon and chlorine isotope modeling: Applications to chlorinated aliphatic hydrocarbons dechlorination. Environmental Science & Technology, 47: 1443-1451.

Jin B, Laskov C, Rolle M, Haderlein S B, 2011. Chlorine isotope analysis of organic contaminants using GC-qMS: Method optimization and comparison of different evaluation schemes. Environmental Science & Technology, 45: 5279-5286.

Jin B, Rolle M, 2014. Mechanistic approach to multi-element isotope modeling of organic contaminant degradation. Chemosphere, 95: 131-139.

Jin B, Rolle M, 2016. Position-specific isotope modeling of organic micropollutants transformation through different reaction pathways. Environmental Pollution, 210: 94-103.

Jones K C, de Voogt P, 1999. Persistent organic pollutants (POPs): State of the science. Environmental Pollution, 100: 209-221.

Jonsson A, Gustafsson O, Axelman J, et al., 2003. Global accounting of PCBs in the continental shelf sediments. Environmental Science & Technology, 37: 245-255.

Jurado E, Dachs J, 2008. Seasonality in the "grasshopping" and atmospheric residence times of persistent organic pollutants over the oceans. Geophysical Research Letters, 35.

Kallenborn R, Oehme M, Wynn-Williams D D, et al., 1998. Ambient air levels and atmospheric long-range transport of persistent organochlorines to Signy Island, Antarctica. Science of the Total Environment, 220: 167-180.

Karickhoff S W, Brown D S, Scott T A, 1979. Sorption of hydrophobic pollutants on natural sediments. Water Research, 13: 241-248.

Kaupp H, Dorr G, Hippelein M, et al., 1996. Baseline contamination assessment for a new resource recovery facility in Germany. 4. Atmospheric concentrations of polychlorinated biphenyls and hexachlorobenzene. Chemosphere, 32:2029-2042.

Keranen J, Ahkola H, Knuutinen J, et al., 2013. Formation of PFOA from 8 : 2 FTOH in closed-bottle experiments with brackish water. Environmental Science and Pollution Research, 20: 8001-8012.

Koblizkova M, Genualdi S, Lee S C, et al., 2011. Application of sorbent impregnated polyurethane foam(SIP) disk passive air samplers for investigating organochlorine pesticides and polybrominated diphenyl ethers at the global scale. Environmental Science & Technology, 46: 391-396.

Komprda J, Komprdová K, Sáňka M, et al., 2013. Influence of climate and land use change on spatially resolved volatilization of persistent organic pollutants(POPs) from background soils. Environmental Science & Technology, 47: 7052-7059.

Krummel E M, Macdonald R W, Kimpe L E, et al., 2003. Delivery of pollutants by spawning salmon-fish dump toxic industrial compounds in Alaskan lakes on their return from the ocean. Nature, 425: 255-256.

Kuzyk Z Z A, Macdonald R W, Johannessen S C, et al., 2010. Biogeochemical controls on PCB deposition in Hudson Bay. Environmental Science & Technology, 44: 3280-3285.

Lai Y Q, Lu M H, Gao X, et al., 2011. New evidence for toxicity of polybrominated diphenyl ethers: DNA adduct formation from quinone metabolites. Environmental Science & Technology, 45: 10720-10727.

Lammel G, Heil A, Stemmler I, et al., 2013. On the contribution of biomass burning to POPs(PAHs and PCDDs) in air in Africa. Environmental Science & Technology, 47: 11616-11624.

Lang C, Tao S, Liu W, et al., 2008. Atmospheric transport and outflow of polycyclic aromatic hydrocarbons from China. Environmental Science & Technology, 42:5196-5201.

Lang C, Tao S, Zhang G, et al., 2007. Outflow of polycyclic aromatic hydrocarbons from Guangdong, Southern China. Environmental Science & Technology, 41: 8370-8375.

Latch D E, Packer J L, Stender B L, et al., 2005. Aqueous photochemistry of triclosan: Formation of 2,4-dichlorophenol, 2,8-dichlorodibenzo-p-dioxin, and oligomerization products. Environmental Toxicology and Chemistry, 24: 517-525.

Law K L, Moret-Ferguson S, Maximenko N A, et al., 2010. Plastic accumulation in the North Atlantic Subtropical Gyre. Science, 329: 1185-1188.

Law K L, Moret-Ferguson S E, Goodwin D S, et al., 2014. Distribution of surface plastic debris in the Eastern Pacific Ocean from an 11-year data set. Environmental Science & Technology, 48: 4732-4738.

Law K L, Thompson R C, 2014. Microplastics in the seas. Science, 345: 144-145.

Leboeuf E J, Weber, W J, 1997. A distributed reactivity model for sorption by soils and sediments.8. Sorbent organic domains: Discovery of a humic acid glass transition and an argument for a polymer-based model. Environmental Science & Technology, 31: 1697-1702.

Lee K H, Shu X O, Gao Y T, et al., 2010. Breast cancer and urinary biomarkers of polycyclic aromatic hydrocarbon and oxidative stress in the Shanghai Women's Health Study. Cancer Epidemiology Biomarkers & Prevention, 19: 877-883.

Li F, Sun H, Hao Z, et al., 2011. Perfluorinated compounds in Haihe River and Dagu Drainage Canal in Tianjin, China. Chemosphere, 84: 265-271.

Li H, Yu L, Sheng G, et al., 2007. Severe PCDD/F and PBDQ/F pollution in air around an electronic waste dismantling area in China. Environmental Science & Technology, 41: 5641-5646.

Li J, Zhang G, Qi S, et al., 2006. Concentrations, enantiomeric compositions, and sources of HCH, DDT and chlordane in soils from the Pearl River Delta, South China. Science of the Total Environment, 372:215-224.

Li L, Wania F, 2018. Occurrence of single- and double-peaked emission profiles of synthetic chemicals. Environmental Science & Technology, 52: 4684-4693.

Li Q, Li J, Wang Y, et al., 2012a. Atmospheric short-chain chlorinated paraffins in China, Japan, and South Korea. Environmental Science & Technology, 46: 11948-11954.

Li X, Zhu Y, Wu T, et al., 2010a. Using a novel petroselinic acid embedded cellulose acetate membrane to mimic plant partitioning and in vivo uptake of polycyclic aromatic hydrocarbons. Environmental Science & Technology, 44: 297-301.

Li Y, Lin T, Chen Y, et al., 2012b. Polybrominated diphenyl ethers(PBDEs)in sediments of the coastal East China Sea: Occurrence, distribution and mass inventory. Environmental Pollution (Barking, Essex: 1987), 171: 155-161.

Li Y-F, Qiao L-N, Ren N-Q, et al., 2017. Decabrominated diphenyl ethers(BDE-209) in Chinese and global air: Levels, gas/particle partitioning, and long-range transport: Is long-range transport of BDE-209 really governed by the movement of particles? Environmental Science & Technology, 51: 1035-1042.

Li Y F, Harner T, Liu L Y, et al., 2010b. Polychlorinated biphenyls in global air and surface soil: Distributions, air-soil exchange, and fractionation effect. Environmental Science & Technology, 44: 2784-2790.

Li Y F, Ma W L, Yang M, 2015. Prediction of gas/particle partitioning of polybrominated diphenyl ethers(PBDEs) in global air: A theoretical study. Atmospheric Chemistry and Physics, 15: 1669-1681.

Li Y F, Macdonald R W, Jantunen L M M, et al., 2002. The transport of beta-hexachlorocyclohexane to the Western Arctic Ocean: A contrast to alpha-HCH. Science of the Total Environment ,291: 229-246.

Li Y F, McMillan A, Scholtz M T, 1996. Global HCH usage with 1 degrees × 1 degrees longitude/latitude resolution. Environmental Science & Technology, 30: 3525-3533.

Lin T, Nizzetto L, Guo Z, et al., 2016. DDTs and HCHs in sediment cores from the coastal East China Sea. Science of the Total Environment ,539: 388-394.

Liu D, Xu Y, Li J, et al., 2013a. Organochlorinated compounds in the air at NAEO, an eastern background site in China: Long-range atmospheric transport versus local sources. accepted by Aerosol and Air Quality Research.

Liu H-H, Bao L-J, Zhang K, et al., 2013b. Novel passive sampling device for measuring sediment-water diffusion fluxes of hydrophobic organic chemicals. Environmental Science & Technology, 47: 9866-9873.

Liu X, Li J, Zheng Q, et al., 2014. Forest filter effect versus cold trapping effect on the altitudinal distribution of PCBs: A case study of Mt. Gongga, Eastern Tibetan Plateau. Environmental Science & Technology, 48:14377-14385.

Liu X, Ming L-L, Nizzetto L, et al., 2013c. Critical evaluation of a new passive exchange-meter for assessing multimedia fate of persistent organic pollutants at the air-soil interface. Environmental Pollution, 181: 144-150.

Liu X, Wang S, Jiang Y, et al., 2017. Polychlorinated biphenyls and polybrominated diphenylethers in soils from planted forests and adjacent natural forests on a tropical island. Environmental Pollution, 227: 57-63.

Liu X, Zhang G, Li J, et al., 2009. Seasonal patterns and current sources of DDTs, chlordanes, hexachlorobenzene, and endosulfan in the atmosphere of 37 Chinese cities. Environmental Science & Technology, 43: 1316-1321.

Liu X M, Song Q J, Tang Y, et al., 2013d. Human health risk assessment of heavy metals in soil-vegetable system: A multi-medium analysis. Science of the Total Environment, 463: 530-540.

Lohmann R, Gioia R, Jones K C, et al., 2009. Organochlorine pesticides and PAHs in the surface water and atmosphere of the North Atlantic and Arctic Ocean. Environmental Science & Technology, 43: 5633-5639.

Lohmann R, Klanova J, Kukucka P, et al., 2012. PCBs and OCPs on a East-to-West transect: The importance of major currents and net volatilization for PCBs in the Atlantic Ocean. Environmental Science & Technology, 46:10471-10479.

Lohmann R, Muir D, 2010. Global aquatic passive sampling (AQUA-GAPS): Using passive samplers to monitor POPs in the waters of the world. Environmental Science & Technology, 44: 860-864.

Luo X-J, Zeng Y-H, Chen H-S, et al., 2013. Application of compound-specific stable carbon isotope analysis for the biotransformation and trophic dynamics of PBDEs in a feeding study with fish. Environmental Pollution, 176: 36-41.

Luthy R G, Aiken G R, Brusseau M L, et al., 1997. Sequestration of hydrophobic organic contaminants by geosorbents. Environmental Science & Technology, 31: 3341-3347.

Ma J M, Hung H L, Tian C, Kallenborn R, 2011. Revolatilization of persistent organic pollutants in the Arctic induced by climate change. Nat Clim Change, 1: 255-260.

Mackay D, 1979. Finding fugacity feasible. Environmental Science & Technology, 13: 1218-1223.

Mackay D, 2001. Multimedia environmental models: the fugacity approach. Second ed. Boca Raton: Lewis.

MacLeod M, Riley W J, Mckone T E, 2005. Assessing the influence of climate variability on atmospheric concentrations of polychlorinated biphenyls using a global-scale mass balance model (BETR-Global). Environmental Science & Technology, 39: 6749-6756.

MacLeod M, Scheringer M, McKone T E, et al., 2010. The state of multimedia mass-balance modeling in environmental science and decision-making. Environmental Science & Technology, 44: 8360-8364.

Mangano M C, Sarà G, Corsolini S, 2017. Monitoring of persistent organic pollutants in the polar regions: Knowledge gaps & gluts through evidence mapping. Chemosphere, 172:37-45.

Manodori L, Gambaro A, Moret I, et al., 2007. Air-sea gaseous exchange of PCB at the Venice lagoon (Italy). Marine Pollution Bulletin, 54:1634-1644.

Mato Y, Isobe T, Takada H, et al., 2001. Plastic resin pellets as a transport medium for toxic chemicals in the marine environment. Environmental Science & Technology, 35: 318-324.

McNeill V F, Grannas A M, Abbatt J P D, et al., 2012. Organics in environmental ices: Sources, chemistry, and impacts. Atmospheric Chemistry and Physics, 12: 9653-9678.

Meijer S N, Shoeib M, Jantunen L M M, et al., 2003. Air-soil exchange of organochlorine pesticides in agricultural soils. 1. Field measurements using a novel *in situ* sampling device. Environmental Science & Technology, 37: 1292-1299.

Mendoza L M R, Jones P R, 2015. Characterisation of microplastics and toxic chemicals extracted from microplastic samples from the North Pacific Gyre. Environmental Chemistry, 12:611-617.

Mizukawa K, Takada H, Ito M, et al., 2013. Monitoring of a wide range of organic micropollutants on the Portuguese coast using plastic resin pellets. Marine Pollution Bulletin, 70: 296-302.

Moller A, Xie Z Y, Caba A, et al., 2012. Occurrence and air-seawater exchange of brominated flame retardants and dechlorane plus in the North Sea. Atmospheric Environment, 46:346-353.

Moller A, Xie Z Y, Cai M H, et al., 2011a. Polybrominated diphenyl ethers *vs* alternate brominated flame retardants and dechloranes from East Asia to the Arctic. Environmental Science & Technology, 45: 6793-6799.

Moller A, Xie Z Y, Sturm R, et al., 2011b. Polybrominated diphenyl ethers (PBDEs) and alternative brominated flame retardants in air and seawater of the European Arctic. Environmental Pollution, 159: 1577-1583.

Moore C J, 2008. Synthetic polymers in the marine environment: A rapidly increasing, long-term threat. Environmental Research, 108: 131-139.

Muir D C G, de Wit C A, 2010. Trends of legacy and new persistent organic pollutants in the circumpolar arctic: Overview, conclusions, and recommendations. Science of the Total Environment, 408: 3044-3051.

Muir D C G, Omelchenko A, Grift N P, et al., 1996. Spatial trends and historical deposition of polychlorinated biphenyls in Canadian midlatitude and Arctic lake sediments. Environmental Science & Technology, 30: 3609-3617.

Munoz G, Budzinski H, Labadie P, 2017. Influence of environmental factors on the fate of legacy and emerging per- and polyfluoroalkyl substances along the salinity/turbidity gradient of a macrotidal estuary. Environmental Science & Technology, 51: 12347-12357.

Nattrechoux E, Cottin N, Pignol C, et al., 2015. Historical profiles of PCB in dated sediment cores suggest recent lake contamination through the "Halo Effect". Environmental Science & Technology, 49: 1303-1310.

Nam K, Alexander M, 1998. Role of nanoporosity and hydrophobicity in sequestration and bioavailability: Tests with model solids. Environmental Science & Technology, 32: 71-74.

Nizzetto L, Liu X, Zhang G, et al., 2014. Accumulation kinetics and equilibrium partitioning coefficients for semivolatile organic pollutants in forest litter. Environmental Science & Technology, 48: 420-428.

Nizzetto L, MacLeod M, Borgå K, et al., 2010. Past, present, and future controls on levels of persistent organic pollutants in the global environment. Environmental Science & Technology, 44: 6526-6531.

Noren K, Meironyte D, 2000. Certain organochlorine and organobromine contaminants in Swedish human milk in perspective of past 20～30 years. Chemosphere, 40:1111-1123.

Ockenden W A, Breivik K, Meijer S N, et al., 2003. The global re-cycling of persistent organic pollutants is strongly retarded by soils. Environmental Pollution, 121: 75-80.

Ockenden W A, Sweetman A J, Prest H F, et al., 1998. Toward an understanding of the global atmospheric distribution of persistent organic pollutants: The use of semipermeable membrane devices as time-integrated passive samplers. Environmental Science & Technology, 32: 2795-2803.

Odabasi M, Cetin B, Demircioglu E, et al., 2008. Air-water exchange of polychlorinated biphenyls (PCBs) and organochlorine pesticides (OCPs) at a coastal site in Izmir Bay, Turkey. Marine Chemistry, 109:115-129.

Odsjo T, 2006. The environmental specimen bank, Swedish Museum of Natural History: A base for contaminant monitoring and environmental research. Journal of Environmental Monitoring, 8: 791-794.

Oehme M, Haugen J-E, Schlabach M, 1996. Seasonal changes and relations between levels of organochlorines in arctic ambient air: First results of an all-year-round monitoring program at Ny-Ålesund, Svalbard, Norway. Environmental Science & Technology, 30: 2294-2304.

Ogata Y, Takada H, Mizukawa K, et al., 2009. International Pellet Watch: Global monitoring of persistent organic pollutants (POPs) in coastal Waters. 1. Initial phase data on PCBs, DDTs, and HCHs. Marine Pollution Bulletin, 58: 1437-1446.

Ololade I A, Zhou Q, Pan G, 2016. Influence of oxic/anoxic condition on sorption behavior of PFOS in sediment. Chemosphere, 150: 798-803.

Piatt J J, Brusseau M L, 1998. Rate-limited sorption of hydrophobic organic compounds by soils with well-characterized organic matter. Environmental Science & Technology 32:1604-1608.

Pielke R A, Marland G, Betts R A, et al., 2002. The influence of land-use change and landscape dynamics on the climate system: Relevance to climate-change policy beyond the radiative effect of greenhouse gases. Philosophical Transactions of the Royal Society of London A: Mathematical, Physical and Engineering Sciences, 360: 1705-1719.

Pier M D, Betts-Piper A A, Knowlton C C, et al., 2003. Redistribution of polychlorinated biphenyls from a local point source: Terrestrial soil, freshwater sediment, and vascular plants as indicators of the halo effect. Arctic Antarctic and Alpine Research, 35:349-360.

Pozo K, Harner T, Wania F, et al., 2006. Toward a global network for persistent organic pollutants in air: Results from the GAPS study. Environmental Science & Technology, 40: 4867-4873.

Rau G H, Anderson N H, 1981. Use of ^{13}C-^{12}C to trace dissolved and particulate organic-mater utilization by populations of an aquatic invertebrate. Oecologia, 48: 19-21.

Reemtsma T, Berger U, Arp H P H, et al., 2016. Mind the gap: Persistent and mobile organic compounds water contaminants that slip through. Environmental Science & Technology, 50: 10308-10315.

Reid B J, Jones K C, Semple K T, 2000. Bioavailability of persistent organic pollutants in soils and sediments: A perspective on mechanisms, consequences and assessment. Environmental Pollution, 108: 103-112.

Ren J, Wang X, Gong P, et al., 2019. Characterization of Tibetan soil as a source or sink of atmospheric persistent organic pollutants: Seasonal shift and impact of global warming. Environmental Science & Technology, 53 (7): 3589-3598.

Ren N, Que M, Li Y-F, et al., 2007. Polychlorinated biphenyls in Chinese surface soils. Environmental Science & Technology, 41: 3871-3876.

Ribes S, Van Drooge B, Dachs J, et al., 2003. Influence of soot carbon on the soil-air partitioning of polycyclic aromatic hydrocarbons. Environmental Science & Technology, 37: 2675-2680.

Rios L M, Moore C, Jones P R, 2007. Persistent organic pollutants carried by synthetic polymers in the ocean environment. Marine Pollution Bulletin, 54: 1230-1237.

Rochman C M, Hoh E, Hentschel B T, et al., 2013. Long-term field measurement of sorption of organic contaminants to five types of plastic pellets: Implications for plastic marine debris. Environmental Science & Technology, 47: 1646-1654.

Rochman C M, Kurobe T, Flores I, et al., 2014. Early warning signs of endocrine disruption in adult fish from the ingestion of polyethylene with and without sorbed chemical pollutants from the marine environment. Science of the Total Environment, 493: 656-661.

Rowe M D, Perlinger J A, 2009. Gas-phase cleanup method for analysis of trace atmospheric semivolatile organic compounds by thermal desorption from diffusion denuders. Journal of Chromatography A, 1216: 5940-5948.

Rowe M D, Perlinger J A, 2010. Performance of a high flow rate, thermally extractable multicapillary denuder for atmospheric semivolatile organic compound concentration Measurement. Environmental Science & Technology, 44: 2098-2104.

Ruzickova P, Klanova J, Cupr P, et al., 2008. An assessment of air-soil exchange of polychlorinated biphenyls and organochlorine pesticides across Central and Southern Europe. Environmental Science & Technology, 42: 179-185.

Sakaguchi-Soeder K, Jager J, Grund H, et al., 2007. Monitoring and evaluation of dechlorination processes using compound-specific chlorine isotope analysis. Rapid Communications in Mass Spectrometry, 21: 3077-3084.

Sandy A L, Guo J, Miskewitz R J, et al., 2012. Fluxes of polychlorinated biphenyls volatilizing from the Hudson River New York measured using micrometeorological approaches. Environmental Science & Technology, 46: 885-891.

Schmid P, Bogdal C, Bluethgen N, et al., 2011. The missing piece: Sediment records in remote mountain lakes confirm glaciers being secondary sources of persistent organic pollutants. Environmental Science & Technology, 45: 203-208.

Schulze S, Zahn D, Montes R, et al., 2019. Occurrence of emerging persistent and mobile organic contaminants in European water samples. Water Research, 153: 80-90.

Shen H Q, Xu W P, Zhang J, et al., 2013. Urinary metabolic biomarkers link oxidative stress indicators associated with general arsenic exposure to male infertility in a Han Chinese population. Environmental Science & Technology, 47: 8843-8851.

Shi Z X, Wu Y N, Li J G, et al., 2009. Dietary exposure assessment of Chinese adults and nursing infants to tetrabromobisphenol-A and hexabromocyclododecanes: Occurrence measurements in foods and human milk. Environmental Science & Technology, 43: 4314-4319.

Shih S-I, Lee W-J, Lin L-F, et al., 2008. Significance of biomass open burning on the levels of polychlorinated dibenzo-p-dioxins and dibenzofurans in the ambient air. Journal of Hazardous Materials, 153: 276-284.

Shoeib M, Harner T, Lee S C, et al., 2008. Sorbent-impregnated polyurethane foam disk for passive air sampling of volatile fluorinated chemicals. Analytical Chemistry, 80: 675-682.

Simonich S L, Hites R A, 1995. Global distribution of persistent organochlorine compounds. Science, 269: 1851-1854.

Solomon S, 2007. Climate change 2007: The physical science basis: Working group I contribution to the fourth assessment report of the IPCC. Cambridge: Cambridge University Press.

Song J, Peng P A, Huang W, 2002. Black carbon and kerogen in soils and sediments. 1. Quantification and characterization. Environmental Science & Technology, 36: 3960-3967.

Steinberg S M, Pignatello J J, Sawhney B L, 1987. Persistence of 1,2-dibromoethane in soils: Entrapment in intraparticle micropores. Environmental Science & Technology, 21: 1201-1208.

Stemmler I, Lammel G, 2009. Cycling of DDT in the global environment 1950~2002: World ocean returns the pollutant. Geophys Res Lett, 36.

Stemmler I, Lammel G, 2013. Evidence of the return of past pollution in the ocean: A model study. Geophys Res Lett, 40.

Sun L G, Yin X B, Pan C P, et al., 2005. A 50-years record of dichloro-diphenyl-trichloroethanes and hexachlorocyclohexanes in lake sediments and penguin droppings on King George Island, Maritime Antarctic. Journal of Environmental Sciences-China, 17: 899-905.

Sun R, Luo X, Tang B, et al., 2017. Bioaccumulation of short chain chlorinated paraffins in a typical freshwater food web contaminated by E-waste in South China: Bioaccumulation factors, tissue distribution, and trophic transfer. Environmental Pollution, 222: 165-174.

Tanabe S, 2006. Environmental specimen bank in Ehime University (es-BANK), Japan for global monitoring. Journal of Environmental Monitoring, 8: 782-790.

Tanabe S, Ramu K, 2012. Monitoring temporal and spatial trends of legacy and emerging contaminants in marine environment: Results from the environmental specimen bank (es- BANK) of Ehime University, Japan. Marine Pollution Bulletin, 64: 1459-1474.

Tang C, Tan J, Xiong S, et al., 2017. Chlorine and bromine isotope fractionation of halogenated organic pollutants on gas chromatography columns. Journal of Chromatography A, 1514: 103-109.

Tang D L, Li T Y, Liu J J, et al., 2006. PAH-DNA adducts in cord blood and fetal and child development in a Chinese cohort. Environmental Health Perspectives, 114: 1297-1300.

Tao S, Cao J, Wang W, et al., 2009. A passive sampler with improved performance for collecting gaseous and particulate phase polycyclic aromatic hydrocarbons in air. Environmental Science & Technology, 43:4124-4129.

Tao S, Liu Y, Xu W, et al., 2006. Calibration of a passive sampler for both gaseous and particulate phase polycyclic aromatic hydrocarbons. Environmental Science & Technology, 41: 568-573.

Tao S, Liu Y N, Lang C, et al., 2008. A directional passive air sampler for monitoring polycyclic aromatic hydrocarbons (PAHs) in air mass. Environmental Pollution, 156: 435-441.

Teuten E L, Xu L, Reddy C M, 2005. Two abundant bioaccumulated halogenated compounds are natural. Science, 308: 1413-1413.

Tian C, Liu L, Ma J, et al., 2011. Modeling redistribution of α-HCH in Chinese soil induced by environment factors. Environmental Pollution, 159: 2961-2967.

USEPA, 2010. National Technical Information Service, Springfield, VA: National Center for Environmental Assessment, Washington, DC; EPA/600/R-08/086F.

Ueno D, Darling C, Alaee M, et al., 2008. Hydroxylated polybrominated diphenyl ethers (OH-PBDEs) in the abiotic environment: Surface water and precipitation from Ontario, Canada. Environmental Science & Technology, 42: 1657-1664.

Vallack H W, Bakker D J, Brandt I, et al., 1998. Controlling persistent organic pollutants: What next? Environmental Toxicology and Pharmacology, 6: 143-175.

von Waldow H, MacLeod M, Jones K, et al., 2010a. Remoteness from emission sources explains the fractionation pattern of polychlorinated biphenyls in the Northern Hemisphere. Environmental Science & Technology, 44: 6183-6188.

von Waldow H, MacLeod M, Scheringer M, et al., 2010b. Quantifying remoteness from emission sources of persistent organic pollutants on a global scale. Environmental Science & Technology, 44: 2791-2796.

Wang H S, Zhao Y G, Man Y B, et al., 2011a. Oral bioaccessibility and human risk assessment of organochlorine pesticides (OCPs) via fish consumption, using an *in vitro* gastrointestinal model. Food Chemistry, 127: 1673-1679.

Wang H X, Wang B, Zhou Y, et al., 2013. Rapid and sensitive analysis of phthalate metabolites, bisphenol A, and endogenous steroid hormones in human urine by mixed-mode solid-phase extraction, dansylation, and ultra-performance liquid chromatography coupled with triple quadrupole mass spectrometry. Analytical and Bioanalytical Chemistry, 405: 4313-4319.

Wang P, Zhang Q, Wang Y, et al., 2009. Altitude dependence of polychlorinated biphenyls (PCBs) and polybrominated diphenyl ethers (PBDEs) in surface soil from Tibetan Plateau, China. Chemosphere, 76: 1498-1504.

Wang R, Tao S, Balkanski Y, et al., 2014a. Exposure to ambient black carbon derived from a unique inventory and high-resolution model. Proceedings of the National Academy of Sciences of the United States of America, 111: 2459-2463.

Wang S, Luo C, Zhang D, et al., 2017a. Reflection of stereoselectivity during the uptake and acropetal translocation of chiral PCBs in plants in the presence of copper. Environmental Science & Technology, 51: 13834-13841.

Wang S, Wang Y, Luo C, et al., 2016a. Could uptake and acropetal translocation of PBDEs by corn be enhanced following Cu exposure? Evidence from a root damage experiment. Environmental Science & Technology, 50: 856-863.

Wang W, Simonich S, Giri B, et al., 2011b. Atmospheric concentrations and air-soil gas exchange of polycyclic aromatic hydrocarbons (PAHs) in remote, rural village and urban areas of Beijing-Tianjin region, North China. Science of the Total Environment, 409: 2942-2950.

Wang X, Chen M, Gong P, et al., 2019. Perfluorinated alkyl substances in snow as an atmospheric tracer for tracking the interactions between westerly winds and the Indian Monsoon over Western China. Environment International, 124: 294-301.

Wang X, Gong P, Zhang Q, et al., 2010. Impact of climate fluctuations on deposition of DDT and hexachlorocyclohexane in mountain glaciers: Evidence from ice core records. Environmental Pollution, 158: 375-380.

Wang X, Halsall C, Codling G, et al., 2014b. Accumulation of perfluoroalkyl compounds in Tibetan mountain snow: Temporal patterns from 1980 to 2010. Environmental Science & Technology, 48: 173-181.

Wang X, Meyer C P, Reisen F, et al., 2017b. Emission factors for selected semivolatile organic chemicals from burning of tropical biomass fuels and estimation of annual Australian emissions. Environmental Science & Technology, 51: 9644-9652.

Wang X, Thai P K, Li Y, et al., 2016b. Changes in atmospheric concentrations of polycyclic aromatic hydrocarbons and polychlorinated biphenyls between the 1990s and 2010s in an Australian city and the role of bushfires as a source. Environmental Pollution, 213: 223-231.

Wang X-P, Yao T-D, Wang P-L, et al., 2008. The recent deposition of persistent organic pollutants and mercury to the Dasuopu glacier, Mt. Xixiabangma, central Himalayas. Science of the Total Environment, 394: 134-143.

Wang X Y, Thai P K, Mallet M, et al., 2017c. Emissions of selected semivolatile organic chemicals from forest and savannah fires. Environmental Science & Technology, 51: 1293-1302.

Wang Y, Cheng Z, Li J, et al., 2012a. Polychlorinated naphthalenes (PCNs) in the surface soils of the Pearl River Delta, South China: distribution, sources, and air-soil exchange. Environmental Pollution, 170: 1-7.

Wang Y, Li Q, Xu Y, et al., 2012b. Improved correction method for using passive air samplers to assess the distribution of PCNs in the Dongjiang River basin of the Pearl River Delta, South China. Atmospheric Environment, 54: 700-705.

Wang Y, Luo C, Wang S, et al., 2015. Assessment of the air-soil partitioning of polycyclic aromatic hydrocarbons in a paddy field using a modified fugacity sampler. Environmental Science & Technology, 49: 284-291.

Wang Y, Luo C L, Wang S R, et al., 2016c. The abandoned E-waste recycling site continued to act as a significant source of polychlorinated biphenyls: An *in situ* assessment using fugacity samplers. Environmental Science & Technology, 50, 8623-8630.

Wania F, 2007. A global mass balance analysis of the source of perfluorocarboxylic acids in the Arctic ocean. Environmental Science & Technology, 41: 4529-4535.

Wania F, Haugen J E, Lei Y D, et al., 1998. Temperature dependence of atmospheric concentrations of semivolatile organic compounds. Environmental Science & Technology, 32: 1013-1021.

Wania F, Mackay D, 1996. Tracking the distribution of persistent organic pollutants. Environmental Science & Technology, 30: A390-A396.

Wania F, McLachlan M S, 2001. Estimating the influence of forests on the overall fate of semivolatile organic compounds using a multimedia fate model. Environmental Science & Technology, 35: 582-590.

Weber W J, McGinley P M, Katz L E, 1992. A distributed reactivity model for sorption by soils and sediments. 1. Conceptual basis and equilibrium assessments. Environmental Science & Technology, 26: 1955-1962.

Weber W J, Voice T C, Pirbazari M, et al., 1983. Sorption of hydrophobic compounds by sediments, soils and suspended solids: II. Sorbent evaluation studies. Water Research, 17: 1443-1452.

Wen B, Wu Y, Zhang H, et al., 2016. The roles of protein and lipid in the accumulation and distribution of perfluorooctane sulfonate (PFOS) and perfluorooctanoate (PFOA) in plants grown in biosolids-amended soils. Environmental Pollution, 216: 682-688.

White J C, Kelsey J W, Hatzinger P B, et al., 1997. Factors affecting sequestration and bioavailability of phenanthrene in soils. Environmental Toxicology and Chemistry, 16: 2040-2045.

Woehrnschimmel H, MacLeod M, Hungerbuhler K, 2013. Emissions, fate and transport of persistent organic pollutants to the Arctic in a changing global climate. Environmental Science & Technology, 47: 2323-2330.

Wong, C S, Garrison, A W, 2000. Enantiomer separation of polychlorinated biphenyl atropisomers and polychlorinated biphenyl retention behavior on modified cyclodextrin capillary gas chromatography columns. Journal of Chromatography A, 866: 213-220.

Wong C S, Garrison A W, Foreman W T, 2001. Enantiomeric composition of chiral polychlorinated biphenyl atropisomers in aquatic bed sediment. Environmental Science & Technology, 35: 33-39.

Wong F, Jantunen L M, Pucko M, et al., 2011. Air-water exchange of anthropogenic and natural organohalogens on international polar year (IPY) expeditions in the Canadian Arctic. Environmental Science & Technology, 45: 876-881.

Wong M H, Leung A O W, Chan J K Y, et al., 2006. A review on the usage of POP pesticides in China, with emphasis on DDT loadings in human milk (vol 60, pg 740, 2005). Chemosphere, 64: 696-696.

Wong M H, Wu S C, Deng W J, et al., 2007. Export of toxic chemicals: A review of the case of uncontrolled electronic-waste recycling. Environmental Pollution, 149: 131-140.

Xiao H, Hung H, Harner T, et al., 2007. A flow-through sampler for semivolatile organic compounds in air. Environmental Science & Technology, 41: 250-256.

Xiao H, Hung H, Harner T, et al., 2008. Field testing a flow-through sampler for semivolatile organic compounds in air. Environmental Science & Technology, 42: 2970-2975.

Xiao H, Kang S C, Zhang Q G, et al., 2010. Transport of semivolatile organic compounds to the Tibetan Plateau: Monthly resolved air concentrations at Nam Co. Journal of Geophysical Research: Atmospheres, 115.

Xie Z, Koch B P, Moller A, et al., 2011a. Transport and fate of hexachlorocyclohexanes in the oceanic air and surface seawater. Biogeosciences, 8: 2621-2633.

Xie Z Y, Ebinghaus R, Temme C, et al., 2007. Occurrence and air-sea exchange of phthalates in the Arctic. Environmental Science & Technology, 41: 4555-4560.

Xie Z Y, Moller A, Ahrens L, et al., 2011b. Brominated flame retardants in seawater and atmosphere of the Atlantic and the Southern Ocean. Environmental Science & Technology, 45: 1820-1826.

Xing B, 2001. Sorption of naphthalene and phenanthrene by soil humic acids. Environmental Pollution, 111: 303-309.

Xing B S, Pignatello J J, 1997. Dual-mode sorption of low-polarity compounds in glassy poly(vinyl chloride, and soil organic matter. Environmental Science & Technology, 31: 792-799.

Xu Y, Li J, Zheng Q, et al., 2015. Polychlorinated naphthalenes(PCNs) in Chinese forest soil: Will combustion become a major source? Environmental Pollution, 204: 124-132.

Xu Y, Tian C, Ma J, et al., 2013a. Assessing cancer risk in China from γ-hexachlorocyclohexane emitted from Chinese and Indian sources. Environmental Science & Technology, 47: 7242-7249.

Xu Y, Tian C, Ma J, et al., 2012. Assessing environmental fate of β-HCH in Asian soil and association with environmental factors. Environmental Science & Technology, 46: 9525-9532.

Xu Y, Tian C, Wang X, et al., 2018. An improved inventory of polychlorinated biphenyls in China: A case study on PCB-153. Atmospheric Environment, 183: 40-48.

Xu Y, Tian C, Zhang G, et al., 2013b. Influence of monsoon system on alpha-HCH fate in Asia: A model study from 1948 to 2008. Journal of Geophysical Research: Atmospheres, 118: 6764-6770.

Yamashita N, Kannan K, Taniyasu S, et al., 2005. A global survey of perfluorinated acids in oceans. Marine Pollution Bulletin, 51: 658-668.

Yamashita N, Taniyasu S, Petrick G, et al., 2008. Perfluorinated acids as novel chemical tracers of global circulation of ocean waters. Chemosphere, 70: 1247-1255.

Yang H, Zhuo S, Xue B, et al., 2012. Distribution, historical trends and inventories of polychlorinated biphenyls in sediments from Yangtze River Estuary and adjacent East China Sea. Environmental Pollution, 169: 20-26.

Yeo B G, Takada H, Taylor H, et al., 2015. POPs monitoring in Australia and New Zealand using plastic resin pellets, and International Pellet Watch as a tool for education and raising public awareness on plastic debris and POPs. Marine Pollution Bulletin, 101: 137-145.

Yeung L W Y, So M K, et al., 2006. Perfluorooctanesulfonate and related fluorochemicals in human blood samples from China. Environmental Science & Technology, 40: 715-720.

Yu X Z, Gao Y, Wu S C, et al., 2006. Distribution of polycyclic aromatic hydrocarbons in soils at Guiyu area of China, affected by recycling of electronic waste using primitive technologies. Chemosphere, 65: 1500-1509.

Yu Z Q, Zheng K W, Ren G F, et al., 2010. Identification of hydroxylated octa- and nona-bromodiphenyl ethers in human serum from electronic waste dismantling workers. Environmental Science & Technology, 44: 3979-3985.

Zarfl C, Matthies M, 2010. Are marine plastic particles transport vectors for organic pollutants to the Arctic? Marine Pollution Bulletin, 60: 1810-1814.

Zeng E Y, Venkatesan M I, 1999. Dispersion of sediment DDTs in the coastal ocean off Southern California. Science of the Total Environment, 229: 195-208.

Zeng E Y, Yu C C, Tran K, 1999. In situ measurements of chlorinated hydrocarbons in the water column off the Palos Verdes Peninsula, California. Environmental Science & Technology, 33: 392-398.

Zeng Y-H, Luo X-J, Chen H-S, et al., 2013a. Method for the purification of polybrominated diphenyl ethers in sediment for compound-specific isotope analysis. Talanta, 111: 93-97.

Zeng Y-H, Luo X-J, Chen H-S, et al., 2012. Separation of polybrominated diphenyl ethers in fish for compound-specific stable carbon isotope analysis. Science of the Total Environment, 425: 208-213.

Zeng Y-H, Luo X-J, Yu L-H, et al., 2013b. Using compound-specific stable carbon isotope analysis to trace metabolism and trophic transfer of PCBs and PBDEs in fish from an E-waste site, South China. Environmental Science & Technology, 47: 4062-4068.

Zhang D, Ran C, Yang Y, et al., 2013a. Biosorption of phenanthrene by pure algae and field-collected planktons and their fractions. Chemosphere, 93: 61-68.

Zhang G, Chakraborty P, Li J, et al., 2008a. Passive atmospheric sampling of organochlorine pesticides, polychlorinated biphenyls, and polybrominated diphenyl ethers in urban, rural, and wetland sites along the coastal length of India. Environmental Science & Technology, 42: 8218-8223.

Zhang G, Parker A, House A, et al., 2002. Sedimentary records of DDT and HCH in the Pearl River Delta, South China. Environmental Science & Technology, 36: 3671-3677.

Zhang L, Li J G, Zhao Y F, et al., 2013b. Polybrominated diphenyl ethers(PBDEs) and indicator polychlorinated biphenyls(PCBs) in foods from China: Levels, dietary intake, and risk assessment. Journal of Agricultural and Food Chemistry, 61: 6544-6551.

Zhang L, Lohmann R, 2010. Cycling of PCBs and HCB in the surface ocean-lower atmosphere of the open pacific. Environmental Science & Technology, 44: 3832-3838.

Zhang L, Ma J, Venkatesh S, et al., 2008b. Modeling evidence of episodic intercontinental long-range transport of lindane. Environmental Science & Technology, 42: 8791-8797.

Zhang W J, Xu D Q, Zhuang G S, et al., 2007. A pilot study on using urinary 1-hydroxypyrene biomarker for exposure to PAHs in Beijing. Environmental Monitoring and Assessment, 131: 387-394.

Zhang Y, Deng S, Liu Y, et al., 2011. A passive air sampler for characterizing the vertical concentration profile of gaseous phase polycyclic aromatic hydrocarbons in near soil surface air. Environmental Pollution, 159: 694-699.

Zhang Y X, Tao S, Shen H Z, et al., 2009. Inhalation exposure to ambient polycyclic aromatic hydrocarbons and lung cancer risk of Chinese population. Proceedings of the National Academy of Sciences of the United States of America, 106: 21063-21067.

Zhao S, Breivik K, Liu G, et al., 2017. Long-term temporal trends of polychlorinated biphenyls and their controlling sources in China. Environmental Science & Technology, 51: 2838-2845.

Zheng J, Yan X, Chen S-J, et al., 2013. Polychlorinated biphenyls in human hair at an E-waste site in China: Composition profiles and chiral signatures in comparison to dust. Environment International, 54: 128-133.

Zheng Q, Nizzetto L, Liu X, et al., 2015. Elevated mobility of persistent organic pollutants in the soil of a tropical rainforest. Environmental Science & Technology, 4302-4309.

Zheng Q, Nizzetto L, Mulder M D, et al., 2014. Does an analysis of polychlorinated biphenyl(PCB). distribution in mountain soils across China reveal a latitudinal fractionation paradox? Environmental Pollution, 195: 115-122.

第 2 章　亚洲大气 POPs 被动采样研究

本章导读

- 对持久性有机污染物(POPs)而言，区域尺度的大气观测能明确区域污染来源、明晰迁移过程及了解时间变化趋势，是正确评估不同国家/地区《斯德哥尔摩公约》履约效力的依据，而被动采样技术的拓展与应用为该方面的研究提供了有力手段。
- 介绍持久性有机污染物的大气被动采样研究意义及主要研究方法，包括 Whitman 双膜阻尼理论模型、被动采样速率的计算与校正方法及被动采样装置的主要类型。
- 亚洲自身的地理、气候、经济等特点为研究持久性有机污染物的使用迭代历史，了解长距离传输，明晰源-汇关系等科学问题提供了理想的天然实验场。
- 以亚洲东部与南部为研究区域，以四类持久性有机污染物(有机氯农药、多溴二苯醚、多氯萘和短链氯化石蜡)和一类持久性有机污染物(挥发性全氟化合物)为研究对象，介绍它们在该区域大气中的传输与命运研究。
- 主要介绍亚洲东部和南部大气中有机氯农药、多溴二苯醚、多氯萘、短链氯化石蜡和挥发性全氟化合物的研究结果，包括浓度水平、单体组成、时空分布、环境行为及可能来源。
- 展望持久性有机污染物的大气被动采样研究。

2.1　被动采样技术

大气 POPs 观测的传统方法是使用大气主动采样器采集大气 POPs，通过微孔石英滤膜或玻璃滤膜收集大气中颗粒态 POPs，用滤膜下串接的有机吸附材料吸收气相 POPs。一般一个样品采集需数小时或 1~2 天，该方法可在短时间内获得足够准确的且满足 POPs 分析的空气体积，是大气 POPs 采样的首选方法(Xu et al.,

2013)。虽然主动采样器能够快速采集大量的大气样品，但也有受电源的限制、体积大、耗人力物力等缺点(Li et al., 2011)，主要应用于少数采样点的定点、长期观测，以获取长时间序列或高时间分辨度的大气污染样本。相对而言，PAS 具有无须能源动力、操作简便、成本低等优点(张干和刘向, 2009)，可作为大气主动采样的重要补充手段，运用于野外、长期、大尺度的大气 POPs 同步观测，而近十多年来的大量研究应用也显示了其在此方面的巨大优势。

2.1.1 大气被动采样的原理

大气被动采样(passive atmospheric sampling, PAS)基于气体分子扩散和渗透原理，利用吸附剂捕集空气中气态有机污染物。大气被动采样是基于化学势差对自由流动化合物分子的作用这一原理(Bohlin et al., 2007)，用经典的 Whitman 双膜阻尼理论计算大气中半挥发性有机污染物的气相组分含量与吸收介质中采集到的含量的数值关系，如图 2-1 所示，其中 C_v 为大气中半挥发性有机物浓度，C_s 为采样介质中的浓度，C_{vc} 为采样器腔内半挥发性有机污染物浓度，C_{vi} 为污染物在空气侧边界层的浓度，C_{si} 为采样介质侧边界层的浓度，A_s 为采样介质的表面积，K_o 为总传质系数(overall mass transfer coefficient)，K_v 为空气侧边界层的传质系数，K_s 为采样介质侧边界层的传质系数，K_{sv} 为采样介质的气相分配系数，Q 为大气进入采样器的速率。

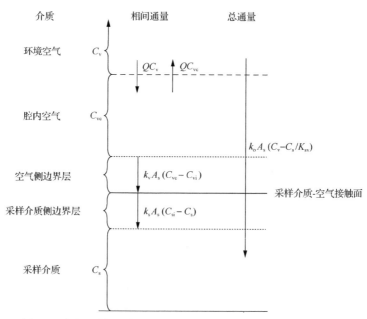

图 2-1　空气和被动采样介质间的交换模型(Bartkow et al., 2005)

Müller 等(2000)和 Bartkow 等(2005)将该理论进一步简化，C_v 和 C_s 可用以下

公式描述：

$$V_s \frac{dC_s}{dt} = A_s K \left(C_v - \frac{C_s}{K_{sv}} \right) \qquad (2\text{-}1)$$

式中，V_s 为采样介质的体积，K 为总传质系数，K_{sv} 为采样介质的气相分配系数，t 为时间。在采样的初始阶段，采样介质中的浓度 C_s 相对于大气中的浓度 C_v 可以忽略不计，式(2-1)简化为

$$V_s \frac{dC_s}{dt} = A_s K C_v \qquad (2\text{-}2)$$

假设大气中的目标物浓度是恒定不变的，对式(2-2)积分得

$$N_{s(eq)} = K_{sv} C_v V_s \qquad (2\text{-}3)$$

式中，N_s 为采样介质的累计采样浓度。此时采样介质的吸附为线性阶段，总传质系数 K 近似常数，采样速率 R_s 可表示为

$$R_s = \frac{N_s}{C_v t} \qquad (2\text{-}4)$$

随着采样介质中目标物浓度的增加，其从采样介质向大气中逸出量越来越大，最终会在大气与采样介质间形成平衡状态，式(2-1)变为

$$N_{s(eq)} = K_{sv} C_v V_s \qquad (2\text{-}5)$$

此时，采样介质中的浓度为饱和状态，表示为 $C_{s(eq)}$。亦可计算出采样介质的气相分配系数：

$$K_{sv} = \frac{C_{s(eq)}}{C_v} \qquad (2\text{-}6)$$

2.1.2　被动采样的装置类型

PAS 装置主要根据吸附材料的不同进行区分，总体上可分为自然介质 PAS 和人工介质 PAS(Bartkow et al., 2004)。前者主要包括土壤、植物(松针、苔藓、草本植物等)和动物(贻贝、蚯蚓等)，虽具有分布广泛、易于获取等优点，然而也受到诸多因素的限制：各种植物生长和分布需要适宜的自然条件，影响样品采集；生物样品基体复杂，干扰成分繁多，需要经过繁复的实验预处理和分析流程，且无法排除样品间个体差异性的影响。更重要的是，此类 PAS 中目标污染物浓度受控因素复杂，许多分配机理和生物作用机理目前尚不清楚，难以进行定量计算。人工介质 PAS 可以统一设计制作、人为布设，能克服自然介质所固有的缺点，可有效避免生物(受个体影响显著)和土壤(受样品均匀性影响显著)观测的缺陷。常用的人工大气被动采样器根据吸附材料的不同可分为：半渗透膜被动采样器

（SPMD-PAS）、聚氨酯泡沫（polyurethane foam，PUF）被动采样器（PUF-PAS）、苯乙烯-二乙烯基苯共聚物树脂（styrene-divinylbenzene copolymer）被动采样器（XAD-PAS）、内部涂有乙烯-醋酸乙烯酯树脂（ethylene vinyl acetate，EVA）的聚合物涂层玻璃杯（polymer-coated glass，POG）被动采样器（POG-PAS）装置等。

1. SPMD-PAS

如图 2-2 所示，采样介质材料为装有大分子质量（>600 Da）中性脂类（如三油酸甘油酯）的薄壁带状低密度聚乙烯（low density polyethylene，LDPE）膜筒或其他低密度聚合物膜筒（刘向，2007；Huckins et al.，1990）。它能模拟有机化合物经生物膜从水相到生物有机相的分配平衡过程，体现了有机污染物的生物有效性。采样速率除了与膜材料和填充介质有关外，也与化合物性质密切相关，其采样的线性范围时间 t_{50} 可以用以下经验公式表示（Huckins et al.，1993）。

$$t_{50} = \frac{\ln 2 K_{es} V_e}{R_s} \tag{2-7}$$

式中，K_{es} 是大气或水体-SPMD 的分配系数，V_e 是 SPMD 的有效体积，R_s 是目标化合物的采样速率。总的来讲，该类装置具有容量大和耐饱和的特点，特别适用于长期的大气 POPs 观测工作。此外，还能反映有机污染物的生物有效性。其缺点是，采样过程中容易受污染；渗出的油脂可能粘连大气颗粒物，不易去除；分析流程复杂，需用凝胶渗透色谱（gel permeation chromatography，GPC）净化样品（Ockenden et al.，2001；Vrana et al.，2006）。

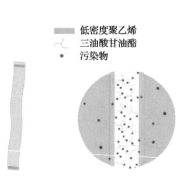

图 2-2　SPMD-PAS（Shoeib and Harner，2002）

2. PUF-PAS

该采样器的吸附介质材料为软性聚氨酯泡沫，如图 2-3 所示，PUF 采样器由 2 个相向的不锈钢圆盖和 1 根作为固定主轴的螺杆组成，顶端通过吊环悬挂，采样时将用于吸附有机污染物的 PUF 碟片固定在主轴上并通过顶底盖扣合形成 1 个不完全封闭空间，以最大限度地减少风、降雨和光照的影响，空气可以通过顶盖与底盖间的空隙和底盖上的圆孔进行流通。标准的 PUF 碟片规格为：直径 14 cm，厚度 1.35 cm，表面积 365 cm^2，净重 4.40 g，体积 207 cm^3，密度 0.0213 g/cm^3（刘向，2007；Shoeib and Harner，2002）。该装置通常适合于时间分辨率为数周至数月的大气 POPs 采样，并具有原理可靠、价格低廉、操作简便等优点，且样品的净化和目标物的分析流程也较为简单，因此得到了广泛应用（Harner et al., 2006a; Pozo et al., 2006; Shoeib and Harner, 2002）。

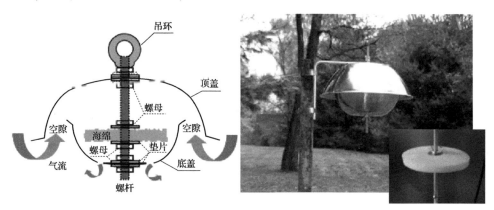

图 2-3　PUF-PAS（Lee et al., 2007b）

3. XAD-PAS

XAD-PAS 是将 XAD 粉末作为吸附介质的大气被动采样装置（Harner et al., 2006a）。如图 2-4 所示，将 XAD 树脂填充在特制的带有微孔隙的细长不锈钢圆筒内，外面通过一个带有不锈钢顶盖和底端开口的金属套筒遮盖以起到保护作用，采样微孔圆筒通过吊环与顶盖连接，大气可在套筒内自由流通，POPs 等有机污染物可通过微孔进入不锈钢圆筒被 XAD 树脂吸附（Marvin et al., 2003）。该装置的容量类似于 SPMD，适合数月至数年的长期采样。与 PUF 装置相比，该装置对高挥发性易饱和的有机污染物，如六六六等的观测更接近环境真实值，但制作与运输成本较高、结构复杂、操作烦琐等缺点限制了其实际使用（Marvin et al., 2003）。

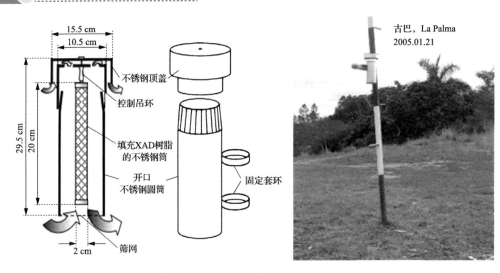

图 2-4 XAD-PAS（Gioia et al., 2007）

4. POG-PAS

研究者将高分子聚合物（如 EVA）薄膜作为采样介质（Marvin et al., 2003），均匀涂布在特制玻璃管上制作成 POG-PAS 装置。将一定量的 EVA 溶解于二氯甲烷中，加入根据拟分析目标化合物选择的氘代效能参考化合物（performance reference compound, PRC），再将玻璃管浸入溶液中自涂布微层 EVA，膜厚为 5 μm，依空气动力学设计的采样器外壳同 PUF 采样器（图 2-5）。采样回收后，以二氯甲烷洗脱 EVA 涂层，然后做进一步分析。该装置相对于 SPMD-PAS、PUF-PAS 和 XAD-PAS 等具有采样速率较快的特点，采样周期一般为 7 天；缺点则与 SPMD-PAS 类似，在采样过程中易受污染（Harner et al., 2003）。

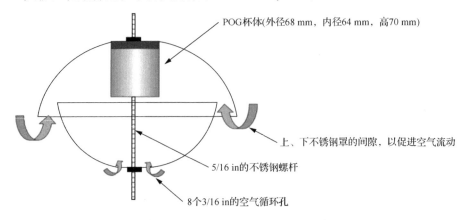

图 2-5 POG-PAS（Harner et al., 2003）

1in=2.54cm

5. 其他 PAS

考虑中国城市环境大气中悬浮颗粒物污染严重的特点，北京大学城市与环境学院研究组设计了一种同步采集大气气态及颗粒态有机污染物的大气被动采样装置(Harner et al., 2003)，虽然该装置尚存在采样速率小等缺点，但在中国具有较好的应用前景。而加拿大学者也在原先 PUF-PAS 的基础上，设计了一种可同时采集气态和颗粒态 POPs 的被动采样器(Tao et al., 2006)。

为了追踪不同风向风速条件下的 POPs 来源，我国科研人员利用风向仪原理，设计了可随风向实时旋转的定向采样装置(Eng et al., 2013; Xiao et al., 2008)，大幅度提高了采样速率，同时缩短了采样时间，但是也带来了易穿透、需风速风向资料方能计算 POPs 大气浓度的弊端。除此之外，我国也有学者设计了一种固定方向的风力开合式定向采样装置(Xiao et al., 2007)，其采样速率受风速控制，具有一定的应用价值。

2.2　亚洲大气 POPs 被动观测

2.2.1　我国 37 座城市和 3 个背景点大气 OCPs 研究

1. 材料与方法

1) 采样点信息

2005 年，在我国的 37 座主要大、中城市(包括绝大部分的直辖市、省会城市和香港特别行政区)和 3 个背景站布点(图 2-6)。采样点远离交通干线、烟囱等直接污染源，采样器置于高于地面 3 m 以上的楼顶等空旷处。

3 个背景点分别为：青海瓦里关大气本底站(36°17′N，100°54′E，海拔3816 m.a.s.l[①])，为世界气象组织(World Meteorological Organization, WMO)在全球设立的 22 个基准站之一；内蒙古镶黄旗的远离污染区的大草原(42°14′N，113°49′30″E，海拔 1050 m.a.s.l)；美国国家海洋与大气管理局(National Oceanic & Atmospheric Administration, NOAA)基站之一的香港鹤咀大气观察站，位于香港岛最南端(22°12′N,114°6′E)。

2) 样品采集

PUF 碟片在采样前用二氯甲烷和丙酮混合液(体积比 3∶1)抽提 72 h，抽提过的 PUF 碟片立即置于真空干燥器内干燥平衡 24 h，然后用提前煅烧干净的锡

---

① m.a.s.l: meter above sea level，高于海平面高度。

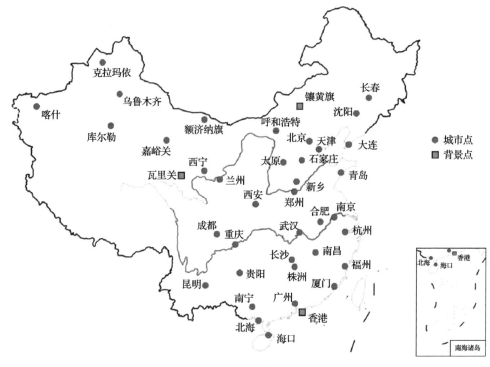

图 2-6　研究区域采样点位置图

箔纸(450℃，8 h)包裹，置于聚乙烯密封袋中于–20℃保存。所有的金属元件先用自来水加入洗涤剂浸泡然后洗净，再用蒸馏水冲洗，螺母、垫片、螺杆、顶/底盖等可能接触 PUF 碟片的部件均用丙酮浸泡，晾干后放入 80℃烘箱中烘烤4 h。采样前将采样器元件和 PUF 碟片分别置于聚乙烯密封袋内邮寄/运输到采样点。PUF-PAS 在采样现场进行装卸，布设于四周无明显遮挡的空旷楼顶，采样器高度距离地面/楼顶大于 1.5 m。采样结束后，取出 PUF 碟片并密封邮寄/运回实验室。

3) 样品前处理

已采样的 PUF 碟片用二氯甲烷索氏抽提 24 h，提取时加入 2 g 洁净铜片以去除硫元素的干扰。在提取之前，每个样品都加入 2,4,5,6-四氯间二甲苯(2,4,5,6-tetrachloro-m-xylene，TCmX)、PCB-30、PCB-198 和 PCB-209 作为回收率物质。样品萃取液通过旋转蒸发后过净化层析柱(从上至下：无水硫酸钠、50%的硫酸硅胶、3%活化的中性硅胶和 3%活化的中性氧化铝)。再经氮吹，最后定容至 25 μL。加入 20 ng 五氯硝基苯(pentachloronitrobenzene，PCNB)和 PCB-54 作为内部标准物质，待分析。

4) 目标物分析

用气相色谱-质谱联用仪(GC-MS)分析检测 11 种 OCPs：3 种滴滴涕及其代谢产物(o, p′-DDT、p, p′-DDT 和 p, p′-DDE)、4 种氯丹(trans-chlordane, TC；cis-chlordane, CC；trans-nonachlor, TN 和 cis-nonachlor, CN)、七氯(heptachlor, Hep)、2 种硫丹(α-endosulfan, α-Endo 和 β-endosulfan, β-Endo)及六氯苯(hexachlorobenzene, HCB)，离子源为化学源，选择单离子监测(single ion monitoring, SIM)，色谱柱为 DB5(30 m×0.25 mm×0.25 μm)。不分流进样，进样量为 1 μL。升温程序为：初始温度 150℃保持 3 min，然后以 4℃/min 的速率升温至 280℃，保持 5 min。

5) 质量保证与质量控制

12 个实验室空白和 54 个野外空白的净化和分析采用与普通样品相同的方式。实验室空白和野外空白中的目标物浓度之间没有显著差异(t 检验显著性<95%)，表明在运输、存储和分析过程中，外来的污染干扰可以忽略。方法检测限(method detection limit, MDL)是平均空白浓度的 3 倍标准偏差，MDL 的范围为 0.03～0.14 ng/sampler[①]。TCmX、PCB-30、PCB-198 和 PCB-209 的回收率分别为 90.2%±8.9%、92.7%＋10.3%、95.4%±9.2%和 98.9%±7.5%，最终的报道值扣除野外空白并经回收率纠正。

2. 数据格式简介

PAS 获得的数据可以用不同方式呈现。通常用 ng/sampler 表示每个 PAS 检测到的目标物质量，或用每个采样器的时间标准化质量表示，如 ng/d。另外，也可以使用经吸附校准(主动采样和效能化合物)的采样速率信息将数据转换成每单位体积大气中化合物质量的估计值(如 ng/m³)，而这些方法都强调了空间和季节的差异。不同类型 PAS 的被动采样速率不尽相同，基本上为 3～5 m³/d。该研究的重点为空间和季节的比较，因此数据以 ng/d 表示。但为了提供国际间的可比测定值(pg/m³)，一些典型采样点的大气浓度是基于平均被动采样率(3.5 m³/d)进行估算的。

表 2-1 列出了 2005 年冬、春、夏和秋季基于 PAS 获得的中国城市和背景点 OCPs 的浓度(pg/d)和异构体比率的汇总数据。该研究观测到的 OCPs 浓度(pg/m³)与最近我国其他研究(Tao et al., 2008)所报道的值相似。中国城市的大气 DDT、氯丹和 HCB 浓度远高于欧洲和北美(Jaward et al., 2004a; Qiu et al., 2004)，也高于以前报道的亚洲其他地区(Harner et al., 2004; Pozo et al., 2006; Zhang et al., 2008)。但相对于北美和欧洲，大气中硫丹的浓度较低(Zhang et al., 2008)。

---

① PAS 获得的浓度通常用 ng/sampler 表示，表示每个 PAS 检测到的目标物质量。详见下小节。

表2-1 中国 37 座城市和 3 个背景点的大气 DDT、氯丹、硫丹和 HCB 汇总数据

(单位: pg/d)

	冬季					春季					夏季					秋季				
	最小	最大	平均	标准差	Bg	最小	最大	平均	标准差	Bg	最小	最大	平均	标准差	Bg	最小	最大	平均	标准差	Bg
o,p'-DDT	97	2200	315	426	531	33	5080	833	1170	46	n.d.	6620	1390	1580	290	25	4050	761	1070	14
p,p'-DDT	31	1050	210	211	166	11	1600	474	491	16	n.d.	2730	515	551	65	20	2370	464	626	12
p,p'-DDE	47	568	169	140	135	5.9	3340	453	625	17	24	3650	712	775	93	n.d.	3110	423	635	20
Hep	n.d.	1240	120	235	18	n.d.	2220	174	396	34	n.d.	788	144	174	42	n.d.	422	114	128	15
TC	43	733	182	176	56	24	5620	322	995	47	35	3690	586	755	337	34	4290	688	936	23
CC	20	4720	1270	1020	253	25	4760	839	895	34	35	3940	909	698	351	90	5300	1250	1240	54
TN	12	137	47	34	12	8.9	1140	70	201	24	9.2	1000	143	189	159	10	1240	170	262	6.6
CN	n.d.	107	21	21	4.6	n.d.	1100	49	199	1.4	n.d.	147	31	33	15	n.d.	165	24	37	n.d.
α-Endo	54	1190	197	215	47	3	224	64	46	7.8	n.d.	170	40	38	17	9.5	592	98	115	10
β-Endo	5.3	422	49	86	20	1.8	328	41	62	3.6	n.d.	404	63	86	8.3	n.d.	126	20	28	4.5
HCB	123	6510	2080	1410	455	207	5450	1277	1230	868	48	3790	1180	778	916	490	4300	1380	936	804
TC/CC	0.04	5.7	0.45	1.1	0.22	0.04	3.8	0.38	0.68	1.5	0.07	1.6	0.59	0.40	1.1	0.05	2.1	0.59	0.53	0.43
o,p'-DDT/p,p'-DDT	0.21	14	2	2.6	3.2	0.16	7.1	2	1.7	3.3	n.d.	5.4	2.6	1.4	5	0.37	3.6	1.7	0.75	1.3
p,p'-DDT/p,p'-DDE	0.18	7.1	1.7	1.5	1.2	0.04	23	2.2	4.1	1.3	n.d.	7.4	1.1	1.3	0.66	0.38	5.2	1.2	0.99	0.65

注：n.d.，未检测到；Bg，背景点的平均值。

3. DDT

1) 空间与季节分布

中国南部、西南部和中部地区的大部分城市观测到较高水平的 DDT(o,p'-DDT、p,p'-DDT 和 p,p'-DDE 的浓度总和)。冬季,广州的大气 DDT 水平最高,为 2780 pg/d;株洲为次高值(2330 pg/d),西安的污染水平也较高(1410 pg/d),而其他城市的值一般低于 900 pg/d。春季,中国东南部至西南地区城市的 DDT 最高,分别为广州(7650 pg/d)、株洲(3560 pg/d)、长沙(2950 pg/d)、福州(3340 pg/d)、重庆(6170 pg/d)和成都(2620 pg/d)。西北和北方城市的污染水平也很高,如克拉玛依(1620 pg/d)、乌鲁木齐(1440 pg/d)和大连(2500 pg/d)。夏季,DDT 的浓度水平在大多数的除西南部分城市外的取样地点和中国西北部较高,重庆为最高值(11 000 pg/d),株洲和广州次之,分别为 6550 pg/d 和 5600 pg/d。秋季,该研究的空间分布趋势与 2004 年的研究结果相似,华南及沿海地区的大气 DDT 水平明显较高,例如福州(9530 pg/d)、厦门(6600 pg/d)、北海(5370 pg/d)和广州(2900 pg/d);另外,在西南地区的重庆(4270 pg/d)、西北地区的西宁(2840 pg/d)、华北地区的北京(1250 pg/d)与东北地区的沈阳(1140 pg/d)亦观察到较高水平的 DDT。

2) 我国城市大气 DDT 来源

20 世纪 50 年代起,我国开始生产并广泛使用 DDT,至 1983 年正式禁止生产使用后仍有少量的 DDT 使用。数据显示,截至 1993 年中国大约生产了 46 万 t 的工业 DDT(Pozo et al., 2006)。但是,自 20 世纪 80 年代中期到 21 世纪初的近 20 年间,全球估计仍生产了约 10 万 t 的 DDT(Li and Macdonald, 2005),其中大部分(约 80%)用于三氯杀螨醇(dicofol)的生产。该类杀虫剂中的 DDT 含量要求低于 0.1%,但受制于生产工艺,一些三氯杀螨醇产品中的 DDT 含量高达约 20%(Li and Macdonald, 2005; Qiu et al., 2005)。总体来讲,工业 DDT 的已知来源为疟疾控制、驱除蚊虫等化学品,并作为防污涂料的活性添加剂(Nakata et al., 2005)。

DDT 的异构体比值可提供有用的来源信息,然而环境过程(如蒸发和大气-表面交换等)可能导致异构体的分馏,从而改变其比值。土壤和大气的异构体比值差异可用化合物的过冷液体蒸汽压(P_L^0)进行预测,该压力会影响化合物从土壤到大气的挥发。假设只有两种类型的 DDT 来源支配其对环境的排放,若达到大气-土壤平衡,大气和土壤之间的比例可用下列公式计算(Hu et al., 2007),其中 a 和 b 代表 DDT 的同分异构体质量,$R_{air(a/b)}$ 是大气中 a/b 的比值,$R_{S1(a/b)}$ 和 $R_{S2(a/b)}$ 分别是源 1 和源 2 中 a/b 的比值,x 和 y 分别是两个不同源的贡献。

$$R_{air(a/b)} = (R_{S1(a/b)}x + R_{S2(a/b)}y)p_{L(a/b)}^0 \tag{2-8}$$

$$x + y = 1 \tag{2-9}$$

$$x = R_{S1} = [R_{\text{air}(a/b)}(p_{L(a)}^0 / p_{L(b)}^0) - R_{S1(a/b)}]/(R_{S2(a/b)} - R_{S1(a/b)}) \tag{2-10}$$

$$y = R_{S2} = [R_{\text{air}(a/b)}(p_{L(a)}^0 / p_{L(b)}^0) - R_{S2(a/b)}]/(R_{S2(a/b)} - R_{S1(a/b)}) \tag{2-11}$$

早期的观测研究表明，高浓度的 DDT 及高的 DDT/DDE 比值指示一次/新鲜 DDT 的排放。在本研究中，中国城市的 p, p'-DDT/p, p'-DDE 比值在冬、春、夏和秋季分别为 0.2~7.1（平均值 1.7±1.5）、0.04~23（平均值 2.2±4）、n.d.~7.4（平均值 1.1±1.2）及 0.4~5.2（平均值 1.2±1）。考虑到大气-土壤交换过程中的异构体分馏[公式(2-8)]，冬、春、夏和秋四季土壤中 p, p'-DDT/p, p'-DDE 的平均值分别为 11.8、14.9、7.7 和 8。该值与工业品中的对应值均高于大气。这些高比值表明，中国城市明显有新鲜的 DDT 输入（参见表 2-1），与早期的研究相似（Kurt-Karakus et al., 2006; Li et al., 2006; Zhang et al., 2006）。

而 o, p'-DDT/p, p'-DDT 的比值可用于辨别"杀虫剂类 DDT"与工业 DDT。在三氯杀螨醇残留物中，o, p'-DDT 的占比要高于 p, p'-DDT 的比例，通常约为 7.5（Zhu et al., 2005），而工业 DDT 中的 o, p'-DDT/p, p'-DDT 比值为 0.2~0.26。根据式(2-8)，大气中这些产品的比值分别为 0.74~0.96（工业 DDT）和 28 左右（杀虫剂类 DDT）。有研究报道，中国东部太湖区域的大气中 o, p'-DDT/p, p'-DDT 的平均比值为 7（Qiu et al., 2005），那么根据式(2-10)和式(2-11)，工业 DDT 和杀虫剂类 DDT 的贡献分别约为 75% 和 25%。这与以前直接将大气与工业产品中比值进行比较的结果不同，早期研究所报道的太湖区域 DDT 多为杀虫剂类 DDT。而根据笔者研究的数据，工业 DDT 仍然在中国大部分城市的大气中占主导地位。冬、春、夏和秋季的 o, p'-DDT/p, p'-DDT 比值分别为 0.21~14（平均值 2.01±2.59）、0.16~7.1（平均值 2±1.69）、n.d.~5.4（平均值 2.64±1.42）和 0.37~3.6（平均值 1.66±0.75）（参见表 2-1）。因此，可以估计目前中国城市大气中的 DDT，约有 95% 来源于工业 DDT，大概 5% 来自于杀虫剂类 DDT。

工业 DDT 可能通过以下方式进入中国城市大气：①城市内的直接使用，包括灭杀蚊子和卫生健康防治；②DDT 生产工厂的排放（如在天津）；③含活性 DDT 的防污涂料释放。上述提及，在中国每年除用于疟疾控制外，至少使用 520 t 工业 DDT（Qiu et al., 2005）。而从 1988 年到 2002 年，每年约有 625 t 的杀虫剂类 DDT 被释放进入环境中（Facility, 2005）。此外据估计，自 20 世纪 90 年代以来，每年用于捕鱼船舶的含活性 DDT 防污漆有 5000 t，大概含 250 t 的工业 DDT（Bohlin et al., 2007; Qiu et al., 2005）。而这可能有助于解释所观察到的沿海城市秋季大气 DDT 浓度较高的原因。然而，在春季和夏季有几个城市较高的 o, p'-DDT/p, p'-DDT 比值显示确实有杀虫剂类 DDT 的贡献(Wang et al., 2007),比如广州、株洲和长沙的春季样品(参见表 2-1),这可能归因于园艺产业使用三氯杀螨醇,或者少量用于蔬菜和水果栽培。

4. 氯丹

1)时空分布

氯丹在中国被广泛用于白蚁控制,以保证建筑物、水坝、草原和森林的安全(Qiu et al., 2005),每年的用量大约为 400~800 t(中华人民共和国环境保护部,2007)。表 2-1 显示了氯丹的组成与时间分布,氯丹的总浓度水平较高,在冬、春、夏和秋四季的水平分别为 (1640±1320)pg/d、(1450±2100)pg/d、(1810±1670)pg/d 和(2500±2390)pg/d。CC 是氯丹的优势单体,四个季节的占比分别为 77%、58%、50%和 56%;TC 则分别占 11%、22%、32%和 31%;而 TN 和 CN 一般占 1%~12%。

冬季,氯丹的平均水平为 1640 pg/d。CC 在我国的大部分城市大气中为显著优势单体(1270 pg/d),意味着受控于二次源或"老化"的氯丹源(即低 TC/CC 的比值,请参阅下述进一步讨论);春季,除广州外(1450 ng/d),氯丹的水平相对较低;夏季,氯丹的平均水平为 1810 ng/d,在华南、西南和华东地区观察到较高浓度的氯丹与高比例的 TC,表明这些地区有新的氯丹输入;秋季,整体为四个季度的最高水平(2500 ng/d),而在华北、华东和华南地区发现较高水平与相对较高的 TC/CC 比值,象征着在这些地区有新的氯丹使用(中华人民共和国环境保护部,2007; Pozo et al., 2006; Wang et al., 2007)。

TC 和 CC、TC 和 TN 及 CC 和 TN 之间均存在很好的相关性,分别为 R^2=0.674 ($p<0.01$)、R^2=0.958($p<0.01$)和 R^2=0.686($p<0.01$)。然而,CN、七氯与氯丹的其他成分之间没有明显的相关性。北极、五大湖、美国和英国大气中的 TC/CC 比值普遍小于 1,这被认为可用于指示"老化"氯丹来源的输入(Bidleman et al., 1998; Bidleman et al., 2002; Hung et al., 2002; Jantunen et al., 2000; Oehme et al., 1996)。中国城市大气的 TC/CC 年平均比值为 0.43±0.27,表明中国城市的氯丹来源显然为"老化"的二次源。但是,在夏季和秋季的一些地区(华东、华南和沿海地区)也观察到大于 1 的 TC/CC 比值(参见表 2-1),指示在中国城市仍有新鲜的氯丹使用(中华人民共和国环境保护部,2007)。

2)冬春季的低 TC/CC 比值

中国城市大气的 TC/CC 比值表现出明显的季节性,呈冬春季低(平均值分别为 0.25±0.33 和 0.38±0.68)、夏秋季高(平均值分别为 0.59±0.4 和 0.61±0.53)的趋势。这一结果类似于最近在中国珠江三角洲开展的 PAS 观测,冬季为 0.27±0.04、夏季为 0.79±0.13(中华人民共和国环境保护部,2007)。笔者认为冬季的低 TC/CC 比值可用于作为中国氯丹排放的指纹示踪谱。理论上，因为 TC 一般比 CC 更容易降解较低，所以低 TC/CC 比值多发生在夏季(Bidleman et al., 2002; Wang et al., 2007)。而冬春季中国城市大气中的低 TC/CC 比值反映可能受控于"老化"氯丹源的再挥发。冬季来自于建筑的"老化"氯丹排放成为一个潜在的二次源。在中国，尤其是城市地区，需对房屋和建筑物进行必要的白蚁防护措施。中国的使用历史记录表明，大约有 9000 t 氯丹被广泛用作基础建筑预防白蚁，其年产量在 1999 年达到峰值(843 t)(中华人民共和国环境保护部, 2007)。在冬季新鲜氯丹使用较少的情况下，低 TC/CC 比值指示的"老化"氯丹排放在城市大气中占主导地位。因此，对城市建筑物的潜在氯丹排放量需开展进一步的调查。

5. HCB

中国城市大气的六氯苯的浓度范围为 48.4～6510 pg/d，约比欧洲和北美洲地区的研究结果高 2 个数量级(中华人民共和国环境保护部, 2007; Jaward et al., 2004a)，反映中国是 21 世纪初全球 HCB 的重要来源。HCB 在发展中国家的潜在来源尚不清楚(Shen et al., 2005)，一般认为其被广泛用作杀菌剂，但在中国从未有农药注册的记录。1988～2003 年期间，中国的 HCB 总产量约为 66 000 t，其中超过 95%被用来生产以控制血吸虫的五氯酚(pentachlorophenol, PCP)和五氯酚钠(Na-PCP)(中华人民共和国环境保护部, 2007)。除此之外，在杀虫剂生产氯化过程中，HCB 作为副产物可挥发；燃料燃烧和废物焚烧也能产生 HCB(中华人民共和国环境保护部, 2007; Bailey, 2001)。而这些化学品(PCP、Na-PCP 和百菌清)的残留物可向环境介质中释放 HCB(Barber et al., 2005b)。值得指出的是，根据笔者的调查，中国市场上的大部分百菌清商品从英国进口。不同于英国和北美洲地区大气中的相对均匀分布(Bailey, 2001; Jaward et al., 2004a)，HCB 在中国的空间分布表现出鲜明的地域和季节性。最高值/最低值的比值高达 135，表明四个采样季节中整个中国有明显的 HCB 一次源排放。在夏秋季，中国中部地区城市大气中观测到相对较高浓度的 HCB，而含 HCB 的 PCP、Na-PCP(Shen et al., 2005)和百菌清(Jaward et al., 2005)的挥发可能是这些季节 HCB 的潜在来源。

但在冬季，HCB 的空间分布与中国多环芳烃的空间分布类似(Bailey, 2001)，在气温较低的华北、西北和西南地区观测到相对浓度较高的 HCB。夏、秋季样品没有明显的空间趋势，但在冬、春季可以发现气温较低的城市大气 HCB 浓度高于其他城市。用 HCB 来自 PCP、Na-PCP 和百菌清的排放无法解释这种与温度相关的空间分布特征，因为它们大部分应用在比较温暖的华南和华东地区。较高的风速可以提高 PAS 采样速率(Liu et al., 2007)。中国冬、春季的风速普遍较高，但在观测到较高 HCB 水平的中国北方地区，其平均风速并没有显著高于中国其他地区。而除了 HCB 以外，没有任何其他 OCPs 表现出这样的趋势，似乎也表明风速并不是时空分布的主要控制因素。鉴于在以前的研究中，笔者已报道了同一批 PAS 样品中的多环芳烃(polycyclic aromatic hydrocarbons, PAHs)季节性与温度影响与 HCB 非常相似，可认为较冷的城市在冬、春季的取暖及低效率燃烧是造成这一现象的主要原因(Tuduri et al., 2006)。因此，在实施履行《斯德哥尔摩公约》的过程中，必须重视中国的燃烧源 HCB，并需要进一步调查中国不同燃烧源的 HCB 排放清单。

6. 硫丹

硫丹污染水平较低，α-硫丹的水平范围为 0～1190 pg/d，β-硫丹为 0～422 pg/d，比在北美洲、南美洲、欧洲和非洲等地开展的"全球大气被动采样"(GAPS)计划所测数据低一个数量级(Liu et al., 2007)。在中国，硫丹主要应用于棉花种植过程中防治棉铃虫，城市大气中硫丹的空间分布与棉花种植分布有一定的相关性，浓度相对较高的城市主要坐落于棉花的主要生产种植区，如华东、华中和西南等地区。

2.2.2　中日韩三国大气中 PBDEs、PCNs 和 SCCPs 的对比研究

1. 材料与方法

1)采样点信息

2008 年期间，根据中国、日本和韩国的工业经济分布情况，选择其主要的工业中心城市和部分中小城市为采样点。采样点选择远离交通干线、烟囱等直接污染源，采样器置于高于地面 3 m 以上的屋顶等空旷处。

2)样品采集

样品采集通过布设 PUF-PAS 获取，具体细节见 2.2.1 节。

3)样品前处理

采样后的 PUF 加入一定量的 TC*m*X、^{13}C-TC 和 PCB-209 作为回收率指示物，用二氯甲烷索氏抽提 48h，抽提液经旋转蒸发浓缩并置换溶剂为正己烷(约 0.5 mL)，然后通过硫酸硅胶和硅胶-氧化铝层析柱，用 50 mL 正己烷和二氯甲烷混合液(体积比 1∶1)淋洗，淋洗液浓缩置换至 20 μL 正十二烷，进样前加入 20 ng 的 BDE-77、PCNB 和 ^{13}C$_8$-灭蚁灵作为定量内标。

4)目标物分析

PBDEs 检测采用气相色谱-质谱联用仪(GC-MS)，离子源为负化学源，电离模式为电子捕获负化学电离(electron capture negative chemical ionization, ECNI)。不分流进样，进样量为 1 μL，色谱柱为 DB-5HT(15 m×0.25 mm×0.1 μm)。7 种 PBDEs 单体分别为 BDE-28、BDE-47、BDE-99、BDE-100、BDE-153、BDE-154 和 BDE-183。

PCNs 的检测采用 Agilent 7890-5975C(GC-MS)，色谱柱为 DB-5MS(30 m×0.25 mm×0.25 μm)，采用分组单离子监测(group-SIM)扫描检测。进样量 1 μL，不分流进样。PCNs 采用 Halowax1014 工业品定量，所含 PCNs 单体有：3Cl(CN-19、CN-21、CN-24、CN-14、CN-15、CN-16 和 CN-23)；4Cl(CN-42、CN-33/34/37、CN-47、CN-36/45、CN-28/43、CN-27/30/39、CN-32、CN-35、CN-38/40 和 CN-46)；5Cl(CN-52/60、CN-58、CN-61、CN-50、CN-51、CN-54、CN-57、CN-62、CN-53、CN-59、CN-49 和 CN-56)；6Cl(CN-66/67、CN-64/68、CN-69、CN-71/72、CN-63 和 CN-65)；7Cl(CN-73 和 CN-74)；8Cl(CN-75)。

SCCPs 的检测采用 Agilent 7890-5975C(GC-MS)，离子源为负化学源，电离模式为 ECNI，色谱柱为 DB-5MS(30 m×0.25 mm×0.25 μm)，采用 SIM 检测。不分流进样；进样量 2 μL。SCCPs 的工业品不纯，可能含有其他杂质，而商业标准品种类有限，为了得到更多不同氯含量的标样以便建立更加可靠的工作曲线，分别利用三种不同含氯量的 SCCPs(51.5%、55.5% 和 63%)标准品以不同配比混合，得到一系列不同含氯量的 SCCPs。

5) 质量保证与质量控制

野外空白中，所有目标化合物含量基本低于仪器检测限或者低于样品中平均含量的 5%，即认为采样和实验过程造成的样品污染在可接受范围以内。每 11 个样品做一个方法空白样，所有样品都经过空白扣除。为保证仪器的稳定性，每 8 个样品用标样进行校正，控制仪器偏差在±10%以内，当出现较大偏差时需要重新建立分析的标准曲线。TCmX、PCB-209 和 ^{13}C-TC 的回收率平均值分别为 72.1%±8.2%、79.2%±9.1% 和 70.9%±10.0%。各目标化合物的仪器检测限(IDL)和方法检测限(MDL)采用以下定义：MDL 为野外空白的 3 倍标准偏差；IDL 值用最低浓度的标样计算，为 3∶1 的信号信噪比。当化合物在空白中未检出时，3 倍的 IDL 即为该化合物的 MDL。计算每个样品的回收率，所有数据均未经回收率校正。

6) 被动采样速率

被动采样速率是 PAS 估算大气中 POPs 浓度的重要因素。依据 2.1 节中描述的被动采样原理，通过主动采样校正的被动采样吸附曲线实验，将式(2-4)变形为如下形式，并计算获得 PBDEs、PCNs 和 SCCPs 的 PUF-PAS 被动采样速率[分别为 (2.49±0.75) m³/d、(3.85±1.14) m³/d 和 (4.23±2.85) m³/d]。

$$R_{PUF} = \frac{N_{PUF}}{C_A t} \tag{2-12}$$

式中，R_{PUF} 是 PUF 碟片的吸附速率[m³/(sampler·d)]，N_{PUF} 是 PUF 碟片累计富集质量(ng/sampler)，C_A 是大气中目标污染物的浓度(ng/m³)，t 是被动采样的时间(d)。

2. PBDEs

1) 浓度组成

基于上述实验得到的采样速率，计算春、秋两季中国、日本和韩国大气中 PBDEs 的浓度总和(表 2-2)。结果表明，东亚地区大气中 $\sum_7$PBDEs 的浓度范围是 1.12~74.5 pg/m³[平均值为 (9.23±11.2) pg/m³]。大气中 PBDEs 平均值以中国最高[(15.4±13.8) pg/m³]，其次是韩国[(7.05±6.36) pg/m³]和日本[(2.47±1.12) pg/m³]。尽管不同类型的 PAS 及其采样吸收率不同可能会在一定程度上影响观测水平，但本研究东亚大气中 PBDEs 结果与之前报道的浓度是一致的(Pozo et al., 2006)，但低于欧洲(Pozo et al., 2006)和北美地区(Jaward et al., 2004a)的大气浓度。值得一提的是，日本观测到的浓度水平与一些偏远地区，如五大湖(Shen et al., 2006)和青藏高原(Strandberg et al., 2001)的浓度接近。这可能是由于日本比中国和韩国更早就已严令禁止 PBDEs 的生产和使用(Hu et al., 2010; Wang et al., 2010)。

表 2-2　中国、日本和韩国大气 PBDEs 浓度对比(pg/m³，2008 年)

	中国			日本			韩国		
	范围	均值	标准差	范围	均值	标准差	范围	均值	标准差
BDE-28	0.20~14.1	3.09	2.65	ND~0.71	0.20	0.19	ND~6.44	0.76	1.53
BDE-47	0.55~35.1	5.21	6.47	0.23~3.57	1.08	0.74	0.85~15.9	3.14	3.36
BDE-100	ND~4.75	0.65	0.79	ND~0.51	0.15	0.10	ND~1.72	0.47	0.39
BDE-99	0.26~16.8	2.22	2.80	0.10~3.06	0.64	0.55	0.59~4.94	1.65	1.15
BDE-154	ND~1.05	0.31	0.19	ND~1.40	0.20	0.24	ND~0.50	0.23	0.09
BDE-153	ND~1.33	0.57	0.36	ND~0.52	0.28	0.12	ND~0.68	0.37	0.16
BDE-183	ND~2.98	0.57	0.73	ND~0.24	0.15	0.02	ND~1.47	0.26	0.35
$\sum_7$PBDEs	1.87~74.5	15.4	13.8	1.12~5.12	2.47	1.12	2.28~30.5	7.05	6.36

注：ND 表示未检测出。

在本研究中，所有样品均检测到 BDE-47，BDE-99 和 BDE-28 的检出率分别为 98.9%和 82.2%。由于在 18 个样品中没有检测到 BDE-183，因此在计算质量分数时不包括 BDE-183。在所有化合物中，BDE-47 是东亚地区丰度最高的化合物，占 PBDEs 总量的 42.4%±9.3%。其次是 BDE-99 和 BDE-28，平均占比分别为 24.0%和 18.1%。同样，BDE-47 是中、日、韩三个国家的主要同系物，分别占总浓度的 37.7%±9.1%、46.0%±8.3%和 46.6%±6.4%。BDE-28 在中国的比例(24.2%±12.3%)高于 BDE-99(20.3%±7.9%)，而 BDE-99 在日本和韩国分别占 26.7%±7.1% 和 27.7%±5.7%，远超过 BDE-28 的占比(12.8%±5.6%和 9.35%±5.8%)。正如预期的那样，BDE-47 和 BDE-99 在气相中为优势单体(约占 75%)，与之前研究的结果相似(Gevao et al., 2006; Hites, 2004; Liu et al., 2013)。BDE-47 和 BDE-99 是工业五溴二苯醚的主要组成部分，该工业品从 20 世纪 70 年代起在全球得以广泛使用，但在亚洲却受到限制(Wang et al., 2010)。这表明含有五溴组分和八溴组分的消费品可能是该地区 PBDEs 的主要来源。对 BDE-28 而言，较高的饱和蒸气压使其更容易挥发到大气中，并导致其在中国的质量分数较高。

2)时空分布

东亚地区大气中 PBDEs 的浓度以中国最高、日本最低(图 2-7)。∑PBDEs 浓度峰值出现在广州的秋季样品，而 J14(宫崎)春季最低。整体上，三个国家的 PBDEs 空间分布相似。其他研究在三个国家的个别城市中也检测到较高的 PBDEs 浓度，如广州(Jaward et al., 2005)、香港(Huang et al., 2010)和西安(Ramu et al., 2007)、J4(东京)(Jaward et al., 2005)、K2(首尔)和 K3(仁川)(Minh et al., 2007)，而这些城市或是有电子产业制造基地，或是有大型电子产品消费市场，或是有电子垃圾回收中心。

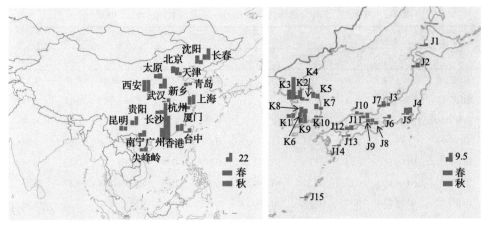

图 2-7　中国、日本和韩国大气 PBDEs 的空间分布和季节变化(pg/m³)

J1，札幌；J2，黑石；J3，小松；J4，东京；J5，横滨；J6，长久手；J7，岐阜；J8，大阪；J9，神户；J10，西胁；
J11，鸟取；J12，松山；J13，宇和岛；J14，宫崎；J15，那霸。K1，灵光；K2，首尔；K3，仁川；K4，原州；
K5，东海；K6，金泉；K7，浦项；K8，居昌；K9，晋州；K10，釜山

从时间上看，秋季的大气浓度通常高于春季(图 2-7)。这是因为当气温升高时，低溴代同系物比高溴代同系物更易挥发。西安和上海在两个季节之间没有明显的时间变化，表明这两个城市不仅受到持续 PBDEs 来源的影响，还受到一些环境因素的影响，如气温和风速。中国大气中 BDE-28 的质量分数在空间和时间上有所变化，南方地区 BDE-28 的丰度在春季相对较高，而秋季则相反。影响其季节变化的两个可能因素是温度和光降解。春季南方地区的气温高于北方地区，可能导

致南方地区有更多的 BDE-28 挥发。而在秋季，一方面是南方和北方地区的气温并没有明显的差异，另一方面是由于紫外线较强，BDE-28 的光降解多发生在南方（Gangnes and Van Assche, 2010）。另外，日本和韩国大气 PBDEs 在两个季节之间没有显著差异（图 2-7）。

3）可能来源

工业品的生产泄漏、使用过程中的挥发及电子垃圾拆解，一般被认为是大气中 PBDEs 的主要来源（Fang et al., 2008）。作为快速发展的经济中心之一，东亚一直是全球主要的消费市场。随着工业和城市化的快速发展，PBDEs 的消费量也急剧增长（Lassen et al., 1999）。如上文所述，本研究在电子工业和其他 PBDEs 生产使用厂的地点观察到高浓度的 PBDEs。例如，西安是中国西北地区最大的电子工业城市，检测到高浓度的 PBDEs（Wang et al., 2007）。珠三角（包括广州和香港）地区的电子产品产量占中国总产量的三分之一（Jaward et al., 2005）。另一方面，电子垃圾可能是该地区污染的重要点源（中国信息产业部经济体制改革与经济运行司，2009）。以珠三角为例，该地区每年接收全球电子垃圾的 70%左右（Wang et al., 2007）。据报道，广东省仅 2002 年进口大约 26.1 万 t 含有 PBDEs 废旧电子电气设备（Robinson, 2009）。以前的一些研究也指出，典型电子垃圾回收作业区的空气、土壤和沉积物中 PBDEs 浓度极高（Leung et al., 2007; Martin et al., 2004; Wang et al., 2011）。

各同系物浓度的相关性分析可用于识别污染源，三个国家 PBDEs 的皮尔逊相关性的结果表明，中国、日本和韩国之间存在显著差异。在中国和韩国，BDE-47、BDE-99 和 BDE-100 彼此显著相关（$p<0.01$），而 BDE-153 和 BDE-154 具有较强的相关性（$p<0.01$）。在日本，只有低溴取代的 PBDEs 显著相关（$p<0.01$）；相反，BDE-153 和 BDE-154 之间的相关性不显著。如前所述，工业五溴二苯醚主要由三种同系物（BDE-47、BDE-99 和 BDE-100）组成，且在东亚地区受到限制使用（Luo et al., 2007）。结合这三个主要组分在该区域气相中占主导地位的事实，可以推断来自发达国家的富含工业五溴二苯醚的电子垃圾可能是该区域大气 PBDEs 的主要来源。

4）区域内的时间变化趋势

2004 年在同样的区域已开展过 PUF-PAS 的同步观测，结果显示 PBDEs 的整体浓度低于欧洲和美国，但在中国西安的大气中发现极高浓度的 PBDEs（de Wit et al., 2010）。自 2004 年以来，全球范围内已限制或禁止生产工业五溴二苯醚和工业八溴二苯醚（Gevao et al., 2006; Jaward et al., 2005）。因此，有必要通过比较 2004 年及本研究的结果以探讨 PBDEs 浓度的变化。需要注意的是，这两项研究的采样期略有不同，但作为一种广泛使用的半定量装置，PUF-PAS 可满足上述的研究目的。此外，由于 2004 年的研究选择经典被动采样速率（3.5 m^3/d）进行计算，高于本研究的采样速率（2.49±0.75）m^3/d，因此采用 ng/(sampler·d) 作为浓度单位以能精确地比较。如图 2-8 所示，三国大气中 PBDEs 的整体水平经过 4 年呈下降趋势，尤以日本的特大城市(J4，东京)和小城市(J15，那霸)最为明显，浓度水平下降了一个数量级。在中国的西安、广州和香港，这些大气 PBDEs 污染严重的城市也出现了相似的下降趋势。韩国大气中 PBDEs 浓度的下降并不明显，虽然整体水平也呈一定程度的下降趋势，但是在个别城市(K2，首尔)测得的浓度反而有所增加。这可能与韩国拥有发达的电子产业经济有关(de Wit，2002)，且首尔是一个电子和电器消费量很大的大都市，有着世界知名的电子企业，如三星、LG 等。大气中 PBDEs 的下滑趋势在世界其他地区也有发现，欧洲背景点的大气 PBDEs 浓度从 2000 年到 2008 年下降了 50%。而与之前的研究相比，从中国东海到北极高纬度地区，大气 PBDEs 浓度亦显著下降。总体而言，随着技术和 PBDEs 产品使用的限制或禁止，大气中 PBDEs 浓度呈下降趋势。

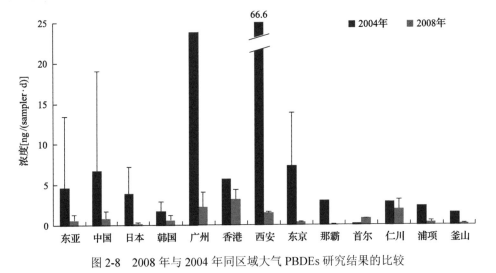

图 2-8　2008 年与 2004 年同区域大气 PBDEs 研究结果的比较

基于一级动力学方程计算的表观半衰期可用于评估下降态势及时间长度[式(2-13)]。该公式涉及降解过程，如 PBDEs 同系物与羟基自由基的大气反应(Schuster et al.，2010)，其中 dC 是 C_i 减去 C_0 的差值，即时间 t_i(2008 年)减去 t_0(2004 年)的 PBDEs 测量浓度。

$$\frac{dC}{dt} = -kC \tag{2-13}$$

$$t_{1/2} = \frac{\ln 2}{k} \tag{2-14}$$

污染物浓度的半衰期 $t_{1/2}$ 描述了将初始污染物浓度降低到其一半的时间段，并

且由 k 值计算半衰期。2004～2008 年期间，东亚地区 BDE-28、BDE-47 和 BDE-99 的平均表观半衰期分别为 1.09 年、2.44 年和 1.82 年，韩国的平均半衰期高于中国和日本。此外，该研究的值不同于欧洲背景点的表观半衰期值，而不同国家或地区时间递减率的差异意味着排放源/当地环境条件的差异(Minh et al., 2007)，同时可能是由于 PBDEs 的禁止或限制使用造成的。

3. PCNs

1)浓度组成

三个国家大气 PCNs 的浓度范围为 1.96～96.3 pg/m³，略高于五大湖地区 (Schuster et al., 2010)及全球范围内(Harner et al., 2006b)的观测结果，低于欧洲区域 (Lee et al., 2007a)的观测结果。从表 2-3 和图 2-9 可知，中国的 PCNs 浓度均值为(34.8±18.9) pg/m³，共检出 34 种 PCNs 单体，其中 CN-23 为优势单体，占总含量的 27.4%，CN-24 次之(占 19.6%)；日本大气 PCNs 的含量较低，其均值为 (17.3±17.6) pg/m³，共检出 33 种 PCNs 单体，以 CN-51 为优势单体，CN-33/34/37 和 CN-24 次之，分别占总含量的 15.9%、14.8%和 14.3%；韩国大气 PCNs 的含量最低，均值为(6.75±5.41) pg/m³，在检出的 32 种 PCNs 单体中 CN-32/48 质量分数较高(23.4%)，其次为 CN-51、CN-33/34/37 和 CN-24(分别占 18.1%、12.3%和 11.8%)。

表 2-3　中国、日本和韩国大气 PCNs 浓度(pg/m³)及组成占比

	浓度				组成					
	最大	最小	均值	标准差	三氯 CNs	四氯 CNs	五氯 CNs	六氯 CNs	七氯 CNs	八氯 CNs
中国	96.3	6.74	34.8	18.9	17.2 (47.3%)	11.9 (34.7%)	4.19 (12.6%)	1.23 (3.51%)	0.65 (1.97%)	0.08 (0.21%)
日本	88.2	3.15	17.3	17.6	3.01 (19.1%)	8.33 (44.7%)	5.46 (31.6%)	0.26 (2.35%)	0.14 (1.50%)	—
韩国	23.8	1.96	6.75	5.41	0.87 (13.8%)	3.32 (44.0%)	1.78 (29.0%)	0.36 (6.01%)	0.41 (7.22%)	—

从组成来看(表 2-3)，中日韩三国主要以四氯 CNs 为主，分别占∑PCNs 的 38.8%(春季)和 40.9%(秋季)。各组分的质量分数随着氯含量的增加而逐渐下降，八氯 CNs 的相对含量最小，两个季度分别为 0.29%和 0.12%。三个国家的 PCNs 组成略有不同，中国大气中 PCNs 以三氯 CNs 为主(占 47.3%)，其次是四氯 CNs(34.7%)，八氯 CNs 最低(仅占 0.21%)；日本以四氯 CNs 为主(占 44.7%)，其次是五氯 CNs(占 31.6%)，日本大气样品中未检出八氯 CNs；韩国同样以四氯 CNs 为主(占 44.0%)，其次是五氯 CNs(占 29.0%)，也无八氯 CNs 检出。从单体上看，三个国家的大气 PCNs 优势单体并不一致，中国的 PCNs 优势单体为 CN-23 和 CN-24，日本的 PCNs 优势单体为 CN-51、CN-33/34/37 和 CN-24，而韩国则为

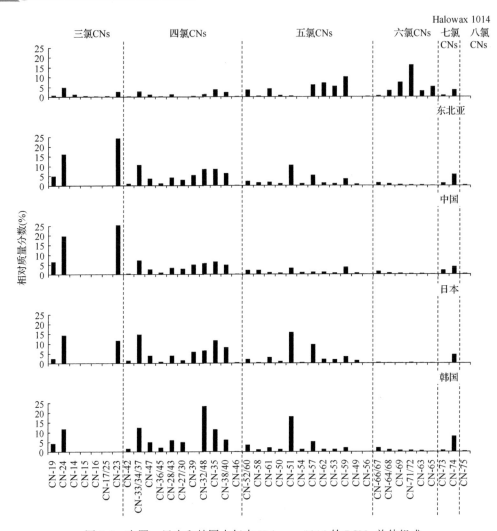

图 2-9　中国、日本和韩国大气中 Halowax 1014 的 PCNs 单体组成

CN-32/48 和 CN-51(图 2-9)。一方面,这与污染源密切相关;另一方面,也受到各 PCNs 单体的饱和蒸气压及辛醇-空气分配系数(K_{OA})的影响:氯取代数越大的 PCNs 单体,其 K_{OA} 值越大,因此越难挥发,大气中的含量也越低。

　　2)时空分布

　　中日韩三国大气$\sum$PCNs 的时空分布如表 2-4 所示,春、秋两个季度的大气 PCNs 空间分布规律大体上相同:以中国的大气浓度普遍较高,日本次之,韩国最低。最高值出现在中国香港(秋季),为 96.3 pg/m^3;最低值为韩国居昌(春季)的 1.96 pg/m^3。绝大多数的秋季样品 PCNs 浓度高于春季,这可能是由于秋季(8~10 月)期间温度较高,易于 PCNs 挥发至大气。

表2-4　中国、日本和韩国大气 PCNs 浓度 （单位：pg/m³）

		春季	秋季			春季	秋季			春季	秋季
中国	长春	30.8	32.3	日本	札幌	2.55	7.80	韩国	灵光	4.75	4.17
	沈阳	25.4	21.0		黑石	3.15	5.07		首尔	7.01	7.21
	北京	36.6	54.4		小松	4.84	29.5		仁川	19.7	23.8
	天津	33.3	41.2		东京	49.1	88.2		原州	3.14	4.33
	化德	13.3	14.3		横滨	5.44	30.6		东海	4.06	8.01
	青岛	19.9	34.9		长久手	3.43	12.1		金泉	3.30	4.20
	太原	19.2	56.8		岐阜	8.29	21.7		浦项	2.70	2.90
	新乡	38.6	34.2		大阪	15.1	30.3		居昌	1.96	4.15
	西安	50.7	59.5		神户	9.45	15.9		晋州	5.32	5.74
	武汉	11.6	65.1		西胁	5.42	8.22		釜山	4.23	2.45
	上海	30.6	42.0		鸟取	7.43	5.26				
	杭州	32.2	61.7		松山	30.2	10.3				
	长沙	38.9	50.4		宇和岛	16.0	35.1				
	厦门	49.1	60.9		宫崎	4.57	10.2				
	台中	6.74	13.4		那霸	5.70	17.3				
	广州	40.8	52.7								
	香港	20.7	96.3								
	南宁	18.9	11.3								
	贵阳	11.3	20.6								
	昆明	9.35	18.6								

　　中国大气的 PCNs 浓度与组成无明显地理分布规律。春秋两季的浓度差别较小，表明无论位于内陆或沿海、高纬度或低纬度，中国城市大气 PCNs 的浓度变化不大，反映了中国城市 PCNs 污染源的大气排放较为稳定。大气 PCNs 主要仍以三氯 CNs 和四氯 CNs 为主，天津、西安、新乡等少数城市以四氯 CNs 和五氯 CNs 为主。

　　日本东京的大气 PCNs 浓度明显较高，春、秋两季的浓度分别为 49.1 pg/m³ 和 88.2 pg/m³，其他样品浓度相对较低。春、秋两季的高低值之比（$H : L$）均大于 10，分别为 14.0 和 15.2，表明日本城市大气 PCNs 浓度的空间差异性较大。日本城市大气 PCNs 主要以四氯 CNs 为主，占总质量分数的 32.2%～59.0%。宇和岛、鸟取、岐阜等少数城市以五氯 CNs 为主，四氯 CNs 次之。季节变化上，除松山为春季浓度高于秋季，其他均为秋季高。

　　韩国大气 PCNs 浓度只有仁川较高，春秋两个季度分别为 19.7 pg/m³ 和 23.8 pg/m³，其他均很低。春、秋两季的高低值之比（$H : L$）均为 10 左右，表明韩国城市大气 PCNs 浓度的空间存在一定的差异性。季节变化上，大多数样品秋季的 PCNs 浓度高于春季，但变化幅度不如中国和日本的明显。组成上也呈现一定的季节变化，春季的灵光、首尔、仁川和原州大气 PCNs 组成以四氯 CNs 为主，分别占总质量分数的 37.8%～64.6%。而其余城市以五氯 CNs 为主，四氯 CNs 次之。秋季，除釜山的五氯 CNs 含量略高于四氯 CNs 外，其余城市大气 PCNs 的组成均以四氯 CNs 为主，分别占总质量分数的 36.8%～72.3%。

3）来源分析

工业生产及使用过程中的释放、PCBs 的副产物及焚烧、冶金、氯碱生产等热处理过程是 PCNs 的主要来源，但 PCNs 的生产自 20 世纪七八十年代以来便已停止，所以普遍认为目前环境中的 PCNs 主要来源于工业品的历史残留和焚烧等热处理过程，而近期的文献指出，焚烧、工业热处理等已成为大气 PCNs 的主要来源（Jaward et al., 2004b）。有学者指出，不同燃烧、热处理过程中产生的优势特征单体可作为来源指示物（Bidleman et al., 2010），比如 CN-24 可标记煤炭和木材的燃烧（Meijer et al., 2001）；大量的 CN-52/60 和 CN-50 被检出在钢铁厂的飞灰中（Lee et al., 2005b）；意大利 11 家焦化厂的烟气样品分析发现，相对高丰度的 CN-45/36、CN-54、CN-66/67 和 CN-73（Lee et al., 2007a）；城市垃圾焚烧厂的飞灰中以 CN-66/67、CN-54、CN-51、CN-39 等为代表的一些单体含量远高于 Halowax 系列（Liu et al., 2010）。该研究发现曾大量生产和使用 PCNs 的东北亚地区（Schneider et al., 1998），其大气 PCNs 组成与工业品差异较大，反映了 PCNs 工业品的使用和历史残留不是该区域大气 PCNs 的主要来源。由于缺少 PCNs 的生产和使用量的信息，特别是有关中国、日本和韩国的基础数据更是匮乏，因此对其大气 PCNs 的来源分析存在一定困难。该研究选择应用较多、检出度较高且有显著差异的燃烧源指示物 CN-24、CN-39、CN-51、CN-54、CN-52/60 和 CN-66/67（图 2-10）来讨论三个国家大气 PCNs 的可能燃烧来源。

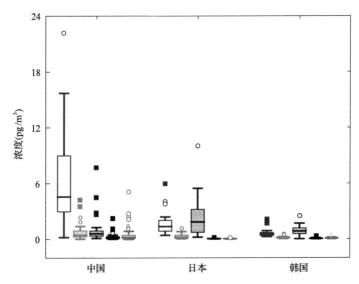

图 2-10　中国、日本和韩国大气中代表性 PCNs 单体的组成差异

（褐色为 CN-24，绿色为 CN-52/60，蓝色为 CN-51，黑色为 CN-54，红色为 CN-66/67）

中国大气 PCNs 浓度在三个国家中最高，且煤炭和木材燃烧的指示物 CN-24 为第二优势单体。但如图 2-11(a) 所示，长江以北城市(图中北方城市)大气中 CN-24 的质量分数并不高(春季，5.86%～26.8%；秋季，0.68%～30.0%)，且春秋两个季度普遍无明显变化。反而长江以南城市(图中南方城市)大气中 CN-24 的质量分数相对较高(春季，8.23%～47.9%；秋季，0.41%～40.8%)，且两个季度普遍存在较明显变化。这一现象与中国的燃煤区集中在北方且冬春季用量高的实际使用情况相矛盾，由此推断冬季供暖燃煤 PCNs 排放对中国大气 PCNs 污染的贡献不大。其他几种燃烧源指示物 CN-39、CN-52/60、CN-54 和 CN-66/67 具有相似来源，且所占质量分数较小(5.01%、2.01%、0.83% 和 1.47%)，因此将其合并在一起讨论。结果显示，它们在样品中的质量分数差异较大，高值点的城市一般存在冶金、焦化、氯碱等可产生大量 PCNs 的重工业，如长春、天津、西安和昆明，反映了不同城市工业类型对大气 PCNs 污染的贡献差异，也符合前人对这些单体的燃烧来源研究[图 2-11(b)]。对上述六种燃烧源指示物做相关分析发现，CN-24 和 CN-51 与其他四种单体均无相关性，其余的四种单体间都呈一定的正相关关系(p<0.01)。这也从另一个角度印证了中国大气 CN-24 和 CN-51 的燃烧来源的独特性，与其他的四种单体的来源有所不同。

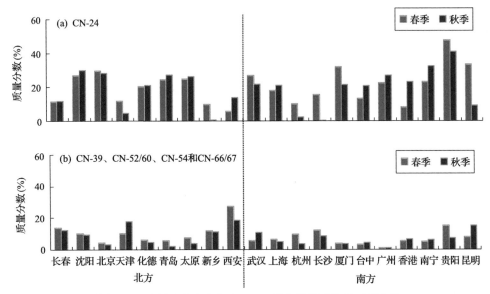

图 2-11　中国南北方大气中 PCNs 燃烧源指示物的质量分数

日本是东北亚地区唯一的工业品 PCNs 生产国，虽然从 20 世纪 70 年代起已禁止其生产，但在 21 世纪初仍存在非法进口和使用记录(Bidleman et al., 2010)。日本大气 PCNs 的优势单体 CN-51 无明显的季节变化[图 2-12(a)]，这是考虑到 CN-51 在城市垃圾焚烧的烟气中含量很高，在其他燃烧源中含量较少，且不是工业品的组分。而日本约 80%的城市固体废物通过焚烧进行处理（Yamashita et al., 2003），因此可认为城市垃圾焚烧极有可能是日本大气 PCNs 污染的主要来源。CN-24 在日本大气中所占的质量分数仅次于 CN-51[图 2-12（b）]，特别是在北部城市札幌和乡村黑石。但煤炭和木材并非日本的主要能源，这种情况一方面可能是由于 CN-24 的 K_{OA} 较小，挥发性较强，更易于扩散到大气中；另一方面也可能是 CN-24 不单是煤炭和木材燃烧所产生的，还具有其他来源，如非法使用 PCNs 工业品的挥发、工业热过程等。燃烧源指示单体间的相关分析结果也在一定程度上支持上述推断，CN-51 与 CN-24、CN-54 和 CN-66/67 之间不具有相关性，与 CN-39 和 CN-52/60 呈一定的正相关（$p<0.01$, $0.6<r<0.8$）；CN-24 与除 CN-51 外的四种单体均具有显著的相关关系。这表明 CN-51 的来源与 CN-24、CN-54 和 CN-66/67 有所不同，而与 CN-39 和 CN-52/60 可能具有相似来源。

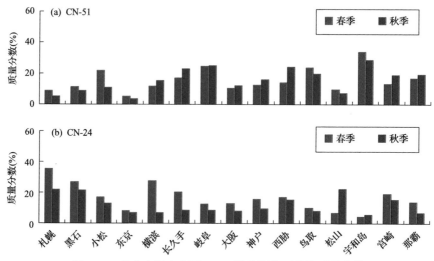

图 2-12 日本大气中主要 PCNs 燃烧源指示物的质量分数

而韩国较为特殊，PCNs 燃烧源指示单体的浓度无明显差异，且各自之间均存在较好的相关性（$p<0.05$），表明韩国大气 PCNs 的来源比较一致，无明显差异。

对城市来讲，本地存在的点源是其主要污染源。然而，在特定时间段内，污染物的大气长距离迁移也会影响不存在明显污染源的城市。香港位于中国东南沿海，20 世纪 50～80 年代其工业以纺织、塑胶、玩具和电子业为主。目前，香港工业基本内迁至内地，当地基本没有 PCNs 污染的相关工业，且没有城市垃圾焚烧厂，PCNs 点源污染很少。但图 2-11 清晰地显示，秋季香港大气 PCNs 的浓度显著高于春季，该现象极可能是受东亚季风的影响。每年 3～5 月，中国东部沿岸和华南地区的风向主要来自东南部海洋，相对清洁的气流会对香港大气起到较好的稀释作用；而每年 9～10 月，风向开始转变，盛行东北季风，偶有西北冷空气南下。在这些气流经过的地区存在大量的城市垃圾焚烧厂、冶金厂等主要 PCNs 排放源，导致大气长距离跨境迁移对香港 PCNs 浓度的贡献明显增加。据此推断：位于上风向的深圳、华南地区可能对香港秋季大气中 PCNs 的高浓度起主要作用。

4. SCCPs

1）浓度组成

三个国家大气中 SCCPs 的浓度范围为 0.28～517 ng/m^3，远高于欧洲和北美地区的大气 SCCPs 浓度。如表 2-5 所示，中国大气 SCCPs 的浓度最高（13.5～517 ng/m^3），日本和韩国没有明显差别，其浓度分别为 0.28～14.2 ng/m^3 和 0.60～8.96 ng/m^3。

表 2-5　中国、日本和韩国大气 SCCPs 浓度及与其他研究的对比　（单位：ng/m^3）

	最小	最大	平均	标准差	中值	采样年份	参考文献
东亚	0.28	517	67.6	104	11.2	2008	本研究
中国	13.5	517	137	114	116	2008	本研究
日本	0.28	14.2	2.26	3.06	1.19	2008	本研究
韩国	0.60	8.96	2.06	2.36	1.12	2008	本研究
加拿大，艾伯塔	0.065	0.924	0.543	—	—	1990	(Lam et al., 2010)
加拿大，阿勒特	<0.001	0.0085	—	—	—	1992	(Tomy, 1997)
加拿大，阿勒特	0.00107	0.00725	—	—	—	1994～1995	(Tomy et al., 1998)
英国，兰开斯特	0.0054	1.085	0.320	0.320	—	1997	(Bidleman T. et al., 2001)
英国，兰开斯特	—	—	0.099	0.101	—	1997～1998	(Peters et al., 2000)
挪威，斯瓦尔巴	0.009	0.057	—	—	—	1999	(Peters et al., 1998)
安大略湖	—	—	0.249	—	—	1999	(Borgen et al., 2000)
挪威，熊岛	1.8	10.6	—	—	—	2000	(Muir et al., 2000)
英国，兰开斯特	<0.185	3.430	1.130	—	—	2003	(Borgen et al., 2002)
英国	220	9100	1600	—	—	2003	(Barber et al., 2005a)

三个国家大气中 SCCPs 的组成特征谱如图 2-13 所示，总体来看碳链以 C$_{11}$ 和 C$_{10}$ 为主，分别占 38.2%±5.48%和 35.6%±10.3%。C$_{10}$ 占比相对较高可归因于中国样品中占主导地位的 C$_{10}$ 组分，其质量百分比高达 42.2%±8.98%[图 2-13（a）和（b）]。C$_{11}$ 组分在中国、日本和韩国大气中的质量百分比分别为 37.2%±6.64%、39.2%±4.21%和 39.2%±3.58%。中国 C$_{10}$ 组分占优与中国生产的三种主要工业 CPs 产品（即 CP-42、CP-52 和 CP-70）（Barber et al., 2005a）的组成特征谱是一致的。日本和韩国大气样品中的主要同系物是 C$_{11}$ 组分[图 2-13（c）和（d）]。按氯原子划分，三个国家整体上以六氯和五氯为主，分别占 40.7%±5.56%和 28.2%±8.05%。不同于中国和日本大气 SCCPs 以六氯和五氯为主，韩国以六氯和七氯占优。日本和韩国大气 SCCPs 的组成特征谱与加拿大（Gao et al., 2012）及安大略湖（Muir et al., 2000）的大气组成相似，但与以 C$_{12}$ 为主的英国兰开斯特明显不同。一个公认的解释是，

不同国家间同系物组成的区别反映了各国生产的工业SCCPs产品组成特征的差异。

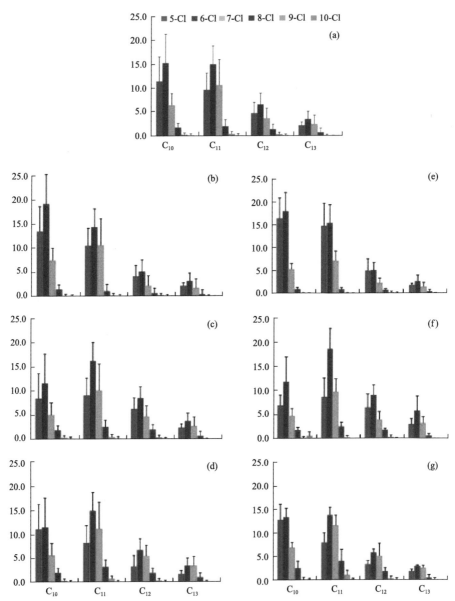

图 2-13　中国、日本和韩国大气 SCCPs 的组成特征谱(%，平均值)

(a)东亚；(b)中国的所有样品；(c)日本的所有样品；(d)韩国的所有样品；(e)中国的两个农村点(化德和尖峰岭)；
(f)日本的两个农村点(黑石和宫崎)；(g)韩国的两个农村点(灵光和居昌)

2) 空间分布与季节变化

三个国家大气 SCCPs 的浓度时空分布如图 2-14 和图 2-15 所示，发现了预期的城市—农村减少的趋势。中国 SCCPs 的平均浓度远高于日本和韩国，最大值出现在中国西安（秋季），最低值为日本岐阜（J6，秋季）。

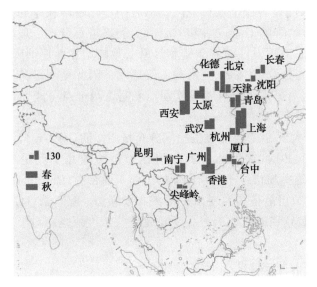

图 2-14 中国大气 SCCPs 浓度的时空分布（ng/m³）

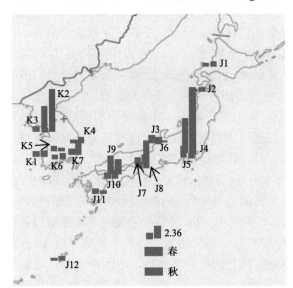

图 2-15 日本和韩国大气 SCCPs 浓度的时空分布（ng/m³）

J1，札幌；J2，黑石；J3，小松；J4，东京；J5，横滨；J6，岐阜；J7，神户；J8，大阪；J9，松山；J10，宇和岛；J11，宫崎；J12，那霸。K1，灵光；K2，首尔；K3，仁川；K4，浦项；K5，居昌；K6，晋州；K7，釜山

在中国，位于东南沿海地区（北京、上海、杭州和广州）及中西部个别重工

业基地(西安)，大气 SCCPs 的浓度明显高于其他样点。这一结果与中国 SCCPs 生产和使用的地区分布是一致的(Peters et al., 2000)。两个农村点(化德和尖峰岭)的 SCCPs 浓度显著低于城市地区。从时间变化看，秋季的大气浓度通常比春季的高，同时秋季的 $C_{10}\sim C_{11}$ 和 $Cl_6\sim Cl_7$ 的质量百分比一般明显高于春季样品。鉴于 SCCPs 的挥发性随着碳链和氯原子数的增加而逐渐降低(Chen et al., 2011)，温度升高导致 SCCPs 更易向大气挥发，因此这一趋势并不令人惊讶。青岛和上海在这两个季节没有明显差别，表明这两个点可能受到持续的 SCCPs 来源的影响。

日本和韩国大气 SCCPs 浓度的空间分布是相似的(图 2-15)，只有东京(J4)、大阪(J8)、松山(J9)、首尔(K2)、仁川(K3)等少数几个点观测到较高浓度的 SCCPs。考虑到这些城市位于各自国家的主要工业带上(Drouillard et al., 1998)，反映工业区的排放可能是其大气 SCCPs 的主要来源。除东京(J4)、大阪(J8)、首尔(K2)、仁川(K3)和釜山(K7)外，无论是大气浓度还是相对丰度都没有观察到明显的季节变化。

3) 偏远点的水平与组成

该研究设置了 6 个农村点，分别是中国的化德和尖峰岭、日本的黑石(J2)和宫崎(J11)、韩国的灵光(K1)和居昌(K5)。总体而言，在这些偏远点位观测到的结果具有与相应国家的整体特征相似，反映了区域间的差异。中国偏远地区的总 SCCPs 浓度平均值为 $(43.7\pm24.6)\,ng/m^3$，明显高于日本和韩国[分别为 $(0.70\pm0.23)\,ng/m^3$ 和 $(0.87\pm0.19)\,ng/m^3$]，而从图 2-13(e)～(g)也可以看出不同偏远点的 SCCPs 组成也与各国整体特征谱一致。

利用 Hysplit 模型模拟采样期间 6 个农村点的平均后推气流轨迹(海平面高度 500 m)，结果发现虽然日本和韩国的农村点有部分大气气流通过中国，但距到达样点的时间均较长。经典传输距离计算模型的运算结果显示，SCCPs 在大气中的传输距离约为 600～900 km(Fiedler, 2010)，远小于其他 POPs。尽管已有研究在某种程度上佐证日本和韩国大气中的 POPs 受到中国来源的影响，然而结合上述提及的日、韩两国偏远点大气 SCCPs 污染水平和组成特征谱与各自国家的特点完全符合，加之 SCCPs 相对较低的长距离大气输送能力，这些均可以反映 SCCPs 主要受当地来源的影响。此外值得注意的是，中国两个偏远点的季节变化与大气气团流向有关：化德在秋季的后推气流轨迹有41%来自中国中部地区，而秋季 SCCPs 浓度明显高于春季。但是尖峰岭的情况正好相反，在3～5月大气气流主要通过中国东南沿海地区(23%)时，SCCPs 的浓度明显高于气团来自中国南部、东南亚和东海的8～10月。

4）三个国家差异性的原因

统计分析显示三个国家之间在 SCCPs 总浓度与组成方面有明显差异，这可归因于以下两个因素。一是生产和使用，SCCPs 的生产和工业用途被普遍认为是环境中的主要来源（Wegmann et al., 2009）。根据以前的研究，中国自 2006 年以来已成为世界上最大的 SCCPs 生产国，年产量为 60 万 t（Přibylová et al., 2006）。日本虽然也是 SCCPs 的生产国，但产量远低于中国，每年仅约 500 t（Fiedler, 2010）。韩国没有 SCCPs 的生产记录，仅在 2002 年进口了约 156 t SCCPs 工业品（Fiedler, 2010）。这些使用水平的差异可能是中国大气观测到高浓度 SCCPs 的主要原因。此外，相关分析的结果也基于不同的视角证实了这一结论。以中国为例，大气 SCCPs 的 $C_{10} \sim C_{13}$ 组分间均显著相关（$p < 0.01$）。这个结果与中国实际的 SCCPs 工业生产相一致，即工业品没有严格区分碳链，反映了中国 SCCPs 的同系物组成。

二是使用模式的差异。早期的研究指出，不同的 SCCPs 使用模式会导致不同的排放率，最终导致污染水平的差别。欧盟（POPRC, 2009）和经济合作与发展组织的研究也表明，当 SCCPs 用作金属加工液时，其大气排放系数为 8%，远远大于消费品添加剂（0.0029%）。虽然自 2007 年以来，日本的金属加工业自愿淘汰了 SCCPs，但观测到最高 SCCPs 水平的东京（J4）位于关东工业带，有大量企业使用含 SCCPs 的金属加工液。相反，位于日本另一个主要工业带——关西地区的神户（Harada et al., 2011），由于该地区相关企业将 SCCPs 作为材料添加剂使用，其浓度较低。与大气 SCCPs 的空间分布相对照，这些结果反映出日本的 SCCPs 使用模式在一定程度上可能会对该国的大气浓度产生影响（Fiedler, 2010）。

2.2.3　南亚海岸带大气中 OCPs 和 PBDEs 研究

1. 材料与方法

1）样点信息

自 2006 年 7～9 月，在印度的 18 个采样点布设 PUF-PAS，采样期为 42 天。采样点见图 2-16，分别为西海岸的古杰拉特邦普杰（Gujarat Bhuj, GB）、卡奇港（Gulf of Kutch, GK）、巴罗达（Baroda, BD）、孟买（Mumbai, MB）、果阿（Goa, GA）、门格洛尔（Mangalore, ML）、班加罗尔（Bangalore, BL）和蒂鲁瓦南塔普拉姆（Thiruvanthapuram, TV）；东海岸的加尔各答（Kolkata, KL）、布巴内什瓦尔（Bhubaneshwar, BW）、维沙卡帕特南（Vishakhapatnam, VP）、钦奈（Chennai, CN）、本地治里（Pondicherry, PD）、古德洛尔（Cuddalore, CD）、帕朗格伊佩泰（Porto Novo, PN）、皮奇瓦阿姆（Pitchavaram, PV）和韦达兰耶姆（Vedaranyam, VN）；内陆中部的海德拉巴（Hyderabad, HD）。PUF-PAS 设置在高于地面 3 m 以上的屋顶、阳台等空旷处。

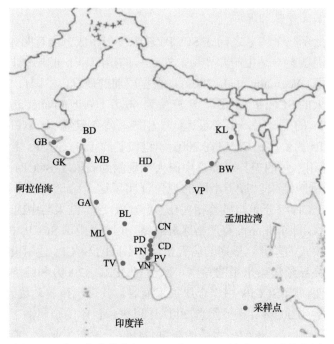

图 2-16 南亚海岸带大气 OCPs 和 PBDEs 被动观测采样点图

2）样品前处理

采样后的 PUF 加入一定量的 $^{13}C_{12}$-PCB138 和 PCB209 作为回收率指示物，用二氯甲烷索氏抽提 48 h，抽提液经旋转蒸发浓缩并置换溶剂为正己烷（约 0.5 mL），然后通过层析柱（自下而上依次填充 3 %去活化氧化铝 3 g、3%去活化硅胶 5 g、50%硫酸硅胶 3 g 和无水硫酸钠 1 g），用 50 mL 正己烷和二氯甲烷混合液（体积比 1∶1）淋洗，淋洗液经氮吹浓缩至约 25 μL，加入 20 ng 的 PCNB 和 BDE-77 作为定量内标。

目标物分析及质量保证与质量控制同 2.2.1 节和 2.2.3 节，不再赘述。

2. DDT

DDTs（p, p'-DDT、o, p'-DDT、p, p'-DDE 和 p, p'-DDD）的总浓度沿印度的海岸带变化极大（16～2952 pg/m³），明显高于欧洲（Fiedler, 2010）和其他几个亚洲国家（Jaward et al., 2004b），但与中国内地和香港的大气浓度相当（Jaward et al., 2005）。然而，不同样点的组成模式是明显不同的：较高浓度的代谢产物（p, p'-DDE 和 p, p'-DDD）大多出现在城市样点，而高水平的母体化合物（p,p'-DDT 和 o,p'-DDT）出现在农村和偏远点。这意味着 DDT 在印度的农业领域仍在持续使用，虽然早先的研究指出，由于禁止在农业生产中使用 DDT（以控制疟疾为目的仍可使用 DDT），印度沿海地区的 DDT 总浓度似乎已经有所下降（Wang et al., 2007）。p, p'-DDT 的

浓度范围为 $2\sim387$ pg/m^3，占 DDT 总浓度的 12%。印度 p, p'-DDT 的浓度低于中国 (Iwata, 1994)，但高于欧洲地区 ($0.6\sim190$ pg/m^3) (Jaward et al., 2005)。当与中国珠江三角洲 ($120\sim2300$ pg/m^3) 及香港 ($90\sim1400$ pg/m^3) (Jaward et al., 2004a) 比较时，其浓度明显低许多。p, p'-DDT 的最高值出现在 PN，与早期的观测值是一致的 (Wang et al., 2007)。o, p'-DDT 的浓度范围从低于检出限到 620 pg/m^3，贡献率约为 31%。p, p'-DDE 是 p, p'-DDT 的一种代谢产物，其浓度为 $6\sim2061$ pg/m^3，比全球其他 PAS-PUF 的观测数据要高。

在多数城市和农村点，其 (p, p'-DDE + p, p'-DDD)$/p, p'$-DDT 比值较高 ($1\sim72$)，明显高于中国的华南地区、珠江三角洲和香港 ($0.2\sim4$) (Ramesh et al., 1989)。这可能是由于旧的 DDT 源 (如施用 DDT 的农田和用于预防传染病 DDT 产品) (Wang et al., 2007) 排放到大气后转化为代谢产物。与亚洲其他地区的 o, p'-DDT$/$ p, p'-DDT 平均比值相比较，印度农村点的比值最高 (图 2-17)。这有些不寻常，因为迄今为止在印度尚无三氯杀螨醇 (dicofol) 的使用记录，但印度的 o, p'-DDT$/$ p, p'-DDT 比值 ($0\sim15$) 甚至远远高于 DDT 主要来源于三氯杀螨醇使用的中国 (Harner et al., 2001)。o, p'-DDT 的蒸气压比 p, p'-DDT 高 7.5 倍 (Li et al., 2006)，加上 p, p'-DDT 在亚热带地区的土壤中代谢速度较快 (Spencer and Cliath, 1972)，因此，尽管 p, p'-DDT 一定会从表层土壤中挥发 (尤其是在刚施用后的短时间内)，但从表层土壤中挥发的 p, p'-DDT 量可能相对少于 o, p'-DDT 的量。在 DDT 的使用停止后，大部分 DDT 可转换为 p, p'-DDE。较高浓度的 p, p'-DDE 可被解释为 DDT 在大气运输中经长时间的紫外线辐射后，转换为 p, p'-DDE (Talekar et al., 1977)。因而相对于较低浓度的 p, p'-DDT，在除 PN 外的所有样点均观测到较高浓度水平的 p, p'-DDE，可能原因为工业 DDT 在附件的使用。其他样点相对较高的 o, p'-DDT$/p, p'$-DDT 比值可能是由于母体化合物在热带地区的快速降解。沿海大城市可能面临季风和洪水的危害，因而导致使用 DDT 用于防止病媒传染疾病。总之，DDT 的总趋势受到过去和目前使用的综合影响。

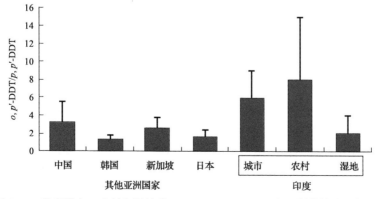

图 2-17　印度城市、乡村和湿地的 o, p'-DDT$/p, p'$-DDT 和亚洲其他地区的对比

3. HCH

工业 HCH 和林丹是 HCH 的主要来源。本研究中 HCH 的异构体组成为 α = 30%、β = 4%、γ = 60% 和 δ = 6%，与工业 HCH 的组成（α = 60%～70%、β = 5%～12%、γ = 10%～12% 和 δ = 3%～4%）相反。$\sum$HCH 的浓度范围为 66～5404 pg/m³，略低于前期研究中大多数样点的水平（Atlas and Giam, 1988），可能是由工业 HCH 被禁用所致。城市点的 α-HCH 和 γ-HCH 的浓度均较高。HCH 异构体的组成在 BW 为 α-HCH（636 pg/m³）、β-HCH（117 pg/m³）、γ-HCH（146 pg/m³）和 δ-HCH（31 pg/m³），反映了印度东部海岸地区仍然有工业 HCH 的使用。而在 KL 和 PV，所有异构体的浓度都较高，表明尽管工业 HCH 被禁用，但随着林丹的广泛使用，其成为一个新的污染源。印度于 1997 年禁止了工业 HCH 的生产和使用（Iwata, 1994），之后印度政府一直鼓励使用林丹（主要成分为 γ-HCH）。林丹用在控制头虱、疥螨、苍蝇、跳蚤、蟑螂和蚊子繁殖的药剂制品中；在农业中，用来控制棉花、甘蔗和一些蔬菜中的害虫。在本研究中，HCH 的同分异构体组成也随着近年来大量林丹的使用，从类似工业 HCH 上变为接近林丹的组成（Gupta, 2004）。

α 与 γ 异构体的比值可用于确定 HCH 的污染来源，也可用作长距离大气传输的指标。本研究中，该值的范围（0.11～4）与多伦多（Iwata, 1994）和 GAPS 的数据相当（Beyer et al., 2000）。有研究报道，孟加拉湾和阿拉伯海的 α-HCH/γ-HCH 比值为 4.8～9.6（Pozo et al., 2006），而东印度洋为 0.65～2.4。相比之下，该研究中的 α-HCH/γ-HCH 比值仅在 BW 样点高于工业 HCH（Iwata et al., 1993; Klecka et al., 2000），而在其他样点均为接近或低于该值，因此，总体较低的比值说明可能存在零星的林丹来源。

4. 硫丹

印度是硫丹的主要生产国之一，在 1996～1997 年间其年均产量为 8206 t/a，而在 1995～2000 年间共生产了 41033 t 的硫丹。硫丹的同分异构体包括 α-硫丹和 β-硫丹两种，比值为 7:3。本研究中，总硫丹及其代谢物（硫丹硫酸盐）的浓度范围为 0.45～1122 pg/m³，在 PN 样点观测到最高浓度的 α-硫丹。这样的高污染水平可能归因于硫丹在周围农田耕地中的使用。除了低于南美洲地区（29～14600 pg/m³），印度大气中硫丹的水平与欧洲（21～1760 pg/m³）相当，高于世界其他地区（Shoeib and Harner, 2002），与 GAPS 的研究结果处于同一水平（40～1090 pg/m³）（Pozo et al., 2006）。尽管由于对位于印度南部的加瑟勒戈德（Kasargod）腰果种植园产生不良影响，政府最近禁止了空中喷洒硫丹，但硫丹的使用仍占印度杀虫剂总消耗量的 10% 以上。本研究中，硫丹的平均异构体比值接近工业硫丹的比值，而代谢产物硫丹硫酸盐的浓度非常低，表明工业硫丹在印度存在持续使用现象，特别是在棉田和茶园中。

5. 氯丹

氯丹的同分异构体(反式和顺式)在所有样点均有检出，且大多数样点的氯丹浓度均较高，其总浓度(*trans*-chlordane, TC；*cis*-chlordane, CC；*trans*-nonachlor, TN 和 *cis*-nonachlor, CN)范围为 9～921 pg/m^3。城市点的浓度值高于农村和湿地点。此浓度范围高于欧洲(Harner et al., 2006a)、亚洲(Jaward et al., 2004b)和世界背景点的研究结果(0.7～338 pg/m^3)(Jaward et al., 2005)，低于我国珠江三角洲和香港(Pozo et al., 2006)。与早期的研究相比(Wang et al., 2007)，印度沿海城市大气的氯丹浓度有所降低。本研究中，TC/CC 的比值范围为 1～5，比中国(Iwata, 1994)和亚洲其他地区(Bohlin et al., 2007)的报道值高，表明印度可能正在或曾经使用本国的氯丹产品(Jaward et al., 2005)。在城市点观测到较新的氯丹组成特征，表明城市大气的氯丹可能来自于目前七氯中的未降解的顺式氯丹(Pozo et al., 2004)。

6. PBDEs

9 种 PBDEs(BDE-28、BDE-47、BDE-66、BDE-85、BDE-99、BDE-100、BDE-153、BDE-154 和 BDE-183)的总浓度为 1～181 pg/m^3，在亚洲仅次于浓度最高的中国(Bidleman et al., 2002)，接近欧洲的大气浓度(Jaward et al., 2005)。BDE-47(四溴)和 BDE-85(五溴)在同系物组成中占主导地位，贡献了总浓度的约 77%。高浓度的 PBDEs 主要出现在城市点，而农村和偏远点的浓度较低。钦奈的大气 PBDEs 浓度最高，这也与其为印度第三大商业和工业中心及国家的汽车产业中心相符。在除钦奈(CN)以外的所有样点，BDE-85(五溴)所占比重均高于 BDE-47。工业生产(即汽车、纺织品和电子产业等)中使用 PBDEs 是潜在的来源。工业十溴产品主要含 BDE-209(>97%)(Jaward et al., 2004a)，广泛用于塑料、电子元器件的防火。上述提及印度大气中高丰度的 BDE-85 可能是由十溴组分在热带大气中的光解所引起。此前有研究报道，十溴组分在阳光下的降解会产生不少于五个溴原子的同系物组分(Hale et al., 2003)。最近的研究也表明，在实验室模拟条件下，BDE-209 的光化学分解能生成低分子量的同系物(Minh et al., 2003)，并指出亚热带/热带环境中存在类似的反应。而在钦奈的 Bromkal 70-5DE 使用似乎是影响其大气 PBDEs 组成特征的主要原因。

2.2.4　中日印三国大气中挥发性全氟化合物的对比研究

1. 材料与方法

1)样点信息

中国和日本的采样期为 2009 年 3～7 月，印度的采样期为 2009 年 5～8 月，约为 100 天。采样点分为城市、郊区、农村和背景点，其中背景点为远离当地污染源及明显人类活动的地点。中国共布设了 19 个，包括 2 个背景点、1 个郊区点和 16 个城市点，日本共布设了 9 个(1 个背景点、5 个农村点、2 个郊区点和 1 个城市点)，印度则布设了 18 个(2 个农村点、4 个郊区点和 12 个城市点)。

2) 样品采集

PUF 碟片在使用之前，分别用丙酮和石油醚索氏抽提 12 h 和 18 h。阳离子交换树脂 XAD-4 则先分别用甲醇、二氯甲烷和正己烷超声 30 min，然后用行星球磨机(Retsch 公司,德国)磨成颗粒直径约为 0.75 μm 的粉末，接下来粉末状的 XAD-4 分别用甲醇、二氯甲烷和正己烷持续索氏抽提 6 h、12 h 和 6 h。PUF 碟片被均匀涂上干燥的、经过预处理的 XAD-4 粉末(称之为 SIP-PUF 碟片)，然后封存于金属罐中，于–20℃储存。将上述封存的 SIP-PUF 碟片和被动采样装置邮寄到采样地点，然后组装采样以避免运输过程中的污染。在采样结束时，检查收回 SIP-PUF 碟片，置于原有的金属罐中并封存邮寄回实验室，–20℃储存直到分析。

3) 样品前处理

分析目标物包括氟调聚烯烃(fluorotelomer olefins, FTOs，8：2 FTO)、氟聚丙烯酸酯(fluorotelomer acrylates, FTAs，包括 6：2 FTA、8：2 FTA)、氟调聚醇(fluorotelomer alcohols, FTOHs，包括 4：2 FTOH、6：2 FTOH、8：2 FTOH、10：2 FTOH 和 12：2 FTOH)、全氟磺胺[包括 N-甲基全氟丁基磺酰(N-MeFBSA)，N-甲基全氟辛基磺酰(N-MeFOSA)，N-乙基全氟辛基磺酰(N-EtFOSA)]和全氟磺胺基乙醇[包括 N-甲基全氟丁基磺酰氨基乙醇(N-MeFBSE)，N-甲基全氟辛基磺酰氨基乙醇(N-MeFOSE)，N-乙基全氟辛基磺酰氨基乙醇(N-EtFOSE)]，加入 11 种回收率校准(recovery standard, RS)物质(5：1 FTOH、7：1 FTOH、9：1 FTOH、11：1 FTOH、[M+4]6：2 FTOH、[M+5]8：2 FTOH、[M+4]10：2 FTOH、[M+3] N-MeFOSA、[M+5]N-EtFOSA、[M+7]N-MeFO 和[M+9]N-EtFOSE)和内标标准物质 N,N-Me$_2$FOSA、13：1 FTOH 和 ^{13}C-HCB。98%纯度的 6：2 FTOH、8：2 FTOH、10：2 FTOH、N-MeFOSA、N-EtFOSA 和 N-MeFOSE 购自 Wellington Laboratories 公司(圭尔夫，安大略省，加拿大)。4：2 FTOH(＞97%纯度)和 5：1 FTOH(98%纯度)购自 Matrix Scientific 公司(哥伦比亚，南卡罗来纳州，美国)。8：2 FTO (＞97%纯度)、7：1 FTOH、9：1 FTOH、11：1 FTOH 和 13：1 FTOH 购自 Interchim(蒙吕松 Cedex，法国)。N-EtFOSE、N-MeFBSA 和 NMeFBSE 原料由 3M 公司捐赠。12：2 FTOH 和[M+5]8：2 FTOH 原料由 DuPont 公司捐赠。^{13}C-HCB (99%纯度)购自 Cambridge Isotope Laboratories 公司(马萨诸塞州，美国)，作为内标物质。纯度大于 98%的[M+4]6：2 FTOH、[M+4]10：2 FTOH、[M+3]N-MeFOSA 和[M+5]N-EtFOSA 购自 Wellington Laboratories 公司，作为回收率标准物质。

用乙酸乙酯作为萃取溶剂进行冷萃取，萃取前在 SIP-PUF 中加入 25 μL 回收率物质(200 pg/μL，溶于乙酸乙酯中)。分别用相同体积的乙酸乙酯萃取 3 次，每次 30 min，然后将 3 份萃取液合并浓缩至 1 mL。萃取液用 Millex 微孔注射器过滤器(0.45 μm，4 mm)过滤 3 次，每次加入 1 mL 乙酸乙酯。浓缩至 1 mL 后过 2 cm 的 Envi-Carb 柱进行净化，再浓缩至 500 μL 加入 25 μL 内标物(500 pg/μL，溶于乙酸乙酯中)，最后浓缩至 50 μL 待进样。野外空白和实验室空白用同样的方式进行萃取。

4) 目标物分析

采用气相色谱(Thermo Trace GC Ultra, Thermo Scientific)串接质谱(Thermo DSQ Quadrupole, Mass Spectrometer)仪，以正化学电离源下的选择性离子监测(SIM)模式进行目标物检测。色谱柱为 SUPEL COWAX 柱(60 m×0.25 mm×0.25 μm，Supelco, Bellefonte, PA)，样品进样量为 2 μL。

5) 质量控制与质量保证

在中国、日本和印度分别设置了三个野外空白(广州、札幌和 New Alipur Doars)，用于评估野外现场装配采样器过程中的污染暴露，还设置了 6 个实验室空白。此外，每个样本都添加了回收率标准物质用于分析过程的质量控制。5∶1 FTOH、7∶1FTOH、[M+5]8∶2 FTOH、9∶1 FTOH、11∶1 FTOH、[M+3]N-MeFOSA、[M+5]N-EtFOSA、[M+7]N-MeFOSE 和[M+9]N-EtFOSE 的平均回收率分别为 106%±28%、71%±14%、83%±26%、74%±19%、72%±34%、93%±29%、92%±19%、98%±33%和 98%±30%。实验室空白和野外空白显示目标化合物的浓度普遍低于 1.0 pg/(sampler·d)(假设采样周期为 100 天)，而 4∶2FTOH、10∶2 FTOH 和 N-EtFOSA 的平均浓度约为 1.4 pg/(sampler·d)、1.2 pg/(sampler·d) 和 2.8 pg/(sampler·d)。所有结果都经过回收率和空白校正。方法检测限(method detection limit, MDL)用空白样品计算所得：空白的平均值加上 3 倍的标准偏差(σ)，所有目标化合物的 MDL 为 0.10～3.66 pg/(sampler·d)。

2. 浓度组成

1) 整体浓度

(1)FTOs。

所有的样品中均检出了 8∶2 FTO，其浓度范围从几十到几百 pg/m³。在日本、印度和中国的浓度分别为 36～53 pg/m³、17～180 pg/m³ 和 11～410 pg/m³，均高于英国的早期研究结果(0.4～25 pg/m³)(Bezares-Cruz et al., 2004)。氟调聚烯烃具有很高的蒸气压(通常高达几百帕)，常用于合成氟聚丙烯酸酯或全氟壬酸铵(ammonium perfluorononanoate, APFN)，而 8∶2 FTO 则是用于合成 APFN 的主要烯烃。在包括日本、印度和中国的亚洲区域(Barber et al., 2007)，建有大量的 FTOs

生产工厂。

(2)FTOHs。

在日本、印度和中国，FTOHs(4：2 FTOH、6：2 FTOH、8：2 FTOH、10：2 FTOH 和 12：2 FTOH)的总浓度范围分别为 83~1200 pg/m^3、54~310 pg/m^3 和 51~940 pg/m^3。高浓度值出现在城市或郊区点，比如：日本的本乡(1210 pg/m^3)以及中国的杭州(940 pg/m^3)和台中(1200 pg/m^3)，这些城市的 FTOHs 高浓度可能与含氟聚合物的生产活动和使用有关。与加拿大的多伦多(Prevedouros et al., 2006)、英国的曼彻斯特市中心(Martin et al., 2002)、日本的京都(Barber et al., 2007)和大阪以及德国汉堡(Oono et al., 2008)的结果相当，而背景点(砣矶岛和尖峰岭)的检出浓度与大西洋(Dreyer and Ebinghaus, 2009)和北极(Jahnke et al., 2007)的偏远点浓度相近。

(3)FTAs。

FTAs 的大气寿命相对较短(大约为几天)(Shoeib et al., 2006)，因此相关的研究较少(Butt et al., 2009; Dreyer and Ebinghaus, 2009; Oono et al., 2008)。本研究中，除日本大阪市的东淀川区(Higashiyodogawa)发现 FTAs 浓度高达 2950 pg/m^3 外 (Dreyer et al., 2009a)，其他样点的浓度基本上小于 100 pg/m^3。6：2 FTA 和 8：2 FTA 的浓度分别为 ND~3.4 pg/m^3 和 ND~15 pg/m^3，检出率分别为 24%和 93%。总的来说，这些结果与先前的研究处于相同的浓度范围内(Dreyer and Ebinghaus, 2009; Dreyer et al., 2009a; Oono et al., 2008)。

(4)FOSAs/FOSEs。

如表 2-6 所示，在亚洲，可普遍检出 FOSAs 和 FOSEs。这些化合物能在气相和颗粒相间进行分配(Piekarz et al., 2007)，但主要存在于气相中(Barber et al., 2007)，特别是环境温度较高时。一般来说，单个化合物的浓度均低于几十 pg/m^3，与在北美洲和欧洲观测到的浓度范围相似(Barber et al., 2007; Dreyer et al., 2009a)。然而，在印度钦奈的样品中发现了 N-EtFOSA 的异常高值(约为 820 pg/m^3)。N-EtFOSA [俗称氟虫胺(sulfluramide)]是一种用来控制蟑螂、白蚁和蚂蚁的杀虫剂(Dreyer and Ebinghaus, 2009)，在亚洲地区(包括中国和印度)有大量销售。本研究数据表明，钦奈地区大量使用 N-EtFOSA。

2)组成特征

三个国家的平均浓度分布模式如图 2-18 所示，∑FTOHs 均为占主导地位的一类化合物。在中国和日本，紧随其后的是 FTOs、∑FOSEs、∑FOSAs 和∑FTAs。但是在印度，∑FOSAs 是第二优势化合物，其次是 FTOs、∑FOSEs 和∑FTAs，尽管后者是由钦奈的四个样品中 N-EtFOSA 含量异常高造成的。

表 2-6　中国、日本和印度大气挥发性全氟化合物的浓度

(单位：pg/m³)

	样点	8:2 FTO	4:2 FTOH	6:2 FTOH	8:2 FTOH	10:2 FTOH	12:2 FTOH	N-MeFBSA	N-MeFOSA	N-EtFOSA	N-MeFBSE	N-MeFOSE	N-EtFOSE
日本	滨顿别町	152	73.4	10.9	241	66.1	26.4	0.81	9.06	1.09	2.97	5.26	1.39
	札幌	53.1	25.6	7.88	97.7	32.0	16.2	1.09	3.06	1.33	9.65	8.31	1.37
	圣笼町	42.4	9.52	9.24	63.1	24.3	14.0	1.57	10.2	2.70	5.90	13.4	6.04
	本乡	529	49.3	42.8	808	198	112	1.12	6.63	6.35	33.2	83.6	56.5
	小笠原	35.7	3.80	2.65	59.5	11.5	7.48	1.12	4.82	0.42	4.38	4.36	0.89
	和泉	155	37.4	8.09	208	70.9	31.4	0.99	6.51	7.28	5.68	18.2	2.51
	南国	72.0	11.1	6.94	122	47.0	21.0	0.89	4.68	4.89	6.00	4.00	1.91
	福冈	103	45.3	19.0	145	48.6	30.1	1.52	5.91	5.18	6.97	18.1	2.51
	那霸	46.4	23.3	5.99	95.8	26.5	13.4	1.34	0.00	1.94	6.66	2.89	2.50
印度	潘扎利阿	17.0	3.74	0.82	35.1	18.3	12.7	1.82	4.57	0.57	23.13	30.4	11.7
	巴拉惹德	57.3	3.97	5.94	43.8	16.2	7.74	3.27	6.29	2.74	22.0	13.7	3.18
	Gariahat	25.9	25.6	1.89	47.1	19.8	11.0	1.64	8.31	0.90	8.92	30.8	4.12
	Thakurpukur	45.3	9.14	4.13	64.6	12.5	7.34	2.56	7.02	0.93	6.49	1.78	4.65
	卡马尔哈蒂	18.3	4.79	0.70	19.5	17.7	13.4	1.95	6.58	0.30	8.30	4.74	3.72
	贝卢尔	47.1	71.5	3.14	36.5	11.6	6.28	6.38	7.32	0.24	12.0	16.2	4.44
	Salkia	88.5	10.2	4.04	119	84.5	41.2	2.20	6.76	4.26	17.7	8.11	2.49
	阿加尔塔拉	142	174	15.6	36.7	13.4	9.41	8.16	3.49	1.20	12.4	4.75	2.68
	高哈蒂	28.1	7.59	2.10	52.8	24.2	13.3	1.47	0.00	2.08	21.6	31.4	6.56

续表

样点	8:2 FTO	4:2 FTOH	6:2 FTOH	8:2 FTOH	10:2 FTOH	12:2 FTOH	N-MeFBSA	N-MeFOSA	N-EtFOSA	N-MeFBSE	N-MeFOSE	N-EtFOSE
邦格艾加奥恩	69.2	81.2	6.09	57.6	21.4	10.5	2.02	5.80	0.42	7.27	7.35	2.37
科克拉贾尔	178	84.7	10.3	86.3	24.5	9.51	2.43	7.22	0.00	9.44	6.32	1.70
New Alipur Doars	78.2	111	7.49	107	33.1	17.5	3.44	9.28	0.26	5.60	8.13	5.54
Anna Nagar	34.9	237	1.58	49.2	13.6	11.8	1.48	13.1	321	17.9	24.1	9.69
印度 P. K. 曹拉姆	55.9	143	2.40	79.9	32.8	17.0	13.9	7.42	96.9	35.3	22.5	9.52
贝伦布尔	32.9	52.2	6.70	47.5	16.6	8.33	4.28	9.30	817	25.7	34.0	7.51
班加罗尔	28.8	140	2.08	47.4	15.4	9.63	8.08	7.93	45.1	68.5	16.6	4.56
达德里	17.0	225	2.18	31.9	9.67	5.92	2.07	2.72	0.85	8.06	16.3	4.04
马希姆	64.6	10.7	9.65	135	39.5	19.2	3.47	4.12	4.46	13.6	52.0	8.96
厦门	35.7	0.00	5.93	49.2	52.6	70.0	0.97	3.16	4.11	12.0	15.7	24.5
新乡	11.0	1.61	4.17	22.7	21.3	18.6	1.06	1.27	1.21	13.7	19.5	0.00
青岛	39.0	3.00	2.49	32.8	9.49	6.23	1.31	9.10	3.36	11.3	8.60	9.67
武汉	77.3	36.1	4.56	51.7	34.5	17.7	1.11	12.5	2.59	26.4	11.1	3.69
中国 西安	85.0	79.7	45.5	14.5	24.7	9.35	2.19	10.5	2.59	65.0	15.1	15.4
南宁	58.6	0.00	1.10	114	70.2	16.8	0.00	7.13	2.69	52.8	4.19	2.65
长春	28.9	0.00	13.5	58.4	21.9	9.07	1.48	10.6	2.74	13.6	19.0	4.64
舵叭岛	30.9	0.00	136	50.8	17.3	12.2	1.30	4.06	2.69	6.16	19.1	6.78
贵阳	411	35.6	20.3	498	285	98.7	1.47	8.95	2.34	15.4	6.25	3.84

续表

样点		8:2 FTO	4:2 FTOH	6:2 FTOH	8:2 FTOH	10:2 FTOH	12:2 FTOH	N-MeFBSA	N-MeFOSA	N-EtFOSA	N-MeFBSE	N-MeFOSE	N-EtFOSE
中国	海南	102	36.3	4.55	183	81.0	33.9	1.73	8.26	6.80	37.4	18.9	8.75
	杭州	62.8	24.1	5.54	88.9	46.5	19.1	0.88	7.54	1.87	21.4	14.2	3.39
	北京	359	60.3	35.9	253	113	37.8	1.09	7.81	14.27	29.3	8.50	3.50
	长沙	152	0.00	81.6	230	110	48.9	1.74	6.77	10.05	15.6	17.4	4.37
	重庆	77.4	30.6	292	54.2	9.42	4.88	1.74	5.69	4.49	16.6	8.76	5.74
	广州	61.7	0.00	0.00	73.5	71.3	38.1	1.25	6.30	5.30	29.3	12.7	5.25
	太原	102	0.00	0.00	128	99.4	40.6	1.33	9.71	8.46	35.5	0.00	9.10
	上海	11.7	16.6	2.46	24.3	15.9	12.1	0.00	3.69	3.36	12.3	10.2	0.00
	天津	17.6	67.2	0.46	21.3	6.45	3.32	1.17	7.25	0.51	3.20	4.63	1.02
	台中	401	7.73	15.3	709	332	134	1.17	4.53	3.31	16.2	17.5	3.95

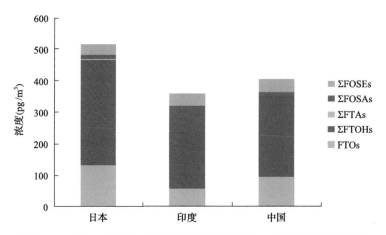

图 2-18 日本、印度和中国不同挥发性全氟化合物的平均组成比例

对于 FTOHs，日本大气中的优势化合物为 8∶2 FTOH（占比 59%±7%），其次为 10∶2 FTOH（18%±3%）和 6∶2 FTOH（10%±5%），12∶2 FTOH（9%±2%）和 6∶2 FTOH（4%±2%）所占比重最低，这与以前的亚洲大气研究结果一致，与北美和欧洲的研究结果有所不同（以 8∶2 FTOH 占主导地位，其次是 6∶2 FTOH 和 10∶2 FTOH）。然而，中国和印度的大气 FTOHs 组成略有不同。中国绝大多数样品和印度的部分样品以 8∶2 FTOH 为主，中国贵阳和太原以 6∶2 FTOH 占主导（分别为 63%和 75%），其次是 8∶2 FTOH 等。而中国尖峰岭和印度的大多数样品则表现为 4∶2 FTOH 占比最高，其次是 8∶2 FTOH 和 10∶2 FTOH。有研究报道，德国浸渍剂和润滑剂中 6∶2 FTOH 与 8∶2 FTOH、10∶2 FTOH 与 8∶2 FTOH 的指纹比值分别为 0.02、0.6 和 0.98、0.74（Su and Scheffrahn, 1988）。此外，4∶2 FTOH 只在少量浸渍剂中发现，而在任何润滑剂中都未检出（Fiedler et al., 2010）。本研究中，6∶2 FTOH 与 8∶2 FTOH、10∶2 FTOH 与 8∶2 FTOH 的比值差异显著，范围分别从 0~5.4 和 0.17~1.1。结合 4∶2 FTOH 的较高浓度，表明亚洲地区的大气 FTOHs 来源复杂多样，或这些源的 FTOHs 组成不同。

对于 FOSAs 和 FOSEs，在印度钦奈收集的四个样品表现出与其他样品明显不同的组成特征。在钦奈，*N*-EtFOSA 所占比例最高（达到 83%），其次是 *N*-MeFBSE 和 *N*-MeFOSE。而在其他样品中，则是 *N*-MeFBSE、*N*-MeFOSE 和 *N*-MeFOSA 为主要化合物。FOSEs/FOSAs 的生产和使用分别在 2002 年和 2003 年停止，目前已经被四碳等价化合物大量替代（Fiedler et al., 2010）。在日本，*N*-MeFOSE（30%±13%）所占比重略高于 *N*-MeFBSE（25%±12%）。印度的一些样品和中国的多数样品含有较高比例的 *N*-MeFBSE。高浓度的 FBSE 可能是由于其作为全氟磺酰胺衍生物（perfluorobutane sulfonamide derivatives）的替代品而被较多使用且持续增长，而日本大气中的 *N*-MeFOSE 则可能是从消费品中持续挥发的结果（2002~

2003 年之间)。

3) 化合物间关系

化合物浓度之间的相关性可说明是否具有共同来源和相似的传输过程。目标化合物之间的相关性如表 2-7 所示。和世界其他地区的结果相似，8：2 FTOH、10：2 FTOH 和 12：2 FTOH 之间具有较好的相关性($r > 0.90$, $p < 0.01$)(Oono et al., 2008; Piekarz et al., 2007)，而 4：2 FTOH 和 6：2 FTOH 与其他 FTOHs 之间没有呈现显著相关。意味着亚洲地区，这些 FTOHs 可能来自含有不同 FTOHs 组成的产品。8：2 FTO 与 8：2 FTA 的浓度呈显著正相关，且它们也都与 8：2 FTOH、10：2 FTOH 和 12：2 FTOH 呈现显著相关。FTOs 是 FTOHs 合成中形成的一种副产物，而 FTOHs 是用于生产 FTAs 的氟聚苯乙烯聚合物的前体物(Dreyer et al., 2009a)。N-MeFOSE 与 N-MeFOSE 之间显著相关($r = 0.74$, $p < 0.01$)，这两种化合物也与 8：2 FTO、8：2 FTA、8：2 FTOH、10：2 FTOH 和 12：2 FTOH 呈显著相关，表明这些化合物来自相同的源。两个短链 PFASs 化合物，4：2 FTOH 及 N-MeFBSA 彼此显著相关($r = 0.49$, $p < 0.01$)，表明这些化合物与新产品有关。对于 N-EtFOSA 和 N-MeFBSE，与其他主要化合物之间并无显著的相关性，表明亚洲地区不同化合物的用途有所不同。

3. 空间分布

亚洲地区大气中的 PFASs 浓度空间分布正如预期的那样，沿城市、农村和背景点呈明显的下降梯度趋势。大气中氟调聚物(FTOs、FTOHs 和 FTAs)的平均浓度最高值出现在日本，其次为中国和印度。除印度钦奈(Anna Nagar, P. K.普拉姆，贝伦布尔，班加罗尔)附近发现异常高水平的 N-EtFOSA 外，亚洲大气全氟辛基磺酰胺类(FOSAs 和 FOSEs)的浓度整体比较一致。然而，不同地区还是出现了浓度和组成差异的空间分布特征。

日本的 PFASs 最高浓度出现在城市点(东京本乡)。整体上，日本各点的 PFASs 浓度比较一致，最高值与最低值的比值(H/L)小于 10。且所有的样品中各 PFASs 化合物之间均有较好的相关性($r > 0.95$, $p < 0.01$)，表明日本的 PFASs 有类似的来源和/或环境过程。

在印度，农村点(潘杜阿和 New Alipur Doars)与城市/郊区点之间，PFASs 浓度并未有任何显著性差异，但单个化合物的浓度变化较大。PFASs 化合物空间分布的不均匀性表明，点源污染是导致此类污染物空间不均匀分布的主要原因。此外，与日本相比，PFASs 的组成上存在明显差异。相比日本，印度大气中 4：2 FTOH/∑FTOHs、N-EtFOSA/∑FOSAs 和 N-MeFBSE/∑FOSEs 的比例更大。此外，印度南部和北部的样品间也有一定差异，表明其受到不同工业活动的影响。

表 2-7　**PFCs 所有同系物间的相关性**

	4:2 FTOH	6:2 FTOH	8:2 FTOH	10:2 FTOH	12:2 FTOH	6:2 FTA	8:2 FTA	N-MeFBSA	N-MeFOSA	N-EtFOSA	N-MeFBSE	N-MeFOSE	N-EtFOSE
8:2 FTO	**0.925**	**0.857**	**0.822**				**0.642**					*0.315*	**0.450**
4:2 FTOH								**0.492**	0.201	0.235			
6:2 FTOH													
8:2 FTOH				**0.908**	**0.903**		**0.710**					**0.433**	**0.504**
10:2 FTOH					**0.943**		0.504					0.183	0.27
12:2 FTOH						0.616						*0.319*	*0.475*
6:2 FTA											−0.207	0.119	0.312
8:2 FTA											0.195	**0.592**	**0.789**
N-MeFBSA										0.191	0.272		
N-MeFOSA										0.267	0.283		
N-EtFOSA												0.224	
N-MeFBSE												0.185	0.284
N-MeFOSE													**0.743**

注：空白代表无相关性，黑体、斜体分别代表显著性为 $p < 0.01$ 和 $p < 0.05$。

在中国，砣矶岛与尖峰岭这两个背景点的 PFASs 浓度明显低于城市点。在城市样点中，三个经济最发达及人口密集地区，即北京—天津（北京、长沙、重庆、广州、太原、上海、天津）、长江三角洲（杭州）和珠江三角洲（广州）以及西部新兴高速发展地区（重庆），都发现较高浓度的 8∶2 FTO、8∶2 FTOH 和 10∶2 FTOH。鉴于这些化合物的来源似乎与人口密度直接相关（Prevedouros et al., 2006），这一趋势并不令人惊讶。在贵阳和太原这两个拥有中国最大煤矿工业的城市，检测到较高浓度的 6∶2 FTOH，可能来源于采矿机械润滑油中的渗漏与挥发（Prevedouros et al., 2006）。中国大气中 FOSAs 和 FOSEs 的浓度是一致的，而中国样品中的 N-MeFBSE 占比远高于大多数的日本样品（见表 2-7）。

4. 背景点水平与组成

本研究中采集了 3 个背景样品，分别为日本西太平洋的小笠原群岛、中国渤海近河口的砣矶岛和中国海南岛西南部的尖峰岭。这 3 个背景点的总 PFASs 浓度分别为 140 pg/m³、110 pg/m³ 和 130 pg/m³，与大西洋和北极地区的浓度值相当或略高（Dreyer et al., 2009b; Fiedler et al., 2010）。然而，3 个站点之间 PFASs 化合物组成表现出明显的差异（图 2-19）。三个地点采样期间在 100 m 高度（地面以上）的平均后推气流轨迹显示：在小笠原群岛点，空气气团主要来自日本（43%），反映了日本样品以 8∶2 FTO 和 8∶2 FTOH 为主的组成特征。在砣矶岛样点，气团主要来自东海岸和中国的北部；在这个区域 4∶2 FTOH 和 N-MeFBSE 的贡献较大。在尖峰岭样点，气团来自南亚和东南亚及华南地区，因此，也指出了以 4∶2 FTOH 为主要污染特征的东南亚和南亚 PFASs 的区域污染特点。

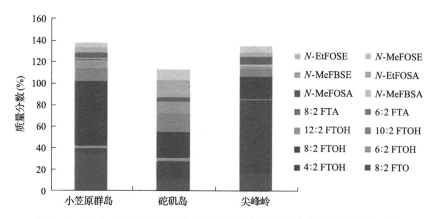

图 2-19　日本、印度和中国各自背景点的挥发性全氟化合物的单体浓度

2.2.5 巴基斯坦和印度大气中 PCNs 和 SCCPs 的对比研究

1. 材料与方法

1) 样点信息

2006 年冬天，在印度的三个不同地区，包括城市、郊区和农村点，采集了 20 个样品，每个样品的采样时间为 28 天；巴基斯坦的样品采集于 2011 年冬天(10 个样品)，采样时间为 56 天。整个实验过程中，共设置了 7 个野外空白和 5 个程序空白。

2) 样品采集

样品采集通过布设 PUF-PAS 获取，具体处理方法可参考 2.1 节。

3) 样品前处理

样品前处理方法可参考 2.2.2 节。

4) 目标物分析

PCNs 和 SCCPs 分析方法可参考 2.2.2 节。

5) 质量保证与质量控制

野外空白中，所有目标化合物含量基本低于仪器检测限或者低于样品中平均含量的 5%，即认为采样和实验过程造成的样品污染在可接受范围以内。每 11 个样品做一个方法空白样。方法空白中 PBDEs 和 PCNs 含量低于方法检测限，所有样品都经过空白扣除。为保证仪器的稳定性，每 8 个样品用标样进行校正，控制仪器偏差在 ±10% 以内，当出现较大偏差时需要重新建立分析的标准曲线。TCmX、PCB209 的回收率平均值分别为 72.1%±8.2% 和 79.2%±9.1%，^{13}C-TC 的回收率为 70.9%±10.0%。所有数据均未经回收率校正。各目标化合物的仪器检测限(IDL) 和方法检测限(MDL)采用以下定义：MDL 为野外空白的 3 倍标准偏差；IDL 值用最低浓度的标样计算，为 3∶1 的信号信噪比。当化合物在空白中未检出时，3 倍的 IDL 即为该化合物的 MDL。

2. PCNs

1) 浓度组成

如图 2-20 所示，印度大气 PCNs 总浓度范围为 4.9～140 pg/m^3，平均浓度为 28 pg/m^3；巴基斯坦的 PCNs 总浓度范围为 ND～31 pg/m^3，平均浓度为 7.8 pg/m^3，均低于中国大气浓度水平，巴基斯坦的浓度水平甚至比日本和韩国的浓度还要低 (Shoeib et al., 2006)。与全球大气被动采样研究相比，印度城市大气 PCNs 浓度的几何均值高于东欧(2004 年)和亚洲(2005 年) (Hogarh et al., 2012)；而巴基斯坦城市点的浓度比东欧和亚洲的低，非城市点的浓度比东欧和亚洲的高。这说明南亚大气中 PCNs 的污染与亚洲其他地区相当，但在全球范围内仍处于高水平。

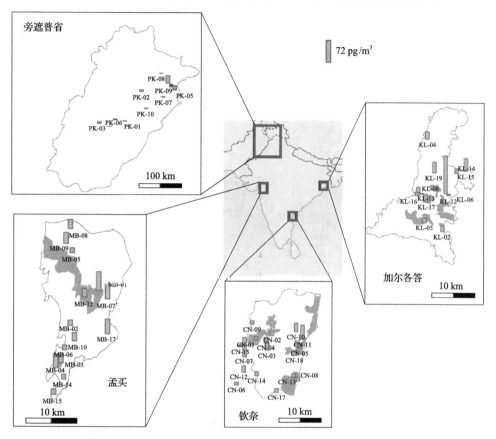

图 2-20　印度和巴基斯坦大气∑PCNs 的空间分布（蓝色地区代表
旁遮普省、孟买、钦奈和加尔各答的产业集群）

本研究中，CN-19、CN-24、CN-14、CN-33/34/37、CN-47、CN-36/45、CN-27/30 和 CN-52/60 检出率通常大于 70%，高过 MDL 的 CN-42、CN-39、CN-32、CN-38/40 和 CN-50 检出率大于 30%。整体上看，在印度和巴基斯坦的气相样品中三氯 CNs 和四氯 CNs 都是主要化合物。尽管平均相对比例有所差异，CN-24 仍是优势单体（图 2-21）。巴基斯坦大气中，三氯 CNs（57%）＞四氯 CNs（34%）＞五氯 CNs（7%）＞六氯 CNs（1%）。三氯 CNs 的优势单体与东亚地区相似（Lee et al.，2007a），三氯 CNs 中 CN-14 和 CN-24 占绝对优势（＞90%）。在印度，三氯 CNs、四氯 CNs 和五氯 CNs 分别占总 PCNs 的 82%、16% 和 1%，这与亚洲的组成有差异却与美国巴罗（Barrow）、西班牙巴塞罗那（Barcelona）和加拿大阿勒特（Alert）（Hogarh et al.，2012）的大气组成相似。比对燃烧源排放（Lee et al.，2007a）和 Halowax 工业品（Lee et al., 2005a) 之间的同系物组成,结果显示 Halowax 产品(例如 1031、1001 和 1099) 的优势组分为三氯 CNs,而其他源的优势组分为四氯 CNs,这可能是大气中 PCNs 组成特征不同的原因(Noma et al., 2004)。另外,采样期间印度和巴基斯坦采样点 的平均温度分别为 23℃和 17℃。因此,印度样品中小分子量的同系物浓度较高, 也可能是大分子量的同系物在热带气候中发生了降解(Falandysz et al., 2000)。

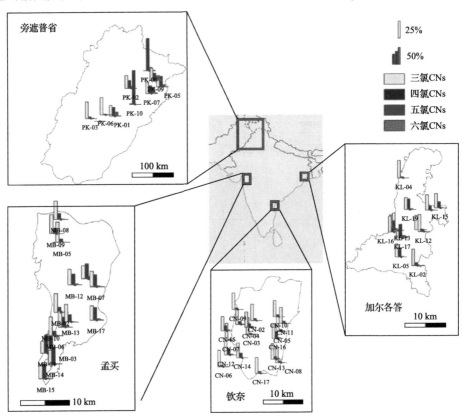

图 2-21   印度和巴基斯坦大气 PCNs 同系物组成的空间分布

2) 可能来源

煤和木材燃烧、Halowax、工业热处理过程及 PCBs 相关的排放源都有可能是 大气中 PCNs 的来源。同系物组成对比、∑PCNs/∑PCBs 比值、燃烧指示物和其他 的数据分析已经广泛应用于区分这些潜在源(Ruzo et al., 1975)。在采样期间,印 度并无生物质燃烧发生,巴基斯坦则在与印度毗邻地区有少许的生物质燃烧发生, 因此对巴基斯坦的影响是有限的。在印度样品中,PCNs 的总平均浓度比 PCBs 低 了约两个数量级,这排除了 PCNs 和 PCBs 之间的联系(Jaward et al., 2004b)。有研 究指出,相比于焚烧和工业热处理过程,CN-17/25、CN-36/45、CN-27/30、CN-39、 CN-35、CN-52/60、CN-50、CN-51、CN-54 和 CN-66/67 在 Halowax 工业品和 PCBs

工业混合物中较少或没有检出，因此可用来区分它们的源(Gevao et al., 2000)。该研究中，Halowax PCNs 或 Aroclor PCBs 混合物中相对含量较高的 CN-35 和 CN-66/67 低于方法检出限，而 CN-17/25、CN-36/45、CN-27/30、CN-39、CN-52/60、CN-50、CN-51 和 CN-54 则频繁检出。

燃烧相关同系物(三氯至六氯)与$\sum$PCNs 的比值($\sum$PCN$_{com}$/$\sum$PCNs)大于 0.5 可推测为燃烧排放源，小于 0.11 则认为其来自 Halowax 工业品。该研究中，$\sum$PCN$_{com}$/$\sum$PCNs 为 0～0.37，平均值 0.05。旁遮普省的五个样品(PK-01、PK-04、PK-07、PK-08 和 PK-09)和加尔各答的 1 个样品(KL-17)的$\sum$PCN$_{com}$/$\sum$PCNs 大于 0.11 (Wang et al., 2012b)，显示 PCNs 的主要源是 Halowax 工业品的再挥发，同时一些点也受燃烧过程的影响。因采样点位于农村和城市，这些地区受源的影响远其于环境过程的影响，因此可排除光解对$\sum$PCN$_{com}$/$\sum$PCNs 的影响。皮尔逊相关性分析也证明了这个假设。由于一些物质未被检出可能会导致假相关，所以在分析时只计算样品中超出检出限($>$70%)的同系物。结果显示，除 CN-52/60 与 CN-19 和 CN-14 外，PCNs 同系物间都有显著的相关性(表 2-8)。CN-52 代表与燃烧相关的源，而其他同系物可能代表 Halowax，表明研究区域有燃烧排放源和 Halowax 源。

表 2-8　部分 PCNs 同系物间的相关性

	CN-19	CN-24	CN-14	CN-33/34/37	CN-47	CN-36/45	CN-27/30	CN-52/60
CN-19	1							
CN-24	0.614[**]	1						
CN-14	0.778[**]	0.603[**]	1					
CN-33/34/37	0.729[**]	0.569[**]	0.710[**]	1				
CN-47	0.807[**]	0.570[**]	0.897[**]	0.864[**]	1			
CN-36/45	0.720[**]	0.591[**]	0.744[**]	0.933[**]	0.902[**]	1		
CN-27/30	0.599[**]	0.588[**]	0.519[**]	0.796[**]	0.700[**]	0.899[**]	1	
CN-52/60	0.281	0.313[*]	0.127	0.639	0.445[**]	0.672[**]	0.687[**]	1

** 代表 $p<0.01$，* 代表 $p<0.05$。

3) 空间分布

$\sum$PCNs 的空间分布通常受附近的潜在源影响。一些临近工业密集区的样点呈现出较高的$\sum$PCNs 浓度，而其他地区则污染很轻。Halowax 工业品和工业燃烧排放是 PCNs 的来源，而城市间大气 PCNs 的差异可能是因为各城市的工业生产和能源结构不同。印度的加尔各答(Kolkata)、孟买(Mumbai)及巴基斯坦的卡拉沙喀库(Kalashah Kaku)有很多工厂，如电子产业、机械制造业、化工、印刷、皮革制造业、纺织业、矿业、水泥厂、制药厂和其他工厂。钦奈(Chennai)的经济以轻工业、高新技术产业、卫生保健以及金融服务为基础。通过 ANOVA 进行统计学比较，可解释 PCNs 的水平差异。下述对具有显著差异性($p<0.05$)的地区进行讨论。

（1）巴基斯坦的旁遮普省（Punjab）。

∑PCNs 的平均浓度显著低于印度的加尔各答和孟买。PCN-24（∑PCNs 中的主要物质）浓度在其样品中含量最低，部分同系物（CN-15、CN-23、CN-28/43、CN-32、CN-35、CN-46、CN-61 和 CN-75）低于检出限。CN-19、CN-24 和 CN-42 的浓度低于加尔各答和孟买，CN-14、CN-47、CN-36/45、CN-27/30 和 CN-50 的浓度水平显著低于孟买。样点 PK-09 中浓度最高的单体是 CN-51、CN-57 和 CN-73，该样点位于一个人口密集的城镇，同时紧邻卡拉沙喀库的工业区。样点 PK-05 同样邻近该工业区，大气中 PCNs 浓度较高。其他地方离卡拉沙喀库相对较远，浓度低。与印度相比，在巴基斯坦采样样点与潜在源的相对距离较远，导致 PCNs 的平均浓度在大气扩散过程中有所降低。巴基斯坦大气中大分子量的 PCNs 同系物占很高的比例。一些样点中五氯 CNs 和六氯 CNs 分别占 10% 和 1% 以上（图 2-22）。这些样点∑PCN_{com}/∑PCNs 的值大于 0.11（图 2-23），∑PCN_{com}/∑PCNs 最高值点出现在一个煤炭燃烧有限和工业污染较轻的农业地区（PK-04）。卫星数据显示，燃烧点多位于巴基斯坦样点的南部和东部，虽然生物质燃烧对于大气中∑PCNs 的浓度影响不大，但会导致 PCNs 中燃烧指示物的浓度相对较高。

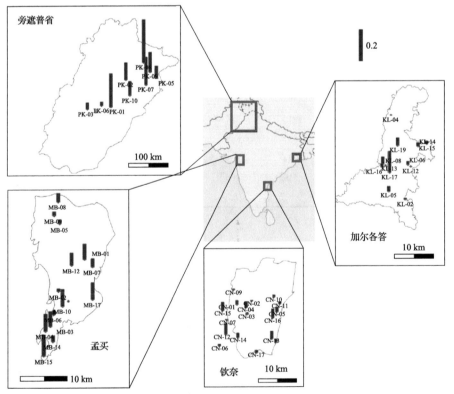

图 2-22　燃烧源 PCNs 同系物对∑PCNs 的贡献

（燃烧源同系物是指 CN-17/25、CN-36/45、CN-27/30、CN-39、CN-35、CN-52/60、CN-50、CN-51、CN-54 和 CN-66/67）

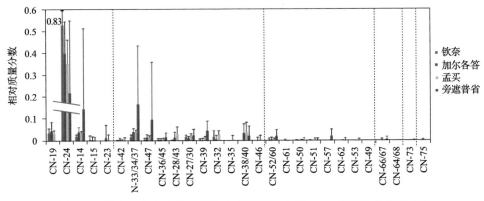

图 2-23　钦奈、加尔各答、孟买和旁遮普省大气 PCNs 同系物的质量分数

（2）钦奈。

钦奈的经济以高新技术产业为主，所以污染相对较轻。CN-42 的浓度水平低于加尔各答，CN-14、CN-33/34/37、CN-47、CN-36/45、CN-28/43、CN-27/30、CN-39 和 CN-38/40 的浓度水平低于孟买。CN-24 在钦奈大气中，不仅浓度较高（与加尔各答和孟买处于相同水平）而且在$\sum$PCNs 中占比最高（图 2-23）。CN-24 是煤和木材燃烧指示物（Lee et al., 2005b; Lee et al., 2007a），然而钦奈的燃煤消耗低于加尔各答和孟买，这本应该导致 CN-24 的比例相对较低。但是，实际上的观察结果恰恰相反，这表明钦奈大气中的 PCNs 很大程度上受工业混合物和工业产品影响。钦奈的 PCNs 组成和其他地方有显著差异，三氯 CNs 占$\sum$PCNs 的平均值为 90%，在已知的 PAS 研究中占比最高。$\sum$PCN$_{com}$/$\sum$PCNs 的值在 0.01～0.06 之间符合 Halowax 工业品的特征范围。鉴于采样期间印度的平均气温相对稳定，组成差异应与 Halowax 产品（三氯 CNs 为主）及大分子同系物的光解有关（Lee et al., 2005a; Orlikowska et al., 2009）。

（3）加尔各答。

加尔各答的 PCNs 浓度较高，其中浓度最高的点是位于工业区（存在水泥厂、化工厂、纺织业、金属冶炼厂、印刷业和皮革厂）的 KL-06。尽管该采样点位于居民住宅楼，但邻近工业的影响导致 CN-19、CN-14、CN-24、CN-15、CN-23、CN-33/34/37、CN-47、CN-36/45、CN-35、CN-38/40、CN-46 和 CN-75 浓度较高。其中 CN-75 浓度高达 3.7 pg/m^3，而 CN-75 在水泥窑和 Halowax 1051 的排放中比例相对较高（Wyrzykowska et al., 2009），表明 KL-06 可能会受这些源的影响。位于金属冶炼厂的 KL-17 点与加尔各答的其他点不同，三氯 CNs 占比低而四氯、六氯和五氯 CNs 比例高。CN-52/60、CN-61 和 CN-66/67 浓度最高，且$\sum$PCN$_{com}$/$\sum$PCNs 比值为 0.12，表明燃烧可能是主要源之一。加尔各答的化石能源的消耗比孟买和钦奈高很多（Helm and Bidleman, 2003），但该城市的燃烧源指示物浓度并不比印度其他采样点位高，CN-24 和 CN-50 的比例甚至比钦奈还低，这说明煤燃烧不是加尔各答大气中 PCNs 的主要源（Lee et al., 2005b; Reddy and Venkataraman, 2002）。另一方面，超出方法检出限的 70%样品彼此之间有相关性，表明加尔各答的排放源可能是另一模式。除 CN-52/60 外，其他同系物之间均有强相关性($r = 0.8 \sim 0.9$)，因此 Halowax 和工业热工过程可能是加尔各答大气 PCNs 的主要源。

(4) 孟买。

孟买大气 PCNs 的浓度水平和组成与加尔各答相似，一些燃烧源指示物(CN-36/45、CN-39 和 CN-50)显著高于钦奈和巴基斯坦。样点 MB-01 的 CN-28/43 和 CN-53 浓度最高，样点 MB-04 的 CN-35 和 CN-62 浓度最高，样点 MB-17 的 CN-27/30、CN-39、CN-32 和 CN-50 浓度最高。与 Halowax 和各工业热工过程的同系物组成比较(Lee et al., 2005a)，发现一些同系物(CN-53、CN-27/30 和 CN-62)的百分比和燃烧源中的百分比相似，而其他物质则接近于 Halowax 系列。孟买的 $\sum PCN_{com}/\sum PCNs$ 为 $0.01 \sim 0.1$，可推断受 Halowax 源影响。而 CN-52/60 和其他同系物的相关性较显著($r = 0.6 \sim 0.9$)，尽管相关系数较低，也表明孟买的 PCNs 有多种来源。总体来讲，孟买的大气 PCNs 与哪种 Halowax 类型相关还不明确，但是从目前的观测可以推断工业过程与富含三氯和五氯 CNs 的 Halowax 产品是其主要源。

(5) 其他。

城市和非城市之间的差异只体现在 CN-33/34/37 和 CN-52/60 上，可能是因为采样点多位于城市化地区和工业化地区，虽然没有直接暴露在污染源处，但仍会受到区域污染的影响。另一个特点是住宅区的 CN-19、CN-24、CN-36/45、CN-27/30、CN-52/60、CN-50 和 CN-51 的浓度显著高于农业区。这可能是由于印度的很多工人聚居在工厂附近(Helm and Bidleman, 2003)，因此住宅区的样品会受工业区污染。

4) 潜在毒性

由于与二噁英的结构相似，一些 PCNs 同系物具有类二噁英毒性(Chakravorty et al., 2003)。根据前人总结的 PCNs 同系物体相对 2,3,7,8-四氯二苯并-p-二噁英的效力因子(relative potency factor, RPF)，计算了该研究中相应 PCNs 同系物的毒性当量(toxic equivalency, TEQ)值。总 TEQ 范围为 $0 \sim 3.0$ fg/m^3，平均值为 0.09 fg/m^3，明显低于东江流域(Noma et al., 2004)、多伦多(Wang et al., 2012b)和芝加哥(Helm and Bidleman, 2003)，与一些偏远地区相当(Harner and Bidleman, 1997; Lee et al., 2005b)。除 KL-17、MB-01、MB-12、MB-17、PK-05、PK-07 和 PK-09 外，大部分样点的 TEQ 值低于 0.1 fg/m^3，而 TEQ 高值点一般都位于工业区。正如所料的，加尔各答和孟买的 TEQ 值相对较高。巴基斯坦样品中由于六氯 CNs 的比例较高，因此尽管空气中的 $\sum PCNs$ 较低，但却具有较高的 RPF 值，对人体健康的不利影响较大。钦奈的 TEQ 值 $\leqslant 0.01$ fg/m^3，表明尽管钦奈大气中可检测到这类 PCNs 同系物，但其对健康的影响可忽略不计。假设体重 60 kg 的成年人每天吸入 15 m^3 的空气，每日摄入的 TEQ 最高值为 0.75 fg TEQ/(kg·d)，远低于世界卫生组织建议的每日可耐受摄入量[$1 \sim 4$ pg TEQ/(kg·d)](Lee et al., 2005a)。这些结果表明，在南亚地区，由吸入大气中 PCNs 而诱发的潜在毒性是不明显的。

3. SCCPs 和 MCCPs

1）大气浓度与主成分分析

SCCPs 的浓度范围分别是 ND～47.4 ng/m³，印度的 SCCPs 浓度（10.2 ng/m³）高于巴基斯坦的浓度（5.13 ng/m³）。需要指出的是，巴基斯坦的采样是在不同年份（2006 年和 2011 年）进行的。最高的 SCCPs 浓度出现孟买的卡拉巴（MB-06，一个工业聚集区）；巴基斯坦有也相似的发现，SCCPs 最高浓度也出现在沙赫德拉（PK-09，工业点）。巴基斯坦的 CPs 分布规律不明确，在一些工业、城市、郊区和农村点均发现较低的 SCCPs 浓度。由于缺乏有效的官方 CPs 生产和使用数据，因此该现象可能是巴基斯坦一些本地 CPs 来源（主要有塑料、橡胶和涂料厂）的无规律分布导致的。图 2-24 展示了各样点的 SCCPs 和 MCCPs 浓度，并根据城市化程度将采样点分为城市、郊区和农村三类，每类的 SCCPs 总浓度归一化后进行比较。结果明显，CPs 含量的最高值均出现在城市类样点，其次是郊区点，最后是农村点。印度大气中的 CPs 浓度约为中国（世界上最大的 CPs 生产国）的 1/10，但是明显高于日本、韩国和巴基斯坦的浓度。在欧洲地区，英国、瑞典和挪威均观测到极低的 SCCPs 浓度。而根据北美和南美的 CPs 浓度的官方信息，在过去十多年内无相关报道。值得关注的是，在中国使用主动采样和被动采样获得的大气 CPs 浓度水平是一致的，说明当不便使用主动采样时，PUF-PAS 可作为监测大气 CPs 浓度的有效工具。

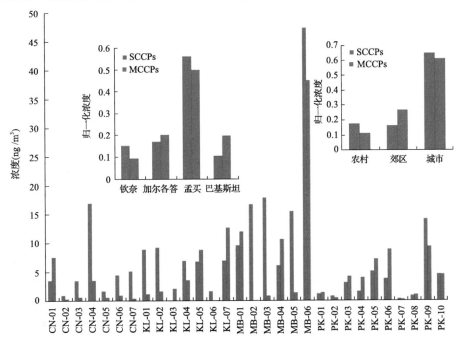

图 2-24　各样点 SCCPs 和 MCCPs 总浓度及按城市化程度分类后的 SCCPs 和 MCCPs 标准化浓度
（标准化浓度是用检测的 SCCPs/MCCPs 浓度除以每个类别的 SCCPs/MCCPs 总浓度）

尽管印度缺乏 CPs 的生产信息，但是估计 10%～17%的 CPs 被用于塑料或者 PVC 生产。不巧的是，CPs 的其他用途信息(例如金属切割)也是缺失的，因此应当注意，以下的 CPs 生产和使用情况仅仅基于聚合物产业信息。根据印度的消费量和估算的 PVC 年产量(200 万 t)，得到 CPs 的年排放量约为 20 万～34 万 t。中国仅 2007 年生产的 CPs 就超过 60 万 t(Van Leeuwen et al., 2000)，而 CPs 在欧洲的生产和使用量低于 2 万 t(Muir, 2010)。考虑到中国、欧洲和印度 CPs 生产和使用的量级，该研究观测到的大气 CPs 浓度与相应区域的生产使用情况符合，因此该结果具有可比性。需要注意的是，欧洲的 CPs 生产虽然很少且有限，但在大量使用的塑料制品中含有 CPs。CPs 可以从这些产品中释放，然而其检测的大气 CPs 含量仍远远低于印度和巴基斯坦的 CPs 水平。其原因可能是 CPs 进入环境的途径主要是塑料产品的处置和回收，而排放率则取决于工厂对粉尘的控制程度(Muir, 2010)。与欧洲国家相比，印度、巴基斯坦和中国在处置和回收管制的限制、法规及技术方面毫无疑问是相对薄弱的。

与其他的 POPs 一样，温度在 CPs 的环境命运和分配中起着重要作用。低分子量同系物与气态相关联，而高分子量同系物与颗粒相关联；高温时易挥发，低温时倾向于沉降。该研究中，若采样活动是在高温环境(如在夏季)下完成，印度和巴基斯坦的 CPs 浓度(尤其是 SCCPs)相对较高。以前的季节性研究表明，CPs 的浓度在夏、秋季高于冬(Muir, 2010)、春季(Li et al., 2012)。

主成分分析被应用于调查该研究中印度和巴基斯坦大气 SCCPs 和 MCCPs 的潜在来源。因子载荷如图 2-25 所示，前两个主要组成部分 PC1 和 PC2 共占了 83%，仅 PC1 就占 72%。所有的样品清晰地分为 2 组，即 SCCPs(C_{10}～C_{13})和 MCCPs(C_{14}～C_{17})。有趣的是，MCCPs 中含 6 个氯原子的组分($C_{15}Cl_6$、$C_{16}Cl_6$ 和 $C_{17}Cl_6$)与大部分 MCCPs 组分分离。另一个有趣的发现是，远离最密集同系物集群及 PC2 控制的 SCCPs 集群的同系物是 $C_{11}Cl_5$、$C_{11}Cl_6$ 和 $C_{12}Cl_5$ 等低氯代的同系物。分析表明，SCCPs 与 MCCPs 应该来自同一来源。在低氯代的情况下，这些 CPs 同系物可能更容易从排放源迁移。另外，也有可能这些低氯代化合物是由高氯化合物通过脱氯或降解作用产生的。然而，CPs 复杂的结构和性能使其降解途径难以被研究实现。

2) 大气中的组成特征

图 2-26 显示和比较了在印度部署的空气样本中的 MCCPs 和 SCCPs 的组成特征，包括加尔各答(KL)、孟买(MB)、钦奈(CN)，以及巴基斯坦的旁遮普省(PK)。按碳原子的相对丰度划分，四个城市中 SCCPs 和 MCCPs 的组成特征分别为 $C_{10}>C_{11}>C_{12}>C_{13}$ 和 $C_{14}>C_{15}>C_{16}>C_{17}$。SCCPs 的组成模式与中国、日本和韩国的观测结果十分相似，唯一的区别是 C_{11} 略高于 C_{10}。然而，考虑到仅有中国的 SCCPs 组成如此，可认为该研究的组成规律与中日韩三国的结果是一致的。

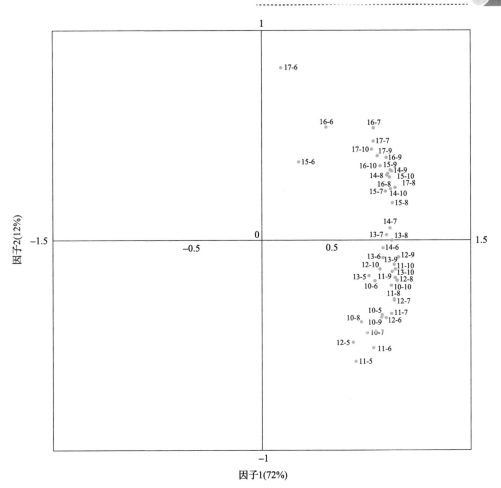

图 2-25 印度和巴基斯坦大气中 SCCPs 和 MCCPs 组分的因子载荷图
(前边和后边的数字分别代表碳原子和氯原子的数目，如 11-5 代表 $C_{11}Cl_5$)

对 CP-42、CP-52 和 CP-70 这三种在中国广泛使用的 CPs 工业品(占中国 CPs 的生产总数的 80%)(Li et al., 2012)分析结果表明，C_{10}、C_{11} 是 CP-42 和 CP-52 中的优势组分，而在 CP-72 中则以 C_{10} 和 C_{12} 占比最高(Gawor and Wania, 2013)。然而在南亚的印度和巴基斯坦，CP 工业品的信息无据可查，因此也无法获得其组成特征。在中国，SCCPs 的碳原子规律与商业品的规律是相似的。但没有充分的证据指出印度和巴基斯坦的 SCCPs 应用是相似的。SCCPs 的变化规律不仅取决于商业模式，还取决于物理化学性质及气象条件。例如，蒸气压是影响 SCCPs 的一个重要因素，随碳链长度和氯化程度的增加蒸气压是降低的(Gao et al., 2012)。很少有关于大气中 MCCPs 研究，然而最近在珠江三角洲的研究报道了大气样品中 MCCPs 的浓度和组成(Drouillard et al., 1998)。印度与巴基斯坦的四个采样点与珠江三角洲

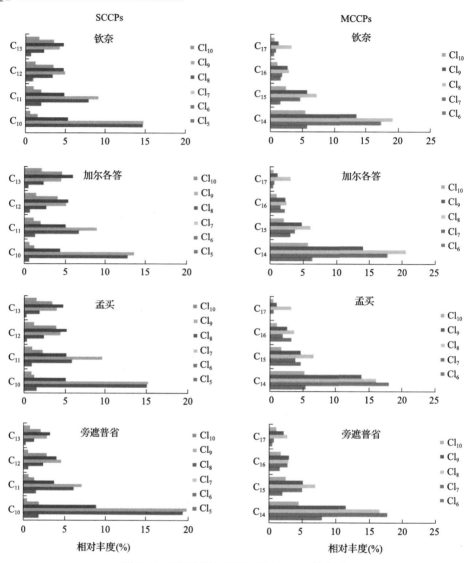

图 2-26 不同城市 SCCPs 和 MCCPs 的组成

的研究相似，均为 C_{14} 占主导地位。同样，在瑞典的斯德哥尔摩室内大气中发现 C_{14} 是主要同系物（Wang et al., 2013）。在其他不同介质样品中，如灰尘（Fridén et al., 2011）、土壤（Fridén et al., 2011）、沉积物（Wang et al., 2013）及生物样品（IARC, 1990）中也发现相同的组成特征。由于缺乏 PUF-PAS 的 MCCPs 采样速率校准研究，因此本研究的结果可能低于大气中的实际 MCCPs 浓度。此外，MCCPs 的分子量较大，其主要存在于颗粒相中，因此 PUF-PAS 可能无法很好地采集大气中的 MCCPs。

　　根据采样点的人类活动不同，将其分为四类：农业区、商业区、工业区和住宅区，不同类型采样点的 SCCPs 和 MCCPs 组成见图 2-27，除住宅区外，其他类采样点的 SCCPs 和 MCCPs 同系物占比很明显呈与碳原子数相反的趋势，从高到低分别依次为 $C_{10} > C_{11} > C_{12} \sim C_{13}$ 和 $C_{14} > C_{15} \gg C_{16} \sim C_{17}$。这种模式与中国生产的 CPs 商业混合物组成相似。而在北美、德国和英国（Gao et al., 2012），C_{11} 是 CPs 混合品的主要组成。主成分分析（PCA）呈现的结果说明 SCCPs 和 MCCPs 可能来自于同一来源。然而，为了确定 SCCPs 和 MCCPs 的生产和使用是否与中国一致，需要更多的调查和信息。

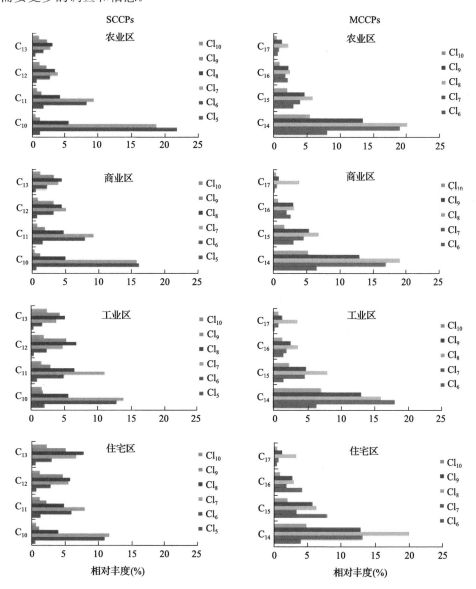

图 2-27　采样点分类后的 SCCPs 和 MCCPs 组成

在印度，SCCPs 浓度整体上是高于 MCCPs 的，但是在巴基斯坦结果是相反的。这可能反映了 CPs 在两个国家的不同应用。由于纺织品是巴基斯坦的主要工业，而长链 CPs（MCCPs 和 LCCPs）多作为阻燃剂被使用于橡胶和纺织品，这可能是巴基斯坦 MCCPs 含量高于 SCCPs 的原因。尽管上述已提及，在印度 MCCPs 主要作为 PCV 生产添加剂使用，但是印度孟买和钦奈的大气样品中 MCCPs 低于 SCCPs。这可以推断 SCCPs 和 MCCPs 使用和应用对大气或环境中 CPs 水平起着重要作用。

3）空间分布

根据以前对中国、日本、韩国大气 SCCPs 的研究（Li et al., 2012）（参见 2.2.2 节），长距离传输对 CPs 的迁移可能影响很小。用Ⅲ级逸度和轻轨工具模型的计算，指出 CPs 易与沉积物和土壤结合。与其他环境相比，它们在大气层中的存在含量非常低，且大气中的浓度随着氯原子数量的增加而下降（Li et al., 2012）。因此，一次源似乎对当地大气中 CPs 分配的作用远超过长距离传输。主要的化学性质控制此类化学品的传输，大气中的 MCCPs 往往更容易与颗粒结合沉降到陆地并最终汇入河流。Yan 等报道了空气、土壤和沉降样品中 SCCPs 和 MCCPs 的水平，指出大气传输是以小分子量 CPs 为主的主要机制（如 SCCPs），而不是大分子量 CPs（MCCPs 和 LCCPs）的（Muir, 2010）。本研究主成分分析（PCA）的结果也表明，氯化程度较低的同系物可能不是来自本地源。

虽然一些研究表明，长距离迁移在 CPs 大气分配中所起的作用并不重要（Li et al., 2012），但 CPs 存在长距离大气传输的潜力。印度和巴基斯坦毗邻世界上最大的 CPs 生产国——中国，而且印度和巴基斯坦工业化程度越来越高，大气 CPs 含量可能会更高，且未来可能对人类与野生动物构成较高风险。本研究中 CPs 的浓度可能有益于今后对该地区 CPs 变化的研究。考虑到目前南亚的具体情况，迫切需要进步开展关于 CPs 的环境命运和环境毒性等方面的研究，以便更好地了解 CPs 的环境信息。此外，还需要更多不同的 CPs 被动采样校准研究的信息，以保证被动采样结果的准确性。

2.3 被动采样技术展望

近十年来，PAS 在亚洲区域的大气 POPs 研究中广泛应用，在获取大量数据的基础上探究了该区域大气 POPs 的污染特征、时空趋势和源-汇关系，为评价以我国为主的亚洲地区 POPs 履约效力提供了理论支持。但在实际应用过程中，也发现 PAS 在定量分析和时间分辨率上存在不足，成为制约其作为常规监测手段观测大气 POPs 的主要原因。因此，需要在今后开展以下工作以不断提高 PAS 采样的可重复性和灵敏性。

1. 改进现有 PAS，稳定被动采样速率

被动采样技术的原理决定了 PAS 若作为定量取样装置，必须进行被动采样速率校准实验。采样速率受吸附材料性质和界面的分子运动速率决定，而环境因素对 PAS 的采样速率影响至关重要。2017 年在青藏高原的研究表明(Gong et al., 2017)，风速增大会导致 XAD-PAS 的采样效率提升，在大风环境下实测采样速率较基于温度和气压的预测值高几倍到一个数量级。在原始 XAD-PAS 外壳底部增加 4 块整流板后(图 2-28)，流体力学模拟和采样器内部风速实测结果均显示改进型 XAD-PAS 内部风速受外部风场变化的影响较小。野外采样观测也表明，改进型 XAD-PAS 的采样速率不易受风速和风向的影响，稳定在 5 m³/d 左右。

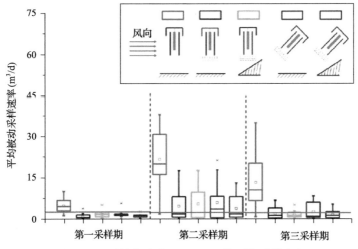

图 2-28　原始和改进 XAD-PAS 的平均采样速率

目前针对温度、风速等方面的研究较多，但尚未有空气湿度方面的研究。此外，有关大气颗粒物对 PAS 采样速率的研究也需进一步加强。同时，主动采样校正法、等效体积法和添加回收率指示物法等采样速率计算方法的适用性和准确性差别较大，有必要将不同方法联用而避免单一方法的不足(Gong et al., 2017)。已有研究表明，结合定点主动采样校正，利用添加回收率指示物计算 PUF-PAS 的采样速率，可提供可比性更好的采样速率(Wang et al., 2012b)。

2. 拓展吸附材料，适当缩短采样时间

经过较长时间的发展应用，现有 PAS 所用的吸附材料已经成熟，在价格、操作等方面具有一定优势，但也应该看到整体的采样时间均较长(表 2-9)。在材料科学飞速发展的当下，筛选比表面积和吸附容量大、快速吸附能力强和结合稳定性好的新型材料是实现 PAS 短时采样和提高时间分辨率的重要途径。

表 2-9　常用 PAS 的比较

PAS 类型	优点	不足	采样时间	参考文献
SPMD-PAS	容量大、耐饱和性强	制作及样品净化程序较复杂	几周至几年	(Wang et al., 2012b)
PUF-PAS	价格低廉、便于携带、易于操作	易饱和、采样量小	几周至几个月	(Shoeib and Harner, 2002)
XAD-PAS	适用于吸附高挥发性有机污染物	制作较复杂、采样速率慢	几周至几年	(Wang et al., 2012a)
POG-PAS	采样速率较快	吸附材料制备和运输易受污染	一周以内	(Huckins et al., 1990)

3. 统一 PAS 标准，编制使用指导手册

虽然 PAS 不像主动采样装置一般，需要专业培训方能进行操作。但是不同类型 PAS 的适用情况并不完全相同，加之各类 POPs 的物理化学属性不同，其采集效果亦存在差异。其次，PAS 的安装方式、布设位置及周边情况也会对采集效果产生影响。因此，为了减少不必要的操作失误，增强数据间的可比性，有必要统一 PAS 的规格标准，编制 PAS 由前期准备到采样布置再到样品分析的全过程指导手册，以供各不同使用者学习操作。

参 考 文 献

刘向, 2007. 利用被动采样技术研究中国城市大气中的可持久性有机污染物. 广州: 中国科学院广州地球化学研究所.

张干, 刘向, 2009. 大气持久性有机污染物(POPs)被动采样. 化学进展, 21(2/3): 297-306.

中国信息产业部经济体制改革与经济运行司, 2009. 中国电子信息产业统计年鉴.

中华人民共和国环境保护部, 2007. 中华人民共和国履行《关于持久性有机污染物的斯德哥尔摩公约》国家实施计划. [2008-08-27]. http://gis.mee.gov.cn/lydt/200808/P020080827450393758427.pdf.

Atlas E, Giam C S, 1988. Ambient concentration and precipitation scavenging of atmospheric organic pollutants. Water Air & Soil Pollution, 38(1-2): 19-36.

Bailey R E, 2001. Global hexachlorobenzene emissions. Chemosphere, 43(2): 167-182.

Barber J L, Berger U, Chaemfa C, et al., 2007. Analysis of per- and polyfluorinated alkyl substances in air samples from Northwest Europe. Journal of Environmental Monitoring, 9(6): 530-541.

Barber J L, Sweetman A J, Thomas G O, et al., 2005a. Spatial and temporal variability in air concentrations of short-chain($C_{10} \sim C_{13}$) and medium-chain($C_{14} \sim C_{17}$) chlorinated n-alkanes measured in the UK atmosphere. Environmental Science & Technology, 39(12): 4407-4415.

Barber J L, Sweetman A J, van Wijk D, et al., 2005b. Hexachlorobenzene in the global environment: Emissions, levels, distribution, trends and processes. Science of The Total Environment, 349(1): 1-44.

Bartkow M E, Booij K, Kennedy K E, et al., 2005. Passive air sampling theory for semivolatile organic compounds. Chemosphere, 60(2): 170-176.

Bartkow M E, Hawker D W, Kennedy K E, et al., 2004. Characterization of polymer-coated glass as a passive air sampler for persistent organic pollutants. Environmental Science & Technology, 38(9): 2701-2706.

Beyer A, Mackay D, Matthies M, et al., 2000. Assessing long-range transport potential of persistent organic pollutants. Environmental Science & Technology, 34(4): 699-703.

Bezares-Cruz J, Jafvert C T, Hua I, 2004. Solar photodecomposition of decabromodiphenyl ether: Products and quantum yield. Environmental Science & Technology, 38(15): 4149-4156.

Bidleman T, Alaee M, Stern G, 2001. New persistent chemicals in the Arctic environment. Ottawa, Ontario: Indian and Northern Affairs Canada.

Bidleman T F, Helm P A, Braune B M, et al., 2010. Polychlorinated naphthalenes in polar environments: A review. Science of The Total Environment, 408(15): 2919-2935.

Bidleman T F, Jantunen L M, Harner T, et al., 1998. Chiral pesticides as tracers of air-surface exchange. Environmental Pollution, 102(1): 43-49.

Bidleman T F, Jantunen L M M, Helm P A, et al., 2002. Chlordane enantiomers and temporal trends of chlordane isomers in Arctic air. Environmental Science & Technology, 36(4): 539-544.

Bohlin P, Jones K C, Strandberg B, 2007. Occupational and indoor air exposure to persistent organic pollutants: A review of passive sampling techniques and needs. Journal of Environmental Monitoring Jem, 9(6): 501-509.

Borgen A R, Schlabach M, Gundersen H, 2000. Polychlorinated alkanes in Arctic air. Organohalogen Compounds, 47: 272-274.

Borgen A R, Schlabach M, Kallenborn R, et al., 2002. Polychlorinated alkanes in ambient air from Bear Island. Organohalogen Compounds, 59: 303-306.

Butt C M, Young C J, Mabury S A, et al., 2009. Atmospheric chemistry of 4∶2 fluorotelomer acrylate [$C_4F_9CH_2CH_2OC(O)CH=CH_2$]: Kinetics, mechanisms, and products of chlorine-atom- and OH-radical-initiated oxidation. Journal of Physical Chemistry A, 113(13): 3155-3161.

Chakravorty S, Koo J, Lall S V, 2003. Metropolitan industrial clusters: Patterns and processes. Policy Research Working Paper.

Chen M Y, Luo X J, Zhang X L, et al., 2011. Chlorinated paraffins in sediments from the Pearl River Delta, South China: Spatial and temporal distributions and implication for processes. Environmental Science & Technology, 45(23): 9936-9943.

de Wit C A, 2002. An overview of brominated flame retardants in the environment. Chemosphere, 46(5): 583-624.

de Wit C A, Herzke D, Vorkamp K, 2010. Brominated flame retardants in the Arctic environment: Trends and new candidates. Science of the Total Environment, 408(15): 2885-2918.

Dreyer A, Ebinghaus R, 2009. Polyfluorinated compounds in ambient air from ship- and land-based measurements in northern Germany. Atmospheric Environment, 43(8): 1527-1535.

Dreyer A, Matthias V, Temme C, et al., 2009a. Annual time series of air concentrations of polyfluorinated compounds. Environmental Science & Technology, 43(11): 4029-4036.

Dreyer A, Weinberg I, Temme C, et al., 2009b. Polyfluorinated compounds in the atmosphere of the Atlantic and Southern Oceans: Evidence for a global distribution. Environmental Science & Technology, 43(17): 6507-6514.

Drouillard K G, Tomy G T, Muir D C G, et al., 1998. Volatility of chlorinated n-alkanes ($C_{10}\sim C_{12}$): Vapor pressures and Henry's law constants. Environmental Toxicology & Chemistry, 17(7): 1252-1260.

Eng A, Harner T, Pozo K, 2013. A prototype passive air sampler for measuring dry deposition of polycyclic aromatic hydrocarbons. Environmental Science & Technology Letters, 1(1): 77-81.

Facility G E, 2005. GEF Project ID 2932: Alternatives to DDT usage for the production of *anti-fouling paint*. http://www gefonline. org/project Details. cfm? projID) 2932.

Falandysz J, Kawano M, Ueda M, et al., 2000. Composition of chloronaphthalene congeners in technical chloronaphthalene formulations of the Halowax series. Journal of Environmental Science and Health, Part A, 35(3): 281-298.

Fang L, Huang J, Yu G, et al., 2008. Photochemical degradation of six polybrominated diphenyl ether congeners under ultraviolet irradiation in hexane. Chemosphere, 71(2): 258-267.

Fiedler H, 2010. Short-chain chlorinated paraffins: Production, use and international regulations. Berlin Heidelberg: Springer, 1-40.

Fiedler S, Pfister G, Schramm K W, 2010. Poly- and perfluorinated compounds in household consumer products. Toxicological & Environmental Chemistry, 92(10): 1801-1811.

Fridén U E, McLachlan M S, Berger U, 2011. Chlorinated paraffins in indoor air and dust: Concentrations, congener patterns, and human exposure. Environment International, 37(7): 1169-1174.

Gangnes B, Van Assche A, 2010. China and the future of Asian electronics trade. *In*: Yueh L. The Future of Asian Trade and Growth: Economic Development with the Emergence of China. London: Routledge, 351-377.

Gao Y, Zhang H, Su F, et al., 2012. Environmental occurrence and distribution of short chain chlorinated paraffins in sediments and soils from the Liaohe River Basin, P. R. China. Environmental Science & Technology, 46(7): 3771-3778.

Gawor A, Wania F, 2013. Using quantitative structural property relationships, chemical fate models, and the chemical partitioning space to investigate the potential for long range transport and bioaccumulation of complex halogenated chemical mixtures. Environmental Science-Processes & Impacts, 15(9): 1671-1684.

Gevao B, Alomair A, Sweetman A, et al., 2006. Passive sampler-derived air concentrations for polybrominated diphenyl ethers and polycyclic aromatic hydrocarbons in Kuwait. Environmental Toxicology & Chemistry, 25(6): 1496-1502.

Gevao B, Harner T, Jones K C, 2000. Sedimentary record of polychlorinated naphthalene concentrations and deposition fluxes in a dated lake core. Environmental Science & Technology, 34(1): 33-38.

Gioia R, Jones K C, Harner T, 2007. Chapter 2 The use of different designs of passive samplers for air monitoring of persistent organic pollutants. *In*: Greenwood G M R, Vrana B. Comprehensive Analytical Chemistry. Elsevier, 33-56.

Gong P, Wang X, Liu X, et al., 2017. Field calibration of XAD-based passive air sampler on the Tibetan Plateau: Wind influence and configuration improvement. Environmental Science & Technology, 51(10): 5642-5649.

Gupta P K, 2004. Pesticide exposure: Indian scene. Toxicology, 198(1-3): 83-90.

Hale R C, Alaee M, Manchester-Neesvig J B, et al., 2003. Polybrominated diphenyl ether flame retardants in the North American environment. Environment International, 29(6): 771-779.

Harada K H, Takasuga T, Hitomi T, et al., 2011. Dietary exposure to short-chain chlorinated paraffins has increased in Beijing, China. Environmental Science & Technology, 45(16): 7019-7027.

Harner T, Bidleman T F, 1997. Polychlorinated naphthalenes in urban air. Atmospheric Environment, 31(23): 4009-4016.

Harner T, Bidleman T F, Jantunen L M M, et al., 2001. Soil-air exchange model of persistent pesticides in the United States cotton belt. Environmental Toxicology & Chemistry, 20(7): 1612-1621.

Harner T, Farrar N J, Shoeib M, et al., 2003. Characterization of polymer-coated glass as a passive air sampler for persistent organic pollutants. Environmental Science & Technology, 37(11): 2486-2493.

Harner T, Pozo K, Gouin T, et al., 2006a. Global pilot study for persistent organic pollutants (POPs) using PUF disk passive air samplers. Environmental Pollution, 144(2): 445-452.

Harner T, Shoeib M, Diamond M, et al., 2004. Using passive air samplers to assess urban-rural trends for persistent organic pollutants. 1. Polychlorinated biphenyls and organochlorine pesticides. Environmental Science & Technology, 38(17): 4474-4483.

Harner T, Shoeib M, Gouin T, et al., 2006c. Polychlorinated naphthalenes in Great Lakes air: Assessing spatial trends and combustion inputs using PUF disk passive air samplers. Environmental Science & Technology, 40(17): 5333-5339.

Helm P A, Bidleman T F, 2003. Current combustion-related sources contribute to polychlorinated naphthalene and dioxin-like polychlorinated biphenyl levels and profiles in air in Toronto, Canada. Environmental Science & Technology, 37(6): 1075-1082.

Hites R A, 2004. Polybrominated diphenyl ethers in the environment and in people: A meta-analysis of concentrations. Environmental Science & Technology, 38(4): 945-956.

Hogarh J N, Seike N, Kobara Y, et al., 2012. Passive air monitoring of PCBs and PCNs across East Asia: A comprehensive congener evaluation for source characterization. Chemosphere, 86(7): 718-726.

Hu G, Xu Z, Dai J, et al., 2010. Distribution of polybrominated diphenyl ethers and decabromodiphenylethane in surface sediments from Fuhe River and Baiyangdian Lake, North China. Journal of Environmental Sciences, 22(12): 1833-1839.

Hu J, Zhu T, Li Q, 2007. Chapter 3 organochlorine pesticides in China. In: Li A, Tanabe S, Jiang G B, et al. Persistent Organic Pollutants in Asia: Sources, Distributions, Transport and Fate. Elsevier Science & Technology, 7: 159-211.

Huang Y, Chen L, Peng X, et al., 2010. PBDEs in indoor dust in South-Central China: Characteristics and implications. Chemosphere, 78(2): 169-174.

Huckins J N, Manuweera G K, Petty J D, et al., 1993. Lipid-containing semipermeable membrane devices for monitoring organic contaminants in water. Environmental Science & Technology: 27: 2489-2496.

Huckins J N, Tubergen M W, Manuweera G K, 1990. Semipermeable membrane devices containing model lipid: A new approach to monitoring the availability of lipophilic contaminants and estimating their bioconcentration potential. Chemosphere, 20: 533-552.

Hung H, Halsall C J, Blanchard P, et al., 2002. Temporal trends of organochlorine pesticides in the Canadian Arctic atmosphere. Environmental Science & Technology, 36(5): 862-868.

IARC, 1990. Summaries and evaluations. Chlorinated Paraffins: 55.

Iwata H, 1994. Geographical distribution of persistent organochlorines in air, water and sediments from Asia and Oceania, and their implications for global redistribution from lower latitudes. Environmental pollution (Barking, Essex: 1987), 85(1): 15-33.

Iwata H, Tanabe S, Sakai N, et al., 1993. Distribution of persistent organochlorines in the oceanic air and surface seawater and the role of ocean on their global transport and fate. Environmental Science & Technology, 27(6): 1080-1098.

Peters A J, Tomy G T, Jones K C, et al., 2000. Occurrence of C_{10}~C_{13} polychlorinated *n*-alkanes in the atmosphere of the United Kingdom. Atmospheric Environment, 34(19): 3085-3090.

Jahnke A, Berger U, Ebinghaus R, et al., 2007. Latitudinal gradient of airborne polyfluorinated alkyl substances in the marine atmosphere between Germany and South Africa(53° N–33° S). Environmental Science & Technology, 41(9): 3055-3061.

Jantunen L M M, Bidleman T F, Harner T, et al., 2000. Toxaphene, chlordane, and other organochlorine pesticides in Alabama air. Environmental Science & Technology, 34(24): 5097-5105.

Jaward F M, Farrar N J, Harner T, et al., 2004a. Passive air sampling of PCBs, PBDEs, and organochlorine pesticides across Europe. Environmental Science & Technology, 38(1): 34-41.

Jaward F M, Farrar N J, Harner T, et al., 2004b. Passive air sampling of polycyclic aromatic hydrocarbons and polychlorinated naphthalenes across Europe. Environmental Toxicology and Chemistry, 23(6): 1355-1364.

Jaward F M, Zhang G, Nam J J, et al., 2005. Passive air sampling of polychlorinated biphenyls, organochlorine compounds, and polybrominated diphenyl ethers across Asia. Environmental Science & Technology, 39(22): 8638-8645.

Klecka G, Boethling R, Franklin J, et al., 2000. Evaluation of persistence and long-range transport of organic chemicals in the environment. 677-690.

Kurt-Karakus P B, Bidleman T F, Staebler R M, et al., 2006. Measurement of DDT fluxes from a historically treated agricultural soil in Canada. Environmental Science & Technology, 40(15): 4578.

Lam C H K, Ip A W M, Barford J P, et al., 2010. Use of incineration MSW ash: A review. Sustainability, 2(7): 1943-1968.

Lassen C, Løkke S, Andersen L I, 1999. Brominated flame retardants: Substance flow analysis and assessment of alternatives. Environmental Project Nr. 494.

Lee R G M, Coleman P, Jones J L, et al., 2005a. Emission factors and importance of PCDD/Fs, PCBs, PCNs, PAHs and PM_{10} from the domestic burning of coal and wood in the U. K. Environmental Science & Technology, 39(6): 1436-1447.

Lee R G M, Thomas G O, Jones K C, 2005b. Detailed study of factors controlling atmospheric concentrations of PCNs. Environmental Science & Technology, 39(13): 4729-4738.

Lee S C, Harner T, Pozo K, et al., 2007a. Polychlorinated naphthalenes in the global atmospheric passive sampling (GAPS) study. Environmental Science & Technology, 41(8): 2680-2687.

Lee S J, Park H, Choi S D, et al., 2007b. Assessment of variations in atmospheric PCDD/Fs by Asian dust in Southeastern Korea. Atmospheric Environment, 41(28): 5876-5886.

Leung A O W, Luksemburg W J, Wong A S, et al., 2007. Spatial distribution of polybrominated diphenyl ethers and polychlorinated dibenzo-*p*-dioxins and dibenzofurans in soil and combusted residue at Guiyu, an electronic waste recycling site in Southeast China. Environmental Science & Technology, 41(8): 2730-2737.

Li J, Li Q, Gioia R, et al., 2011. PBDEs in the atmosphere over the Asian marginal seas, and the Indian and Atlantic oceans. Atmospheric Environment, 45(37): 6622-6628.

Li J, Zhu T, Wang F, et al., 2006. Observation of organochlorine pesticides in the air of the Mt. "Everest" region. Ecotoxicology & Environmental Safety, 63(1): 33-41.

Li Q, Li J, Wang Y, et al., 2012. Atmospheric short-chain chlorinated paraffins in China, Japan, and South Korea. Environmental Science & Technology, 46(21): 11948-11954.

Li Y F, Macdonald R W, 2005. Sources and pathways of selected organochlorine pesticides to the Arctic and the effect of pathway divergence on HCH trends in biota: A review. Science of The Total Environment, 342(1-3): 87-106.

Liu G, Zheng M, Lv P, et al., 2010. Estimation and characterization of polychlorinated naphthalene emission from coking industries. Environmental Science & Technology, 44(21): 8156-8161.

Liu J, Li J, Lin T, et al., 2013. Diurnal and nocturnal variations of PAHs in the Lhasa atmosphere, Tibetan Plateau: Implication for local sources and the impact of atmospheric degradation processing. Atmospheric Research, 124(28): 34-43.

Liu X, Zhang G, Li J, et al., 2007. Polycyclic aromatic hydrocarbons (PAHs) in the air of Chinese cities. Journal of Environmental Monitoring (JEM), 9(10): 1092-1098.

Luo Q, Cai Z W, Wong M H, 2007. Polybrominated diphenyl ethers in fish and sediment from river polluted by electronic waste. Science of the Total Environment, 383(1-3): 115-127.

Martin J W, Muir D C G, Moody C A, et al., 2002. Collection of airborne fluorinated organics and analysis by gas chromatography/chemical ionization mass spectrometry. Analytical Chemistry, 74(3): 584-590.

Martin M, Lam P K S, Richardson B J, 2004. An Asian quandary: Where have all of the PBDEs gone? Marine Pollution Bulletin, 49(5-6): 375-382.

Marvin C H, Painter S, Tomy G T, et al., 2003. Spatial and temporal trends in short-chain chlorinated paraffins in Lake Ontario sediments. Environmental Science & Technology, 37(20): 4561-4568.

Meijer S N, Harner T, Helm P A, et al., 2001. Polychlorinated naphthalenes in U. K. soils: Time trends, markers of source, and equilibrium status. Environmental Science & Technology, 35(21): 4205-4213.

Minh N H, Isobe T, Ueno D, et al., 2007. Spatial distribution and vertical profile of polybrominated diphenyl ethers and hexabromocyclododecanes in sediment core from Tokyo Bay, Japan. Environmental Pollution, 148(2): 409-417.

Minh N H, Minh T B, Watanabe M, et al., 2003. Open dumping site in Asian developing countries: A potential source of polychlorinated dibenz-p-dioxins and polychlorinated dibenzofurans. Environmental Science & Technology, 37(8): 1493-1502.

Muir D, 2010. Environmental levels and fate. In: Boer J, ed. Chlorinated Paraffins. Berlin: Springer, 107-133.

Muir D, Bennie D, Teixeira C, et al., 2000. Short chain chlorinated paraffins: Are they persistent and bioaccumulative? Persistent, Bioaccumulative, and Toxic Chemicals II: American Chemical Society: 184-202.

Müller J F, Hawker D W, Connell D W, et al., 2000. Passive sampling of atmospheric SOCs using tristearin-coated fibreglass sheets. Atmospheric Environment, 34(21): 3525-3534.

Nakata H, Nasu T, Abe S, et al., 2005. Organochlorine contaminants in human adipose tissues from China: Mass balance approach for estimating historical Chinese exposure to DDTs. Environmental Science & Technology, 39(13): 4714-4720.

Noma Y, Yamamoto T, Sakai S I, 2004. Congener-specific composition of polychlorinated naphthalenes, coplanar PCBs, dibenzo-p-dioxins, and dibenzofurans in the Halowax series. Environmental Science & Technology, 38(6): 1675-1680.

Ockenden W A, Corrigan B P, Howsam M, et al., 2001. Further developments in the use of semipermeable membrane devices as passive air samplers: Application to PCBs. Environmental Science & Technology, 35(22): 4536-4543.

OECD, 2004. Emission scenario document on plastics additives; OECD environment health and safety publications series on emission scenario documents No. 3; Environment Directorate, Organisation for Economic Co-operation and Development, Paris.

Oehme M, Haugen J E, Schlabach M, 1996. Seasonal changes and relations between levels of organochlorines in Arctic ambient air: First results of an all-year-round monitoring program at Ny-Ålesund, Svalbard, Norway. Environmental Science & Technology, 30(7): 2294-2304.

Oono S, Matsubara E, Harada K H, et al., 2008. Survey of airborne polyfluorinated telomers in Keihan area, Japan. Bulletin of Environmental Contamination & Toxicology, 80(2): 102-106.

Orlikowska A, Hanari N, Wyrzykowska B, et al., 2009. Airborne chloronaphthalenes in Scots pine needles of Poland. Chemosphere, 75(9): 1196-1205.

Peters A J, Tomy G T, Jones K C, et al., 2000. Occurrence of C_{10}-C_{13} polychlorinated *n*-alkanes in the atmosphere of the United Kingdom. Atmospheric Environment, 34(19): 3085-3090.

Peters A J, Tomy G T, Stern G A, et al., 1998. Polychlorinated alkanes in the atmosphere of the United Kingdom and Canada-Analytical methodology and evidence of the potential for long-range transport. Organohalogen Compounds, 35: 439-442.

Piekarz A M, Primbs T, Field J A, et al., 2007. Semivolatile fluorinated organic compounds in Asian and Western U. S. air masses. Environmental Science & Technology, 41(24): 8248-8255.

POPRC, 2009. Supporting document for the risk profile on short-chained chlorinated paraffins Stockholm Convention on Persistent Organic Pollutants.

Pozo K, Harner T, Shoeib M, et al., 2004. Passive-sampler derived air concentrations of persistent organic pollutants on a North-South transect in Chile. Environmental Science & Technology, 38(24): 6529-6537.

Pozo K, Harner T, Wania F, et al., 2006. Toward a global network for persistent organic pollutants in air: Results from the GAPS study. Environmental Science & Technology, 40(16): 4867-4873.

Prevedouros K, Cousins I T, Buck R C, et al., 2006. Sources, fate and transport of perfluorocarboxylates. Environmental Science & Technology, 40(1): 32-44.

Přibylová P, Klánová J, Holoubek I, 2006. Screening of short- and medium-chain chlorinated paraffins in selected riverine sediments and sludge from the Czech Republic. Environmental Pollution, 144(1): 248-254.

Qiu X, Zhu T, Li J, et al., 2004. Organochlorine pesticides in the air around the Taihu Lake, China. Environmental Science & Technology, 38(5): 1368-1374.

Qiu X, Zhu T, Yao B, et al., 2005. Contribution of dicofol to the current DDT pollution in China. Environmental Science & Technology, 39(12): 4385-4390.

Ramesh A, Tanabe S, Tatsukawa R, et al., 1989. Seasonal variations of organochlorine insecticide residues in air from Porto Novo, South India. Environmental Pollution, 62(2-3): 213-222.

Ramu K, Kajiwara N, Sudaryanto A, et al., 2007. Asian mussel watch program: Contamination status of polybrominated diphenyl ethers and organochlorines in coastal waters of Asian countries. Environmental Science & Technology, 41(13): 4580-4586.

Reddy M S, Venkataraman C, 2002. Inventory of aerosol and sulphur dioxide emissions from India. Part I: Fossil fuel combustion. Atmospheric Environment, 36(4): 677-697.

Robinson B H, 2009. E-waste: An assessment of global production and environmental impacts. Science of the Total Environment, 408(2): 183-191.

Ruzo L O, Bunce N J, Safe S, et al., 1975. Photodegradation of polychloronaphthalenes in methanol solution. Bulletin of Environmental Contamination and Toxicology, 14(3): 341-345.

Schneider M, Stieglitz L, Will R, et al., 1998. Formation of polychlorinated naphthalenes on fly ash. Chemosphere, 37(9-12): 2055-2070.

Schuster J K, Gioia R, Breivik K, et al., 2010. Trends in European background air reflect reductions in primary emissions of PCBs and PBDEs. Environmental Science & Technology, 44(17): 6760-6766.

Shen L, Wania F, Lei Y D, et al., 2005. Atmospheric distribution and long-range transport behavior of organochlorine pesticides in North America. Environmental Science & Technology, 39(2): 409-420.

Shen L, Wania F, Lei Y D, et al., 2006. Polychlorinated biphenyls and polybrominated diphenyl ethers in the North American atmosphere. Environmental Pollution, 144(2): 434-444.

Shoeib M, Harner T, 2002. Characterization and comparison of three passive air samplers for persistent organic pollutants. Environmental Science & Technology, 36(19): 4142-4151.

Shoeib M, Harner T, Vlahos P, 2006. Perfluorinated chemicals in the Arctic atmosphere. Environmental Science & Technology, 40(24): 7577-7583.

Spencer W F, Cliath M M, 1972. Volatility of DDT and related compounds. Journal of Agricultural & Food Chemistry, 20(3): 645-649.

Strandberg B, Dodder N G, Basu I, et al., 2001. Concentrations and spatial variations of polybrominated diphenyl ethers and other organohalogen compounds in Great Lakes air. Environmental Science & Technology, 35(6): 1078-1083.

Su N Y, Scheffrahn R H, 1988. Toxicity and lethal time of N-ethyl perfluorooctane sulfonamide against two subterranean termite species (Isoptera: Rhinotermitidae). Florida Entomologist, 71(1): 73-78.

Talekar N S, Sun L T, Lee E M, et al., 1977. Persistence of some insecticides in subtropical soil. Journal of Agricultural and Food Chemistry, 25(2): 348-352.

Tao S, Liu Y, Xu W, et al., 2006. Calibration of a passive sampler for both gaseous and particulate phase polycyclic aromatic hydrocarbons. Environmental Science & Technology, 41(2): 568-573.

Tao S, Liu Y N, Lang C, et al., 2008. A directional passive air sampler for monitoring polycyclic aromatic hydrocarbons (PAHs) in air mass. Environmental Pollution, 156(2): 435-441.

Tomy G T, 1997. The mass spectrometric characterization of polychlorinated n-alkanes and the methodology for their analysis in the environment Canada: University of Manitoba.

Tomy G T, Fisk A T, Westmore J B, et al., 1998. Environmental chemistry and toxicology of polychlorinated n-alkanes. Reviews of Environmental Contamination and Toxicology, 158: 53-128.

Tuduri L, Harner T, Hung H, 2006. Polyurethane foam (PUF) disks passive air samplers: Wind effect on sampling rates. Environmental Pollution, 144(2): 377-383.

Van Leeuwen F X R, Feeley M, Schrenk D, et al., 2000. Dioxins: WHO's tolerable daily intake (TDI) revisited. Chemosphere, 40(9): 1095-1101.

Vrana B, Mills G A, Dominiak E, et al., 2006. Calibration of the chemcatcher passive sampler for the monitoring of priority organic pollutants in water. Environmental Pollution, 142(2): 333-343.

Wang J, Guo L L, Li J, et al., 2007. Passive air sampling of DDT, chlordane and HCB in the Pearl River Delta, South China: Implications to regional sources. Journal of Environmental Monitoring, 9(6): 582-588.

Wang T, Han S, Yuan B, et al., 2012a. Summer-winter concentrations and gas-particle partitioning of short chain chlorinated paraffins in the atmosphere of an urban setting. Environmental Pollution, 171: 38-45.

Wang X P, Gong P, Yao T D, et al., 2010. Passive air sampling of organochlorine pesticides, polychlorinated biphenyls, and polybrominated diphenyl ethers across the Tibetan Plateau. Environmental Science & Technology, 44(8): 2988-2993.

Wang X T, Zhang Y, Miao Y, et al., 2013. Short-chain chlorinated paraffins (SCCPs) in surface soil from a background area in China: Occurrence, distribution, and congener profiles. Environmental Science and Pollution Research, 20(7): 4742-4749.

Wang Y, Li Q, Xu Y, et al., 2012b. Improved correction method for using passive air samplers to assess the distribution of PCNs in the Dongjiang River basin of the Pearl River Delta, South China. Atmospheric Environment, 54: 700-705.

Wang Y, Luo C, Li J, et al., 2011. Characterization of PBDEs in soils and vegetations near an E-waste recycling site in South China. Environmental Pollution, 159(10): 2443-2448.

Wegmann F, Cavin L, MacLeod M, et al., 2009. The OECD software tool for screening chemicals for persistence and long-range transport potential. Environmental Modelling & Software, 24(2): 228-237.

Wyrzykowska B, Hanari N, Orlikowska A, et al., 2009. Dioxin-like compound compositional profiles of furnace bottom ashes from household combustion in Poland and their possible associations with contamination status of agricultural soil and pine needles. Chemosphere, 76(2): 255-263.

Xiao H, Hung H, Harner T, et al., 2007. A flow-through sampler for semivolatile organic compounds in air. Environmental Science & Technology, 41(1): 250-256.

Xiao H, Hung H, Harner T, et al., 2008. Field testing a flow-through sampler for semivolatile organic compounds in air. Environmental Science & Technology, 42(8): 2970-2975.

Xu Q, Zhu X, Henkelmann B, et al., 2013. Simultaneous monitoring of PCB profiles in the urban air of Dalian, China with active and passive samplings. Journal of Environmental Sciences, 25(1): 133-143.

Yamashita N, Taniyasu S, Hanari N, et al., 2003. Polychlorinated naphthalene contamination of some recently manufactured industrial products and commercial goods in Japan. Journal of Environmental Science and Health Part A, 38(9): 1745-1759.

Zhang G, Chakraborty P, Li J, et al., 2008. Passive atmospheric sampling of organochlorine pesticides, polychlorinated biphenyls, and polybrominated diphenyl ethers in urban, rural, and wetland sites along the coastal length of India. Environmental Science & Technology, 42(22): 8218-8223.

Zhang H B, Luo Y M, Zhao Q G, et al., 2006. Residues of organochlorine pesticides in Hong Kong soils. Chemosphere, 63(4): 633-641.

Zhu Y, Liu H, Xi Z, et al., 2005. Organochlorine pesticides (DDTs and HCHs) in soils from the outskirts of Beijing, China. Chemosphere, 60(6): 770-778.

第 3 章　亚洲区域 α-HCH 的源汇关系和驱动机制

本章导读

- 介绍多介质Ⅳ级逸度模型 ChnGPERM 和 CanMETOP 的构架及其在不同时间尺度上模拟 POPs 源汇关系的优势。

- 介绍 ChnGPERM 在长时间尺度 POPs 源汇关系模拟中的应用，通过对 1952~2007 年间我国 α-HCH 的模拟详述东南源区和东北汇区的特征。

- 以亚洲为目标区域，利用 ChnGPERM 模拟 1948~2008 年 α-HCH 的源汇关系，介绍季风边缘带这一主要汇区，并揭示汇区形成与东亚季风和印度季风的内在联系。

- 介绍 CanMETOP 在短时间尺度模拟的应用，通过 2005 年 α-HCH 在我国的源汇关系分析探讨从源区到汇区迁移的季节性，以及东亚夏季风在该过程中的驱动作用。

3.1　引　　言

POPs 可以通过生物富集及其毒性对生态环境和人类健康产生严重影响，其持久性以及长距离传输能力又可以使这种风险全球化。为了认识区域乃至全球尺度的 POPs 污染转移趋向，并制订控制与削减措施，有必要进行源汇关系的空间识别及成因分析。POPs 具有易于冷凝集和亲脂两个显著特征。一方面，根据冷凝原理，挥发进入大气的 POPs 将在低温情况下，凝集在土壤、水或生物相中。大气和凝聚相中的 POPs 的浓度比随气温下降而逐渐降低，这就是全球蒸馏效应，导致 POPs 从其释放的温暖地区迁移到寒冷地区后凝结 (Wania and Mackay, 1996)。该过程中 POPs 随气温的季节循环，以年际的脉冲或跳跃式向较高纬度的迁移 (即"蚂蚱跳"效应) (Wania and Mackay, 1995)。另一方面，对 POPs 在同一地区不同环境介质中归趋的研究表明，这类物质也倾向于在富含有机质的介质中累积，如土壤、底泥、动物以及人类等 (Mackay et al., 2006)。总体上呈现出从污染源地向较冷和有机质含量较高的地区重新分布的趋势。从全球范围来看，低温的极地和土壤富含有机质的高纬度地区都是 POPs 重要的汇(Lohmann et al., 2007)。尤其是北极地区，尽管从来没有使用过 POPs，然而"冷浓缩"效应等综合因素使大气、水体、冰川和生物体内 POPs 含量异常突出，是全球 POPs 来源解析研究的一个重点受体区域(Li and Macdonald, 2005)。

3.2 模拟物质的选取

POPs 在环境中的归趋是由其物理化学性质以及周围的环境条件决定的。从大气传输角度来看，POPs 的挥发—大气传输—沉积作用是一个缓慢的过程，要简化这一过程中源汇识别工作需要考虑以下几个问题：①目标物质的源区以及进入环境的过程易于识别，这样可以大大减少研究过程中由于源区所带来的复杂性和不确定性。②目标物质应当停止使用较长的时间，并且曾大量进入环境。大部分情况下环境迁移的速度均明显小于直接使用输入，这就使得新源输入导致 POPs 更多地残留在源区附近，从而掩盖了由于挥发—大气传输—沉积作用所导致的污染物空间再分配的特征。如果进入环境中的量较小，则经过降解、流出目标环境系统等因素的作用再分配特征也不明显，识别难度增大。③目标物质应当具有较强的挥发性。通过长期的挥发作用，可以使源区的残留量显著降低，同时也为大气传输—沉积作用提供物质源。④目标物质应具有较强的长距离传输潜力。在大气传输过程中，该物质可以直接或尽快地通过大气传输进入汇区，这样 POPs 的残留空间分布特征才会与其使用空间分布特征具有明显的差异。符合以上特征的 POPs 更适于源汇关系识别研究。但是，这不等于说不具备或不完全具备以上特征的 POPs 就不会出现残留空间分布与使用空间分布之间的差异，而是特征不明显或需要更长时间才会凸显出差异。

在已经列入《斯德哥尔摩公约》名单的 POPs 中，有机氯农药主要用于预防农作物害虫，用途单一，所以识别有机氯农药的源区和进入环境的过程比其他的工业品或工业副产物更加容易。与其他 POPs 相比，利用有机氯农药进行源汇关系识别，可以大大减少因源区的不确定性而对研究结果所造成的干扰。

我国作为农业大国，曾大量生产和使用有机氯农药。华晓梅和单正军(1996)估计 20 世纪 50 年代至 80 年代初(1983 年停用)我国共生产和使用了 490 万 t 六六六和 40 万 t 滴滴涕，前者是国际上同期使用量的三倍以上，后者占国际使用量的 20%。Li 等认为 1952～1984 年我国六六六累计用量约 450 万 t，占全球总使用量的 45% (Li et al., 1998a)；滴滴涕约 27 万 t，占全球总使用量的 6%(Li et al., 1998b)。我国在 1964～1980 年期间共使用毒杀芬约 2.4 万 t(UNEP, 2002)；1990～2004 年林丹的使用量为 0.6 万 t(窦艳伟, 2006)；1994～2004 年硫丹的使用量为 2.6 万 t(Jia et al.,

2009)；作为建筑物灭蚁药,近年来氯丹的年产量为 160 t,其中 30 t 出口(李军,2005)；七氯和六氯苯的历史使用量不明,但可以确定的是这两种农药的使用量远小于六六六和滴滴涕的使用量。虽然华晓梅和单正军(1996)与 Li 等(1998a)估计的六六六(以下以 HCH 泛指六六六)和滴滴涕(以下以 DDT 泛指滴滴涕)的使用量存在一些差距,但是无论与全球其他国家使用量相比,还是与国内其他有机氯农药使用量相比,均可认为这两种有机氯农药是研究我国有机氯农药的代表性物质,尤其是 HCH。

我国于 1983 年禁止了 HCH 和 DDT 的使用,至今已有 30 多年,且因其历史使用量较大,符合源汇识别工作研究的第二个条件。我国生产的 HCH 的各种成分比例为 α-六六六(α-HCH)占 65%~70%, γ-六六六(γ-HCH)约占 13%, β-六六六(β-HCH)占 5%~6%, δ-六六六(δ-HCH)约占 6%(Li et al., 1998a)。可见, α-HCH 的比例显著大于其他同分异构体。同时它具有最强的挥发能力(Pereira et al., 2006)和最大的长距离传输潜力(Beyer et al., 2002)。γ-HCH 的比例相对较高,同时也具有较强的挥发能力(UNEP, 2002)和较长的长距离传输潜力(Beyer et al., 2002),但由于我国在 1990~2003 年期间使用林丹(γ-HCH 的含量大于 90%)(窦艳伟, 2006),而导致 γ-HCH 近期有新源输入。β-HCH 和 δ-HCH 的比例明显偏低,且挥发能力比 α-HCH 和 γ-HCH 低 个数量级(Pereira et al., 2006)。滴滴涕中含有 70%~90% 的 p,p'-滴滴涕(p,p'-DDT)和 10%~20% 的 o,p'-滴滴涕(o,p'-DDT)以及降解产生的一些杂质。p,p'-DDT 在环境中的降解产物是 p,p'-DDE 和 p,p'-DDD; o,p'-DDT 的降解产物主要是 o,p'-DDE 和 o,p'-DDD。p,p'-DDT 虽有高的成分比例,但其长距离传输潜力明显偏低(Beyer et al., 2002); p,p'-DDE 虽有较长的长距离传输潜力,但其作为降解产物,环境中的残留量首先要以恰当评估 p,p'-DDT 的降解过程为前提,增加了识别过程的不确定性。从挥发能力的角度来看, DDT 的各种成分都比 α-HCH 和 γ-HCH 低 2~3 个数量级,另外因三氯杀螨醇的使用而导致 DDT 类物质的新源输入,也使其不宜作为本书研究的对象(Qiu et al., 2005)。

通过以上的分析可见,在 HCH 停止使用的 20 多年里,因无新 α-HCH 污染源输入,强的挥发能力会使其较快地从源区快速挥发出来,长的大气长距离传输潜力会使其到达汇区,如此长期的环境行为,会使其在环境中的残留分布特征与使用分布特征之间表现出更为显著的差异,因此 α-HCH 是研究 POPs 在我国源汇关系的理想物质。

3.3　源汇解析技术

在较大空间尺度上,大气传输是 POPs 最重要的迁移方式,源汇解析研究方法也主要是基于大气污染来源解析技术(方旋等, 2007；张丹等, 2006；柯昌华等, 2002),根据 POPs 的环境行为特征发展起来的。

本节将使用适于长期模拟的中国网格化工业污染物排放残留模型(Chinese Gridded Pesticide Emission and Residue Model, ChnGPERM)和适于短期模拟的加拿大有机氯农药环境传输模型(Canadian Model for Environmental Transport of Organochlorine Pesticides, CanMETOP)分别从长期环境归趋和短期大气传输行为特征两个方面开展 α-HCH 源汇关系及其驱动机制的模拟研究。

3.3.1 ChnGPERM——多介质Ⅳ级逸度模型

ChnGPERM 是一个网格化Ⅳ级逸度模型,主要考虑土壤、大气、水和底泥 4 类环境介质,适合模拟长期复杂的环境过程(图 3-1)。该模型由传输和迁移两大模块组成。传输模块主要计算模拟物质在不同网格间的通过大气平流和水体流动所形成的质量交换,利用拉格朗日方法求解其在不同网格间的平流交换。迁移模块基于Ⅳ级逸度方法,在每一个模拟网格中,利用 5 阶龙格-库塔(Runge-Kutta)法求解农药浓度在各环境相中随时间变化的输入输出质量平衡方程。模型使用的输入数据库与 CanMETOP 接近,同样采用内插的美国国家环境预报中心(NCEP)的气象数据、全球土壤数据工作组提供的地表土壤数据以及文献中总结的模拟化合物理化性质数据。

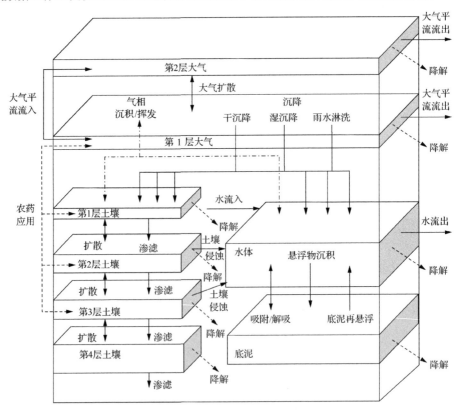

图 3-1　单位模拟网格包含的环境过程

迁移模块中,根据网格内地表特征不同,每个网格最多可能包含 23 个环境相。其中土壤划分为旱地、水田、林地、草地和荒地 5 种类型各自的 4 层(0~0.1 cm 交换层、0.1~1 cm 缓冲层、1~20 cm 耕作层、20~50 cm 储蓄层)。所有土壤相均由固体物质(有机质和无机质)、水和空气 3 个子相构成。所涉及的环境过程包括污染源的排放输入(只限于旱田和水田土壤的 1~3 层)、由地表侵蚀造成的径流流入和流出、大气和第 1 层土壤之间的扩散/挥发、相邻土壤层间的扩散、相邻的上层土壤向下层土壤的渗滤、第 4 层土壤向深层土壤或地下水的渗滤、大气干湿沉降和雨水淋洗向第 1 层土壤的沉积、各类各层土壤中的降解。

大气垂直分为 2 层,第 1 层为从地面至 1000 m,代表大气边界层;第 2 层为从 1000 m 至 4000 m,代表自由大气层。两层大气之间在每个模拟时间步长内按稳态逸度质量平衡处理。大气相包含空气和空气中悬浮颗粒物 2 个子相。模拟物质进入空气相的途径包括污染物的排放输入,大气平流输入(由传输模块计算),从土壤、地表水体的挥发扩散输入。环境去除过程包括大气平流输出,通过降雨淋洗作用、悬浮颗粒物的干湿沉降向地表环境的沉积,向土壤和地表水的扩散以及降解。

地表水相(包括河流、湖泊以及海洋等)对应 1 层水体和 1 层底泥。水体由纯水、水体中悬浮颗粒物 2 个子相构成。所涉及的环境过程包括气-水界面的扩散输入/输出、大气相的降水淋洗、空气中颗粒物的干湿沉降输入、水-底泥界面的扩散输入/输出、水体中悬浮颗粒物向底泥的沉积作用、底泥向水体的再悬浮、水体的平流输入/输出以及降解过程。底泥相由固体底泥和孔隙水 2 个子相构成。环境过程包括水-底泥界面的扩散输入/输出、水体中悬浮物的沉降输入、底泥的再悬浮输出以及在相内的降解过程。

3.3.2　CanMETOP——大气传输模型

CanMETOP 是由加拿大环境部开发的一个典型大气传输模型,分为区域和全球两种尺度。水平模拟精度有 35 km×35 km 和 24 km×24 km 两类,相应的模拟时间步长为 15 min 和 12 min。该模型在模拟重金属在大气中的传输、扩散的模型基础上耦合了土-气交换、水-气交换模块而用于有机氯农药的多介质环境模拟(Ma et al., 2003),曾成功地应用于北美地区的林丹和毒杀芬的模拟研究(Ma et al., 2003; Ma et al., 2005a)。

CanMETOP 包含一个建立在地形追随坐标上的三维区域尺度的大气平流、扩散模块,基于Ⅳ级逸度方法的土-气交换模块和双膜理论的水-气交换模块 3 个部分。其中大气模块最为复杂,大气垂直高度共分为 12 层,分别为 0 m、1.5 m、3.9 m、10 m、100 m、350 m、700 m、1200 m、2000 m、3000 m、5000 m 和 7000 m。土壤从地表向下垂直方向被分为 3 层,分别为 0.1 cm、1 cm 和 10 cm,模拟过程包括农药在相邻层间的扩散、向下层的渗滤以及降解。水体只分一层。

在大气模块中除农药在水平、垂直方向的平流扩散以外，还考虑了干、湿沉降以及降解。大气平流、扩散模块中水平平流利用算子分裂有限差分方法求解；水平扩散使用时间向前差，空间中心差的方法求解；垂直平流采用中心差分，而垂直扩散采用半隐式克兰克-尼科尔森(Crank-Nicholson)方法求解。利用欧拉方法求解的传输模型中，通常将距地表最近的一层作为通量边界层，以计算干沉积过程对大气浓度的影响。在这个模型当中，由于距地面最近的层高仅有 1.5 m，干沉积的时间尺度大约为 300 s，小于模拟时间步长。为消除由这两个时间尺度造成的计算不稳定性，利用第 2 层(1.5 m)和第 5 层(100 m)的平均干沉积速率及平均高度计算其干沉降通量。湿沉降通量是利用清除速率和大气中模拟物质浓度在高度上的积分求解。

模型中气象数据随时间变化，而其他参数如土壤有机质含量、气体和水的体积分数及大气中颗粒物含量的浓度在整个模拟时段均按常数处理(Harner et al., 2001)。模拟使用的气象输入资料采用美国国家环境预报中心(NCEP)2.5°×2.5°经纬度网格的气象数据，通过内插得到模拟需要精度的网格化温度、风场、降水率数据。模型需要输入的网格化的土壤密度、有机碳含量以及土壤空隙度是基于全球土壤数据工作组提供的全球 1°×1°经纬度网格的相应数据内插得到。其他的环境参数及模拟物质的物理化学性质参数利用文献法获得。

CanMETOP 对大气传输和沉降的模拟效果较好，然而在环境因素的作用下，POPs 的空间源汇关系是一个缓慢的过程。在不考虑土壤类型差异的情况下，CanMETOP 运行一年所需时间大约为 30 小时，以模拟自 1952 年 α-HCH 使用至今为例，模型需要连续运行 70 天。所以，这种模型常用于研究短期气象条件对 POPs 传输和沉降的影响。

3.4 中国区域尺度 α-HCH 的源汇响应关系及其成因

α-HCH 是有机氯农药 HCH 的主要成分，我国生产的 HCH 中 α-HCH 的比例在 65%~70%之间。在 1952~1984 年间，我国共使用 HCH 约 450 万 t，因此大量的 α-HCH 进入到环境中。本节利用 ChnGPERM 模拟自 1952 年 HCH 使用至 2007 年 α-HCH 在中国多介质环境中的源汇关系。

3.4.1 模拟与研究区域介绍

模拟区域范围选定东经 70°~135°，北纬 17°~55°，纬向按 1/4°经度划分 260 个网格，经向按 1/6°纬度划分 228 个网格，共计 59280 个网格，覆盖整个中国(模拟区域未包含台湾省及沿海岛屿，下同)。在探索 α-HCH 土壤残留与气温和土壤有机碳含量之间的相关性时，则选取我国东部的东经 140°~200°范围以内区域进行研究。

　　虽然模拟区域内的印度(Li, 1999)、日本(Li, 1999)以及苏联(Li et al., 2004)等地也曾使用过 HCH，但在此不考虑因这些地区使用 HCH 引入到模拟区域的 α-HCH，而只考虑由我国使用 HCH 而进入到环境中的 α-HCH。同时，虽然模拟过程输出 α-HCH 在我国以外的传输、迁移以及转化过程，但只考虑在我国境内的长期传输、迁移和转化，即研究区域为我国的境内。

3.4.2　α-HCH 使用情况分析

　　如前所述，只考虑由我国使用的 α-HCH 所形成的残留，不考虑周边国家和地区引入到模拟区域和研究区域的 α-HCH，故在此仅介绍我国的 α-HCH 使用情况。1952～1984 年间，我国累计使用 α-HCH 300 万 t，其中有 283 万 t 应用于农业生产，其余少量应用于公共健康(Li et al., 1998a)，但模拟过程中只考虑农业生产中的使用。

　　α-HCH 是 HCH 的一种同分异构体，我国没有将 α-HCH 单体作为农药单独使用，环境中的 α-HCH 是来源于使用的 HCH 产品。所以，我国 1952～1984 年间每年基于 1/4°×1/6°经纬度网格的 α-HCH 清单可以从同精度网格的 HCH 使用清单中提取出来，α-HCH 的使用量按 HCH 的 67.5%计算(Li et al., 2001)。

　　图 3-2 是利用网格面积计算出的 1952～1984 年我国 α-HCH 累计使用量的空

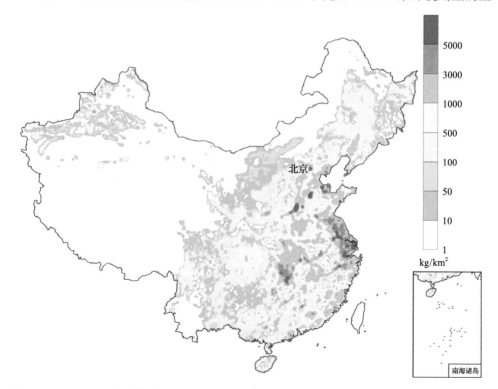

图 3-2　1952～1984 年网格平均 α-HCH 累计使用量空间分布(注：未包含台湾省及沿海岛屿数据)

间分布。单位网格最大 α-HCH 累计使用量达到 22 t/km²，出现在河南省。但相对使用量较大（大于 3 t/km²）的集中区域出现在江苏省、浙江省的偏北部区域以及湖南省的北部地区。总体上，使用量表现为东部大于西部，就东部而言，东南地区的使用量大于华北地区，华北地区大于东北地区。

HCH 主要是以预防农田害虫而引入到环境中的，在每个网格中农田的面积存在很大的差异，利用网格内的农田面积计算 α-HCH 的使用量表征着该网格农田的 α-HCH 使用强度。图 3-3 是按网格内农田面积计算出的 1952～1984 年间 α-HCH 累计使用量的空间分布。该图与使用网格面积计算出的累计使用量的空间分布（见图 3-2）出现了一定的差异。单位面积农田 α-HCH 累计使用量较高的地区主要集中的福建省和广东省的北部地区，最大累计使用量达到 650 t/km²，出现在福建省。农田 α-HCH 累积使用强度总体上表现出从南向北逐渐减少。在河北省以南、福建省和广东省以北基本在 500～5000 kg/km² 之间，且以 1000～5000 kg/km² 之间的居多；在东北地区普遍低于 500 kg/km²。

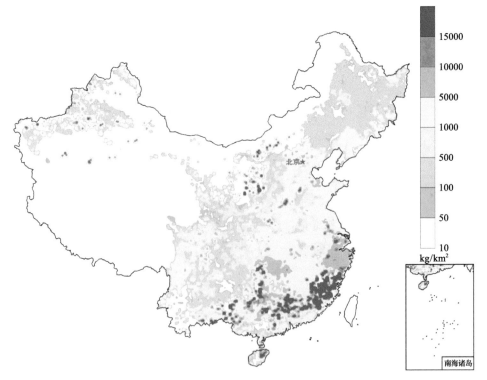

图 3-3 1952～1984 年农田 α-HCH 累计使用量空间分布（注：未包含台湾省及沿海岛屿数据）

图 3-4 是 1952～1984 年 α-HCH 年使用量随时间变化的趋势。自 1952 年开始使用 HCH，α-HCH 的年使用量基本表现为逐年递增，1972 年达到一个峰值，使

用量为 18 万 t。经历了下降和再次上升的过程，α-HCH 在 1980 年使用量也达到 18 万 t，此后快速下降。1983 年我国禁止了在农作物生产中使用 HCH，1984 年仅使用少量库存，用量为 170 t，此后再无新源输入。

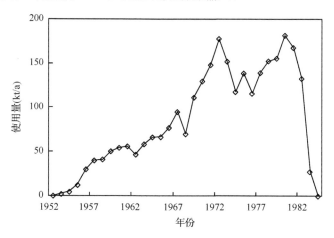

图 3-4　1952～1984 年 α-HCH 年使用量变化趋势

3.4.3　α-HCH 进入研究区域的过程识别

从 1952～1984 年，每年的 1/4°×1/6°经纬度网格 HCH 使用清单中提取出的同网格精度的 α-HCH 使用历史，共包括水稻、小麦、大豆、高粱、棉花、玉米和果树 7 种作物的使用清单。模拟过程考虑这 7 种作物应用 α-HCH 的方式，分别为喷洒、拌种以及毒土 3 类，不同作物的使用方式和比例存在一定的差异 (Li et al., 1998a)。

上述各种农作物的耕作时间主要是由年内的无霜期长短确定的，按照无霜期时间长短分区号列于表 3-1，各分区在中国的空间分布见图 3-5。图 3-5 中分区号 4 和 5 对应的地区为一年两熟地区，其他 3 个分区为一年一熟的地区。一年两熟的地区水田按旱水轮作处理，种植作物包括水稻和小麦(刘巽浩，1993；蔡道基等，1983)。

表 3-1　无霜期分区

无霜期分区	无霜期天数(d)
1	<100
2	100～150
3	150～250
4	250～350
5	>350

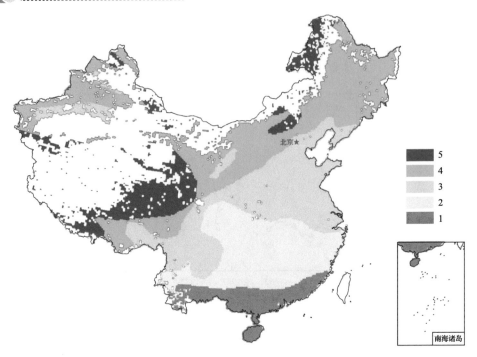

图 3-5　中国无霜期空间分布(注：未包含台湾省及沿海岛屿数据)

　　根据图 3-5 表示无霜期分区，将各种作物的播种、收割时间以及对于各种作物的使用方式及比例列于表 3-2。利用每年各种作物的 α-HCH 使用清单，结合表 3-2 给出的各种作物 α-HCH 使用的方式、比例及时间，按喷洒、拌种以及毒土 3 种使用方式进入环境系统的计算方法进行模拟。

表 3-2　不同无霜期分区不同作物的种植时间以及 α-HCH 应用比例

农作物及使用方式	无霜期分区	种植/收割(第 1 熟)		种植/收割(第 2 熟)	
		开始	结束	开始	结束
水稻 喷洒 100%	1	—	—	—	—
	2	5.1	9.20	—	—
	3	4.15	9.15	—	—
	4	4.1	7.25	6.15	10.30
	5	3.1	6.30	7.1	11.15
小麦 喷洒 70% 拌种 30%	1	5.10	8.15	—	—
	2	4.1	7.30	—	—
	3	10.10	6.15	—	—
	4	11.10	5.15	—	—
	5	11.10	3.25	—	—

续表

农作物及使用方式	无霜期分区	种植/收割(第1熟)		种植/收割(第2熟)	
		开始	结束	开始	结束
大豆和高粱 喷洒100%	1	5.15	9.10	—	—
	2	5.10	9.20	—	—
	3	6.1	9.20	—	—
	4	3.30	7.20	7.25	11.10
	5	2.10	6.20	8.20	11.20
玉米 喷洒70% 拌种30%	1	5.15	8.20	—	—
	2	4.25	9.10	—	—
	3	6.10	9.20	—	—
	4	3.25	7.20	7.20	10.30
	5	2.10	7.15	7.25	10.30
果树 喷洒60% 毒土40%	1	5.15	8.20	—	—
	2	4.20	9.20	—	—
	3	3.10	9.30	—	—
	4	3.20	10.25	—	—
	5	2.20	11.20	—	—
棉花 喷洒100%	1	—	—	—	—
	2	—	—	—	—
	3	4.1	9.20	—	—
	4	4.10	10.10	—	—
	5	—	—	—	—

　　农作物播种的深度一般在 5 cm 左右,对于拌种处理方式,按各类作物的播种时间一次性施用,且模拟物质按进入相应网格农田的第 2 层和第 3 层土壤处理,进入的量为获得相同逸度增加值。毒土预防害虫的方式一般只在种植果树的土壤中杀虫使用,按果树生长期一次性施用,且模拟物质也按进入相应农田的第 2 层和第 3 层土壤处理,进入的量也是按获得相同逸度增加值处理(Li et al., 1998c)。故拌种和毒土这两种农药使用方式进入环境中的农药过程可以表示为

$$\delta f = \frac{M}{P_{se}(V_2 Z_2 + V_3 Z_3)} \tag{3-1}$$

式中,δf 是在播种或毒土时,第 2 层和第 3 层土壤的逸度增加值;M 为一个网格某类作物的模拟物质拌种施用量或果树土壤毒土施用量(g);P_{se} 是模拟物质的摩尔质量(g/mol);V 和 Z 分别为土壤的体积(m^3)和逸度容量[mol/(m^3·Pa)],下标 2

和 3 分别表示第 2 层和第 3 层土壤。

喷洒按作物的生长期分 3 次均匀施用,播种后第 15 天为第 1 次喷洒,收割前的第 25 天为第 3 次喷洒,在这两次中间为第 2 次喷洒,每次喷洒施用时间为 10 天。按进入该网格的第 1 层大气及相应农田的第 1 层和第 2 层土壤处理,进入量仍以获得相同逸度增加值处理。在喷洒时期,每天相应环境相的逸度增加值可以表示为

$$\delta f_{sp} = \frac{M_{sp}}{30 P_{se}(V_a Z_a + V_1 Z_1 + V_2 Z_2)} \tag{3-2}$$

式中,δf_{sp} 是在喷洒时期,第 1 层大气、第 1 层和第 2 层土壤的逸度增加值;M_{sp} 为一个网格某类作物的模拟物质喷洒施用量(g);P_{se} 是模拟物质的摩尔质量(g/mol);V_a 和 Z_a 是第 1 层大气的体积(m^3)和逸度容量[mol/($m^3 \cdot$Pa)];V_1、V_2 和 Z_1、Z_2 分别为第 1、2 层土壤的体积(m^3)和逸度容量[mol/($m^3 \cdot$Pa)]。

基于上述的 ChnGPERM,模拟 1952 年 HCH 使用至 2007 年 α-HCH 在多介质环境中的传输、迁移和转化,根据模拟输出的结果分析不同时期 α-HCH 的空间源汇关系。模型运行所需要的气象输入数据(风、气温和降水率)采用美国国家环境预报中心(NCEP)的 2.5°×2.5°的每 6 小时的客观分析资料通过内插得到。模拟所需的 α-HCH 的主要物理化学性质列于表 3-3。

表 3-3 模型中使用的主要理化性质参数

参数(单位)	数值	参考文献
摩尔质量(g/mol)	290.85	(Toose et al., 2004)
熔点(℃)	157	(Toose et al., 2004)
溶解度(g/m^3)	1	(Toose et al., 2004)
蒸气压(Pa)	0.003	(Toose et al., 2004)
摩尔体积(cm^3/mol)	2.44E+02	(Mackay et al., 2006)
log K_{OC}	3.53	(Mackay et al., 2006)
log K_{OW}	3.81E+00	(Toose et al., 2004)
羟基自由基降解速率常数:K_v[m^3/(mol·h)]	4.90E−15	(Toose et al., 2004)
水中降解速率常数:K_{rw}(h^{-1})	2.06E−04	(Toose et al., 2004)
土壤中降解速率常数:K_{s0}(h^{-1})	1.26E−05	(Liu et al., 2007)
与羟基自由基反应活化能(J/mol)	8314	(Toose et al., 2004)
沉积物中降解速率常数:K_{rse}(h^{-1})	55000	(刘振宇, 2005)
水中活化能(J/mol)	30000	(Toose et al., 2004)
海水中活化能(J/mol)	30000	(Toose et al., 2004)
土壤中活化能(J/mol)	30000	(Toose et al., 2004)
沉积物中活化能(J/mol)	54200	(刘振宇, 2005)

3.4.4　我国 α-HCH 土壤残留负荷历史时空变化特征

图 3-6 是模拟输出的 1960 年、1980 年、1990 年和 2000 年土壤中 α-HCH 残留量的空间分布。可见，自我国开始使用工业品 HCH 后，土壤中 α-HCH 残留量逐步上升。1960 年最高的残留负荷达到 163 kg/km^2，出现在河南省北部地区；随着使用量的加大及 α-HCH 在土壤中的累积效应，1980 年最高残留负荷达到 209 kg/km^2，与 1960 年出现在同一位置。1960 年与 1980 年土壤残留负荷的最大值相比，增长的幅度不大，但 1980 年具有较高土壤残留负荷的面积明显增大。与 1952～1984 年 α-HCH 网格累计使用量(参见图 3-2)相比，1960 年我国东部长江以南地区的土壤残留负荷明显偏低，1980 年该地区的土壤残留负荷有所增加，但仍处于相对较低的水平。在无 α-HCH 使用量的地区，最明显的积累区域是在东北的西部，1960 年开始出现 0.1～1 kg/km^2 的残留负荷，到 1980 年残留负荷在 0.1～1 kg/km^2 之间的面积明显增大，局部区域残留负荷上升到 1～5 kg/km^2。这说明我国东北地区可能是一个非常重要汇(Tian et al., 2011)。

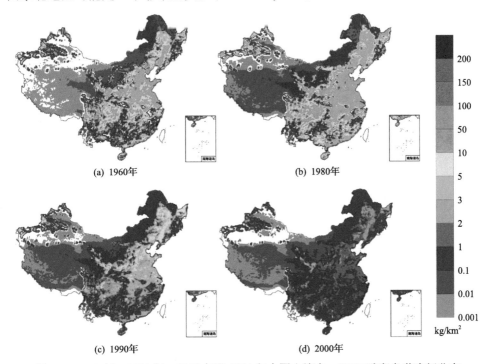

(a) 1960年　　(b) 1980年　　(c) 1990年　　(d) 2000年

图 3-6　1960 年、1980 年、1990 年和 2000 年中国土壤中 α-HCH 残留负荷空间分布
(注：未包含台湾省及沿海岛屿数据)

在工业品 HCH 使用期间，α-HCH 在农田土壤中的残留浓度与农田累计使用量和置入土壤应用方式的比例关系最为密切，而非农田土壤中 α-HCH 残留浓度主

要受网格使用量大小的影响。土壤残留负荷是农田土壤和非农田土壤残留量共同贡献的结果，按网格面积计算 1952～1984 年累计以置入土壤方式使用 α-HCH 的量，绘制图 3-7。图 3-7 与图 3-6 中 1960 年和 1980 年 α-HCH 土壤残留负荷的空间分布十分相似，中国东部长江以南地区较小的残留量是由于绝大部分 α-HCH 是以喷洒的方式施用，进入土壤中的量较少，加之较高的环境温度使其从土壤中消失的速度快于其他地区。

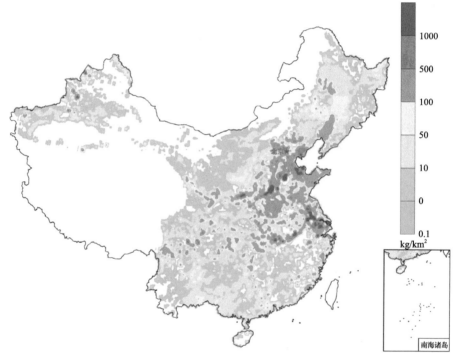

图 3-7　网格面积平均的 1952～1984 年 α-HCH 累计置入土壤使用量空间分布

（注：未包含台湾省及沿海岛屿数据）

1984 年停止使用 HCH 后，大气中的 α-HCH 浓度会明显降低，促使土壤中残留的 α-HCH 向大气挥发。图 3-6 中的 1990 年 α-HCH 残留量分布表现出最大残留负荷位置出现在新疆的西北部地区，达到 13 kg/km²，但残留量大于 10 kg/km² 的区域主要集中在甘肃省中南部地区。东部长江以南地区的残留负荷基本在 3 kg/km² 以下，长江以北、山东以及河南以南地区的残留负荷基本在 3～5 kg/km² 之间，有一个明显的残留负荷在 5～10 kg/km² 之间条带从河北一直延至东北地区。此时，东北地区没有使用过工业品 HCH 的地区开始累积 α-HCH，土壤负荷在 0.1～1 kg/km² 之间。

HCH 禁止使用后，随着降解以及挥发作用，土壤中的 α-HCH 残留负荷进一步降低。2000 年最大的网格残留负荷仍出现在新疆的西北部地区，为 5.4 kg/km²，但残留量大于 4 kg/km² 的区域仍主要集中在甘肃省的中南部地区。此时，东北曾使用

过 α-HCH 的地区土壤残留负荷在 2～3 kg/km² 之间，未使用过 α-HCH 的地区土壤残留负荷在 0.1～0.5 kg/km² 之间。我国东部从河北到长江以北的残留负荷基本在 1～2 kg/km² 之间，而长江以南普遍与东北未使用 α-HCH 的地区残留负荷接近。

在 HCH 禁止使用后，α-HCH 在土壤环境中的迁移转化过程主要受土壤性质以及环境温度的影响。将我国在经度 105°～120°之间的区域以每 1.25°为间距划分，计算每个长方形区域每年土壤负荷与该区域的年均气温和土壤有机碳相关系数，可获得图 3-8。如图所示，在 1984 年工业品 HCH 禁用以前，土壤负荷与年均气温的相关性逐年上升且呈现东高西低趋势，说明该时期有大量工业品 HCH 进入东部使用区，空间分布主要受一次使用影响。禁用后，温度影响 α-HCH 在空间上的再分配。东南部源区的高温促进 α-HCH 挥发，土壤负荷相应降低，导致这一区域土壤负荷与年均气温相关性由正转负[图 3-8(a)]。同样土壤负荷与有机碳

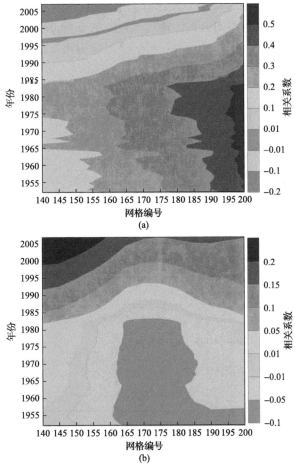

图 3-8 相关系数变化图

(a)土壤负荷与年均气温；(b)土壤负荷与土壤有机碳

的相关性也出现相似的转变过程。我国东南地区的土壤有机碳含量相对北方较低而历史 HCH 用量相对较高。在 1984 年以前土壤负荷与有机碳主要呈负相关，此后相关性逐渐由负转正，说明土壤有机碳含量较高的东北地区在 HCH 禁用后更倾向于截留 α-HCH，呈现出汇区特征[图 3-8(b)]。

3.4.5 α-HCH 土壤残留的源汇空间分布识别

根据 1952～1984 年输入每个网格的 α-HCH 总质量与 1952～2007 年 α-HCH 在每个网格各环境介质中的降解量、各类土壤第 4 层向下渗滤量以及 2007 年每个网格各环境介质中的残留量之和，可获得输出输入质量比和质量差。计算方法示意见图 3-9。计算的输出输入质量比大于 1 的地区，表示大气在流动过程中将其他地区的 α-HCH 传输至此，对于这些地区等同于除本地的使用量以外，还有以大气传输—沉积作用形成的"使用量"，这样的地区也就是污染汇区；反之输出输入质量比小于 1 的地区，则表明大气传输对该地区的 α-HCH 起到流出的作用，这样的地区也就表现为源区，图 3-10 是计算的输入输出质量比和质量差。从图 3-10 可见，我国东部长江以南地区输出输入质量比在 70%以下，相当一部分区域的质量比低于 50%。该区域 α-HCH 主要以喷洒的方式施用，加上较高的环境温度，使土壤中的 α-HCH 快速挥发进入大气，继而参与大气传输，表现出明显的大气流出特征。四川西部地区、我国东部的河北以南、长江以北的输出输入质量比在 70%～100%之间，表现出近质量平衡状态，微弱的流出特征。而甘肃、宁夏以及东北地区的输出输入质量比却大于 1，甚至局部区域的输出输入质量比大于 10，体现出了明显的大气传输所形成的流入特征。

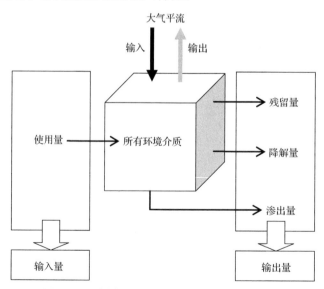

图 3-9　每个模拟网格输入输出质量平衡示意图

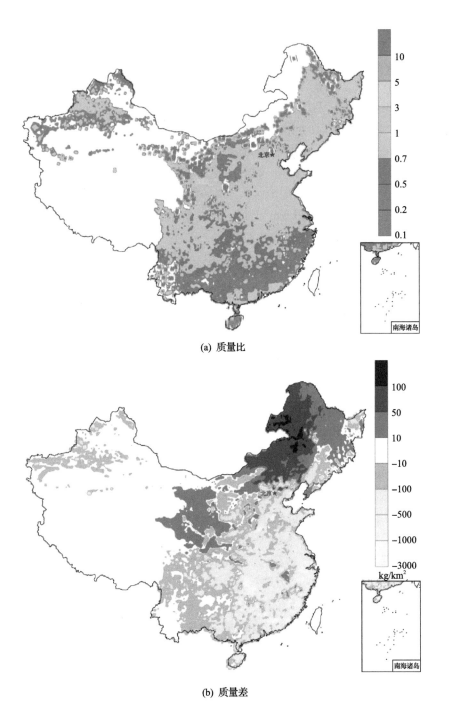

(a) 质量比

(b) 质量差

图 3-10　1952～2007 年 α-HCH 输出输入质量比和质量差(注：未包含台湾省及沿海岛屿数据)

输出输入质量比得出的是一个相对的大气流入、流出特征，而输出输入质量差可以得出大气流入、流出绝对量特征。当输出输入质量差＞0，则表示大气传输起到净输入作用；而输出输入质量差＜0，则表示净输出作用。从输出输入质量差可见，其与输出输入质量比的空间分布明显不同。输出小于输入最显著的地区是太湖流域、湖北北部以及福建的部分地区，差值达到–500 kg/km^2 以下，这与我国 α-HCH 最大累计使用量的区域相对应。我国东部的河北以南其他地区的差值在 –500～–100 kg/km^2 之间，四川西部地区的差值大于–100 kg/km^2，也基本与我国 α-HCH 累计使用量大小相对应。输出大于输入最显著的地区在东北地区的西部，差值普遍大于 50 kg/km^2，局部地区大于 100 kg/km^2；甘肃、宁夏以及黑龙江的大部分地区的差值在 10～50 kg/km^2 之间，这与输出输入质量比得出的结论相一致，大气传输作用使这些地区逐渐成为汇区。

3.4.6 不同源区 α-HCH 使用对土壤残留的贡献

为确定因某一区域 α-HCH 的使用而对不同区域 α-HCH 土壤残留的影响，可以使用清单分离的方法进行量化分析。首先，按纬度 34.5°和 41.5°将研究区域划分为 3 个区域，根据 α-HCH 使用清单从北到南分别定义为北部源、中部源和南部源 3 个使用清单。然后使用这 3 个清单进行 3 次全过程模拟，每次模拟除输入的使用清单不同，其他环境参数及模拟过程完全一致。最后，利用 3 次模拟输出的 α-HCH 土壤残留量之和作为分母，以每次模拟得出的 α-HCH 土壤残留量为分子评估 3 个源区 α-HCH 使用对土壤残留的贡献比例。

图 3-11、图 3-12、图 3-13 分别是模拟的北部源、中部源和南部源对 2000 年 α-HCH 土壤残留量贡献比例的空间分布。通常这些源对其本地和周边土壤年 α-HCH 土壤残留贡献最大。然而，我国南部源对内蒙古和东北西部一些从未使用过 HCH 的地区土壤残留贡献率在 80%～90%范围以内，高于更近的中部源和北部源，说明很有可能南方大量使用的 HCH 可以经大气传输沉降到较远的东北和内蒙古一带。另一方面，南部源对离其较近的青藏高原贡献反而较小，仅在 10%～20%之间。这主要是因为地势自东向西海拔不断攀升以及高原地区盛行的西风(Bey et al., 2001, Liu et al., 2003)不利于东南地区富含 α-HCH 的气流向西输送。相反，北方源对青藏高原土壤残留量贡献更高，很可能是每年春夏温度较高、α-HCH 挥发量较大的时期盛行的北风将新疆维吾尔自治区的 α-HCH 输送到青藏高原。

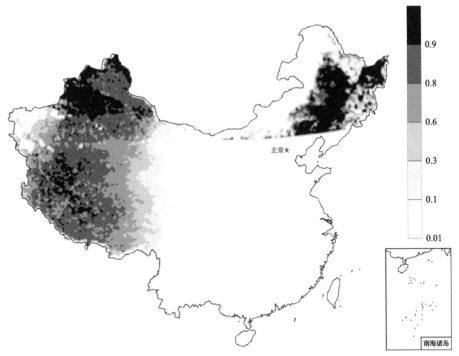

图 3-11　北部源对 2000 年 α-HCH 土壤残留贡献的空间分布(注：未包含台湾省及沿海岛屿数据)

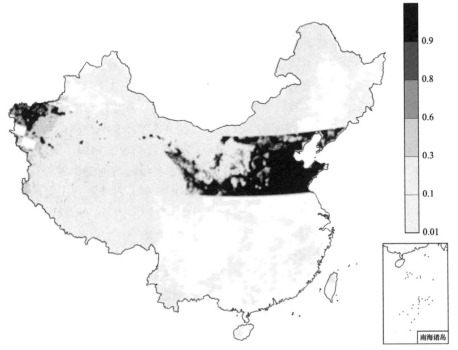

图 3-12　中部源对 2000 年 α-HCH 土壤残留贡献的空间分布(注：未包含台湾省及沿海岛屿数据)

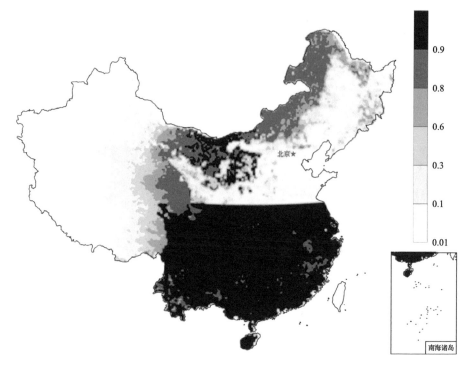

图 3-13　南部源对 2000 年 α-HCH 土壤残留贡献的空间分布(注：未包含台湾省及沿海岛屿数据)

　　鉴于西部、东北、华北和华南地区对 3 个源区的响应特征不同，我们又将研究区域(台湾省及沿海岛屿除外)划分为东北、华北、东南以及中北四个区域(图 3-14)，便于分别探讨不同历史时期北部、中部和南部 3 个源区对这四个区域土壤残留的贡献。图 3-15 是模拟得出的北部、中部和南部 3 个源区分别对东北、华北、东南以及中北 4 个区域的土壤残留量贡献比例。东北区域的土壤残留以北部源贡献为主，在 α-HCH 使用期间，其贡献比例在 87%～94%之间，基本呈现逐年下降的趋势；在 α-HCH 停止使用后，贡献比例下降的速度加快，到 2007 年贡献比例为 76%。南部源对东北区域 α-HCH 土壤残留贡献随时间变化趋势与北部源正好相反，在 α-HCH 使用期间缓慢上升，在 α-HCH 停止使用后，上升的速度加快，到 2007 年贡献比例为 19%；中部源对东北区域土壤中的 α-HCH 残留贡献比例在整个模拟时段均处于较稳定的状态，在 3%～6%之间。

　　华北区域的 α-HCH 土壤残留以中部源贡献为主，贡献比例随时间变化趋势与北部源对东北地区土壤中 α-HCH 残留贡献随时间变化趋势相似，在 α-HCH 使用期间缓慢下降，停止使用后贡献比例的下降速度加快，但相对平缓。在 1952～2007 年间，中部源的贡献比例均在 96%以上。南部源对华北区域土壤残留贡献比例随时间变化趋势与对东北区域的贡献比例变化趋势相似，在 α-HCH 使用期间缓慢上升，在停止使用后，上升的速度加快，但上升趋势明显小于对东北区域的贡献，到 2007 年贡献比例为 4%。北部源对华北区域基本不产生影响，整个模拟时段贡献比例均低于 0.04%。

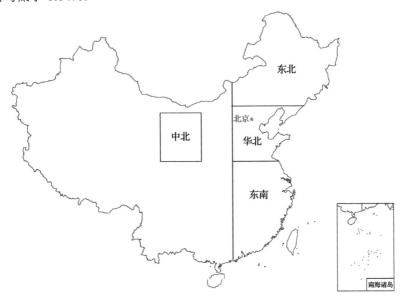

图 3-14　识别土壤残留贡献分区（注：研究区域不包括台湾省及沿海岛屿）

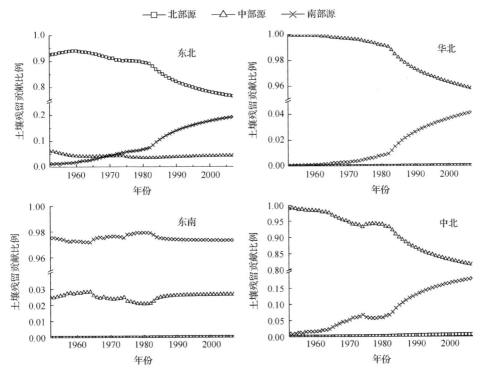

图 3-15　三个源区 α-HCH 使用对四个区域土壤残留的贡献比例

东南区域的土壤残留以南部源贡献为主。在 1952～2007 年间，其贡献比例随时间变化一直十分平稳，均在 97%～98% 之间；中部源对东南区域的 α-HCH 土壤残留贡献比例基本与南部源贡献的变化相呼应，贡献比例随时间变化也十分均衡，在 2%～3% 之间。北部源对东南区域也基本不产生影响，整个模拟时段贡献比例低于 0.03%。

中北区域土壤中 α-HCH 残留量主要受中部源的影响，贡献比例随时间变化除在 1974～1978 年之间有一个微弱的上升以外，基本表现出逐年下降的趋势，在 α-HCH 停止使用以后，这个下降趋势开始加快，到 2007 年贡献比例为 82%。南部源对中北区域土壤中 α-HCH 残留量的贡献与中部源相呼应，到 2007 年贡献比例上升到 18%。

通过以上的分析可见，我国的东北、华北、东南和中北区域的 α-HCH 土壤残留量均以 α-HCH 的本地使用源贡献比例最大，这是可以理解的，但值得关注的是东南区域的使用对东北区域以及中北区域土壤残留量的贡献。

南部源对东北区域和中北区域 α-HCH 土壤残留的贡献在其停止使用之后越来越明显，相当于不断地有来自于南部源区的"新源"输入到这些地区的土壤当中。南部源区使用的 α-HCH 对东北区域土壤残留的影响主要是通过大气传输造成的。在传输过程中，应当首先经过华北区域，仅从大气传输来看，到达华北区域时的 α-HCH 大气浓度应当比到达东北区域时要高，如果通过正常的沉积效应，它对华北区域的贡献应该很大。但是结果却表明对华北区域的影响明显小于对东北区域的影响。这说明大气传输不仅仅是大气流动过程中"路过"东北区域这么简单。对东北区域显著的贡献势必受到一个特殊的天气系统的影响，这个天气系统在东北区域存在，而在华北区域不存在，或者较弱。

得出以上结果的多介质环境模型是基于 1 天的时间步长构建的，对具有高流动性的大气运动描述相对简单，它可以得出长期的具有规律性的结果，但很难解释南部源通过大气传输作用对东北区域贡献的真正原因，需要更高精度的模型进行进一步分析。

3.4.7　大气传输影响 α-HCH 源汇关系的主要时段

当具备较高的大气浓度和足够长的驻留时间两个条件时，α-HCH 会出现的显著的沉积效应。大气具有高流动性，从上述东北区域土壤中出现较高的 α-HCH 残留量，表现为明显的汇区，且南部源具有显著的贡献比例，表现为明显的源区，可见一年或几年的某一时段天气系统是不可能造成这样的结果。下面以 2005 年为例，利用多介质环境模型输出的 2004 年年末土壤残留量作为输入清单，使用 CanMETOP 模拟评估大气传输、沉积特征以及对应时段气象条件的时空变化。进而根据分析结果，结合多年平均的气象资料分析形成这种源汇关系的普遍性。

以 2005 年 1 月、4 月、7 月和 10 月这 4 个月近地面的月均 α-HCH 大气浓度和相应高度的月平均风场为代表，由图 3-16 可见我国冬、春、夏、秋四个季节 α-HCH 的输入特征，总体上温度较高的季节大气中 α-HCH 的浓度明显高于温度较低的季节，这与温度对有机氯农药从土壤中挥发的速率影响较大的报道相符 (Wania et al., 1998)。冬季大气中 α-HCH 高浓度区主要集中在我国的东南部。此时东南部地区的气温相对较高，受东北风影响，从土壤中挥发出来的 α-HCH 向我国南部和西南部输送至近地面层。春季环境温度的回升，α-HCH 的土壤挥发通量增大，近地面层大气中 α-HCH 的高浓度范围明显扩大。历年的春季是冬季风向夏季风的过渡时期(王启等, 1998)，4 月份的月均风场是从我国东南地区指向华北地区，而较高的 α-HCH 大气浓度也基本出现在这一地区，可见东南部地区的 α-HCH 有随风向北传输的趋势。7 月份高温导致 α-HCH 浓度总体上进一步攀升，东北地区的 α-HCH 大气浓度明显高于东南部的源区和其他地区。此时到了夏季风发展成熟期，风场从东南地区指向东北地区，且在东北地区形成了气流辐合区，强烈的南风气流能够将东南部地区土壤中挥发出来的 α-HCH 向北输送至东北地区。秋季气温开始回落，α-HCH 从土壤中挥发的通量开始减弱，进入了夏季风向冬季风过渡的时期，大气中 α-HCH 的浓度范围开始快速下降。这一循环过程将导致我国东南源区污染物随季风活动输送至东北汇区 (Tian et al., 2009)。

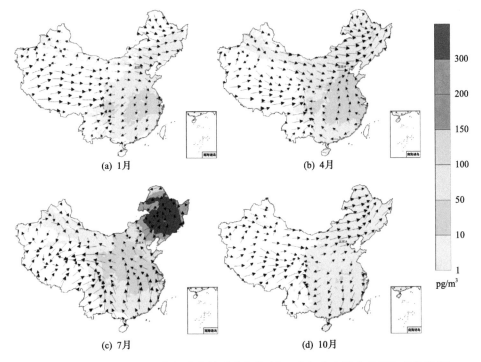

图 3-16 2005 年 α-HCH 大气浓度的季节变化(注：未包含台湾省及沿海岛屿数据)

大气沉降可分为干湿两类。干沉降主要与污染物的大气浓度以及沉积速率有关，是一个缓慢的过程；而湿沉降和雨水淋洗与污染物的大气浓度和降水强度有关。当有较高的降水强度时，由湿沉降和雨水淋洗所形成的沉积通量显著高于干沉降(Ma et al., 2005b)。东北地区一年的 80%～90% 的降水集中在夏季，大气中高浓度的 α-HCH 通过湿沉降进入该地区地表环境的通量显著高于干沉降通量。图 3-17 列出了模拟的 2005 年 1 月、4 月、7 月和 10 月这 4 个月的湿沉降通量，湿沉降通量随季节变化表现出明显的空间差异。东北地区 7 月份的湿沉降通量普遍高于其他季节。夏季，我国东北地区的大气浓度和湿沉降通量均显著高于其他 3 个月份。由此，可以初步推断 2005 年夏季是导致东北地区土壤中出现较高 α-HCH 浓度负荷的主要影响季节。

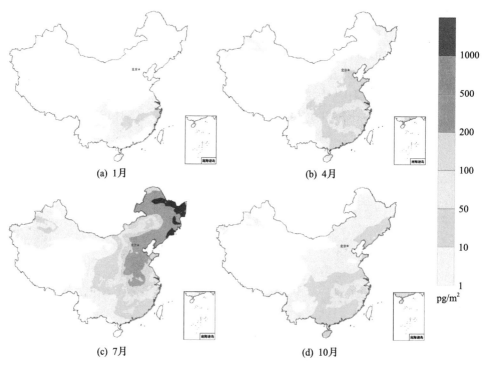

图 3-17　2005 年 α-HCH 大气湿沉降通量季节变化(注：未包含台湾省及沿海岛屿数据)

3.4.8　东亚夏季风影响 α-HCH 源汇响应关系的成因分析

根据图 3-16 中的 7 月月均风场特征，在中国东部地区选取图中方框以内的 R1(东北地区部分)、R2(东中地区部分)和 R3(东南地区部分)3 个区域(图 3-18)。通过计算这 3 个区域相应的平均大气浓度，确定我国东部地区夏季大气中 α-HCH 的浓度水平以及随时间的变化。

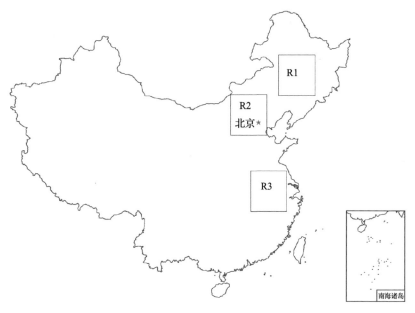

图 3-18　中国东部 R1～R3 分区图

图 3-19 是 R1～R3 区 2005 年 6 月 15 日至 8 月 15 日的近地面日均 α-HCH 大气浓度(距地面 1.5 m)。可见，从 6 月 15 日开始，R3 区的 α-HCH 大气浓度分两个阶段开始快速增长，6 月 24 日达到最大值(259 pg/m³)。在东亚夏季风的向北推进过程中，6 月 28 日较高的 α-HCH 大气浓度传输至 R2 区(84 pg/m³)，在进入东北地区的过程中(6 月 27 日至 7 月 1 日)，R1 区的大气浓度开始急剧增加，R2 区

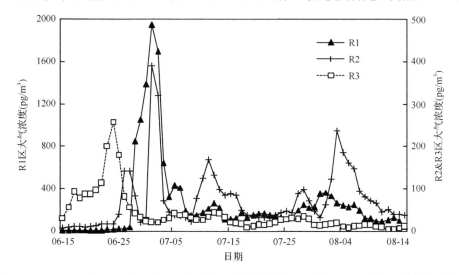

图 3-19　R1～R3 区 2005 年 6 月 15 至 8 月 15 日距地面 1.5 m 的 α-HCH 大气平均浓度变化

的浓度开始下降。7月1日 R1 区的平均大气浓度达到了最大值(1947 pg/m³),并且这个高浓度的 α-HCH 气团再次影响到 R2 区,使 R2 区的大气浓度从 6 月 30 日的 33 pg/m³ 急速上升到 7 月 1 日的 392 pg/m³,随后 R1 和 R2 区的大气浓度开始快速下降。这是模拟的 2005 年夏季从 R3 区向 R2、R1 区的一次最强的大气传输。在此之后,R3 区的大气浓度一直处于较低的水平(<50 pg/m³),R2 区的大气浓度又出现过 2 次较高的上升,量值在 20~240 pg/m³ 之间,而 R1 区的大气浓度一直处于 100~350 pg/m³ 之间的较高水平。6 月 15 日至 8 月 15 日期间,R1、R2 和 R3 区近地面(距地面 1.5 m)的 α-HCH 平均大气浓度分别为 260 pg/m³、74 pg/m³ 和 41 pg/m³。

α-HCH 具有相对较高的水溶解度,在 20 ℃时的水-气分配系数约为 2800(Mackay et al., 2006),相当于在平衡状态下相同体积的水可以容纳 α-HCH 的量是大气容纳量的 2800 倍,可见降雨能有效地降低大气中 α-HCH 的浓度。图 3-20 是利用美国国家环境预报中心(NCEP)的全球 2.5°×2.5°经纬度网格的客观分析日均降水资料(http://www.cdc.noaa.gov/Composites/Day/),计算的 R1~R3 区 2005 年 6 月 15 日~8 月 15 日的日均降水量。由图 3-20 可见,在 R3 区 α-HCH 大气浓度快速上升和保持较高浓度时(6 月 15~25 日),该区的降水量处于很低的水平,日均降雨量为 0.92 mm/d,在此之后 R3 区的降水量显著增大(6 月 26 日至 8 月 15 日期间日均降雨量达到 9.0 mm/d),使得 R3 区的 α-HCH 大气浓度由于较强的湿沉降而一直处于较低的水平。较高 α-HCH 浓度的气团从 R3 区向北传输过程中,6 月 27 日在 R2 区遇到较强的降水(9.3 mm/d),浓度出现了明显的下降。在 R1 区浓度快速升高的过程中(6 月 29 日至 7 月 1 日),也遇到一定程度的降水(约 8~9 mm/d),使其升高至峰值后快速下降。

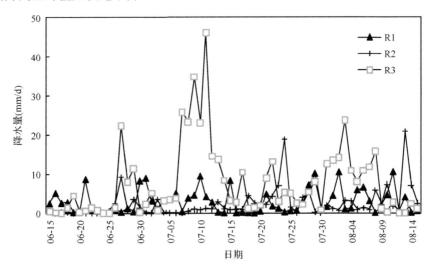

图 3-20   R1~R3 区 2005 年 6 月 15 至 8 月 15 日日均降水量

在 6 月下旬至 7 月初期间,模拟的日均 α-HCH 大气浓度出现了一次在东南地区升高,向北传输,在东北地区急剧升高(参见图 3-19)的"蝴蝶效应"。图 3-21 是模拟的 6 月 24 日至 7 月 3 日近地面(距地面 1.5 m)α-HCH 大气浓度的时空变化以及对应的风场。6 月 24 日较高的 α-HCH 大气浓度首先在东南地区开始出现,随着较强的南风向北部传送,6 月 26 日较高 α-HCH 浓度的气团到达华北地区。随着南风风速的逐渐减小,6 月 28 日在进入东北地区的南部时大气中 α-HCH 浓度开始表现出浓度堆积现象。6 月 29 日来自东南地区携带 α-HCH 的暖湿气团与本地干冷气团交汇,在东北地区形成了暖锋气旋区(图 3-21 中 6 月 29 日的东北地区的逆时针方向风场),水平风速进一步减小,大气中的 α-HCH 浓度持续"堆积"升高,并初步呈现出气旋的"逗点云"形状(钱维宏,2004)。6 月 30 日气旋进一步发展,从南部地区传输至气旋区的 α-HCH 浓度继续堆积升高。7 月 1 日较高 α-HCH 浓度的范围进一步扩大,"逗点云"形状的气旋发育成熟。随后气旋进入了消亡阶段,大气中"逗点"形的 α-HCH 气团开始变形,浓度值也开始进入了快速下降的阶段(7 月 2～3 日)。

α-HCH 通过大气运动从我国东南地区传输到东北地区,这势必与对应时段的大气动力源密切相关。图 3-22 是利用 NCEP 提供的全球日均海平面气压资料 (http://www.cdc.noaa.gov/Composites/Day/),提取出模拟区域 6 月 24 日至 7 月 3 日期间的海平面气压图。从图 3-22 可见,6 月 24 日在我国东北和西北方向各有一个低压中心,与西太平洋副高的共同影响下,在我国东部地区形成了一个低压槽。处于东北方向的低压中心自我国东北地区南伸至华北,使我国东部低压槽中的气压呈现南高北低的趋势,增强了携带较高 α-HCH 浓度的暖湿气团随风由南向北传输的能力。6 月 26 日东北和西北的低压系统持续加强且开始合并,从黑龙江西部,经由内蒙古进入我国东部地区,向南伸至我国东南地区,向东延伸至华北地区,此时较高浓度的 α-HCH 气团正北移至华北地区(图 3-21)。6 月 28 日南伸的低压系统变性,强度减弱,但此时处于东部低压槽中的含较高 α-HCH 浓度的气团已经向北移动到了东北的南部地区,东北地区西部新生的一个低压中心又促进了这个气团北移。6 月 29 日在我国东北地区及内蒙古的东侧初步形成封闭的低压中心,随后低压中心东移至我国东北地区,6 月 30 日低压进一步加强,7 月 1 日低压中心强度开始减弱,并南伸至华北地区。这正是东北地区的气团中 α-HCH 浓度堆积升高的过程(图 3-21)。7 月 2 日低压中心分裂为 2 个中心,1 个驻留在东北地区,另 1 个南移至东南部地区,但影响范围明显缩小。7 月 3 日东北地区新的低压系统形成,影响范围波及东北和华北地区,此时东北地区的 α-HCH 的浓度急速降低 (图 3-21)。此外,图 3-19 中 R2 区在 7 月中旬和 8 月初分别出现了一次较高的 α-HCH 大气浓度。从日均海平面气压图资料中可以清楚地看到,在此期间驻留在东北地区的低压中心南移至 R2 区,这个地区较高的 α-HCH 大气浓度是由东南和东北地区共同传输作用的结果。

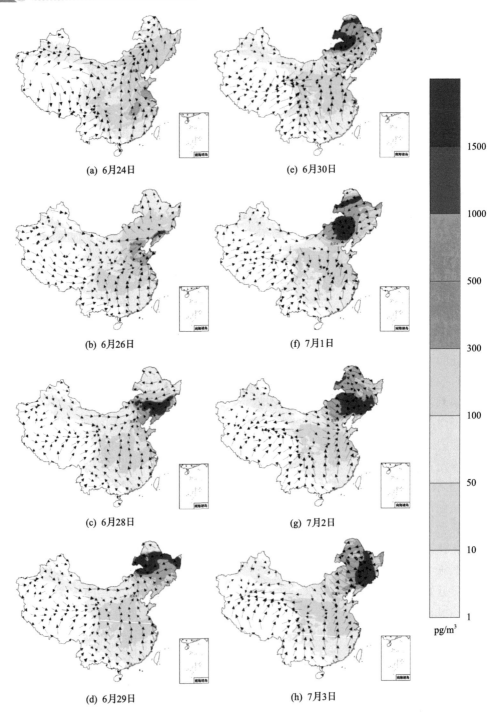

图 3-21　6 月 24 日至 7 月 3 日日均近地面大气中 α-HCH 浓度的变化及相应的风场
（注：未包含台湾省及沿海岛屿数据）

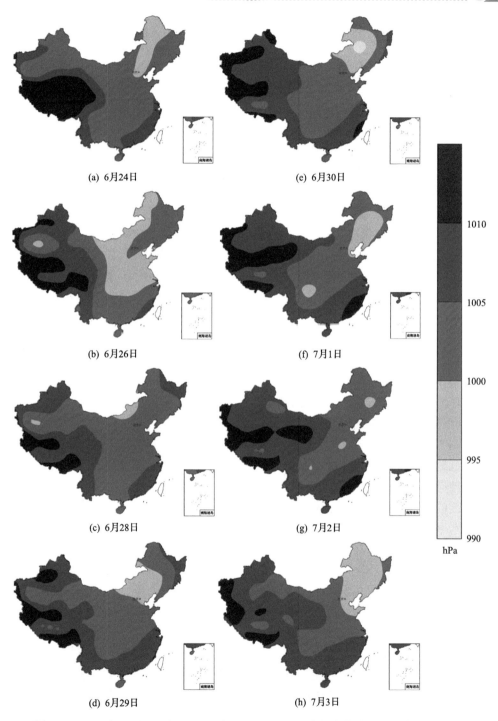

图 3-22　2005 年 6 月 24 至 7 月 3 日海平面气压(注：未包含台湾省及沿海岛屿数据)

东亚夏季风的一个重要特征是强度高的降水。随着东亚夏季季风的向北推进，季风前锋同时形成了一个强降雨带。东北地区一年的80%～90%的降水集中在夏季，大气中高浓度的α-HCH通过湿沉降进入该地区地表环境的通量显著高于其他途径。图3-23为6月11日至7月20日的5日湿沉降量分布图。从六月中旬降水开始在长三角附近集中，标志着梅雨季节的开始；此后，随降雨范围扩大和强度上升，湿沉降也出现相似趋势，高沉降区从长三角延伸至韩国、日本一带，与季风的雨带范围一致。七月中上旬，东亚季风进入演替的第四阶段(Ding and Chan, 2005)，向北推进，α-HCH的高沉降区也随之推进到我国东北以及朝鲜和日本。从整个季风推移和高沉降区行进路线来看，东亚季风正好沿着源区(东南)向汇区(东北)移动，具有长距离传输能力的POPs大量沉积进入东北地区地表环境介质。随着每年的9月份东亚夏季风开始南退，东北地区大气中这类物质的浓度开始降低，但因环境温度明显下降，加之较高的土壤有机碳含量，使土壤中的这类物质因无法大规模挥发而累积。

2005年夏季α-HCH可以通过大气运动从我国东南地区传输至东北地区，其浓度在东北地区"堆积"升高。该"传输"和"堆积"是一个偶然现象还是一般现象是解释东北地区的土壤中α-HCH浓度明显高于其他地区的一个关键。

从以上分析可见，东北部地区夏季出现高的α-HCH大气浓度需要2个条件：一个是我国东南地区土壤中的α-HCH可以通过挥发和大气传输到达东北地区；另一个是在东北地区必须存在阻塞其继续向北传输，而在此地堆积的气象条件。对地面环境产生显著影响还需要污染物有较大的沉降通量。这就需要从风场、气旋(或低压)以及降水3个方面考虑。

图3-24是2000～2007年7月份平均1000 hPa的风场及海平面气压图。可见，夏季近地面平均风场表明中国东南地区夏季主要体现为东南风和南风，在华北地区则转向为南风和西南风，在东北地区则为逆时针旋转风向。可见，夏季中国东部地区的风普遍是从我国东南地区吹向东北地区，且在东北地区风速明显偏小。仅从水平迁移通量可见，因东北地区的水平风速降低，只要α-HCH能传输到这里，大气浓度就会在此升高。

封闭的低压中心是气旋的标志，是判断在东北地区出现显著阻塞大气继续向北传输的关键。从图3-24可见，8年平均的7月份在东北地区有明显的低压气旋区。孙力等(1994)利用35年(1956～1990年)的天气图资料统计分析得出，夏季的6～8月东北冷涡(指出现在东北地区的中低层锋面气旋)共出现了1364天，占该期间总天数的42%，并根据冷涡活动密集区南北移动的时间变化证明其与东亚夏季风的北进南退有密切的关系。Chen等(1991)利用1958～1987年的气象资料也证实夏季东北地区受气旋影响较大。另外，从图中可以看出我国东部的气压梯度表现出从东南向东北逐渐降低，为α-HCH从东南地区向东北地区传输提供了适宜的气压场。

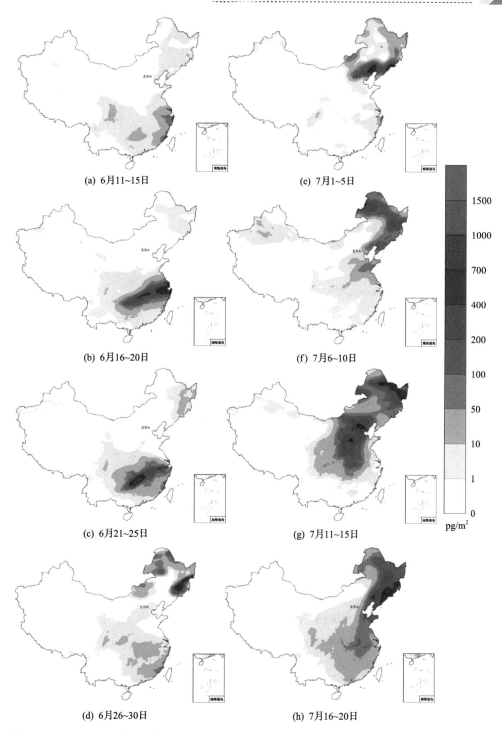

(a) 6月11~15日

(e) 7月1~5日

(b) 6月16~20日

(f) 7月6~10日

(c) 6月21~25日

(g) 7月11~15日

(d) 6月26~30日

(h) 7月16~20日

图 3-23　α-HCH 在 6 月 11 日至 7 月 20 日的 5 日湿沉降量(注：未包含台湾省及沿海岛屿数据)

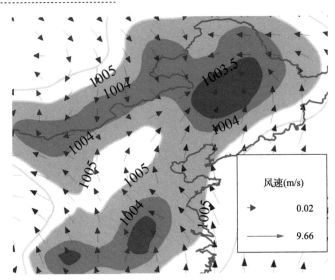

图 3-24　2000～2007 年 7 月份平均 1000 hPa 的风场及海平面气压(hPa)图

　　在大气传输过程中,遇到低压可使 α-HCH 大气浓度升高。夏季在东北地区形成低压系统是一个十分普遍的现象,也就说明 α-HCH 大气浓度在东北地区出现的"堆积"现象不是 2005 年的偶然事件。在东北部形成的气旋区或低压区内,大气垂直运动方向指向高空,使干沉降贡献变小,随之却因气流的上升运动而使降水明显增强。早在 20 世纪 30～40 年代,竺可桢和涂长望等就指出,我国东北地区的夏季降水是夏季风推进的产物,并与季风的进退紧密相关。夏季风在向北推进过程中,可将暖湿水汽从东南传输至东北地区形成降水,同时也可以将东南地区大气中的具有长距离传输潜力的 POPs 传输至东北地区并沉积下来。在夏季,较显著的具有长距离传输潜力的 POPs 沉积量进入东北地区地表环境介质,随着每年的 9 月份东亚夏季风开始南退,东北地区大气中这类物质的浓度开始降低,但因环境温度明显下降,加之较高的土壤有机碳含量,使土壤中的这类物质因无强的挥发通量而累积。

　　可见,7 月份携带 α-HCH 的气团源源不断地从东南地区向东北地区输送,到达东北后,不再相对平稳地继续向北传输,而是在气旋区内堆积,使 α-HCH 的大气浓度升高。气旋伴随着明显的降雨,使大气中的 α-HCH 进入土壤中的通量明显增大,从而对东北地区的 α-HCH 土壤残留贡献增加。随着每年的 9 月份东亚夏季风开始南退,东北地区大气中这类物质的浓度显著降低,但因环境温度也明显下降,加之较高的土壤有机碳含量,使其因无强的挥发通量而在土壤中累积。

3.5 亚洲区域尺度 α-HCH 的源汇关系及其驱动机制

亚洲国家生产并消耗了大量的 HCH(Li, 1999; Li and Macdonald, 2005)。历史上我国和印度 HCH 的用量高达 4464×10^3 t 和 1057×10^3 t，均在全世界 HCH 用量最高的国家之列(Li and Macdonald, 2005)。虽然我国于 1983 年禁止了工业品 HCH 的使用，印度和其他一些亚洲国家在 20 世纪 90 年代也逐步限制和禁用了工业品 HCH，但其历史残留仍然会在很长一段时间内存在(Zhang et al., 2008; Liu et al., 2009)，历史上，亚洲，尤其是东亚地区一直被认为是 HCH 的主要源区，对北极污染具有重要贡献(Toose et al., 2004)，因此这一地区 HCH 的归趋和控制因素也一直是研究者们关心的问题。

3.5.1 α-HCH 的使用情况

选定覆盖了整个中国、印度和部分周边国家的东经 50°～150°，北纬 0°～60°，按 1/4°经纬度划分出 400×240 个网格作为研究区。根据 Li(1999)的 1948～1999 年 HCH 的清单，选择亚洲 α-HCH 的用量和每个网格内农田面积内插获得模拟区域相同空间分辨率的排放清单。如图 3-25 所示，α-HCH 的使用主要集中在我国和印度。20 世纪 80 年代以前，我国是 α-HCH 最主要的使用区，而 80～90 年代，由于我国禁用工业品 HCH，印度成为最主要的源。历史用量变化趋势见图 3-26。

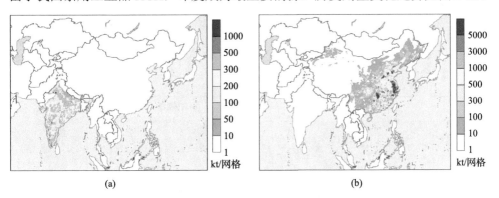

图 3-25 截至 1999 年印度(a)和中国(b)α-HCH 累计用量空间分布图
(注：我国研究未包含台湾省及沿海岛屿数据)

3.5.2 亚洲地区 α-HCH 土壤浓度和汇区分布

图 3-27 为模拟的 1960 年、1983 年、1996 年和 2008 年 α-HCH 土壤年均负荷图。在我国仍使用工业品 HCH 的时期(1983 年以前)，东南区域和其他一些用量大的区域土壤中 HCH 浓度较高，无使用量的地区土壤浓度低。印度工业品 HCH 禁用

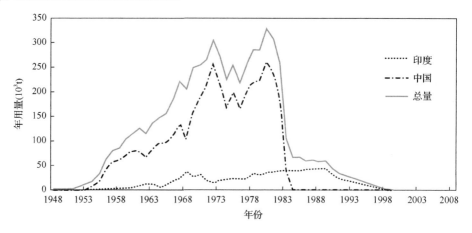

图 3-26　1948～2008 期间 α-HCH 的使用量

较晚，在此之后高负荷主要集中在印度地区，说明这一阶段土壤残留的时空分布主要是受直接使用控制。亚洲全面禁用 HCH 后，土壤残留的空间分布发生很大变化，某些非源区的土壤浓度等于或高于源区土壤。特别是在青藏高原地区，即使历史上没有使用，其土壤残留仍高于其他区域，说明 α-HCH 已经发生源汇迁移。

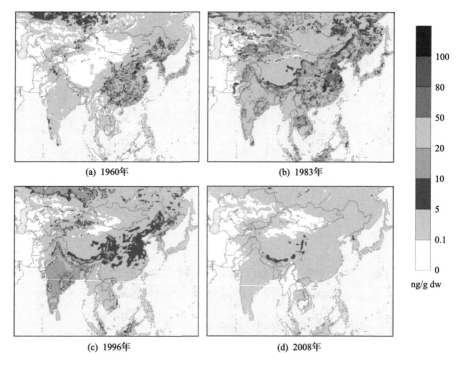

图 3-27　不同年份模拟的 α-HCH 土壤年平均浓度

ChnGPERM 是质量平衡模型，网格之间污染物的交换仅依靠大气传输和沉降完成，因此通过比较每个网格的 α-HCH 总输入与输出的质量就可以确定大气传输的作用，由此也就可以识别 α-HCH 在土壤中的源汇空间分布。网格化的 α-HCH 输入量即累计使用量；而在模拟过程中每个网格的各环境介质中 α-HCH 的降解量、残留量和向深层土壤渗滤的总量可定义为网格输出量，其质量平衡图参见图 3-9。

根据 1948～2008 年输入每个网格的 α-HCH 总质量与这期间 α-HCH 在每个网格各环境介质中的年降解量、各类土壤第 4 层向下年渗滤量以及 2008 年每个网格各环境介质中的残留量之和可获得输出输入质量差（图 3-28）。图 3-28 中列出了 1948～1960 年、1948～2008 年模拟区域每个网格的净输入输出量。图 3-28（a）显示在 1960 年以前，印度 α-HCH 用量尚低，中国东北地区为主要的汇。虽然通常公认模拟区域的南部为 α-HCH 的源，但此时青藏高原尚未显示出汇区的特征。1970 年以后，汇区分布特征基本趋于稳定，与 2008 年一致，即青藏高原变成另一明显的汇区。由于模型中大气传输是 α-HCH 迁移的主要途径，汇区的形成说明不仅在我国东北，青藏高原等地也通过大气传输和沉降形成的传输通道同样累积了大量 α-HCH。从空间分布特征来看，亚洲地区的汇区主要位于我国东北至青藏高原这一斜线（Xu et al., 2013）。

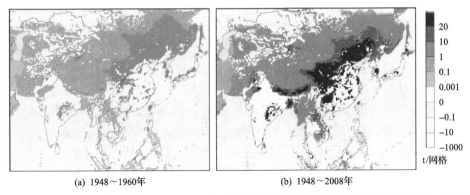

	20
	10
	1
	0.1
	0.001
	0
	−0.1
	−10
	−1000
	t/网格

(a) 1948～1960年　　　　　　(b) 1948～2008年

图 3-28　1948～1960 年 (a) 和 1948～2008 年 (b) 模拟区域每个网格的输入输出质量差，紫红色区域说明该网格整体上是受到外界大气输入的影响

3.5.3　季风控制下的汇区建立

汇区的形成与沉降、挥发和降解过程有关，而这些过程受到环境因子控制 (Lohmann et al., 2007)，如风、降水、温度和土壤有机碳，且亚洲地区这些环境因子又与季风活动有关。具体环境因子与每个过程的关系见图 3-29。

以往的研究表明，通常季风降水 (Ramesh et al., 1989) 和低温 (Wania and Haugen, 1999) 可导致 α-HCH 湿沉降增加，低温 (Bethan et al., 2001) 或高有机质含量 (Zhang and Tao, 2008) 能够显著降低挥发。根据阿伦尼乌斯公式，低温条件下降解过程也将放慢。考虑到这些过程，我们认为汇区应具有高沉降、低挥发和慢降解的特点，即是降水较多、土壤有机碳较高，而温度较低的区域。

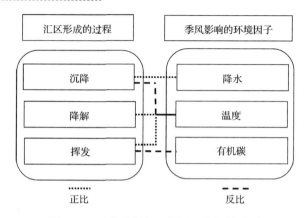

图 3-29 环境过程与环境因子之间的关系

在模拟的亚洲区域，风场变化、降水、温度和土壤有机碳（受长期植被变化条件影响）（Fang et al., 1999）均与亚洲季风活动有关。非季风区相对干燥寒冷，季风期大气传输活动也较弱（Sato, 2009）。季风区则呈现季风期高温、强降水和大气活动剧烈的特征，这期间很容易形成自南向北的水气传输通道。如前所述，低温和强降水利于汇的形成，因此，在季风和非季风区之间很可能存在一个各个环境因子都适合α-HCH 累积的汇区。对比季风边缘带和利用质量平衡计算出的汇区，可以发现重合度达到60%以上（图 3-30）。质量平衡计算出的汇区位于季风边缘带偏南的位置，说明汇区形成与季风活动造成的自然条件有潜在联系。这一特征在青藏高原出现了较大的偏差，因为喜马拉雅山脉平均高达 5000 m 的高度差，强烈的山地冷凝效应导致大量的 POPs 在山脉南坡就已经被捕集了（Wania and Westgate, 2008）。

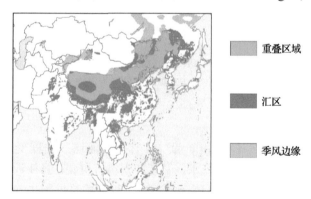

图 3-30 季风边缘带和汇区分布示意图

1. 降水

网格内模拟的 α-HCH 土壤残留与累积降水量呈显著相关（相关系数 0.6～

0.7）。图 3-31 列出了模拟的干湿沉降空间分布图。可以发现湿沉降对净输入贡献远高于干沉降，降水主要影响湿沉降过程。如果用月均湿沉降通量除以该年的年均湿沉降通量（该方法可以扣除因每年农药用量变化带来的沉降量年际变化），获得的标准化后的月均沉降通量与月均降水量呈显著相关（$r>0.6$）。从时间上来看，仅每年 6～8 月期间的干湿沉降通量占汇区年沉降通量的半数左右（47.3% 和 52.2%）。虽然夏季风通常仅持续 3 个月左右，这期间巨大的沉降量说明这一时期是 α-HCH 大气输入的重要阶段。空间上来看，大气中的 α-HCH 主要沉降到季风区（年降水量大于 400 mm 的地区）。在 20 世纪 80 年代中国禁用工业品 HCH 之前，大气中 α-HCH 主要沉降到源区、我国东北和青藏高原。80 年代以后，大气中 α-HCH 仍然主要沉降到了亚洲的季风区，尤其是东经 105° 位置附近（图 3-31），而这一位置正好是南亚季风和东亚季风的交界处（Wang et al., 2003）。综上所述，夏季风及其带来的降水可以说是在季风边缘带形成汇区最高效和重要的环境因子。

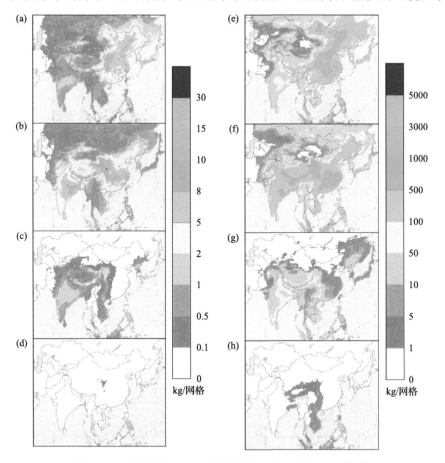

图 3-31　不同年份 α-HCH 的平均年干（a～d）湿（e～h）沉降

2. 温度

温度可以影响降解、沉降和挥发三个过程(Ma et al., 2010)。逸度模型说明挥发是受温度影响最深的过程。与周边同纬度地区相比,季风边缘带的温度都相对较低(图 3-32)。在模拟区域范围内,源区比其周边同纬度地区平均气温高 7℃,青藏高原的汇区比其周边同纬度地区平均气温低 16℃,而北方汇区(青藏高原以北的汇区)比其周边同纬度地区平均气温低 1.4℃。因此,很可能源区的挥发和降解过程强烈,而汇区正好相反。利用 Harner 等(2001)的逸度模型,可以发现这种温度差导致源区相比其周边同纬度地区降解量、沉降量和挥发量上升了 9%、38% 和 95%。虽然沉降量增加了 38%,但更高的降解量和挥发量不仅抵消了沉降的输入,还导致整体上 α-HCH 的净输出。相反,青藏高原的低温导致降解量和挥发量分别降低了 19% 和 81%,沉降量上升 65%,三个条件均利于 α-HCH 的存留。在北方汇区,1.4℃的温差导致挥发降低(14%)、降解变慢(2%)和沉降量增加(2%),虽然程度没有青藏高原汇区强烈,但同样利于汇的形成。

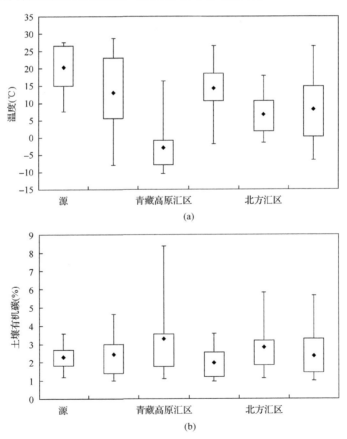

图 3-32 源、汇地区温度(a)和土壤有机碳(b)的统计量以及与这些地区同纬度其他地区的比较

3. 土壤有机碳

土壤有机碳分布和季风活动并无直接联系，但历史上夏季风的进退活动带来丰沛的降水和适宜的温度，使当地的植被茂盛，古土壤发育强烈，形成淋溶褐土，有机质积累丰富（Fang et al., 1999），因此在季风边缘带，包括青藏高原南部（田玉强等，2008）和中国东北地区（Wang et al., 2002）容易形成有机碳相对较高的区域。同样利用 Harner 等（2001）的逸度模型可以发现（图 3-33），对比同纬度其他地区，青藏高原汇区和北方汇区由于土壤有机碳高，α-HCH 的挥发降低了 40% 和 5%，而源区的挥发量则会升高 7%。在模拟区域，由于受季风影响的降水、温度和有机碳呈现空间变化，综合导致在季风边缘形成了 α-HCH 的汇区。

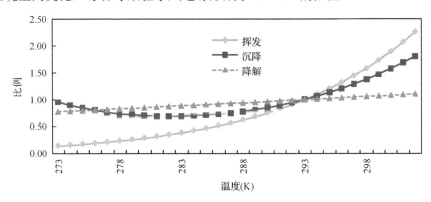

图 3-33　不同温度下土壤向大气挥发、大气沉降、降解的 α-HCH 的量与 293 K 状况下的比值

3.5.4　东亚和南亚季风的影响

3.5.3 节研究说明东亚夏季风与我国东北汇区的形成密切相关，其他季风系统也可能对汇区形成有所贡献。亚洲季风可以分为东亚季风和南亚季风两个子系统，东亚季风导致 α-HCH 从中国源区向北输送，而南亚季风则使印度的 α-HCH 向东传输。由于这两个子系统本身就有密切联系，不能单纯使用相关分析区分其影响范围和对应的中、印源与汇区形成的关系。此处采用偏相关的方法，在比较某一系统的季风指数和总湿沉降量的联系时，将另一系统的指数作为控制因子，以扣除两个子系统间的相关性带来的影响。在图 3-34 中画一条竖线，将汇区分为东、西两部分，统计当这条线从 80°E 向 125°E 以 5° 为间隔移动时西部的月湿沉降量（即图中黑线以西地区每月的总湿沉降量）。当该线移动时，湿沉降量与东亚季风和南亚季风指数的偏相关系数变化列于图 3-35 中。可以发现，西部汇区的湿沉降与南亚季风指数相关性总是高于与东亚季风指数的相关性。湿沉降与南亚季风指数偏相关系数随着西部汇面积的扩大（图 3-34 中切割线向东移动）上升，直到 105°E 附

近出现下降，而这一位置正好也是公认的南亚季风和东亚季风的界限（Wang et al., 2003）。在 105°E 以东，南亚季风对 α-HCH 湿沉降的作用逐渐降低，偏相关系数也因此下降。然而，湿沉降与东亚季风指数偏相关系数并未如预期般呈现一个先下降，在 105°E 再上升的趋势，而是在 105°E 处呈现一个高值。这是因为在 90°E~110°E 的位置，用来计算的汇区包括了中国的青海省，而这一位置应该是受到了中国源和东亚季风影响。

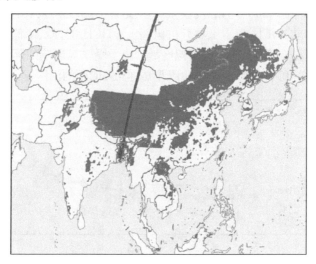

图 3-34　汇区切割图

将图中阴影部分(汇区)用竖线分为东西两部分。该线以西的汇区内统计的总湿沉降量
分别与南亚季风指数和东亚季风指数的偏相关系数列于图 3-35 中

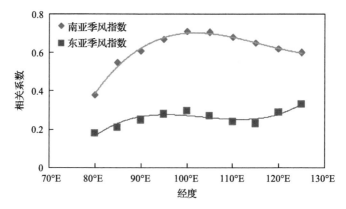

图 3-35　根据图 3-34 中切割线移动划分出来的区域总湿沉降量与东亚季风指数
和南亚季风指数偏相关系数的变化

由于中国源和印度源分别位于东亚和南亚季风的相对上风向的位置，可分别计算这两个源对土壤浓度的相对贡献检验这一结论。此处使用的土壤浓度是年

内平均标准化后的土壤浓度,以扣除 HCH 用量年际变化导致的土壤浓度波动。图 3-36 为仅存在中国源或印度源的情况下,标准化后的土壤中 α-HCH 浓度。可以发现,中国源导致了 α-HCH 在中国东北到青海省这一区域的累积,而印度源主要影响青藏高原南坡和部分中国西南部省份。因此,青藏高原汇区的形成主要与印度源在南亚季风作用下的向东传输有关,而北方汇区则是中国东部使用的 α-HCH 通过东亚季风传输累积而成。

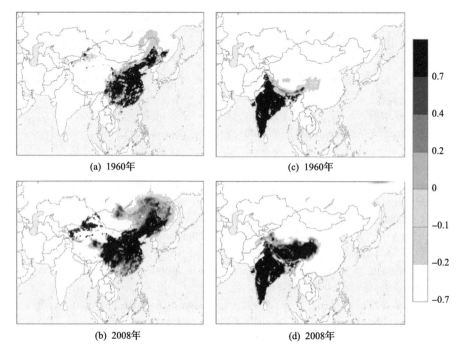

(a) 1960年　　　　　　(c) 1960年

(b) 2008年　　　　　　(d) 2008年

图 3-36　只存在中国源(a 和 b)或印度源(c 和 d)时,模拟出的 1960 年和 2008 年土壤 α-HCH 含量标准化后的空间分布图

参 考 文 献

蔡道基, 杨佩芝, 汪竞立, 等. 1983. 有机氯农药在环境-生态系中的归趋与危害. 生态学杂志, 1(1): 12-17.

窦艳伟, 2006. 中国林丹网格化使用清单及个别地区环境归趋和健康风险初步研究. 北京: 北京大学.

方旋, 耿长君, 徐友海, 等. 2007. 污染物的源解析技术研究进展. 华工科技, 15(3): 60-64.

华晓梅, 单正军, 1996. 我国农药生产、使用状况及其影响因子分析. 环境科学进展, 4(2): 33-45.

柯昌华, 金文刚, 钟秦, 2002. 环境空气中大气颗粒物源解析的研究进展. 重庆环境科学, 24(3): 55-59.

李军, 2005. 珠江三角洲有机氯农药污染的区域地球化学研究. 广州: 中国科学院广州地球化学研究所.

刘巽浩, 1993. 中国土壤耕作制度. 北京: 中国农业出版社.

刘振宇, 2005. 辽河流域残留多氯有机物的多介质环境模拟. 大连: 大连理工大学.

钱维宏, 2004. 天气学. 北京: 北京大学出版社.

孙力, 郑秀雅, 王琪, 1994. 东北冷涡的时空分布特征及其与东亚大型环流系统之间的关系. 应用气象学报, 5(3): 297-303.

田玉强, 欧阳华, 徐兴良, 等. 2008. 青藏高原土壤有机碳储量与密度分布. 土壤学报, 45(5): 933-942.

王启, 丁一汇, 江滢, 1998. 亚洲季风活动及其与中国大陆降水关系. 应用气象学报, 9(增刊): 84-89.

张丹, 张卫东, 蒋吕潭, 2006. 环境中大气颗粒物的源解析方法. 重庆工商大学报(自然科学版), 23(2): 124-127.

张宗炳, 樊德芳, 钱传范, 等. 1989. 杀虫药剂的环境毒理学. 北京: 农业出版社.

Bethan B, Dannecker W, Gerwig H, et al., 2001. Seasonal dependence of the chiral composition of alpha-HCH in coastal deposition at the North Sea. Chemosphere, 44(4): 591-597.

Bey I, Jacob D J, Logan J A, et al., 2001. Asian chemical outflow to the Pacific in spring: Origins, pathways, and budgets. Journal of Geophysical Research-Atmospheres, 106(D19): 23097-23113.

Beyer A, Mackay D, Matthies M, et al., 2000. Assessing long-range transport potential of persistent organic pollutants. Environmental Science & Technology, 34(4): 699-703.

Chen S J, Kuo Y H, Zhang P Z, et al., 1991. Synoptic climatology of cyclogenesis over East-Asia, 1958—1987. Monthly Weather Review, 119(6): 1407-1418.

Ding Y H, Chan J C L, 2005. The East Asian summer monsoon: An overview. Meteorology and Atmospheric Physics, 89(1-4): 117-142.

Fang X-M, Ono Y, Fukusawa H, et al., 1999. Asian summer monsoon instability during the past 60,000 years: Magnetic susceptibility and pedogenic evidence from the Western Chinese Loess Plateau. Earth and Planetary Science Letters, 168(3-4): 219-232.

Harner T, Bidleman T F, Jantunen L M M, et al., 2001. Soil-air exchange model of persistent pesticides in the United States cotton belt. Environmental Toxicology and Chemistry, 20(7): 1612-1621.

Jia H, Li Y, Wang D, et al., 2009. Endosulfan in China 1-gridded usage inventories. Environmental Science and Pollution Research, 16(3): 295-301.

Li Y F, 1999. Global technical hexachlorocyclohexane usage and its contamination consequences in the environment: From 1948 to 1997. Science of the Total Environment, 232(3): 121-158.

Li Y F, Bidleman T, Barrie L A, et al., 1998a. Global hexachlorocyclohexane use trends and their impact on the Arctic atmospheric environment. Geophysical Research Letters, 25(1): 39-41.

Li Y F, Cai D J, Shan Z J, et al., 2001. Gridded usage inventories of technical hexachlorocyclohexane and lindane for China with 1/6° latitude by 1/4° longitude resolution. Archives of Environment Contamination and Toxicology, 41(3): 261-266.

Li Y F, Cai D J, Singh A, 1998b. Historical DDT use trends in China and usage data gridding with 1/4° by 1/6° longitude/latitude resolution. Advances in Environmental Research, 2(4): 497-506.

Li Y F, Cai D J, Singh A, 1998c. Technical hexachlorocyclohexane use trends in China and their impact on the environment. Archives of Environmental Contamination and Toxicology, 35(4): 688-697.

Li Y F, Macdonald R W, 2005. Sources and pathways of selected organochlorine pesticides to the Arctic and the effect of pathway divergence on HCH trends in biota: A review. Science of the Total Environment, 342(1-3): 87-106.

Li Y F, Zhulidov A, Robarts R, et al., 2004. Hexachlorocyclohexane use in the former Soviet Union. Archives of Environmental Contamination and Toxicology, 48(1): 10-15.

Liu H Y, Jacob D J, Bey I, et al., 2003. Transport pathways for Asian pollution outflow over the Pacific: Interannual and seasonal variations. Journal of Geophysical Research-Atmospheres, 108(D20): 8786.

Liu X, Zhang G, Li J, et al., 2009. Seasonal patterns and current sources of DDTs, chlordanes, hexachlorobenzene, and endosulfan in the atmosphere of 37 Chinese cities. Environmental Science & Technology, 43(5): 1316-1321.

Liu Z, Quan X, Yang F, 2007. Long-term fate of three hexachlorocyclohexanes in the lower reach of Liao River basin: Dynamic mass budgets and pathways Chemosphere, 69(7): 1159-1165.

Lohmann R, Breivik K, Dachs J, et al., 2007. Global fate of POPs: Current and future research directions. Environmental Pollution, 150(1): 150-165.

Ma J, Daggupaty S, Harner T, Li Y, 2003. Impacts of lindane usage in the canadian prairies on the Great Lakes ecosystem. 1. Coupled atmospheric transport model and modeled concentrations in air and soil. Environmental Science & Technology, 37(17): 3774-3781.

Ma J, Venkatesh S, Li Y F, et al., 2005a. Tracking toxaphene in the North American Great Lakes basin. 2. A strong episodic long-range transport event. Environmental Science & Technology, 39(21): 8132-8141.

Ma J, Venkatesh S, Li Y F, et al., 2005b. Tracking toxaphene in the North American Great Lakes basin. 1. Impact of toxaphene residues in United States soils. Environmental Science & Technology, 39(21): 8123-8131.

Mackay D, Shiu W Y, Ma K C, et al., 2006. Handbook of physical-chemical properties and environmental fate for organic chemicals. Boca Raton: CRC Press.

Pereira R C, Camps-Arbestain M, Garridoa B R, et al., 2006. Behaviour of α-, β-, γ-, and δ-hexachlorocyclohexane in the soil-plant system of a contaminated site. Environmental Pollution, 144(1): 210-217.

Qiu X, Zhu T, Yao B, et al., 2005. Contribution of dicofol to the current DDT pollution in China. Environmental Science & Technology, 39(12): 4385-4390.

Ramesh A, Tanabe S, Tatsukawa R, et al., 1989. Seasonal variations of organochlorine insecticide residues in air from Porto Novo, South India. Environmental Pollution, 62(2-3): 213-222.

Sato T, 2009. Influences of subtropical jet and Tibetan Plateau on precipitation pattern in Asia: Insights from regional climate modeling. Quaternary International, doi: 10.1016/j.quaint. 2008.07.08.

Tian C, Liu L, Ma J, et al., 2011. Modeling redistribution of α-HCH in Chinese soil induced by environment factors. Environmental Pollution, 159(10): 2961-2967.

Tian C, Ma J, Liu L, et al., 2009. A modeling assessment of association between East Asian summer monsoon and fate/outflow of α-HCH in Northeast Asia. Atmospheric Environment, 43(25): 3891-3901.

Toose L, Woodfine D G, MacLeod M, et al., 2004. BETR-World: A geographically explicit model of chemical fate: Application to transport of α-HCH to the Arctic. Environmental Pollution, 128(1-2): 223-240.

UNEP(United-Nations-Environment-Programme-Chemicals), 2002. Regionally based assessment of persistent toxic substances-central and North East Asia regional report.

Wang B, Clemens S C, Liu P, 2003. Contrasting the Indian and East Asian monsoons: Implications on geologic timescales. Marine Geology, 201(1-3): 5-21.

Wang B, LinHo, 2002. Rainy season of the Asian-Pacific summer monsoon. Journal of Climate, 15(4): 386-398.

Wania F, Haugen J E, 1999. Long term measurements of wet deposition and precipitation scavenging of hexachlorocyclohexanes in Southern Norway. Environmental Pollution, 105(3): 381-386.

Wania F, Haugen J, Lei Y, et al., 1998. Temperature dependence of atmospheric concentrations of semivolatile organic compounds. Environmental Science & Technology, 32(8): 1013-1021.

Wania F, Mackay D, 1995. A global distribution model for persistent organic-chemicals. Science of the Total Environment, 160-161(Supplement C): 211-232.

Wania F, Mackay D, 1996. Tracking the distribution of persistent organic pollutants. Environmental Science & Technology, 30(9): A390-A396.

Wania F, Westgate J N, 2008. On the mechanism of mountain cold-trapping of organic chemicals. Environmental Science & Technology, 42(24): 9092-9098.

Xu Y, Tian C, Zhang G, et al., 2013. Influence of monsoon system on alpha-HCH fate in Asia: A model study from 1948 to 2008. Journal of Geophysical Research-Atmospheres, 118(12): 6764-6770.

Zhang G, Chakraborty P, Li J, et al., 2008. Passive atmospheric sampling of organochlorine pesticides, polychlorinated biphenyls, and polybrominated diphenyl ethers in urban, rural, and wetland sites along the Coastal Length of India. Environmental Science & Technology, 42(22): 8218-8223.

Zhang Y X, Tao S, 2008. Seasonal variation of polycyclic aromatic hydrocarbons(PAHs) emissions in China. Environmental Pollution, 156(3): 657-663.

第4章　我国山地森林土壤中POPs的分布与归趋

本章导读

- 介绍 POPs(如阻燃剂和多氯联苯)在我国森林土壤中的浓度和空间分布特征,探讨环境因素对POPs浓度和空间分布的影响。
- 介绍在热带雨林地区开展的POPs环境过程的模拟研究,进一步厘清温度对POPs分布与传输的影响。
- 介绍在青藏高原东南缘的贡嘎山东坡开展的高山冷捕集和森林过滤效应的对比研究。
- 介绍在海南儋州开展的天然林和人工林土壤富集POPs的对比研究。

4.1　持久性有机污染物在森林土壤中的空间分布及控制因素研究

　　土壤是POPs的重要储库之一,当人为排放导致大气中POPs的浓度增高时,POPs 将以大气干湿沉降的方式被土壤吸收,尤其是森林土壤,由于其具有丰富的有机碳,对有机物具有较大的吸附容量,因此森林土壤常成为 POPs 的"汇"(Holoubek et al. 2009)。进入土壤中的POPs将发生一系列的物理、化学和生物行为,主要包括POPs吸附于土壤颗粒中;POPs通过雨水的淋溶和自身扩散作用在土壤层中垂直移动;随地表径流迁移至地表水或随土壤水渗滤到地下水中;生物降解作用;化学降解作用等。除此之外,由于自然或者人为因素的影响,吸附于土壤中的一部分POPs通过挥发作用重新释放到大气中,使土壤成为POPs的二次排放源(secondary source)。同时,土壤是植物和一些生物的营养来源,POPs 在土壤中的行为过程会导致其在食物链上发生传递和迁移。因此,研究 POPs 在不同区域森林土壤中的分布规律对了解POPs的全球命运起着极其重要的作用。

　　许多研究者对不同区域的森林土壤进行了研究,但现有关于森林的研究多局限于点上的工作(主要是寒带森林),缺少跨区域的对比研究,有关结果难以推到中、低纬度地区,以至于无法全面地从大尺度乃至全球尺度上考察气候变化和人类活动对 POPs 环境命运的影响。因此，我们根据不同气候(包括亚热带、暖温带、中温带和寒温带)和不同海拔高度(海拔范围为 285～3850 m)对我国 30 座山的森林土壤(腐殖质层和表层)进行采样。采样点的纬度范围为北纬 21°～53°；经度范围为东经 100.99°～129.64°；年平均温度及平均年降水量范围分别是–6～21 ℃和245～2129 mm；选取的采样点均为森林公园或者国家自然保护区，远离污染源及人类活动的干扰，被认为是中国森林土壤的背景点(采样点见图 4-1 中红色圆点)。

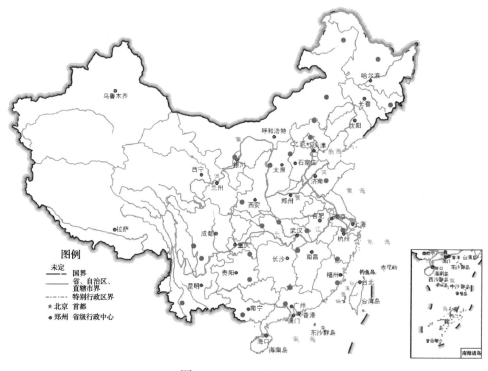

图 4-1　全国采样点位图

4.1.1 样品的采集、分析与处理

本研究对我国 30 座山 82 个采样点的森林土壤进行分类采集，根据土壤的颜色和质地分别采集土壤的腐殖质层(77 个)和表层(82 个)，共计 159 个土壤样品。每一个采样点均有三个重复样，且三个重复样之间距离相隔在 5 m 之内。采样时，研究者小心移开土壤表面的落叶，用预先清洁好的不锈钢小铲采集土壤剖面，完成采集后将该小铲擦拭干净。根据土壤颜色和质地的差异性，在现场进行初步分层。将腐殖质层与表层土壤用铝箔纸进行包裹，分装于干净的聚乙烯密实袋中，移至实验室的–20 ℃冰箱中保存。记录下样品的重量后对其进行冷冻干燥，通过冷冻干燥后的质量差算出含水率，随后对样品的总有机碳(TOC)含量进行测定。

4.1.2 样品分析

1. 材料准备

(1) 洗液:用 150 g 的重铬酸钾、200 mL 的蒸馏水和 3000 mL 的浓硫酸配制。将重铬酸钾加入蒸馏水中于大坩埚中加热溶解,并向溶解液中缓慢加入浓硫酸,边加边进行搅拌,若发热过剧则稍停,冷却后再继续添加。

(2) 玻璃器皿:洗液洗涤后的玻璃器皿依次用自来水和蒸馏水冲洗,180℃烘干后置于马弗炉内 450℃下焙烧 4 h。使用前再用丙酮和二氯甲烷依次冲洗。

(3) 滤纸:抽提样品时,包裹样品所用的滤纸在使用前分别用丙酮和二氯甲烷抽提 24 h。

(4) 氮吹针头:使用前分别用丙酮和二氯甲烷对其进行超声清洗。

(5) 铜片:铜片加入抽提瓶中,用于除去样品中的硫。将铜片剪成小片,加入 1 mol/L 的盐酸中。铜片在盐酸溶液中浸泡半小时后,再用纯水冲洗铜片表面的盐酸。然后使用丙酮冲洗 3 次去除水,再用二氯甲烷冲洗 3 次去除丙酮,最后加入抽提溶剂中。

(6) 去活化氧化铝:70~230 目(Merck),使用二氯甲烷抽提 48 h 将其净化,直接置于马弗炉内 250℃煅烧 12 h,冷却后加入 3%的蒸馏水去活化,放入干燥器中密封保存,平衡 24 h 后备用。

(7) 去活化硅藻土:60~100 目(Floridian),将其直接置于马弗炉内 450℃煅烧 12 h,加入 2%的蒸馏水去活化,放入干燥器中密封保存,平衡 24 h 后使用。

(8) 去活化硅胶:70~230 目(Merck),使用二氯甲烷抽提 48 h 将其净化,直接置于马弗炉内 180℃煅烧 12 h,冷却后加入 3%的蒸馏水去活化,放入干燥器中密封保存,平衡 24 h 后备用。

(9) 酸性硅胶:80~200 目(Merck),使用二氯甲烷抽提 48 h 将其净化,置于马弗炉内 180℃煅烧 12 h,冷却后逐滴加入优级纯浓硫酸直至 H_2SO_4 与 SiO_2 的质量比为 1:1,摇匀后,密封保存于干燥器中,放置平衡 24 h 后备用。

(10) 无水硫酸钠:将分析纯的无水硫酸钠放置于马弗炉内 450℃煅烧 4 h 后,密封保存于干燥器中。

(11) 层析柱:自制具砂芯的层析柱,8 mm i.d.×15 cm;干法装柱。

2. 试剂与标样

(1) 试剂。

有机溶剂:丙酮为分析纯,用全玻璃仪器二次蒸馏后使用;二氯甲烷和正己烷均为色谱纯。浓硫酸的纯度为 95%~98%,浓盐酸的纯度为 30%,正十二烷经优级纯的浓硫酸酸洗和水洗后使用。

(2)标样。

八类多溴二苯醚标样：三溴代二苯醚(BDE-28)；四溴代二苯醚(BDE-47)；五溴代二苯醚(BDE-99和BDE-100)；六溴代二苯醚(BDE-153和BDE-154)；七溴代二苯醚(BDE-183)和十溴代二苯醚(BDE-209)。回收率指示剂为PCB-198和PCB-209，内标 ^{13}C-PCB-141。

新型溴代阻燃剂标样：2,3,4,5,6-五溴乙基苯(2,3,4,5,6-pentabromoethylbenzene, PBEB)；六溴苯(hexabromobenzene, HBB)；1,2-二(2,4,6-三溴苯氧基)乙烷[1,2-bis (2,4,6-tribromophenoxy)ethane, BTBPE]；十溴二苯基乙烷(decabromdiphenylethane, DBDPE)；2-乙基己基-2,3,4,5-四溴苯甲酸(2-ethylhexyl-2,3,4,5-tetrabromobenzoate, TBB)；双(2-乙基己基)-四溴邻苯二甲酸酯[bis(2-ethylhexyl)tetrabromophthalate, TBPH]。回收率指示剂为PCB-198和PCB-209，内标为 ^{13}C-PCB-141。

多氯联苯标样：32种多氯联苯混标包括二氯到七氯同系物(二氯：PCB-8；三氯：PCB-28和PCB-37；四氯：PCB-44、PCB-49、PCB-52、PCB-60、PCB-66、PCB-70、PCB-74和PCB-77；五氯：PCB-82、PCB-87、PCB-99、PCB-101、PCB-105、PCB-114、PCB-118和PCB-126；六氯：PCB-128、PCB-138、PCB-153、PCB-156、PCB-158、PCB-166和PCB-169；七氯：PCB-170、PCB-179、PCB-180、PCB-183、PCB-187和PCB-189)。回收率指示剂为TC*m*X、PCB-30、PCB-198和PCB-209，内标为 ^{13}C-PCB-141。

3. 总有机碳的测定

总有机碳(total organic carbon，TOC)测定方法是先用盐酸酸洗去除土壤中的碳酸盐，再通过元素分析仪进行测定。具体步骤为：称取1g左右的样品于50mL的聚乙烯离心管中，加入优级纯的盐酸溶液(10%)10mL，用涡旋混合器振荡溶液5min，再超声15min，静置浸泡大概8h，最后离心移除盐酸废液；按此方法反复酸洗3次，再用去离子水水洗至中性，然后在60℃的烘箱中烘干至恒重，取出样品研磨后放入干燥器中平衡24h。准确称取2mg左右的样用锡舟包样，最后用元素分析仪CHNS Vario EI Ⅲ来测定碳的百分含量，每个样品平行测3次，相对标准偏差(RSD)要小于2%。测量所得的碳百分含量需要经计算校正出有机碳的含量。

4. 样品前处理

先将土壤样品冷冻干燥，然后研磨，过筛(80目)。

(1)索氏抽提：将已抽提的滤纸包裹植物样品后放入索氏抽提管中，底瓶中加入二氯甲烷(DCM)：丙酮(ACE)(3:1，*V*:*V*)溶剂。溶剂中同时加入2g活化后的铜片和20ng的回收率指示物TC*m*X、PCB-30、PCB-198和PCB-209，索氏抽提 48 h。

(2)转换溶剂:将抽提液进行旋转蒸发至 1～2 mL,加入 5 mL 的正己烷 3 次对溶剂进行转换,然后继续旋转蒸发至 0.5～31 mL。

(3)酸洗:1～2 mL 的转换溶剂转移至鸡心瓶中,加入 40 mL 正己烷后,向溶液中加入 2～3 mL 分析纯的浓硫酸进行振荡。可见底部溶液经酸洗后变黑,将位于底部的物质吸出,再加入 2～3 mL 浓硫酸,反复几次,直至加入的硫酸变为透明。

(4)旋蒸浓缩:将液体进行旋转蒸发至 0.5～1 mL。

(5)多层硅胶柱净化:柱子规格为 8 mm i.d.,活塞为聚四氟乙烯材质。采用湿法装柱,柱子自下而上分别加入 1 cm 氧化铝、3 cm 中性硅胶、3 cm 酸性硅胶和 0.5 cm 无水硫酸钠。装柱过程中不断敲打柱子,防止柱内产生气泡。样品加入柱子后,用二氯甲烷与正己烷混合溶液(1:1,$V:V$)淋洗。淋洗液收集于 20 mL 的试剂瓶中。

(6)氮吹:将洗脱液置于氮气下轻柔吹扫至 0.5～1 mL。

(7)GPC 柱纯化:使用 GPC 柱进行最后一步的纯化处理,在 15 cm 的玻璃柱(I.d. 为 2 cm)中加入 6.5 g Bio-Beads S-X3,将浓缩的样品用 55 mL 正己烷:二氯甲烷(1:1,$V:V$)进行洗脱。根据流出曲线将先洗脱下来的 15 mL 丢弃后继续收集 40 mL 流出液于试剂瓶中。

(8)氮吹定容:将洗脱液置于氮气下轻柔吹扫至 0.5～1 mL。使用正十二烷将其转移至 1 mL 细胞瓶中,氮吹至 30 μL,加入定量的 10 ng ^{13}C-PCB-141,冷冻封存。

5. 仪器分析

1)阻燃剂的检测

八种多溴二苯醚、六种新型阻燃剂、回收率指示剂和内标化合物的含量检测所用仪器为 GC-ECNI-MS(Agilent7890GC/5975MSD),离子源为负化学源。采用电子捕获负电离(ECNI),色谱柱为 DB-5MS(15 m×0.25 mm×0.25 μm),分组选择离子监测(SIM)模式对其进行检测。

升温程序为:110℃保留 5 min,然后以 20℃/min 升至 200℃,保留 4.5 min,最后以 10℃/min 升至 310℃保留 12 min。

其他条件为:进样口温度为 290℃;载气为高纯氦气,柱流速为 1 mL/min,离子源温度为 150℃,四极杆温度为 150℃,进样量为 1 μL,不分流进样。碰撞诱导解离(CID)气体和碰撞室猝灭气体为氮气和氩气,流速分别是 1.5 mL/min 和 2.25 mL/min。

2) 多氯联苯的检测

PCBs 的含量检测所用仪器为三重四极杆气相色谱-质谱联用仪 GC-MS/MS（Agilent7890GC/7000MS），电子轰击（EI）源，−70 eV。进样模式采用多重反应监测（multiple reaction monitoring，MRM）模式，无分流进样，进样量为 1 μL。载气为高纯氦气，流量 1 mL/min。碰撞诱导解离（CID）气体和碰撞室猝灭气体为氮气和氦气，流速分别是 1.5 mL/min 和 2.25 mL/min。

传输线、进样口、离子源和界面温度分别为 280℃、250℃、230℃和 150℃。柱流速为 1.50 mL/min。

色谱柱为 HP-5MS（30 m×0.25 mm×0.25 μm，Agilent，CA，USA）。色谱柱升温程序：起始温度 80℃保持 0.5 min，以 20℃/min 升温至 160℃，再以 4℃/min 升温至 240℃，最后以 10℃/min 升温至 295℃并保留 10 min。

6. 质量保证/质量控制（QA/QC）

1) 全国土壤样品中的阻燃剂

为了防止实验过程中潜在的污染和保持分析的重现性，共分析了 10 个实验室空白样品和 20 个重复样品。每日使用阻燃剂标样进行 GC-MS 校准。仪器的标准误差（SD）范围为 3%~12%。仪器检测限（IDL）是仪器标准误差的 3 倍，范围为 0.09~0.36 pg。空白样品的标准误差范围为 0.6%~7.4%。方法检测限（MDL）根据公式 $3.36 \times SD_{blank} + Average_{blank}$（空白平均）进行计算，范围为 1.1~28.6 pg/g。每个样品加入的回收率指示剂为 PCB-198 和 PCB-209，用于评价实验结果，得到的回收率分为 82%±4.9%（平均值±标准误差）和 85%±3.7%。研究结果基于干重质量（pg/g dw），没有对结果进行回收率校正。

2) 全国土壤样品中的多氯联苯

与阻燃剂的处理方式相同，每天使用多氯联苯的标样进行 GC-MS/MS 校准，标准误差（SD）范围为 1%~11%。仪器检测限（IDL）范围为 0.03~0.32 pg，方法检测限（MDL）范围为 1.5~41.3 pg/g。PCBs 的回收率指示剂为 TCmX、PCB-30、PCB-198 和 PCB-209，其回收率分别为 62%±7.6%、70%±5.2%、82%±4.9%和 85%±3.7%。重复样品的差异范围在标准误差范围内，样品的结果未经过回收率校正。

4.1.3 阻燃剂在全国森林土壤中的研究

阻燃剂（flame retardants，FRs）是一类被广泛应用于电子电器、家具、塑料和纺织等产品中抑制火焰传播的工业添加剂。其中，曾经被广泛生产和使用的多溴二苯醚（polybrominated diphenyl ethers，PBDEs）由于具有长距离迁移性、持久性、累积性和生物毒性等特征，部分 PBDEs 同系物已陆续在全球范围内被禁用（Alaee et al.，

2003; U. S. Environmental Protection Agency, 2012）。随着国际公约的限制，一些新型溴代阻燃剂(novel brominated flame retardants, NBFRs)作为新型或者替代型阻燃剂被大量地生产和使用。例如，十溴二苯基乙烷(DBDPE)可用作十溴二苯醚(decaBDE)的替代品。据统计，DBDPE 作为添加型溴代阻燃剂，其使用量位居中国第二，2006 年，DBDPE 在中国的年产量就高达 1.2 万 t 并以 80%的年产量增长率快速增长(Covaci et al. 2011)；BTBPE 可作为八溴二苯醚(octaBDE)的替代品；TBB 和 TBPH 的混合物则可作为五溴二苯醚(pentaBDE)的替代品应用于工业生产和生活中等(Covaci et al. 2011; Dishaw et al., 2011)。随着对 NBFRs 的逐步了解，有研究指出，部分 NBFRs 仍然具有与 PBDEs 相类似的性质，能够随着大气长距离迁移，具有生物累积性、毒性等特征(Covaci et al., 2011; Dishaw et al., 2011; van der Veen and de Boer, 2012; Wei et al., 2015)。

1. 阻燃剂在森林土壤中的含量分布特征

研究者对我国 30 座森林背景点腐殖质(图 4-2)和表层土壤中的 PBDEs 和 NBFRs 污染状况进行调查研究，发现目标化合物在腐殖质层中的平均含量约为表层土壤中平均含量的 5.4 倍。这可能是由于腐殖质层的有机质含量较高且腐殖质层直接与大气接触，导致 POPs 的大气沉降量明显高于表层土壤。八种多溴二苯醚(BDE-28、BDE-47、BDE-99、BDE-100、BDE-153、BDE-154、BDE-183 和 BDE-209)在腐殖质层和表层土壤中的浓度范围分别为 3~6300 pg/g 和 ND~2500 pg/g。其中，BDE-209 的浓度最高，可达 $\sum_8$PBDEs 总含量的 80%以上，明显高于瑞典森林土壤中 BDE-209 的含量(15~750 pg/g) (Ejarrat et al., 2008)。这可能是因为五溴二苯醚和八溴二苯醚的工业混合物在全球范围内已经被禁止生产和使用，而十溴二苯醚的工业产品则仍然在生产和使用，并且 BDE-209 在我国的年产量位居世界第一。

而目前正在使用的 NBFRs 在腐殖质层和表层土壤中的含量高低顺序均为：DBDPE＞TBB＞TBPH＞四溴乙烷(TBE)＞HBB＞PBEB。这些 NBFRs 在腐殖质层中的浓度分别为：25~18000 pg/g, ND~1400 pg/g, 29~730 pg/g, ND~330 pg/g, ND~340 pg/g 和 ND~92 pg/g；在表层土壤中的浓度分别为：5~13000 pg/g, ND~1600 pg/g, 6.0~500 pg/g, ND~240 pg/g, ND~42 pg/g 和 ND~70 pg/g。对比浓度可知，DBDPE 在森林土壤中的含量远高于 BDE-209，成为我国浓度最高的阻燃剂化合物，这可能是因为 DBDPE 近年来在我国大量使用，且年产量以 80%的速率快速增长。而其他新型溴代阻燃剂的含量则比七种多溴二苯醚化合物(除去 BDE-209)的含量高很多。环境中低含量的 PBDEs 和高含量的 NBFRs 说明国家对 pentaBDE 和 octaBDE 工业混合物的禁用有利于降低环境中该污染物的含量，但是大量地使用 NBFRs 使得环境中这些新型化合物的含量明显升高，可能会造成新的环境污染，产生一系列新的环境问题。

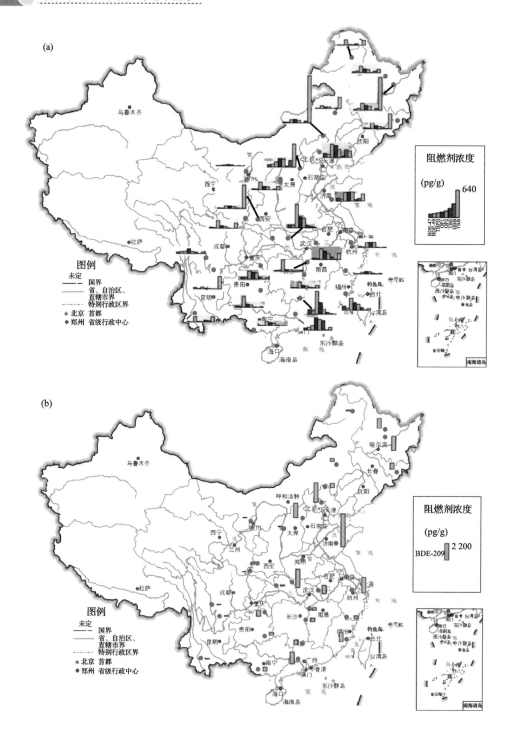

图 4-2　阻燃剂在腐殖质土壤中的空间分布

2. 阻燃剂在森林土壤中的空间分布特征

部分目标化合物在不同采样点的含量变化比较大，例如，DBDPE 在土壤中的最高和最低浓度之比可达 2300 倍；但是 PBEB 和部分 pentaBDE、octaBDE 工业混合物（即 BDE-28、BDE-153、BDE-154 和 BDE-183）由于用量低或者限制使用的影响，导致其浓度在全国土壤中的差异性并不明显。图 4-2 展示了目标化合物在腐殖质土壤中的空间分布，从图中可知，BDE-47、BDE-99 和 TBPH 的浓度在南岭森林土壤中最高；BDE-209 和 TBE 在鼎湖山处的浓度最高。南岭和鼎湖山均位于广东省，广东省被认为是中国重要的电子垃圾回收区（Cheng et al., 2014; Tian et al., 2011），同时也被认为是中国城市化和工业化最发达的地区之一，是阻燃剂在环境中的重要污染源。DBDPE 在泰山点的浓度最高，并明显高于其他采样点 [图 4-2(c)]。这可能是因为 DBDPE 的两个主要生产厂家均位于我国的山东省（Covaci et al., 2011; de Wit, 2002）。此外，TBB 和 HBB 的浓度最高值 [图 4-2(a)] 出现在中国的河北省，河北省也属于中国工业发展的重要地区之一。TBB 是继 DBDPE 之后，用量最高的新型溴代阻燃剂。但关于 TBB 在中国乃至在世界的使用量并没有明确记载（Covaci et al., 2011）。但据了解，TBB 与 TBPH 以质量比 4∶1 的形式被应用于 Firemaster 550 的工业产品中。我们将采样点分划分为南北区域后发现，TBB：TBPH 在北方森林土壤中的含量的平均比值为 3.1，然而在南方森林土壤中的比值却只有 0.43，这说明在中国的北方地区特别是在河北省，Firemaster 550 的用量非常高，这可能与北方独特的工业格局有关，主要包括汽油工业、煤矿工业、冶金工业和电器制造工业等。因此，综合以上结果表明，我国阻燃剂的空间分布与污染源(即电子垃圾的回收点和工业区)密切相关。

国内外不少研究指出，污染物的区域分布与区域居民人口密度密切相关(Motelay-Massei et al., 2005; Yeo et al., 2004; Zhang et al., 2008)。许多污染物在环境介质中的分布存在着城乡梯度，人口密度越高的地区污染物在同类环境介质中的含量越高(Cui et al., 2013; Ren et al., 2007; Xing et al., 2005; Zhang et al., 2010)。为了进一步量化城市人口密度对污染物区域分布的影响，我们结合了后向气流轨迹密度和人口分布的信息，提出了潜在污染源影响指数(index of potential source influence，IPSI)：

$$\text{IPSI}=10^{-8}\sum_{i}\left(f_{x,i}\cdot p_i\right)$$

式中，10^{-8} 是一个数值参数，p_i 是指采样点所在的 i 地区的居民人口密度。计算出的以采样点 x 为圆心，直径为 6000 km 的圆形地理区域的影响的总和，见图 4-3。IPSI 值正比于采样点周边的气流轨迹密度和人口密度。因此，IPSI 值主要考虑当地污染源的影响，采样点离污染源越近，则 IPSI 值则越高。

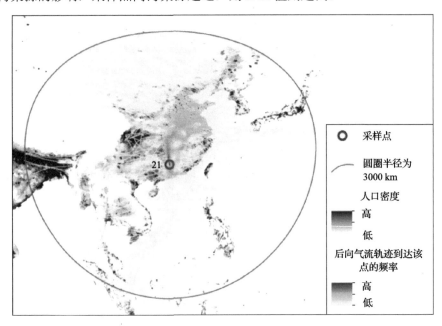

图 4-3　后向气流轨迹密度与人口密度叠加的地图

通过人口密度和气流轨迹密度估算得出 IPSI 值。不同采样点的 IPSI 值相差较大，其范围介于 1～37 之间，呈负偏态分布，一般在 25 左右，如表 4-1 所示。最高的 IPSI 值在中国的东南部，反映了中国的人口居住特点。中国的东南部（尤其是采样点 21～23），因为在采样前 5 天有大量的气流轨迹通过大气边界层到达该采样点，所以这些采样点可能受到当地污染源的贡献量最大。相反地，采样点位于西南地区（如云南）的采样点，尽管这个地方频繁地受到来自人口高度密集的印度北部地区的气团影响，但是西南地区的 IPSI 值仍处于中等水平，反映了当地人口密度相对较低的特点。相似地，中国的大兴安岭和内蒙古（东北部）地区的采样点同样地也会受到通过长距离迁移而来的携带有俄罗斯等地污染物指纹特征的大气平流团的影响，但是由于该地区的人口密度较为稀薄，从而导致了它们的 IPSI 值最低。将阻燃剂在腐殖质层中的含量与 IPSI 值进行对比分析，发现大多数阻燃剂的含量与 IPSI 值呈正比（图 4-4），这可能与以下六种溴代阻燃剂的使用源有关。从监管的角度来看，由于五溴二苯醚和八溴二苯醚的工业混合物正在逐步被淘汰，因此它们的主要使用源很可能来自于人们目前正在使用或者刚被淘汰的与生活密切相关的含有阻燃剂的消费品中。

表 4-1　各采样点的 IPSI 值

采样点编号	采样点	IPSI 值	采样点编号	采样点	IPSI 值
1	大兴安岭	2.0	17	螺髻山	23.4
2	小兴安岭	5.8	18	哀牢山	18.5
3	长白山	8.7	19	雷公山	30.9
4	帽儿山	7.2	20	梵净山	34.9
5	罕山	3.9	21	南岭	37.0
6	塞罕坝	6.9	22	井冈山	35.7
7	佰草洼	11.1	23	鼎湖山	34.7
8	五岳寨	18.7	24	戴云山	27.7
9	关帝山	13.5	25	龙泉山	25.6
10	泰山	25.0	26	天目山	27.4
12	鳌山	22.6	27	大别山	33.2
13	神农架	33.0	28	十万大山	25.5
14	九宫山	28.1	29	武功山	35.9
15	鸡峰山	19.9	30	苏峪口	9.8
16	贡嘎山	26.2			

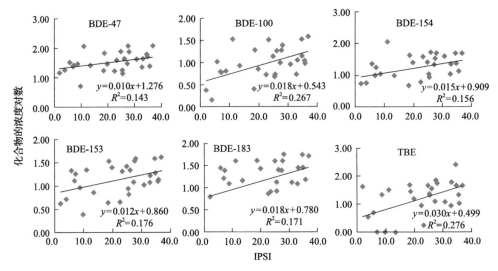

图 4-4　部分阻燃剂与 IPSI 值之间的线性关系

　　然而有趣的是，阻燃剂在表层土壤中的空间分布趋势与腐殖质层并不完全一致。这可能是因为腐殖质层与大气直接接触，大气中的污染物经过干湿沉降首先被腐殖质层所吸收；同时，腐殖质层的有机质含量远高于表层土壤，使得腐殖质层储存阻燃剂的能力高于表层土壤；此外，目标化合物在两土层中的运动过程会因为环境变量(如温度、降雨等)的不同而不同。因此，阻燃剂在腐殖质层中的空间分布主要是受到污染源的影响，而在表层土壤中的空间分布则除了污染源之外还会受到其他环境因素的影响。

3. 阻燃剂浓度之间的相关性

　　五溴二苯醚和八溴二苯醚的工业产品在我国已经停止生产和使用了，因此新型溴代阻燃剂作为多溴二苯醚的替代品被引入市场。例如，TBPH 与 TBB 混合物可以作为五溴二苯醚工业产品的替代物，TBE 可以作为八溴二苯醚的替代物而 DBDPE 则被作为十溴二苯醚的替代物大量地进行生产和使用(Covaci et al., 2011; Renner, 2000; Stapleton et al., 2008)。通过对已经停止和当前正在使用的阻燃剂的含量进行对比分析，为我们提供了一个非常好的机会来探索阻燃剂使用量的改变是如何影响它们在环境中的含量和分布特征的。理论上，多溴二苯醚同系物的浓度和新型溴代阻燃剂在环境中的浓度应该是呈负相关的，即新型溴代阻燃剂在环境中的浓度会随着多溴二苯醚同系物的减少而增加。然而，多溴二苯醚和它们的替代品之间的关系基本上是呈显著正相关的，这与五大湖大气样品中的观测结果一致(Ma et al., 2013)。

　　表 4-2 列出了多溴二苯醚和替代物之间的相关性。BDE-209 和其替代品 DBDPE 的浓度在腐殖质层和表层土壤中均呈显著正相关。由于 TBPH 与 TBB 的混合物可作为五溴二苯醚工业产品的替代物，我们将五溴二苯醚工业产品的混合物浓度（为 BDE-47、BDE-99、BDE-100、BDE-153 和 BDE-154 浓度的总和）与 TBB 和 TBPH 的浓度总和进行分析发现，在腐殖质层中两者呈显著正相关（$p < 0.05$）。同样地，将八溴二苯醚工业产品中的主要化合物 BDE-183 的含量与 TBE 的含量进行比较，依然可以得到上述结果。因此，pentaBDE 与（TBB + TBPH）、BDE-183 与 TBE 和 BDE-209 与 DBDPE 之间的显著正相关性说明这些物质的排放模式和环境行为非常相似。Schuster 等（2011）分析了多溴二苯醚在欧洲背景土壤中的含量，估算出它们在土壤中的半衰期为（0.7 ± 21）a。这说明多溴二苯醚可以长时间存在于土壤中，从而使得因为禁用而导致多溴二苯醚的含量降低不会迅速地反映在我国甚至全球土壤中。

表 4-2　目标化合物之间的关系

	腐殖质层		土壤表层	
	r	p	r	p
BDE-209 vs DBDPE	0.688	<0.001	0.670	<0.001
TBPH vs TBB	0.510	0.664	−0.152	0.172
$\sum$pentaBDE vs $\sum$(TBPH+TBB)	0.342	0.05	−0.043	0.699
BDE-183 vs TBE	0.553	<0.001	0.630	<0.001

　　尽管 TBB 和 TBPH 以 4∶1（以质量计）的比例一起添加于 Firemaster 550 工业品中，但是有趣的是，无论在腐殖质层还是表层土壤样品中，它们之间的含量并没有呈现出任何显著的关系（$p > 0.05$）。我们定义 $f_{TBB} = C_{TBB} / (C_{TBPH} + C_{TBB})$，$f_{TBB}$ 在腐殖质层和表层土壤中的比值分别为 $0 \sim 0.95$（平均 0.41）和 $0 \sim 0.99$（平均 0.41）。然而在 Firemaster 550 工业产品中它们的比值是 0.77 ± 0.036（Ma et al., 2013）。本研究中所测得的比率与工业混合品中的比率之间的差异可能是由这两种化合物在环境中的污染源和物理化学性质不同所引起的。例如，TBPH 除了被用于 Firemaster 550 工业产品中之外，还被用于 DP-45 的商业混合物中（Covaci et al., 2011），而且 TBPH 在环境中的光解速度慢于 TBB（Davis and Stapleton，2009）。通过对比南北方森林土壤中 TBB 和 TBPH 的含量可知，TBB∶TBPH 在北方森林土壤中的比值为 3.1，而在南方森林土壤中的比值为 0.43。因此，南北方森林土壤中比值的差异除了受污染源的影响之外，还可能由于南方温度高湿度大导致 TBPH 降解速率较快从而加速了这一现象的产生。

值得关注的是，已被禁止使用的多溴二苯醚同系物在表层土壤中的浓度和检出率要明显低于它们的工业替代品，例如，BDE-183 在表层土壤中检出率仅为29%，而它的工业替代品 TBE 检出率则为 66%。这说明新型溴代阻燃剂在土壤中的垂直移动速度较多溴二苯醚快，在土壤生态毒理学中，污染物的迁移性和有效性(包括生物有效性)之间是密切相关的，同时，较高的渗透率也会影响地下水潜在污染物，因此，新型溴代阻燃剂对环境的影响不容小觑。事实上，在中国的亚热带地区，由于这些地方的降雨量较高并且腐殖质层中的有机质翻转速度较快，许多新型溴代阻燃剂在土壤表层中的浓度与腐殖质层的浓度相差不大。所以，当地的气候和生态条件可能加大新型溴代阻燃剂的淋溶风险。

4. 环境因素对阻燃剂的影响

上述讨论到，除了污染源之外，其他环境因子也可能会影响目标化合物的空间分布。因此，将采样点的环境参数与目标化合物浓度之间进行相关性分析。

1) 阻燃剂与 TOC 之间的相关性

许多研究认为，土壤有机质对疏水性有机污染物具有吸附作用，是控制其在全球分布的重要参数(Hassanin et al., 2004; Zheng et al., 2012)。因此，分析了阻燃剂在中国森林土壤中的含量与土壤 TOC 之间的关系。结果显示，对于多溴二苯醚同系物来说，只有 BDE-47 显著地正相关于 TOC。这个情况类似于布拉迪斯拉瓦(斯洛伐克)地区的土壤，该文章指出只有 BDE-47 和 BDE-99 与 TOC 呈显著的正相关性(Thorenz et al., 2010)；但与巴朗山(喜马拉雅山脉)所得的结论不相符，该研究指出大多数多溴二苯醚同系物的含量与 TOC 之间都具有正相关性(Zheng et al., 2012)。对于新型溴代阻燃剂来说，只有 TBPH 和 PBEB 与 TOC 在土壤层中呈显著正相关，部分阻燃剂甚至与 TOC 呈负相关性。例如，TBE 与腐殖质层的 TOC $(r = -0.14; p > 0.05)$ 和 BDE-183 与表层土壤中的 TOC$(r = -0.05; p > 0.05)$ 均呈现负相关，尽管它们之间的负相关性并不明显。因此，从上述关系中可以看出，大多数的目标化合物并没有显示出对 TOC 的依赖性，这可能是由于在全国范围内污染源的分布不均一造成的，因为污染源是控制新型和"旧型"阻燃剂在空间范围内分布的主要因素。同时，其他环境变量(包括温度和降水等)也可能影响着目标化合物的分布，从而干扰了目标化合物与 TOC 之间的关系。

2) 降雨量、温度和纬度对阻燃剂的影响

降雨量和温度影响着持久性有机污染物的沉降、降解和二次污染的过程(Xu et al., 2013)，从而可能使污染物的浓度或组成成分与纬度之间产生某种依赖关系。因此，将腐殖质层和表层土壤中阻燃剂的含量与这三个环境变量之间进行相关性分析。在腐殖质层中，75%的目标化合物与降雨量和维度之间没有明显的相关性。

但是，它们在表层土壤中的含量与环境变量之间的关系却明显不同于腐殖质层。大约 80%的阻燃剂，其含量与降雨量之间呈显著的正相关性，与纬度呈显著负相关性。这可能是因为在中国的南方地区降雨量高，加速了阻燃剂在土层中的渗透过程，使腐殖质层中的污染物被冲刷到表层土壤中，同时雨水的冲刷提高了表层土壤与空气直接接触的概率。与纬度之间的负相关性主要是因为中国南部地区的阻燃剂污染程度要普遍高于北方地区(如，几乎所有阻燃剂在腐殖质层中的含量与 IPSI 值之间呈现正相关性)。

总体来说，对于目前正在使用或者刚刚被禁用的持久性有机污染物而言，污染源是影响其在中国森林腐殖质层土壤中空间分布的关键因素，基本上其他环境变量的影响可忽略不计；然而，它们在表层土壤中的分布除了受到污染源的影响外还会受到当地降雨量等环境因素的影响。

4.1.4　多氯联苯在全国森林土壤中的研究

多氯联苯(PCBs)是一类以联苯为原料，在金属催化剂的作用下，高温氯化合成的氯化芳烃，根据氯原子取代数和取代位置的不同，理论上可以得到 209 种同类物。不同的同系物在理化性质、环境行为、诱变性和毒性等方面存在着很大的差异。研究发现 PCBs 具有典型持久性有机污染物的性质，包括环境持久性、长距离迁移性、生物毒性和富集性，对环境与健康存在潜在的威胁。

1. 多氯联苯在森林土壤中的含量分布特征

对 159 个森林土壤样品(包括 77 个腐殖质层和 82 个表层土壤)分别测定了 6 类共 32 种多氯联苯同系物的含量，其总多氯联苯浓度见表 4-3。

表 4-3　多氯联苯同系物在全国森林土壤中的总含量　　　　(单位：pg/g)

	腐殖质层	表层土壤		腐殖质层	表层土壤		腐殖质层	表层土壤
哀牢山	165	88	关帝山	281	199	南岭	1088	273
鳌山	549	327	贡嘎山	342	127	塞罕坝	297	144
白马寺	—	310	罕山	249	112	神农架	323	121
佰草洼	607	168	鸡峰山	272	186	十万大山	232	136
长白山	547	244	九宫山	747	284	苏峪口	468	292
大别山	228	364	井冈山	465	206	天目山	137	142
鼎湖山	510	230	雷公山	604	265	泰山	463	149
大兴安岭	704	257	螺髻山	448	363	武功山	657	303
戴云山	801	358	龙泉山	735	156	五岳寨	683	126
梵净山	880	339	帽儿山	382	633	小兴安岭	678	435

多氯联苯在腐殖质和表层土壤中的平均总浓度（$\sum_{29}$PCBs）分别为 510 ng/kg（57～1320 ng/kg）和 227 ng/kg（36～679 ng/kg）。这个浓度范围与 Li 等（2009）在亚洲背景土壤中所测的含量相一致（Li et al., 2010）。由于多氯联苯在我国的生产和使用较其他国家晚，且多氯联苯在国际上被禁用得较早。因此，多氯联苯在我国的使用量要明显低于世界其他国家。多氯联苯在中国背景土壤中的含量远低于在北美（平均 4300 ng/kg）、南美（平均 1400～4300 ng/kg）（Li et al., 2009）、英国（平均 4500 ng/kg）（Meijer et al., 2002）和德国森林（平均 24700 ng/kg）（Aichner et al., 2013）等地区的含量。

7 个多氯联苯指示物（PCB-28、PCB-52、PCB-101、PCB-118、PCB-138、PCB-153 和 PCB-180）大约占 $\sum_{29}$PCBs 的 49.8%，其中 PCB-28、PCB-138 和 PCB-153 所占的比例最高。尽管每座山的二氯联苯（diCB）、三氯联苯（triCB）、四氯联苯（tetraCB）、五氯联苯（pentaCB）、六氯联苯（hexaCB）和七氯联苯（heptaCB）比例不同，但是其在全国森林土壤中的平均分配比依次为 7.67%、24.75%、22.89%、13.37%、23.79%和 7.62%。Ren 等（2007）分析了中国各类型土壤中 51 种多氯联苯同系物的含量情况，指出多氯联苯在中国背景点土壤和农村土壤中的主要组分为 triCB 和 diCB。其在背景点土壤中的比例分别为 55%和 31%；在农村土壤中的比例分别为 38%和 25%；而在城市土壤中，则是以 hexaCB 为主要污染物，比例高达 31%（Ren et al., 2007; Zhang et al., 2008）。基于以上数据对比发现，多氯联苯在我国森林土壤中的相对含量介于农村和城市土壤之间，说明我们所采集的全国森林土壤样品可能受到了城市源的影响。此外，多氯联苯在我国森林土壤中的相对含量与全球工业产品中多氯联苯的相对含量相似，说明我国森林土壤中多氯联苯的含量不仅受到我国多氯联苯工业产品的影响，同时还可能受到了国外多氯联苯工业产品的影响。

2. 多氯联苯在全国森林土壤中的空间分布

$\sum_{29}$PCBs 在不同采样点的含量变化不大，其最高浓度和最低浓度值之比低于 20，且在我国 30 座山的森林土壤中并没有非常明显的空间分布趋势。对于多氯联苯在腐殖质层和表层土壤中的含量发现，腐殖质层的浓度一般高于表层土壤中的浓度（平均 2.2 倍）。但是当对 PCBs 浓度进行 TOC 归一化处理后发现，它们之间的差异性几乎完全消失了。如图 4-5 所示，腐殖质层和表层土壤中的浓度残差分散地遵循着正态分布，且浓度残差的平均值接近于 0。与此同时，TOC 归一化处理后的多氯联苯在腐殖质层和表层土壤中的空间分布趋势非常一致且两层土壤中的浓度高度相关（$p<0.01$），见图 4-6。这说明土壤 TOC 作为环境因素不仅影响着持久性有机污染物在我国森林土壤中的空间分布，同时也控制着持久性有机污染物在土层中的垂直分布（Moeckel et al., 2008）。

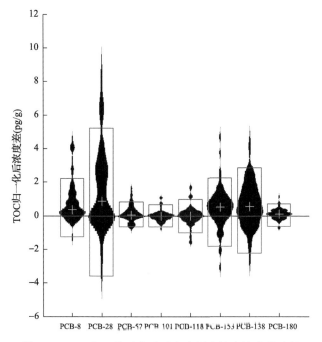

图 4-5　TOC 归一化后腐殖质和表层土壤中浓度的残差

梭形图的最高点和最低点分别表示通过计算得出的最高和最低的浓度残差，绿色符号表示计算所得的平均浓度残差。宽度表示残差落在该值的频率，越宽则表示浓度残差落在该值的频率越高

3. 土壤 TOC 对多氯联苯在全国区域分布的影响

将多氯联苯的含量与环境变量（如 TOC、高度、降雨量和温度）之间进行主成分分析来探索我国森林土壤中多氯联苯的分布规律。如图 4-7 所示，相似的矢量方向反映了变量之间的共变关系且变量之间的夹角越小表示它们之间的相关性越强。从图中可知，森林土壤（尤其是腐殖质层）中多氯联苯的含量在很大程度上受土壤有机质含量的影响，受其他变量的影响并不大。

许多研究都指出多氯联苯在土壤中的含量与 TOC 的含量密切相关（Meijer et al.,2003a; Salihoglu et al., 2011）。表 4-4 列出了几种多氯联苯化合物与 TOC 之间的相关系数和斜率值，结果显示 $\sum_{29}$PCBs 与 TOC 之间具有显著的正相关性（$p <$ 0.05），并且我们所得的回归参数与 Meijer 等的观测结果基本一致（Meijer et al., 2003a）。这可能是因为较高的 $\log K_{OA}$ 和 $\log K_{OW}$ 值使得多氯联苯与有机质之间具有较高的热力学亲和力，从而提高了它们在土壤介质中的持久性。

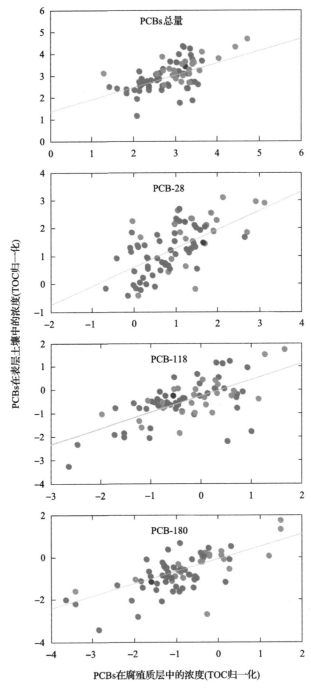

图 4-6　TOC 归一化后腐殖质层和表层土壤中多氯联苯浓度之间的关系

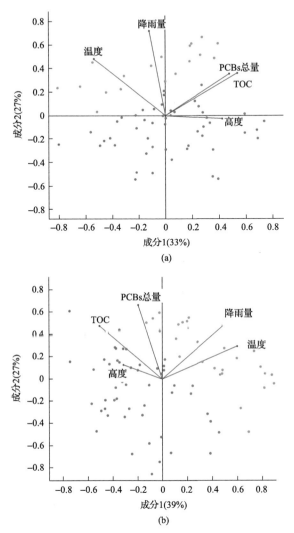

图 4-7　环境变量与腐殖质(a)和表层土壤(b)中 $\sum_{29}$PCBs 浓度的主成分分析

表 4-4　多氯联苯含量与 TOC 的回归曲线参数

O 层		全球	组一	组二	A 层		全球	组一	组二
$\sum_{29}$PCBs	r	**0.47**	0.41	**0.66**	$\sum_{29}$PCBs	r	**0.50**	0.52	**0.56**
	斜率	0.48	0.81	0.37		斜率	0.48	0.55	0.35
PCB-8	r	**0.18**	**0.12**	**0.41**	PCB-8	r	**0.17**	**0.32**	**0.06**
	斜率	0.26	0.28	0.26		斜率	0.18	0.32	0.14
PCB-28	r	**0.35**	0.37	**0.42**	PCB-28	r	**0.28**	0.44	**0.14**
	斜率	0.33	0.68	0.37		斜率	0.34	0.56	0.04

O 层		全球	组一	组二	A 层		全球	组一	组二
PCB-52	r	0.42	0.41	0.62	PCB-52	r	**0.28**	**0.21**	**0.39**
	斜率	0.54	0.95	0.52		斜率	0.29	0.26	0.32
PCB-101	r	0.45	0.34	**0.59**	PCB-101	r	0.44	0.37	**0.63**
	斜率	0.71	1.02	0.45		斜率	0.60	0.59	0.48
PCB-118	r	0.43	0.34	**0.56**	PCB-118	r	0.43	0.41	0.46
	斜率	0.58	1.20	0.36		斜率	0.67	0.70	0.49
PCB-153	r	0.40	0.30	**0.53**	PCB-153	r	0.49	0.39	0.65
	斜率	0.55	1.24	0.23		斜率	0.63	0.57	0.60
PCB-138	r	**0.37**	0.37	**0.31**	PCB-138	r	0.42	0.47	0.41
	斜率	0.45	1.12	0.20		斜率	0.66	0.65	0.53
PCB-180	r	**0.37**	0.38	0.33	PCB-180	r	0.42	**0.42**	**0.49**
	斜率	0.32	0.89	0.12		斜率	0.54	0.49	0.44

注：组一表示气候类型 1，组二表示气候类型 2；黑体标记的数据表示多氯联苯的含量与 TOC 显著相关；O 层表示腐质层土壤，A 层表示表层土壤。

对不同气候区域的土壤多氯联苯含量与 TOC 值之间进行相关性分析有助于了解在不同的生态环境中，土壤有机质与持久性有机污染物之间的关系是如何变化的。因此，基于降雨量和温度的数据，可将采样点分成三个气候区域。具体的分区情况如下：气候类型 1（采样点 1～18）的平均温度和降雨量分别为 4.8℃和 736 mm，被认为是潮湿的大陆性气候区；气候类型 2（采样点 19～29）的平均温度和降雨量分别为 13.7℃和 1700 mm，被认为是亚热带气候区；气候类型 3 的平均温度和降雨量分别为 4.2℃和 255 mm，被认为是寒冷半干旱气候区，只包括一个采样点 30（苏峪口）。从表 4-4 中可知，多氯联苯的浓度与 TOC 含量之间的显著相关性仍然存在（$p < 0.05$）。亚热带气候区中多氯联苯与 TOC 之间的回归曲线的斜率值为温带气候区的 1/10～1/2，该结果与 Meijer 等所观测的结果相似，说明低纬度地区多氯联苯的含量对土壤有机质的依赖程度要低于高纬度地区（Meijer et al., 2003a）。与温带地区的土壤相比，亚热带地区植被凋落物中的酸性成分较少，且土壤有机质含量变化较快。这些特征都可能导致亚热带土壤中多氯联苯的含量与 TOC 值之间的斜率值低。最近的一些实验似乎说明了土壤中不稳定的有机质的快速变化与土壤中疏水性污染物的快速再活化之间存在一定的关系（Liu et al., 2013a; Wong and Bidleman, 2011），但是对目前于这一关系的研究仍然处于初期阶段。

4. 其他环境因素对多氯联苯浓度的影响

综上所述，TOC 对多氯联苯在森林土壤中的含量和分布起着非常重要的作用。因此，为了探究其他环境因素对多氯联苯在我国森林土壤中的含量及空间分布的影响，对多氯联苯同系物的浓度进行了 TOC 归一化处理用以消除 TOC 的影响。如图 4-8 所示，容易挥发的多氯联苯同系物(低氯化合物)在 TOC 归一化后，其高含量倾向于集中在低纬度地区，特别是在人口密集的亚热带湿润气候区。除去 TOC 的影响，降雨量或者 IPSI 值对低氯化合物在环境中的含量和分布的影响大约占 20%～40%，但是无法具体判断是受降雨量还是 IPSI 值的影响。因为降雨量与 IPSI 值之间具有显著的正相关性($p<0.05$)，见表 4-5。这可能是因为高降雨量和高 IPSI 值都集中在中国的南部地区。例如，PCB-28 与降雨量的关系为 $p<0.01$，$r = 0.41$；与 IPSI 的关系为 $p = 0.06$，$r = 0.22$。相比之下，高氯化合物并没有对这些环境变量显示出很强的相关性。只有在单独考虑温带湿润气候区的数据时，高氯化合物被认为是易于在较高纬度地区富集，但是这一趋势并不明显。

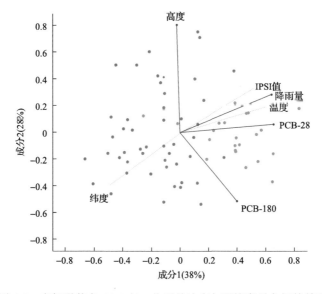

图 4-8　多氯联苯在 TOC 归一化后的浓度与环境变量之间的关系

表 4-5　环境变量之间的相关性

环境变量	高度	纬度	降雨量	IPSI 值	温度	C：N比	总有机碳
高度	1.000	−0.044	0.136	0.054	−0.117	0.119	0.060
纬度	−0.044	1.000	**−0.847**	**−0.848**	−0.033	0.151	0.062
降雨量	0.136	**−0.847**	1.000	**0.773**	−0.009	−0.198	−0.085
IPSI	0.054	**−0.848**	**0.773**	1.000	0.077	−0.105	−0.041
温度	−0.117	−0.033	−0.009	0.077	1.000	0.014	0.021
C：N	0.119	0.151	−0.198	−0.105	0.014	1.000	**0.547**
总有机碳	0.060	0.062	−0.085	−0.041	0.021	**0.547**	1.000

注：黑体标记数据为各环境变量之间显著相关。

5. 多氯联苯沿高度梯度的分布

由于持久性有机污染物会从低海拔地区向高海拔地区迁移，最终在高海拔地区富集。因此，我们分析了多氯联苯的含量与高度之间的关系。将只有一个采样点的森林土壤样品和只有两个采样点且采样点之间的高度差低于 500 m 的森林土壤样品剔除，因此，挑选了 20 座山的土壤样品(占整个采样点数据集的 86%)对其进行研究。在 20 座山中，有 16 座山的五氯或者更高氯化合物的浓度在 TOC 归一化之后随着海拔的上升而呈现出升高的趋势。为了从统计学的角度来评估多氯联苯的含量与高度之间的相关性，我们对 20 座山的多氯联苯浓度和高度分别进行了比例化处理。该处理方法主要是将每座山的浓度和高度除以本座山中所有采样点浓度和高度的中值。对处理后的数据进行相关性分析，发现与之前的结论高度一致，即土壤样品中五氯和更高氯化合物在浓度 TOC 归一化之后均与高度之间呈现显著的正相关性($p < 0.05$)，如图 4-9 所示。

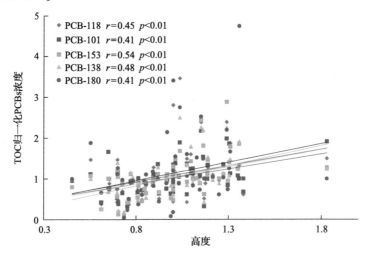

图 4-9　TOC 归一化的多氯联苯浓度与高度之间的关系

因此，本实验结果表明高氯化合物在较高海拔地区的森林土壤中的含量有升高的趋势。尽管采样点处于不同的气候和环境条件中，这一趋势仍然不变。这种现象在中国和其他地区的高山环境中也曾观测到，进一步证实了山地对持久性有机污染物具有冷捕集作用。

许多物理的、生态的和人为的因素都能对这种分布趋势产生影响。由于温度、降雨量、林型和当地潜在污染源等影响因素与高度之间有共变性，导致现阶段的数据不能明确地给出各个因素对该结果的详细分析，但是温度和湿沉降被认为是该过程的关键环境变量。因为这一结果与高度的冷捕集在理论上的期望值相符，随着高度的升高，降雨量会增大，从而导致多氯联苯的湿沉降量增加(Wania and

Westgate, 2008)。但是湿沉降对各多氯联苯同系物的捕集比率却不同，湿沉降对捕集率在 $10^{3.5}$~$10^{5.5}$(在 25℃情况下)范围内的化合物(如五氯和更高氯的化合物)的截留作用更显著(Wania and Westgate, 2008)。同时，其他的影响因素也会对这一观测结果产生影响，比如在高海拔、温度较低的地区，土壤的逸散能力较低和生物降解过程较慢。

6. 纬度分馏

许多研究指出，纬度的冷捕集过程会影响半挥发性物质在大气和地表间的平衡分布，从而导致污染物的组成成分随着纬度/温度的变化而产生差异(Motelay-Massei et al., 2005)。持久性有机污染物随温度或者纬度进行分馏的现象在不同区域和不同环境介质中均有研究，如树叶(Calamari et al., 1991)和土壤(Meijer et al., 2003a)。基于多氯联苯的热力学运动过程，全球蒸馏模型提出了 POPs 在全球地表间的命运和分布理论。该理论指出低氯化合物倾向于在高纬度/高海拔、低温度地区富集，提高了它们在冷凝相(如土壤)中的相对比例；与此同时，高氯化合物则偏向于在温度较高的南部地区富集(Wang et al., 2012)。本研究中，根据计算得到了多氯联苯在全国森林土壤中的相对含量，从而判断它们在土壤介质中的纬度分馏情况，结果如图 4-10 所示。当分析所有采样点的含量与纬度之间的关系时，我们发现三氯和四氯同系物的相对含量随着纬度的升高而呈现出下降的趋势($p < 0.05$)；而五氯和六氯同系物的相对含量则随着纬度的升高而逐渐升高($p < 0.05$)，但 PCB-138 和 PCB-180 的分馏趋势并不明显。因此，为了降低城市(特别是污染源较多的南方城市)离采样点较近而对观测结果造成的不利影响，我们去掉了 1500 m 以下的采样点。再次分析多氯联苯含量与纬度之间的关系，我们发现尽管三氯到六氯化合物随纬度的分馏趋势与上述结果一样，但是多氯联苯的含量对纬度的依赖性变强了并且相关系数是之前观测结果的 2 倍。此外，PCB-138 和 PCB-180 的相对含量与纬度之间的正相关性有所加强。

图 4-10 中所显示的我国森林土壤中多氯联苯随纬度的分馏趋势与冷捕集理论(Wania and Mackay, 1996)和其他地区研究所得出的纬度分馏情况(Meijer et al., 2002)并不一样。这可能是由于我国的多氯联苯工业产品主要以三氯和四氯同系物为主，且主要集中在人口较多和工业较发达的南部省份，因此，中国南部森林土壤受到当地污染源的影响较大，从而导致三氯和四氯同系物的相对含量较高。然而，高氯化合物在中国北部的相对含量较高(或者换句话说，低氯化合物在中国北部的相对比例较低)，这可能是因为位于中国北方的采样点，特别是高海拔地区的采样点，容易受到西伯利亚地区(俄罗斯)气团的影响，使得携带有当地污染特征的多氯联苯同系物通过长距离进入中国北方地区。而迁移而来的多氯联苯同系物污染特征与我国南方地区的使用特征不同，中国主要以低氯化合物为主，而俄罗

斯等地区的多氯联苯工业产品则主要以高氯化合物为主（Ren et al., 2007; Xing et al., 2005）。

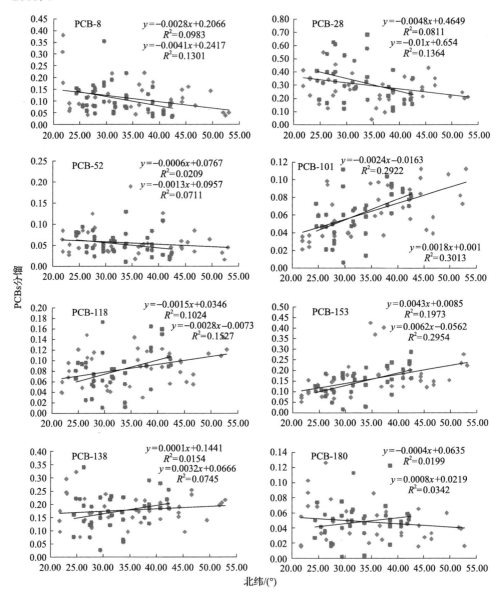

图 4-10　中国森林土壤中多氯联苯同系物的纬度分馏

此外，空间多介质模型（Lammel and Stemmler, 2012）指出不同的多氯联苯同系物在土壤中短暂的分馏趋势已经改变，2001～2010 年之间，东亚土壤中低氯化合物的相对含量正在减少，中氯化合物呈现最高值而高氯化合物的相对含量却在增加。然而，由于气候等因素会导致多氯联苯在中国北方土壤中的这一趋势比中国南方土壤晚 5～15 年。因此，由于多氯联苯同系物之间的降解速率不同、从大气中的累积程度不同和与污染源的接触程度不同导致了在这段时间中所观测到的不稳定结果。

7. 总结

对于已经禁用多年的持久性有机污染物而言，它们在中国森林土壤(腐殖质层和表层)中的含量及分布特征主要受土壤有机质含量的影响，几乎与污染源无关。此外，多氯联苯在我国森林土壤中的维度分馏情况与提出以温度为主要控制因素的全球蒸馏模型理论的分馏规律并不相同，这进一步说明温度并不是控制持久性有机污染物在我国森林土壤中的分布和命运的主要因素，高氯化合物在中国高纬度地区的相对含量较高的主要原因可能是由于季风的影响。

4.2　持久性有机污染物在热带雨林中环境行为的模拟研究

为了更精确地模拟持久性有机污染物在森林生态系统中的地气交换过程，探究它们在热带雨林中的运动过程、分布规律以及环境因素对整个过程的影响，我们设计了主动采样装置模拟地气交换，见图 4-11。目前，对 POPs 在森林生态系

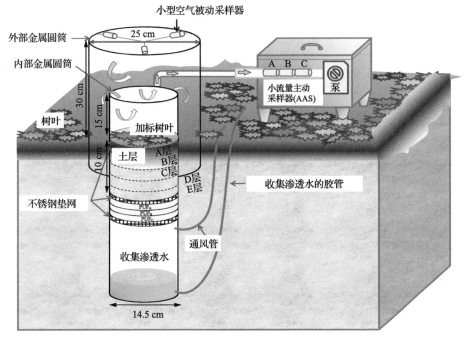

图 4-11　尖峰岭地-气交换模拟装置

统中生物地球化学过程的研究十分薄弱，少量已发表的工作主要集中在温带和寒带地区，而 POPs 在热带森林中的研究非常少。因此，本研究选取了我国面积较大且保护得较完好的尖峰岭热带雨林地区进行模拟实验(Jiang，1991)，野外模拟实验分三个阶段为期一年完成。

采样器主体包括内部和外部两个不锈钢金属圆筒、小流量的大气主动采样器(ASS)、通风管道和收集渗透水的管道系统。将内筒置于地面以下，露出地面约 15 cm，从上往下依次放置 10 cm 的土柱(共分五层)和大的圆形海绵 PUF(PUF$_A$、PUF$_B$ 和 PUF$_C$)，土柱和海绵之间用金属垫网隔开，内容底部封闭用以收集渗滤液样品。外部的金属圆筒的顶部和底部均为中空，与内部的圆筒相互嵌套，外筒能够捕捉内筒中释放的目标化合物且降低风力作用造成的目标化合物损失，为小流量主动采样器提供了最佳的工作条件。小流量的主动采样器以 6 L/min 的流速持续工作。基于几何学原理，主动采样器产生的吸力会在地表上方停留 75 s，如此轻柔的采样方式不会增大落叶周围空气边界层的厚度，同时又能控制目标化合物的扩散速率。没有被主动采样器吸收的目标化合物可以通过被动采样的方式被外筒顶部的三个小海绵 PUF 所吸收，进一步降低目标化合物的损失量。采样过程分为三个阶段，因此野外装置中有三个相互嵌套的金属圆筒，并连接着大气主动采样器，见图 4-12。

图 4-12　尖峰岭野外采样图

许多研究指出，^{13}C 标记的化合物与其 ^{12}C 化合物的化学性质基本相同，且自然界/环境中几乎不含 ^{13}C 标记的化合物，可用于模拟和示踪 ^{12}C 化合物在环境中的行为过程。因此，在该模拟实验中，我们利用碳同位素标记法模拟 ^{13}C 标记的多氯联苯(^{13}C-PCBs)在热带雨林中的环境过程，示踪 ^{12}C 的多氯联苯(^{12}C-PCBs)在相同环境中的行为规律，从而揭示多氯联苯在热带雨林中的命运。我们向尖峰岭地区的落叶中加入一定量的 ^{13}C-PCBs 后置于热带雨林中。由于自然环境中几乎不存在 ^{13}C-PCBs，因此加标的落叶被认为是 ^{13}C-PCBs 在环境中的主要来源。当 ^{13}C-PCBs 初次进入环境时，由于热力学动力导致树叶迅速向环境中释放出 ^{13}C-PCBs。因此，将它放置在环境中几个小时待其稳定后，将落叶分为四份，一份带回实验室作为环境中 ^{13}C-PCBs 的初始值，另外三份则分别放在土层上方作为 ^{13}C-PCBs 的污染源。暴露在环境中的 ^{13}C-PCBs 会逐渐释放出来，在环境中发生以下行为：一部分通过挥发进入到空气中，一部分通过淋溶和其他作用使 ^{13}C-PCBs 向地表下方运动，一部分则在环境中降解。大部分扩散到空气中的 ^{13}C-PCBs 被小流量主动采样器中的三个小 PUF 所吸收，没有被主动采样器吸收的一小部分挥发物会试图从装置顶部逸散到空气中。因此，外筒顶部放置的三个小 PUF 可以通过被动采样的方式吸收试图逸散到空气中的 ^{13}C-PCBs，减少 ^{13}C-PCBs 的损失。向下转移的 ^{13}C-PCBs 被收集在 10 cm 的土柱中。考虑到热带雨林地区降雨量充沛可能导致 ^{13}C-PCBs 从土壤层中流失，因此，我们在土层的下方放了 3 个圆形的大 PUF 用来吸收土层中可能流失的 ^{13}C-PCBs。同时，渗滤液被内筒底部的密封水槽收集起来。实验结束后，分别计算每阶段落叶中释放出的 ^{13}C-PCBs 含量、海绵 PUF 中吸收的含量、土层中累积的量和渗滤液中的含量，最后通过质量守恒算出每阶段 ^{13}C-PCBs 在热带雨林中的降解量，并根据 ^{13}C-PCBs 在环境中的降解量算出它们在热带雨林地区的表观半衰期。

4.2.1 采样前期工作

模拟实验开始之前，收集尖峰岭热带雨林地区的落叶，并将落叶浸泡在被 10 mL 甲苯稀释的 ^{13}C 标记的 PCBs 溶液中，溶液中分别含有 30 ng 的 ^{13}C-PCB-28、^{13}C-PCB-52、^{13}C-PCB-101、^{13}C-PCB-138、^{13}C-PCB-153、^{13}C-PCB-180 和 ^{13}C-PCB-209。摇晃溶液并静置一段时间使落叶与 ^{13}C-PCBs 在溶液中充分混匀。经实验证实，该同位素标记法可以保持有机物质的生物化学完整特性，且加入的标记化合物不会对当地落叶中的 ^{12}C-PCBs 进行干扰。同时，该方法中的 ^{13}C-PCBs 与环境中的 ^{12}C-PCBs 的物理化学性质相似。因此，可以用来示踪 ^{12}C-PCBs 在环境中的环境行为和过程。

1. 样品的采集

1) 落叶的采样过程

将实验开始前处理好的标记有 ^{13}C-PCBs 的落叶放置于热带雨林环境中几个小时，待 ^{13}C-PCBs 在环境中达到平衡后分为四份，一份带回实验室为落叶中 ^{13}C-PCBs 的初始含量(pg)，另外三份分别放在土层上方。于 120 天(t_{120})、270 天(t_{270})和 360 天(t_{360})进行采集，对目标化合物的迁移与损失过程进行模拟。将落叶用镊子和小勺小心收集，置于铝箔纸袋中，并用塑料袋密封，注明采样时间、地点，冷冻并迅速转移至实验室进行分析。

2) 土柱的采样过程

与树叶采样一致，土柱 C1、C2 和 C3 分别于 120 天（t_{120}）、270 天（t_{270}）和 360 天（t_{360}）进行采集。将每个土柱小心从内部金属圆筒中进行转移并置于干净的托盘上。现场使用小刀将其小心分为 5 层，每层 2 cm 厚度（从上到下依次命名为 A 层、B 层、C 层、D 层、E 层）。注明采样时间、地点，将每一层分别进行化学分析。

3) 土壤底部的 PUFs

在土柱底部的三个 PUFs（PUF_A，PUF_B，PUF_C）随土柱采样一同取回，使用铝箔纸折叠置于塑料袋中装好，注明采样时间、地点，转移至实验室。

4) 渗滤液

在每一步采样过程中，滤出装置每周或在强降水事件后马上进行清空。现场使用 0.45 μm 玻璃纤维滤膜进行过滤直接转移入干净的玻璃瓶中。注明采样时间、地点，冷藏样品并转移至实验室进行分析。

5) 大气采样过程

每个阶段中收集的所有主动和被动的小 PUF。注明样品类型、采样时间、地点，分别进行分析。

2. 样品分析

1) 材料准备

（1）洗液：用 150 g 的重铬酸钾、200 mL 的蒸馏水和 3000 mL 的浓硫酸配制。将重铬酸钾加入蒸馏水中于大坩埚中加热溶解，并向溶解液中缓慢加入浓硫酸，边加边进行搅拌，若发热过剧则稍停，冷却后再继续添加。

（2）玻璃器皿：洗液洗涤后的玻璃器皿依次用自来水和蒸馏水冲洗，180℃烘干后置于马弗炉内 450℃焙烧 4 h。使用前再用丙酮和二氯甲烷依次冲洗。

（3）滤纸：抽提样品时，包裹样品所用的滤纸在使用前分别用丙酮和二氯甲烷抽提 24 h。

（4）氮吹针头：使用前分别用丙酮和二氯甲烷对其进行超声清洗。

（5）铜片：铜片加入抽提瓶中，用于除去样品中的硫。将铜片剪成小片，加入 1 mol/L 的盐酸中。铜片在盐酸溶液中浸泡半小时后，再用纯水冲洗铜片表面的盐酸。然后使用丙酮冲洗 3 次去水，再用二氯甲烷冲洗 3 次去除丙酮，最后加入抽提溶剂中。

（6）去活化氧化铝：70～230 目（Merck），使用二氯甲烷抽提 48 h 将其净化，直接置于马弗炉内 250℃煅烧 12 h，冷却后加入 3%的蒸馏水去活化，放入干燥器中密封保存，平衡 24 h 后备用。

(7)去活化硅藻土：60～100 目(Floridian)，将其直接置于马弗炉内 450℃煅烧 12 h，加入 2%的蒸馏水去活化，放入干燥器中密封保存，平衡 24 h 后使用。

(8)去活化硅胶：70～230 目(Merck)，使用二氯甲烷抽提 48 h 将其净化，直接置于马弗炉内 180℃煅烧 12 h，冷却后加入 3%的蒸馏水去活化，放入干燥器中密封保存，平衡 24 h 后备用。

(9)酸性硅胶：80～200 目(Merck)，使用二氯甲烷抽提 48 h 将其净化，置于马弗炉内 180℃煅烧 12 h，冷却后逐滴加入优级纯浓硫酸直至 H_2SO_4 与 SiO_2 的质量比为 1:1，摇匀后，密封保存于干燥器中，放置平衡 24 h 后备用。

(10)无水硫酸钠：将分析纯的无水硫酸钠放置于马弗炉内 450℃煅烧 4 h 后，密封保存于干燥器中。

(11)层析柱：自制具砂芯的层析柱，8 mm i.d.×15 cm；干法装柱。

2)试剂与标样

(1)试剂。

有机溶剂：丙酮(ACE)为分析纯，用全玻璃仪器二次蒸馏后使用；二氯甲烷(DCM)和正己烷(HEX)均为色谱纯。浓硫酸的纯度为 95%～98%；浓盐酸的纯度为 30%；正十二烷(dodecane)经优级纯的浓硫酸酸洗和水洗后使用。

(2)标样。

^{13}C 标记的多氯联苯：^{13}C-PCB-28、^{13}C-PCB-52、^{13}C-PCB-101、^{13}C-PCB-138、^{13}C-PCB-153、^{13}C-PCB-180 和 ^{13}C-PCB-209，这些为海南尖峰岭模拟实验中的目标化合物，内标是 ^{13}C-PCB-128。这些同位素标记物购自于 Cambridge Isotope Laboratories, USA。

3)样品前处理

(1)PUF 样品。

a. 索氏抽提：将已抽提的滤纸包裹 PUF 后放入索氏抽提管中，底瓶中加入进口二氯甲烷溶剂。溶剂中同时加入 2 g 活化后的铜片和 20 ng 的回收率指示物 TCmX、PCB-30、PCB-198 和 PCB-209，索氏抽提 48 h。

b. 溶剂转换：将抽提液进行旋转蒸发至 1～2 mL，加入 5 mL 的正己烷 3 次对溶剂进行转换，然后继续旋转蒸发至 0.5～1 mL。

c. 多层硅胶柱净化：柱子规格为 8 mm i.d.，活塞为聚四氟乙烯材质。采用湿法装柱，柱子至下而上分别加入 1 cm 氧化铝、3 cm 中性硅胶、3 cm 酸性硅胶和 0.5 cm 无水硫酸钠。装柱过程中不断敲打柱子，防止柱内产生气泡。样品加入柱子后，用二氯甲烷与正己烷混合溶液(1:1，$V:V$)淋洗。淋洗液收集于 20 mL 的试剂瓶中。

d. 氮吹定容：将洗脱液置于氮气下轻柔吹扫至 0.5～1 mL。使用正十二烷将其转移至 1 mL 细胞瓶中，氮吹至 30 μL，加入定量的 2 ng ^{13}C-PCB-128，冷冻封存。

(2) 植物样品。

a. 索氏抽提：将已抽提的滤纸包裹植物样品后放入索氏抽提管中，底瓶中加入二氯甲烷(DCM)：丙酮(ACE)(3∶1，V∶V)溶剂。溶剂中同时加入 2 g 活化后的铜片和 20 ng 的回收率指示物 TCmX、PCB-30、PCB-198 和 PCB-209，索氏抽提 48 h。

b. 转换溶剂：同上。

c. 酸洗：1～2 mL 的转换溶剂转移至鸡心瓶中，加入 40 mL 正己烷后，向溶液中加入 2～3 mL 分析纯的浓硫酸进行振荡。可见底部溶液经酸洗后变黑，将位于底部的物质吸出，再加入 2～3 mL 浓硫酸，反复几次，直至加入的硫酸变为透明。

d. 旋蒸浓缩：将液体进行旋转蒸发至 0.5～1 mL。

e. 多层硅胶柱净化：同上。

f. 氮吹：将洗脱液置于氮气下轻柔吹扫至 0.5～1 mL。

g. GPC 柱纯化：使用 GPC 柱进行最后一步的纯化处理，在 15 cm 的玻璃柱(i.d.＝2 cm)中加入 6.5 g Bio-Beads S-X3，将浓缩的样品用 55 mL 正己烷：二氯甲烷(1∶1，V∶V)进行洗脱。根据流出曲线将先洗脱下来的 15 mL 丢弃，将余下的包含有 PCBs 的 40 mL 流出液收集于试剂瓶中。

h. 氮吹定容：同上。

(3) 土壤样品。

土壤样品先冷冻干燥，然后研磨，过筛(80 目)。

a. 索氏抽提：将已抽提的滤纸包裹植物样品后放入索氏抽提管中，底瓶中加入二氯甲烷(DCM)：丙酮(ACE)(3∶1，V∶V)溶剂。溶剂中同时加入 2 g 活化后的铜片和 20 ng 的回收率指示物 TCmX、PCB-30、PCB-198 和 PCB-209，索氏抽提 48 h。

b. 转换溶剂：同上。

c. 酸洗：同上。

d. 旋蒸浓缩：同上。

e. 多层硅胶柱净化：同上。

f. 氮吹：同上。

g. GPC 柱纯化：同上。

h. 氮吹定容：同上。

(4) 水样。

a. 萃取：水相样品加入回收率指示剂 TCmX、PCB-30、PCB-198 和 PCB-209，用二氯甲烷(DCM)：丙酮(ACE)(3：1，V：V)的混合溶剂对水样进行萃取。每次加入溶剂后振荡约半个小时，静置半小时，然后吸出底部的溶剂。200 mL 的溶剂分 3 次淋洗，合并萃取液。

b. 旋蒸浓缩：将溶液进行旋转蒸发至 10 mL。

c. 去水：取干净的漏斗，漏斗口用抽提过的棉花堵住，倒入 10 g 无水硫酸钠，用 10 mL 二氯甲烷淋洗后，转移浓缩后样品至漏斗中除去水分，再用 30 mL 二氯甲烷淋洗无水硫酸钠，收集淋洗液。

d. 转换溶剂：同上。

e. 多层硅胶柱净化：同上。

f. 氮吹定容：同上。

4) 仪器分析

PCBs 的含量检测所用仪器为三重四极杆气相色谱-质谱联用仪(GC-MS/MS，Agilent 7890 GC/7000 MS)，电子轰击(EI)源，−70 eV。进样模式采用多重反应监测(MRM)模式，无分流进样，进样量为 1 μL。载气为高纯氦气，流量 1 mL/min。碰撞诱导解离(CID)气体和碰撞室淬灭气体为氮气和氦气，流速分别是 1.5 mL/min 和 2.25 mL/min。

传输线、进样口、离子源和界面温度分别为 280℃、250℃、230℃和 150℃。柱流速为 1.50 mL/min。

色谱柱为 HP-5MS(30 m×0.25 mm×0.25 μm，Agilent，CA，USA)。

色谱柱升温程序：起始温度 80℃保持 0.5 min，20℃/min 升温至 160℃，再以 4℃/min 升温至 240℃，最后以 10℃/min 升温至 295℃并保留 10 min。

5) 质量保证/质量控制(QA/QC)

(1) PUF 样品的检测限确定。

样品采集与分析过程中，为了避免交叉污染的 ^{13}C 标记的 PCBs 的浓度，对 PUF 野外空白(N = 3 个大 PUF 和 3 个小 PUFs)进行了分析，结果表明，未检测出目标化合物。

野外空白只有对 PUFs 进行现场转移才能获得，将其短时间暴露于空气中(如 30 min)，随后带回实验室进行分析。

PUFs 的方法检测限定义如下：①平均野外空白+3 个标准误差；或②RC 化合物标准曲线较低的点。由于 PUF 分析的目标化合物是 ^{13}C 化合物，并期望野外空白中未能检出，因此 PUF 的方法检测限可以确定。同样测量 PUF 野外空白中当地的 PCBs 含量水平范围，将其作为落叶和土壤野外空白的替代物。

(2)实验室空白设置。

实验室空白设置包括在进行分析实验中，在索氏提取过程中未在样品中加入任何添加物(只有回收率和内标物添加)，除了在样品采集和分析过程产生的交叉污染，分析过程均需包含实验室空白(每五个实际样品)。

实验室空白未检测出 ^{13}C-PCB，当地 PCBs，低含量检出 PCB-18(应少于实际样品中 5%的含量)、PCB-28 和 PCB-52。

(3)落叶和土壤样品的检测限确定。

落叶没有实际样品，因此我们将 PUF 野外空白作为落叶野外空白的替代物。落叶和已标记的 PCBs 的检测限方法定义如下：平均实验室空白+3 个标准误差，或标准曲线中较低的点。根据之前描述，由于未在实验室空白和野外空白中检测出已标记的 PCBs，因此落叶中同类物的方法检测限可以确定。

(4)QA/QC 标准和回收率结果。

为了证实定量方法的可行性，分析了用作野外空白的已标记的化合物的混合物。结果显示差异性在 0.83±0.15 范围内。实验室空白的回收率值也被用作在缺少样品模型的情况下进行方法评价。我们将每一个实际样品的回收率进行对比。实验室空白同族元素的稳定性结果显示，其回收率比实际样品高 5%~7%。

由于摩尔质量较小的 PCBs 有较低的回收率和相对较高的差异性，我们将每个样品的回收率进行校准：TCmX、PCB-30、PCB-198、PCB-209 的回收率标准分别为 52.6%±19.2%、74.2%±12.1%、91.7%±7.8%、94.9%±8.2%。

(5)稳定性。

对同样的落叶样品中的 3 个样品进行重复分析，结果显示对所有化合物的差异性在 30%以内。

4.2.2　多氯联苯在环境中运动过程的计算方法

1. 各环境介质中含量的计算方法

将落叶作为研究对象，经过一段时间 $t_x(x$ 为天数)后，从落叶中释放出的各个多氯联苯同系物的含量(pg)满足以下公式：

$$U_{\text{net}} = U_{t_x} - U_{t_0} = U_{\text{dep}} - \left(U_{\text{down}} + U_{\text{vol}} + U_{\text{degr\_1}}\right) \tag{4-1}$$

式中，U_{dep} 表示经过 t_x 后，目标化合物从大气沉降到落叶中的总量；U_{down} 表示从落叶中释放出的各多氯联苯同系物进入到地表下方的含量，例如，通过渗透和扩散作用使落叶中释放出的目标化合物进入土壤介质中的含量；U_{vol} 表示落叶中释放出的多氯联苯同系物挥发到空气中的含量；而 $U_{\text{degr\_1}}$ 则表示在 t_x 这段时间内落叶中多氯联苯同系物的降解量。

由于 ^{13}C-PCBs 同系物几乎不存在于大气中，因此它们在大气中的沉降量可以忽略不计。所以当以 ^{13}C-PCBs 为研究对象时，公式可以简写为

$$U^*_{net} = -\left(U^*_{down} + U^*_{vol} + U^*_{degr\_1}\right) \qquad (4\text{-}2)$$

式中，星号标记的参数特指的是 ^{13}C-PCBs 同系物在各过程中的变化量。

从落叶中释放出的 ^{13}C-PCBs 同系物向地表下方转移的含量 U^*_{down} 能够分为两个部分，一部分为在 10 cm 的土层中所检测的 ^{13}C-PCBs 同系物的总含量 U^*_{sc}；另一部分为通过渗透作用，使 ^{13}C-PCBs 同系物穿透土层被土层下方的三个大 PUF（PUF$_A$、PUF$_B$ 和 PUF$_C$）和渗滤液吸收的总量 U^*_{leach}。

我们计算了 ^{13}C-PCBs 进入到大气中的挥发量 U^*_{vol}。其挥发量主要被小型主动采样泵中的三个小 PUF 所吸收 U^*_{AAS}，没有被主动采样泵吸收的 ^{13}C-PCBs 则从装置顶部逸散到大气中。则 U^*_{vol} 的计算公式为

$$U^*_{vol} = U^*_{AAS} + q \cdot U^*_{PAS} \qquad (4\text{-}3)$$

式中，U^*_{PAS} 是指逸散到空气中的 ^{13}C-PCBs 被外部圆筒顶部放置的三个小 PUF 通过被动采样方式所吸收的含量；q 则是采样装置外部圆筒顶部比表面积与三个小 PUF 的比表面积总和的比值。根据计算 q 值接近 5，这意味着从顶部溢出的 ^{13}C-PCBs 中，有 20%被三个被动采样的小 PUF 所吸收。尽管这个算法非常的粗略，但是我们会通过质量守恒（例如，在经过了第一阶段后，计算落叶会产生降解量）来进一步验证这一假设的可行性。

对公式(4-2)进行变形，落叶中的降解量 $U^*_{degr\_1}$ 的计算公式为

$$U^*_{degr\_1} = -U^*_{net} - \left(U^*_{down} + U^*_{vol}\right) \qquad (4\text{-}4)$$

最终，^{13}C-PCBs 在土壤中的降解量 $U^*_{degr\_sc}$ 可通过公式(4-5)计算得到

$$U^*_{degr\_sc} = U^*_{t_0} - U^*_{litt} - U^*_{sc} - U^*_{vol} - U^*_{leach} \qquad (4\text{-}5)$$

式中，U^*_{litt} 为每个阶段结束后，落叶中 ^{13}C-PCBs 的残留量。

2. 各过程速率和表观半衰期的计算方法

1）落叶

落叶中的各 ^{13}C-PCBs 同系物随时间的变化量可以数据化地定义为

$$\frac{\mathrm{d}U_{\mathrm{litt}}^*}{\mathrm{d}t} = -\lg\left(k_{\mathrm{vol}}U_{\mathrm{litt}_t}^* + k_{\mathrm{down}}U_{\mathrm{litt}_t}^* + k_{\mathrm{degr\_l}}U_{\mathrm{litt}_t}^*\right) \tag{4-6}$$

式中，k_{vol}、k_{down} 和 $k_{\mathrm{degr\_l}}$ 分别代表被释放出的 ^{13}C-PCBs 同系物从落叶挥发进入到空气中的速率、从落叶转移到地表下方的速率和落叶的降解速率；$U_{\mathrm{litt}_t}^*$ 表示 ^{13}C-PCBs 在落叶中任何时候的含量，并且这个公式成立的前提是假设 k_x 值在时间上是连续的。

可以通过以下公式得出公式(4-6)中的 k_x 值：

$$\begin{cases} U_{t0}^* + \displaystyle\int_{t0}^{t120} \frac{\mathrm{d}U_{\mathrm{litt}_t}^*}{\mathrm{d}t} \cdot \mathrm{d}t = U_{\mathrm{litt}_{t120}}^* \\[2mm] \displaystyle\int_{t0}^{t120} k_{\mathrm{vol}}U_{\mathrm{litt}_t}^* = U_{\mathrm{vol}_{t120}}^* \\[2mm] \displaystyle\int_{t0}^{t120} k_{\mathrm{down}}U_{\mathrm{litt}_t}^* = U_{\mathrm{down}_{t120}}^* \\[2mm] \displaystyle\int_{t0}^{t120} k_{\mathrm{degr}}U_{\mathrm{litt}_t}^* = U_{\mathrm{degr\_l}_{t120}}^* \end{cases} \tag{4-7}$$

式中，$U_{\mathrm{litt}_{t120}}^*$ 表示落叶中加标化合物在 t_{120} 时的质量。公式(4-7)中最后三个等式右边的 $U_{x_{t120}}^*$ 则表示在 t_{120} 时，落叶中释放出的 ^{13}C-PCBs 通过挥发过程、向地表下方转移过程和降解过程后在各样品中的含量。

在本实验中，只需要计算落叶中 ^{13}C-PCBs 在第一阶段的各过程速率。因为在为期一年的实验中，大约有 90% 的总挥发量和超过 70% 的向地表下方的总转移量发生在第一阶段。

2) 土层

为了更好地观测 ^{13}C-PCBs 在土柱中的变化过程，人为地将 10 cm 的土柱以 2 cm 的高度平分为五层。因此，我们通过对 ^{13}C-PCBs 在每个阶段的五层土壤中的含量进行分析，精确地计算 k_{degr}。土层中各 ^{13}C-PCBs 同系物随时间的变化量为

$$\frac{\mathrm{d}U_{\mathrm{sc}}^*}{\mathrm{d}t} = k_{\mathrm{down}}U_{\mathrm{litt}_t}^* - 1\cdot\left(k_{\mathrm{leach}}U_{\mathrm{sc}_t}^* + k_{\mathrm{degr\_sc}}U_{\mathrm{sc}_t}^*\right) \tag{4-8}$$

式中，$U_{\mathrm{sc}_t}^*$ 是在 t 时刻土层中所测得的 ^{13}C-PCBs 含量，同时 k_{leach} 和 $k_{\mathrm{degr\_sc}}$ 分别表示 ^{13}C-PCBs 从土柱进入土层下方的大 PUF 和渗滤液中的渗透速率以及在土柱中的降解速率。与落叶中各过程速率的计算方法相似，k_{down} 由公式(4-6)和公式(4-7)所确定，k_{leach} 和 $k_{\mathrm{degr\_sc}}$ 则由公式(4-8)所确定。因此，计算所得的这些速率常数

则被用来计算以下公式：

$$
\begin{cases}
\displaystyle\int_{t0}^{y} \frac{\mathrm{d}U_{\mathrm{sc}_t}^{*}}{\mathrm{d}t}\cdot\mathrm{d}t = U_{\mathrm{sc}_y}^{*} \\[2ex]
\displaystyle\int_{t0}^{y} k_{\mathrm{leach}}U_{\mathrm{sc}_t}^{*} = U_{\mathrm{leach}_y}^{*} \\[2ex]
\displaystyle\int_{t0}^{y} k_{\mathrm{degr\_sc}}U_{\mathrm{sc}_t}^{*} = U_{\mathrm{degr\_sc}_y}^{*}
\end{cases}
\tag{4-9}
$$

式中，$U_{\mathrm{sc}_y}^{*}$ 是指在实验的任何时间段 ($y = t_{120}$、t_{270}、t_{360} 分别代表实验的三个阶段)，土壤中所测得 ^{13}C-PCBs 的含量。$U_{\mathrm{leach}_y}^{*}$ 是指在实验的任何时间段，土层下方的大 PUF 和渗滤液中所测得 ^{13}C-PCBs 的总量。而 $U_{\mathrm{degr\_sc}_y}^{*}$ 则表示在实验任何阶段通过计算所得出的降解量。

3. 系统方法和参数的估算

上述等式为我们描述了一个 7 个公式的超定方程组并且引入了 5 个未知参数 (k_{vol}、k_{down}、$k_{\mathrm{degr\_1}}$、k_{leach} 和 $k_{\mathrm{degr\_sc}}$)。我们假设这些过程速率参数在时间上是连续的并用实验的实测数据来计算该微分方程。在贝叶斯框架(Bayesian framework)中使用了马尔可夫链蒙特卡罗(Markov Chain Monte Carlo, MCMC)技术对参数进行优化(Gelman et al., 2003)，所有的速率被认为是对数统一的(MacLeod et al., 2002)。事实上，通过模型模拟出的一系列过程参数值将会符合一个梭形分布图。梭形图给出了这些速率参数的可能值。

同时，表观半衰期($t_{1/2}$, h)的计算与每个过程中计算所得的过程速率有关，通过一阶衰减我们可以计算出它们在环境中的表观半衰期，计算公式为

$$
t_{1/2} = 24 \cdot \frac{\ln 2}{k_x}
\tag{4-10}
$$

4.2.3　^{13}C-PCBs 在热带雨林各环境介质中的含量

1. 树林中 ^{13}C-PCBs 的含量变化

Liu 等(2013b)将 ^{13}C-PCBs 添加到落叶中对比 ^{13}C-PCBs 和环境中自然存在的 ^{12}C-PCBs 之间的环境行为，研究结果显示，在加标前后，落叶的物理和化学性质没有发生显著的改变，并且 ^{13}C-PCBs 和 ^{12}C-PCBs 在研究区域的环境行为非常一致。因此，本研究在此实验的基础上增加了主动采样器，通过分析 ^{13}C-PCBs 在热带雨林中的环境行为来探索 ^{12}C-PCBs 乃至 POPs 在此环境中的行为过程。实验的初始阶段，我们向尖峰岭地区的落叶中添加了 30 ng 的 ^{13}C-PCBs。由于热力学动

力的影响，导致落叶向环境中迅速地释放出 ^{13}C-PCBs，平衡后落叶中的含量即为本实验中落叶的初始值（U_{t0}）。图 4-13 描述了 ^{13}C-PCBs 在落叶中的变化量，由图可知，^{13}C-PCB 同系物在 t_0 时刻的质量为原始加标量的 57%～91%，这与 Liu 等在鼎湖山的模拟实验中所观测到的环境行为非常一致。值得说明的是，实验过程中释放出 ^{13}C-PCBs 的量是基于 t_0 时刻的数据而不是根据初始加标量计算的。

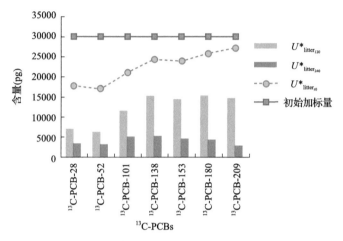

图 4-13　^{13}C-PCBs 在落叶中的含量变化

2. ^{13}C-PCBs 在环境中的挥发量

金属圆筒与主动采样泵的连接管中放有三个圆柱形的小 PUF，并且将这三个小 PUF 依次标记为 miniPUF$_a$、miniPUF$_b$ 和 miniPUF$_c$。通过对三个阶段中的主动采样小 PUF 的总量进行分析发现挥发过程主要发生在第一阶段，占总挥发量的 93%～96%（视化合物而定），如图 4-14 所示。

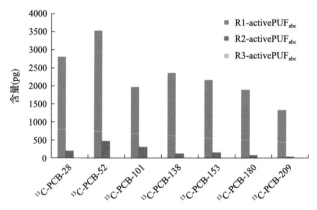

图 4-14　^{13}C-PCBs 在三个阶段中被主动采样小 PUF 所吸收的总量

activePUF$_{abc}$ 代表抽气泵中放置的 3 个主动采样海绵中加标 PCBs 的含量总和（可参见图 4-11）；
R1、R2 和 R3 分别代表三个采样阶段由于挥发过程主要发生在第一阶段，因此分别对第一阶段中三个主动采样小 PUF 中的 ^{13}C-PCBs 含量进行分析。从图 4-15 可知，通过主动采样吸收的 ^{13}C-PCBs 主要被前端的 PUF$_a$ 和 PUF$_b$ 所吸收。但是在 PUF$_c$ 中仍然可检测出少量的 ^{13}C-PCB-28(7%) 和 ^{13}C-PCB-52(15%)，这说明低氯化合物有可能穿透第三个小 PUF 而在环境中损失。通过计算，^{13}C-PCB-28 和 ^{13}C-PCB-52 的损失率可能分别为 2% 和 7%。

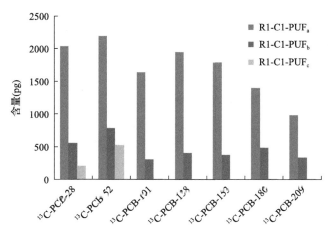

图 4-15　^{13}C-PCBs 在第一阶段中被三个主动采样小 PUF 所吸收的含量

第一阶段为期 120 天，标记为 t_1。在 t_1 时刻，^{13}C-PCBs 同系物在三个主动采样小 PUF 中的吸收总含量为 16 ng。通过外筒顶部比表面积与三个被动采样小 PUF 比表面积总和的比值估算出，^{13}C-PCBs 通过采样器顶部逸散到外部环境的过程中，逸散量大约有 20% 被外筒顶部的三个被动采样小 PUF 吸收。图 4-16 分别给出了三个阶段中被动采样小 PUF 的吸收量。尽管第一阶段中被动采样小 PUF 的含量

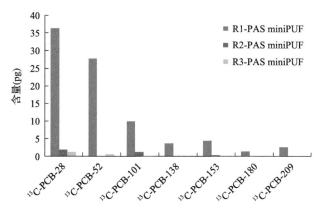

图 4-16　^{13}C-PCBs 在三个阶段中被动采样小 PUF 中的分布

最高，但通过计算发现，^{13}C-PCBs 同系物在第一阶段三个被动采样小 PUF 中的吸收总含量仅为 86 pg，远低于主动采样小 PUF 中的含量。这说明小流量的主动采样器能够十分有效地收集挥发到空气中的 ^{13}C-PCBs。

值得说明的是，整个模拟过程并不要求所测得的挥发量直接反映 ^{13}C-PCBs 在环境中的挥发量。因为采样器的几何形状超过了地面，同时由于外筒的存在，可能会影响 ^{13}C-PCBs 在土壤边界层的动力学过程。因此，只是通过该数据估算 ^{13}C-PCBs 在落叶-土壤系统中的潜在挥发能力。

3. ^{13}C-PCBs 在土层中的含量和分布

因为所有 ^{13}C-PCBs 同系物在土柱中的运动规律几乎完全一样。以 ^{13}C-PCB-138 为例，在 t_{120} 时刻，土层中 ^{13}C-PCBs 的含量占树叶第一阶段总挥发量的 62%~87%，且超过 50% 的量累积在土柱最上层（A 层）。在 t_{270} 时刻，由于季风性的降雨洗涤了 A 层土壤中的 ^{13}C-PCBs，加速了它们向下层土壤移动，导致所有的 ^{13}C-PCBs 都能在土壤层中检测到。在前两个阶段，^{13}C-PCBs 在土层中的垂直分布与土壤有机质含量之间的相关性不明显。然而，在实验的最后阶段，几乎所有的同系物与土壤有机质之间呈显著的正线性关系（$p < 0.05$）（图 4-17）。总体来说，^{13}C-PCBs 在热带雨林地区经过一年的时间经历了一个相对快速的净向下位移，且 ^{13}C-PCBs 在土层中的垂直分布受土壤 TOC 含量的影响。这样的分布特征与当地 ^{12}C-PCBs 在土壤核层中的观测结果相似。尽管 POPs 的移动性在热带雨林土壤中有所提高，但是每层土壤中低含量的有机质仍然能够有效地控制所有多氯联苯同系物在土层中的垂直分布，甚至在高降雨量的热带雨林地区仍是如此。

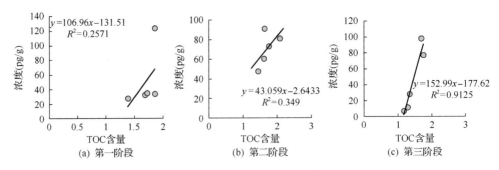

图 4-17　^{13}C-PCB-138 在土柱中各阶段的含量与 TOC 之间的关系

4. ^{13}C-PCBs 在渗滤液中的含量

^{13}C-PCBs 移动到渗滤液中的速度十分缓慢，三个阶段的总渗透量只占系统总损失量的 3%~6%。通过分析渗滤液中 ^{13}C-PCBs 的含量（图 4-18）发现，在雨季时

^{13}C-PCBs 的渗透量显著增加，且 ^{13}C-PCB-28 和 ^{13}C-PCB-209 的检出量最高。这两种化合物的物理化学性质分别位于 PCBs 同系物的两端，PCB-28 的水溶性相对最强，而 PCB-209 的疏水性最强。因此，^{13}C-PCB-28 在渗滤液中的高含量可能是依靠它自身的可溶性，以可溶态的形式随着渗透水进入滤液中；而疏水亲脂性强的 ^{13}C-PCB-209 则可能是通过与渗透水中的溶解的有机质结合，而被协同迁移到滤液中。^{13}C-PCB-209 在渗滤液中的高含量说明了高氯化合物可以通过吸附于可溶性有机质上，进而在热带雨林地区的土壤中渗透和迁移。这一过程对 POPs 的命运和环境行为起到了十分重要的作用，因为溶解性较低的有机污染物进入到地下水中时，它们对环境产生毒害效应的可能性就越大，从而可能会造成一系列的水生态学的风险。

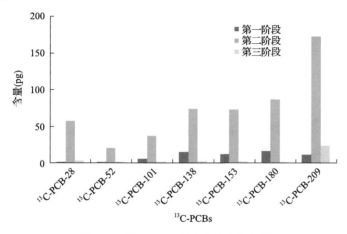

图 4-18　^{13}C-PCBs 在渗滤液中的含量

5. ^{13}C-PCBs 在各主要过程中的含量变化

对 ^{13}C-PCBs 在落叶中的释放量、主动采样器中吸收的挥发量、土柱中的累积量和渗透量进行了分析。从图 4-19 中可知，所有的 ^{13}C-PCBs 都遵循这样一个运动规律，即落叶作为 ^{13}C-PCBs 的污染源不断地向周边环境中释放 ^{13}C-PCBs，挥发过程主要发生在第一阶段，然而向土层下方移动的过程则贯穿于整个模拟实验。普遍被研究者所接受的全球蒸馏模型理论提出，持久性有机污染物在温度梯度的驱动下，从低纬度/低海拔向高纬度/高海拔地区发生迁移和沉降，并在极地(包括高山)环境中累积。因此，按照该理论所说，POPs 在低纬度地区应该主要以挥发为主，然而在本研究中，^{13}C-PCBs 同系物在整个阶段的挥发量明显小于沉降量，这一现象与全球蒸馏模型理论相违背。

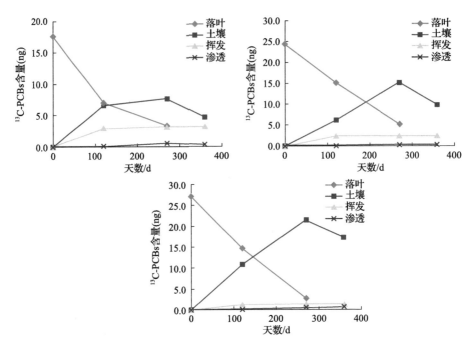

图 4-19 ^{13}C-PCBs 在落叶、主动采样器、土层、渗滤水中的含量随时间变化趋势

4.2.4 降解量的估算

本实验中，^{13}C-PCBs 的降解半衰期完全是在热带雨林的自然条件下，通过实验数据推导的，图 4-20 给出了目标化合物在各过程中的速率。在整个过程中，目标化合物的潜在挥发速率最快，估算的表观半衰期为 169～315 d。潜在挥发速率的中值并不取决于化合物的辛醇-空气分配系数（K_{oa}）。相反地，从圆筒上方安装的小型被动采样器所吸收的目标化合物的成分来看，低氯化合物比高氯化合物的挥发速率快很多。这说明主动采样器可能记录了其他过程的影响，比如损失的目标化合物与接近土壤表层的气溶胶的形成有关，因为这一过程会提高低挥发性物质的损失。

目标化合物从落叶进入到土壤中也是一个非常快的过程（表观半衰期的范围为 272～337 d），并且与化合物的性质有关。渗透速率比挥发速率低一个数量级，并且可溶性化合物的渗透速率比高疏水性化合物的渗透速率仅仅只高 2 倍。

利用质量守恒模型，可计算出目标化合物的降解速率，它们的降解过程是目标化合物在所有环境过程中最慢的。由于空气测量的不确定性对降解速率会有一定的影响，目标化合物算得的表观半衰期为 1357～2677 d。

图 4-21 揭示了本研究中得到的 ^{13}C-PCBs 在落叶和土壤中的表观半衰期（26℃）与 Paasivirta 和 Sinkkonen（2009）通过模型计算出的 PCBs 在热带地区土壤中的

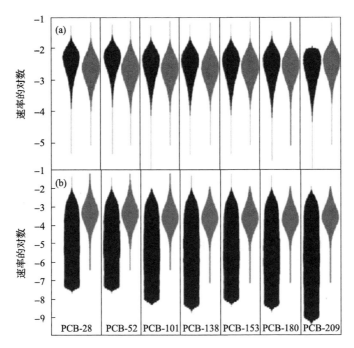

图 4-20　目标化合物在各环境过程中的速率

(a)中红色分布图表示目标化合物从落叶进入土壤中的过程速率，蓝色分布图表示挥发速率；

(b)中红色分布图表示渗透速率，蓝色分布图表示降解速率

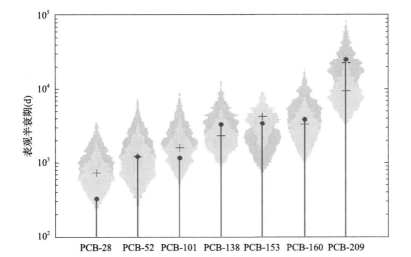

图 4-21　本研究中 ^{13}C-PCBs 在落叶和土壤中的表观半衰期与文献中的比较

半衰期(25℃)的对比情况。Paasivirta 和 Sinkkonen 的研究主要是根据文献中报道的 PCBs 在土壤和沉积物中的降解量来模拟它们在环境中的半衰期。通过对比发现，本实验所得的 ^{13}C-PCBs 的表观半衰期与他们的模拟结果高度一致。

在本实验中所得的 ^{13}C-PCBs 同系物的表观半衰期大约为 Moeckel 等通过实验数据用质量守恒方法计算得出的寒带土壤中的表观半衰期的 1/10（Moeckel et al., 2009）。半衰期之间如此大的差异可能与不同的土壤年平均温度值有关，这两种土壤之间的年平均温度相差 20～25℃。通过拇指规律对半衰期进行校正，即土壤温度每升高 10℃，半衰期大约降低 1.5～2.5 倍（Paasivirta and Sinkkonen, 2009）。但是通过校正后半衰期之间仍然有残差，这可能是因为在热带雨林地区，微生物群落的多样性使得生物降解更加有效，加快了降解速率。同时也可能是因为热带雨林地区的土壤在全年的温度几乎不变，然而寒带地区的土壤则需要经历一个长时间的冷冻期，这同样也可能阻止 POPs 的降解过程。

4.2.5 环境因素对 ^{13}C-PCBs 在热带雨林地区运动过程的影响

根据数据显示，^{13}C-PCBs 在环境中向下移动的速度较快，且其垂直分布与当地 ^{12}C-PCBs 相似，均受土壤 TOC 含量的影响。有研究认为 POPs 与进入到表层土壤中的落叶有机质之间的偶合作用可以控制 POPs 在森林土壤中的命运。寒带和温带森林显示，POPs 在落叶中的稳定性非常高，且与表面层土壤的结构丰富程度密切相关。然而，热带雨林地区的土壤高度风化，有机物和其他营养成分的含量非常低，因此导致 POPs 在热带雨林地区的环境命运不同于寒带和温带森林。^{13}C-PCBs 同物从落叶中挥发出去的速率与落叶向表层土壤转移的速率差不多，且对于每种同系物都十分相似。这样一个与化合物无关的过程，说明挥发和向下迁移的速率是受落叶降解的生物地球化学过程影响的。研究表明中国南部的热带雨林落叶降解速率的范围为 141～190 d，这与我们计算出的落叶向土壤转移的速率一致。在土层的顶部，落叶由渗透水的作用驱使可溶性物质（矿物质和有机物质）进入土层，通过活动在土壤中的动物破坏大块的有机物，将落叶变成碎片，同时通过细菌和真菌的作用改变有机质的化学性质，这样的过程一直持续到落叶与土层无法区分。在寒带和温带森林中，落叶可能需要几十年才能成为"土壤"，而在热带雨林地区，这一过程通常发生在一年之内。不同于寒带和温带地区，并不是每年都有大量的落叶堆积于热带雨林地区的土壤上方。落叶质量的损失几乎是矿化和渗透作用导致的，但是，POPs 则有着完全不同的环境命运。因为 POPs 很难被降解，它们要么挥发进入大气，要么被迁移进入表层土壤。在实验中，120 天时已观察到 ^{13}C-PCBs 在上层土壤进行富集，这可能是因为在热带雨林地区，落叶速度非常快，释放到环境中的 ^{13}C-PCBs 被大量新鲜落叶所覆盖而难与空气直接接触。新鲜落叶的迅速产生和 ^{13}C-PCBs 在土层中的快速移动为气体交换提供了强大的动力学限制,防止污染物质进一步挥发。实际上,几乎所有 ^{13}C-PCBs 同系物挥发到空气中的过程都是发生在模拟实验的前 120 天。相反地,在寒带或者温带森林,污染物质积累并存在于落叶中需要几年的时间,当升高温度或者大气污染物浓度时,可以将落叶中的污染物质重新排放到空气中。

进入到土层中的 ^{13}C-PCBs 将进行重新分布,导致在一年的时间内,^{13}C-PCBs 在土层中的垂直剖面在一定程度上与土壤有机质相关。尽管 ^{13}C-PCBs 和当地 ^{12}C-PCBs 与土壤有机质含量的线性关系不完全一样,却都说明了土壤有机质能够严重地影响它们在土层中的垂直分布。

渗透作用对 POPs 在热带雨林土壤中的环境命运起到非常重要的作用。有机物质流出的重要作用表现在以下几个方面:①总渗透量随着化合物疏水性的增强而增加;②对于不同 K_{OW} 的物质,它们的渗透率相对一致;③疏水性强的 PCBs 被发现与渗透颗粒和溶解性有机物质有关。事实上,从热带雨林表层土壤渗透出的有机质进一步说明土壤 TOC 的含量控制着 PCBs 在土层中的分布,因为热带雨林地区土壤有机质含量低,可能会影响土壤累积疏水性污染物质的能力。此外,热带环境中高温和高湿度的条件加强了微生物活性,可能会加快 POPs 的降解过程。

4.2.6　总结

POPs 在中国森林土壤中的分布情况根据污染物质的不同,而表现出不同特征。对于正在使用或者刚刚禁用不久的 POPs,其在中国森林土壤中的分布主要受污染源的影响。而对于已经禁用多年的 POPs,其在中国森林土壤中的分布规律主要受森林土壤有机质和季风的影响。这一结论与全球蒸馏模型相违背,因此,为了厘清温度对 POPs 的影响,我们选取热带雨林地区对 POPs 的环境过程进行模拟,结果显示,在高温度/低纬度地区,POPs 的沉降量明显高于其挥发量,且土壤有机质含量和渗透作用对 POPs 的分布规律起到了非常重要的作用,而这一结论又与全球蒸馏模型不同。因此,我们的研究表明,污染源、土壤有机质含量、季风、降雨量是影响 POPs 在森林土壤中的分布的主要因素。

4.3　森林过滤效应和冷凝富集效应的对比研究

持久性有机污染物(POPs)在背景/偏远环境介质中的检出一直以来受到科学家的广泛关注。"全球蒸馏假设"的提出使许多研究者倾向认为温度是 POPs 环境命运的主导者。POPs 在温度变化的驱动下不断经历着挥发、沉降过程,并一步一步地由源排放地向寒冷的南、北极迁移。偏远高山地区的气候特征与南、北极有相似之处，具体为低温和常年积雪，且确有不少观测证据支持"高山冷凝富集效应"（Chen et al., 2008; Grimalt et al., 2004a）。根据这一假说，POPs 在山地环境中同样经历着多次挥发、沉降过程，由近排放源的山麓向山坡迁移并最终富集在寒冷的山顶区域，而温度控制下的 POPs 界面分配的差异也导致了其迁移速度的差异性，表现为迁移时发生的组成分馏现象。

然而，有学者提出，"冷凝富集效应"并不能完全解释 POPs 在山地环境中的归趋（Schenker et al., 2014），支持的观测证据有：智利安第斯山地大气中的 HCB 浓度并没有随海拔梯度的增加而增加（Barra et al., 2005）；四川巴朗山地土壤中的 PCBs 和 PBDEs 浓度与 TOC 显著正相关，与温度无相关性（Zheng et al., 2012b）。有别于南极、北极的是，山地的植被覆盖率通常较高，"森林过滤效应"将十分明显。因此，偏远的山地环境将十分有利于开展两种效应的对比研究。

贡嘎山位于青藏高原缘的大雪山脉中南段，介于北纬 $19°00'\sim30°20'$ 和东经 $101°30'\sim102°15'$ 之间。它是我国横断山脉最高峰，主峰海拔 7556 m。贡嘎山山体大体呈南北走向，阻挡东部暖湿气流。贡嘎山东坡从大渡河谷底到主峰的水平距离为 29 km，相对高差 6450 km。大落差为东坡多层次生态系统的形成与发育提供了有利条件。贡嘎山东坡主要受东南季风和印度季风影响，气候湿润。1987 年中国科学院成都山地灾害与环境研究所在东坡海拔 3000 m 处建立了海螺沟高山气象观测站，1991 年在海拔 1600 m 处建立了磨西高山气象观测站。根据海螺沟气象观测站 1988~2010 年的统计数据，贡嘎山东坡的年均降雨量为 1948 mm，主要分布在 5~8 月；年均气温 4.2℃，最低和最高温分别在 1 月和 7 月；年均相对湿度 90%。海拔梯度上显著的垂直气候分异，导致了贡嘎山东坡以亚热带常绿阔叶林带为基带的完整的植被垂直带谱。自下而上分别为亚热带常绿阔叶林带（1100~2200 m）、针阔叶混交林带（2200~2800 m）、亚高山针叶林带（2800~3600 m）、高山灌木草甸带（3600~4200 m）、高山草甸带（4200~4600 m）、高山疏草寒漠带（4600~4800 m）、高山冰雪带（4900 m 以上）（Shi et al., 2012; Wu et al., 2013）。相应的土壤类型为山地黄棕壤、山地棕壤、山地暗棕壤、高山灌丛草甸土、高山草甸土、高山寒漠土（余大福，1984）。

综上所述，贡嘎山东坡的地理位置和环境条件决定了其作为研究区域的优越性。本研究选取的 9 个海拔高度跨越了 4 个植被带，从亚热带常绿阔叶林带到高山灌木草甸带。研究目标为考察 3 种环境介质（大气、苔藓、O 层土壤）中 POPs 的浓度、组成和分布情况，揭示环境因子对其空间分布的影响并确定主控因子，定量计算冷凝富集效应和森林过滤效应对 POPs 土壤富集的贡献值。选取的模式化合物为多氯联苯（PCBs）。

4.3.1　实验材料和方法

1. 样品的采集

本研究区域位于贡嘎山东坡海拔 2060～4167 m 的海螺沟原始森林无人区(北纬 29°32′～29°36′，东经 101°57′～102°04′)，依据植被类型和采样可行性选取了 9 个不同海拔高度的采样点，如图 4-22 所示。

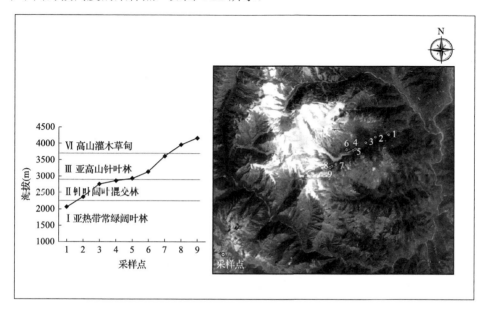

图 4-22　贡嘎山东坡采样点地理位置、海拔及森林类型

采集的样品类型包括：大气被动、苔藓和土壤。其中，土壤和苔藓样品的采集时间为 2012 年 5 月 17～19 日，大气被动采样器的悬挂时间为 2012 年 5 月 17 日至 7 月 31 日。具体采集方法如下。

大气被动采样器如图 4-23 所示，由 2 个规格不同、放置相同的不锈钢盆和 1 根主轴螺杆构成，顶端通过吊环悬挂，两盆合拢形成 1 个不完全封闭空间，空气通过两盆边缘的空隙和底盖上的圆孔进行疏通，聚氨酯泡沫(polyurethane foam, PUF)碟片可通过主轴上的螺母固定于空腔内，规格为：直径 14 cm，厚度 1.30 cm，表面积 365 cm^2，净重 3.40 g，体积 200 cm^3，密度 0.017 g/cm^3。

采样开始前，PUF 经丙酮、二氯甲烷前后分别索氏抽提 72 h，经真空干燥器抽干溶剂后用干净的铝箔纸包好，再装入干净密实袋中–20℃保存。采样结束后，带上一次性手套，小心取出 PUF 并用原铝箔纸包好，装入原密实袋中，注明采样时间和地点，立即运回实验室–20℃保存。大气被动采样器均悬挂在离地至少 2 m 的树枝上，避免人类活动的干扰。

图 4-23　大气被动采样器

左：实物图，左下角：吸附介质；右：结构示意图

苔藓样品一般取自大气采样点周围阴暗潮湿的石头或石壁表面，将采集到的样品装入干净的密实袋中，立即运回实验室–20℃保存。采集土壤样品时，一般选择 10 m×10 m 的采样范围，用清洁好的不锈钢小铲在划定区域的四角和中央挖 3～5 个土坑，根据土壤剖面特征可分为腐殖层(O 层)和淋溶层(A 层)，每一个海拔高度均只采集 O 层土壤，将不同剖面的土壤按四分法混合为 1 个样品后分析。

2. 样品的预处理和仪器分析

1) 材料准备

玻璃器皿：包括索氏抽提管及其配套平底烧瓶(150 mL)、梨形瓶(150 mL)、棕色样品瓶(20 mL 和 40 mL)、细胞瓶(1.5 mL)、自制砂芯玻璃层析柱(8 mm i.d. × 15 cm)、胶头滴管(长 120 mm)等。玻璃器皿用 RBS 洗液浸泡 24 h 后依次用自来水、去离子水清洗，105℃烘干后 450℃灼烧 6 h。接触样品前先用二氯甲烷或相应溶剂润洗三遍。

无水硫酸钠：450℃下煅烧 12 h，冷却后，放至密封干燥器中，待用。

中性硅胶：70～230 目(Merck)，450℃下煅烧 12 h，待冷却平衡后加 3%(w/w)的蒸馏水去活化，放至密封干燥器中，平衡 24 h 后使用。

中性氧化铝：80～200 目(Merck)，450℃下煅烧 12 h，待冷却平衡后加 3%(w/w)的蒸馏水去活化，放至密封干燥器中，平衡 24 h 后使用。

酸性硅胶：向煅烧好的硅胶中逐滴加入优级纯浓硫酸直至浓硫酸与硅胶的质量比为 1：1，放置密封干燥器中，平衡 24 h 后使用。

纯铜片：纯度＞99%，用于样品除硫。用剪刀剪成约 1 mm² 的小块，10%的稀盐酸洗去表面氧化膜，再用蒸馏水反复冲洗铜片以除去稀盐酸，之后用丙酮和二氯甲烷依次各洗三遍。

层析柱：长 15 cm 的层析柱，干法装柱。

滤纸：用丙酮和二氯甲烷分别索氏抽提 72 h，干燥后备用。

剪刀及镊子：均为不锈钢制品，使用前用二氯甲烷或样品对应溶剂润洗三遍。

2）试剂与标样

有机溶剂：二氯甲烷和正己烷均为色谱纯，购自美国 Honeywell 公司；正十二烷购自美国 Sigma-Aldrich 公司；丙酮为分析纯，购自天津化学试剂厂，经全玻璃仪器重蒸后使用。浓硫酸（纯度 95%～98%）和浓盐酸（30%）购自广州化学试剂厂。

标准品：多氯联苯混合标准物质[二氯联苯（diCB）：PCB-8，三氯联苯（triCB）：PCB-28、PCB-37，四氯联苯（tetraCB）：PCB-44、PCB-49、PCB-52、PCB-60、PCB-66、PCB-70、PCB-74、PCB-77，五氯联苯（pentaCB）：PCB-82、PCB-87、PCB-99、PCB-101、PCB-105、PCB-114、PCB-118、PCB-126，六氯联苯（hexaCB）：PCB-128、PCB-138、PCB-153、PCB-156、PCB-158、PCB-166、PCB-169，七氯联苯（heptaCB）：PCB-170、PCB-179、PCB-180、PCB-183、PCB-187、PCB-189]，多溴二苯醚混合标准物质（BDE-28、BDE-47、BDE-99、BDE-100、BDE-153、BDE-154、BDE-183、BDE-209）购自美国 AccuStandard 公司；得克隆（*syn*-DP、*anti*-DP），内标物 ^{13}C-PCB-141 购自美国 Cambridge Isotope Laboratories；回收率指示物质[2,4,5,6-四氯间二甲苯（TC*m*X）、PCB-30、PCB-198、PCB-209]购自美国 Sigma-Aldrich 公司。

3）样品前处理

（1）PUF 样品。

a. 索氏抽提：将 PUF 样品塞入洁净金属桶中，金属筒装入索氏抽提管中，向底瓶倒入 2/3 体积的二氯甲烷溶剂。溶剂中加入 20 ng 回收率指示物 TC*m*X、PCB-30、PCB-198、PCB-209 和少量铜片，索氏抽提 48 h。

b. 溶剂转换：抽提液旋转蒸发至 1～2 mL。加入约 5 mL 正己烷进行溶剂转换，浓缩至 1 mL，重复三次，确保溶剂全部转化为正己烷。最后一次旋转蒸发至 0.5～1 mL。

c. 酸性硅胶柱净化：采用干法装柱，柱子从下至上分别为 3 cm 氧化铝、2 cm 中性硅胶、3 cm 酸性硅胶和 0.5 cm 无水硫酸钠。装柱过程不断敲打柱子以保证填料密实。装样前，先用正己烷冲洗柱子；装样后，用二氯甲烷和正己烷的混合溶剂（1∶1，*V*∶*V*）淋洗。洗脱液收集于 20 mL 棕色试剂瓶中。

d. 氮吹定容：将洗脱液置于轻柔氮气下吹扫至 0.5～1 mL，再转移至 1.5 mL 内置衬管的进样瓶中，转移时将溶剂置换成正十二烷。进样瓶中的样品在轻柔氮气下定容至 40 μL，–20℃保存。上机前加入 10 ng 内标物 ^{13}C-PCB-141。

（2）苔藓样品。

a. 索氏抽提：苔藓样品经自来水、去离子清洗干净后冷冻干燥。用洁净的剪刀将干燥的苔藓样品剪碎，并放入中药搅拌机中粉碎。取 10 g 左右苔藓粉碎样品装入洁净的滤纸筒中，将滤纸筒装入索氏抽提管中，向底瓶倒入 2/3 体积的正己烷丙酮混合溶剂($3:1, V:V$)。溶剂中加入 20 ng 回收率指示物 TCmX、PCB-30、PCB-198、PCB-209 和少量铜片，索氏抽提 48 h。

b. 溶剂转换：抽提液旋转蒸发至 1~2 mL。加入约 5 mL 正己烷进行溶剂转换，浓缩至 1 mL，重复三次，确保溶剂全部转化为正己烷。最后一次旋转蒸发至 0.5~1 mL。

c. 酸洗：将 1~2 mL 的转换溶剂转移至梨形瓶中，加入 40 mL 正己烷扩容，再加入 5 mL 左右浓硫酸，振荡、静置。可见底部溶液经浓硫酸反应后变黑，用胶头滴管将底部黑色物质吸出，反复多次，直至加入的浓硫酸不变色。

d. 旋转浓缩：将酸洗后的溶液旋转蒸发至 0.5~1 mL。

e. 酸性硅胶柱净化：向煅烧好的硅胶中逐滴加入优级纯浓硫酸直至浓硫酸与硅胶的质量比为 1:1，放置密封干燥器中，平衡 24 h 后使用。

f. 凝胶渗透色谱(GPC)柱净化：使用 GPC 柱进行最后一步纯化处理。采用干法装柱，在玻璃柱(i.d. = 2 cm×30 cm，活塞为聚四氟乙烯材质)中装入 6.5 g Bio-Beads S-X3 并用二氯甲烷正己烷混合液($1:1, V:V$)反复冲洗。填料完全浸泡在混合液中，静置 24 h 后做流出曲线，确定样品流出体积。根据流出曲线，收集包含目标化合物的溶液于 40 mL 棕色样品瓶中。

g. 氮吹定容：将洗脱液置于轻柔氮气下吹扫至 0.5~1 mL，再转移至 1.5 mL 内置衬管的进样瓶中，转移时将溶剂置换成正十二烷。进样瓶中的样品在轻柔氮气下定容至 40 μL，−20℃保存。上机前加入 10 ng 内标物 ^{13}C-PCB-141。

(3)土壤样品。

取 50 g 左右土壤样品用于理化性质和 POPs 分析，剩余样品置于−20℃备用。将取出样品分成两部分，一部分自然风干、过筛(2 mm)，进行理化性质的测定；另一部分冷冻干燥、过筛(2 mm)、研磨，进行 POPs 分析。

a. 索氏抽提：取 30 g 左右土壤样品装入洁净的滤纸筒中，将滤纸筒装入索氏抽提管中，向底瓶倒入 2/3 体积的正己烷丙酮混合溶剂($3:1, V:V$)。溶剂中加入 20 ng 回收率指示物 TCmX、PCB-30、PCB-198、PCB-209 和少量铜片，索氏抽提 48 h。

b. 溶剂转换：抽提液旋转蒸发至 1~2 mL。加入约 5 mL 正己烷进行溶剂转换，浓缩至 1 mL，重复三次，确保溶剂全部转化为正己烷。最后一次旋转蒸发至 0.5~1 mL。

c. 酸洗：将 1~2 mL 的转换溶剂转移至梨形瓶中，加入 40 mL 正己烷扩容，再加入 5 mL 左右浓硫酸，振荡、静置。可见底部溶液经浓硫酸反应后变黑，用胶头滴管将底部黑色物质吸出，反复多次，直至加入的浓硫酸不变色。

d. 酸性硅胶柱净化：向煅烧好的硅胶中逐滴加入优级纯浓硫酸直至浓硫酸与硅胶的质量比为 1:1，放置密封干燥器中，平衡 24 h 后使用。

e. GPC 净化：使用 GPC 柱进行最后一步纯化处理。采用干法装柱，在玻璃柱 (i.d. = 2 cm×30 cm，活塞为聚四氟乙烯材质) 中装入 6.5 g Bio-Beads S-X3 并用二氯甲烷正己烷混合液 (1∶1，V∶V) 反复冲洗。填料完全浸泡在混合液中，静置 24 h 后做流出曲线，确定样品流出体积。根据流出曲线，收集包含目标化合物的溶液于 40 mL 棕色样品瓶中。

f. 氮吹定容：将洗脱液置于轻柔氮气下吹扫至 0.5～1 mL，再转移至 1.5 mL 内置衬管的进样瓶中，转移时将溶剂置换成正十二烷。进样瓶中的样品在轻柔氮气下定容至 40 μL，–20℃保存。上机前加入 10 ng 内标物 ^{13}C-PCB-141。

4) 仪器分析

所用仪器为三重联用四极杆气相色谱质谱仪 (Agilent 7890 GC/7000 MS; Agilent Technologies，美国)，色谱柱为 HP-5MS (30 m×0.25 mm×0.25 μm; Agilent Technologies，美国)，离子源为电子轰击 (EI) 源，电压设为–70 eV。进样模式采用不分流进样，进样量设为 1 μL。载气为高纯氦气，流量设为 1 mL/min。进样口、离子源和四极杆的温度分别设为 250℃、230℃和 150℃。

升温程序如下：100℃保留 0.5 min，以 20℃/min 升温至 160℃保留 2 min，以 4℃/min 升温至 290℃保留 5 min，后运行 300℃保持 10 min。

质谱检测器设为多重反应监测 (MRM) 模式，检测离子碎片见表 4-6，溶剂延迟 9 min。所得数据用安捷伦色谱工作站处理，目标化合物的定量采用 6 点校正曲线和内标法。

表 4-6　PCBs 的扫描离子碎片

化合物	前级离子>后级离子	碰撞能量(V)	前级离子>后级离子	碰撞能量(V)
二氯联苯	222 > 152	25	224 > 152	25
三氯联苯	256 > 186	25	258 > 186	25
四氯联苯	290 > 220	25	292 > 222	25
五氯联苯	326 > 256	25	324 > 254	25
六氯联苯	360 > 290	25	358 > 288	25
七氯联苯	394 > 324	30	392 > 322	30
PCB-198	428 > 358	30	430 > 360	30
^{13}C-PCB-141	372 > 302	35	370 > 300	35

5) 质量控制/质量保证

每个样品中均加入了回收率指示物用于指示实验流程对目标化合物回收率的影响。每一批样品 (11 个) 跟随 1 个流程空白，同一批采集的大气样品包括 3 个野外空白，以监控实验前处理和野外采样过程中可能引入的污染。另外还分析了样品平行样，以保证实验流程的稳定性。

为保证仪器运行的稳定性，每天分别用 PCBs 的标样(中间浓度)校正，控制仪器偏差在正负 15%以内。当仪器出现较大偏差时，重新分析一套完整标样，建立新标准曲线，并用该标准曲线定量。

方法检测限(MDL)定义为：空白平均值＋3.36×空白标准偏差，3.36 为 98% 置信区间内的系数。在不同批次样品中，MDL 都会有所变化。PCBs 的 MDL 为：0.31～6.0 pg/g(土壤)、0.93～18 pg/g(苔藓)、0.04～0.78 pg/m^3(大气)。当空白浓度低于检出限或样品平均浓度的 5%时，认为在可接受范围内，否则进行空白校正。PCB-30、PCB-198、PCB-209 的回收率分别为 60%±11%、105%±14%、94.5±14%，最终结果没有进行回收率校正。

3. 土壤理化性质分析

本研究涉及的土壤理化性质参数主要有土壤含水率、pH、总有机碳(total organic carbon, TOC)和总氮(total nitrogen, TN)。

1)含水率

称取一定重量土壤样品，记录湿重 W_1，于 105℃烘 24 h，恒重后称量此时的干重 W_2，含水率即为$(W_1-W_2)/W_1×100\%$。

2)pH

取用于理化性质测定的土壤样品 10 g 加入 50 mL 特氟龙离心管中，按 1:2.5 $(w:V)$将土壤浸泡于 25 mL 去离子水中，经水平振荡器振荡 5 min，静置 1～3 h。将 pH 计(Starter 3100; Ohaus，美国)复合电极插入土壤溶液中，待读数稳定后读取测量值，每个样品测定 3 次，结果取其平均值。在测定 pH 时，相邻两次之间用大量超纯水冲洗电极，并用纸巾将水吸干。

3)TOC 和 TN

先用盐酸除去可能存在的碳酸盐，再经元素分析仪测定。具体步骤如下：称取 1 g 左右样品于 50 mL 特氟龙离心管中，加入 10%的优级纯盐酸溶液 10 mL，经水平振荡器振荡 5 min，再超声处理 15 min，静置浸泡约 8 h，最后离心(3500 r/min, 5 min)弃去盐酸废液；如此反复酸洗 4～5 次，再经去离子水水洗至中性(经 pH 试纸测定)，然后于 60℃下烘干至恒重，取出研磨后放入干燥器中平衡 24 h。准确称取 1～100 mg 样品采用锡舟包样(包样所用镊子、药匙不同样品间用酒精擦拭干净)，最后经元素分析仪 CHNS Vario EI Ⅲ测定碳和氮的百分含量，每个样品平行测定 2 次，相对标准偏差(RSD)小于 2%。每 10 个样品插入 2 个标样，以监控仪器稳定情况。

4. 后向气团轨迹计算

使用美国国家海洋与大气管理局(NOAA)下属的大气资源实验室(ARL)所开发的单颗粒拉格朗日综合轨迹(HYSPLIT)模型计算了贡嘎山采样区域的后向气团轨迹，计算所用数据为从 NCEP 全球数据同化系统下载的再分析气象数据，精度为 $1° \times 1°$。在使用 HYSPLIT 软件进行气团轨迹反演时，选取合适的边界层高度能使传输路径的模拟更加精准。Jaffe 等(2003)建议 HYSPLIT 模型中的气团到达点的离地高度应选在边界层顶或边界层以内。青藏高原大气边界层高度在 1000 m 以上，所选取的气团轨迹反演的离地高度通常大于 1000 m，甚至可达 3000 m(Wang et al., 2010)。本研究区域的海拔跨度大，各采样点之间的水平距离小，而再分析气象数据无法精确计算每一个采样点的后向气团轨迹。因此，我们以海螺沟监测站为终点，对 2011 年 5 月～2012 年 7 月每天 0 时和 12 时的 3 个不同离地高度(100 m、500 m、3000 m)的气团进行反演，反演时间为 5 d(120 h)，并将得到的所有气团轨迹进行聚类分析。

5. 数据处理与分析

采用 Microsoft Office Excel 2012 和 IBM SPSS Statistics 20.0 对数据进行处理、显著性分析、相关性分析、主成分分析和线性回归分析。采用 Sigma Plot 12.0 和 ArcMap 10 绘图。

4.3.2　结果与讨论

1. PCBs 的浓度和组成

本研究共检测到 24 种 PCBs，表 4-7 列出了各采样点的基本情况、环境参数和总 PCBs($\sum_{24}$PCBs)浓度。为了方便比较，选取经验值 3.5 m³/d 作为大气被动采样速率(Jaward et al., 2005b; Zhang et al., 2008a)，将大气浓度表示为 pg/m³，苔藓和土壤浓度均指干重样品浓度。

大气样品中，$\sum_{24}$PCBs 的浓度范围为 33～60 pg/m³，平均值为 47 pg/m³，tetraCB 比例最高，占 $\sum_{24}$PCBs 的 46%，diCB 和 triCB 次之，分别为 25% 和 24%(图 4-24)。与国内外背景/偏远地区相比，贡嘎山东坡大气 PCBs 浓度与意大利阿尔卑斯山相当(25～52 pg/m³)(Jaward et al., 2005a)，略低于青藏高原若尔盖草原(88～145 pg/m³)(Gai et al., 2014)，在亚洲大气背景值(17～150 pg/m³)以内(Li et al., 2009)。Zhang 等(2008b)报道了全国范围内 97 个大气样品的 PCBs 浓度和组成，发现低氯代联苯比例较高，其中 triCB 最高，高氯代联苯的比例远低于欧洲和北美地区。印度大气 PCBs 以 tetraCB 主(Zhang et al., 2008a)，地属青藏高原的贡嘎山受印度季风影响。因此，贡嘎山东坡大气 tetraCB 而非 triCB 的比例最

表 4-7　采样点基本信息、环境参数和 PCBs 浓度

样点	植被类型	海拔(m)	经度	纬度	降雨(mm/a)	气温/土温(℃)	$\sum_{24}$PCBs 大气(pg/m³)	$\sum_{24}$PCBs 苔藓(pg/g)	$\sum_{24}$PCBs 土壤(pg/g)	土壤有机质(%)
1	亚热带常绿阔叶林	2060	29°36′20″	102°04′25″	1200	10/12	33	550	71	17
2	针叶阔叶林	2369	29°35′73″	102°02′65″	1600	8.7/11	40	870	280	37
3	针叶阔叶林	2760	29°35′14″	102°01′52″	1900	7.6/6.8	49	970	360	30
4	亚高山针叶林	2861	29°34′48″	102°00′31″	1900	6.6/8.6	59	790	470	40
5	亚高山针叶林	2925	29°34′36″	102°00′06″	2100	5.7/7.6	40	630	320	38
6	亚高山针叶林	3125	29°34′40″	101°59′32″	2200	4.9/6.8	51	540	200	30
7	亚高山针叶林	3614	29°32′99″	101°58′11″	3200	3.1/5.4	60	840	510	38
8	高山灌木草甸	3966	29°32′78″	101°57′66″	1900	0.54/2.4	37	1200	41	7.3
9	高山灌木草甸	4167	29°32′66″	101°57′46″	1400	0.08/1.8	57	280	110	4.6

注：土壤、苔藓浓度均指干重样品浓度。

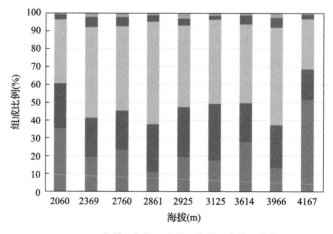

图 4-24　大气 PCBs 组成的海拔分布特征

高可能是西南方向的印度季风将 PCBs 从印度吹向了贡嘎山造成的，这与 Wang 等 (2010)在青藏高原观测到的结果一致。此外,7 种指示性 PCBs($\sum_7$PCBs)(PCB-28、PCB-52、PCB-101、PCB-138/158、PCB-153 和 PCB-180)的浓度范围为 11~24 pg/m³, 占 $\sum_{24}$PCBs 的 24%~41%, PCB-28 是相对含量最高的单体，而高氯代 PCB-101、PCB-118、PCB-138/158、PCB-153 和 PCB-180 的浓度普遍较低(<1 pg/m³)，与青藏高原地区的其他研究结果一致(Gai et al., 2014; Liu et al., 2010; Zhu et al., 2014)。

　　苔藓用于指示欧洲和北美偏远山地以及南、北极 POPs 的污染已有较多报道，但作为世界第三极的青藏高原，苔藓指示 POPs 污染的研究却鲜有报道，仅有的报道也只针对 PAHs 和 OCPs (Yang et al., 2013)。贡嘎山东坡苔藓样品中，$\sum_{24}$PCBs 浓度范围为 280~1200 pg/g，与 2005 年和 2009 年两次测得的南极苔藓浓度相当 (40~760 pg/g) (Cabrerizo et al., 2012)，比 20 多年前的挪威(Lead et al., 1996)、芬兰(Himberg and Pakarinen, 1994) 和南极东部地区(Borghini et al., 2005)的苔藓浓度低 1 个数量级。分析不同年代苔藓和地衣中 POPs 污染水平对于了解污染物的使用和排放情况具有指示作用。挪威和芬兰地区的报道均指出，苔藓的 POPs 污染水平自 POPs 禁用后呈整体下降趋势。苔藓样品中 PCBs 的组成情况与大气样品有类似之处，即 tetraCB(33%)>diCB(32%)>triCB(26%)(图 4-25)，不同的是，大气样品中 tetraCB 的比例是 diCB 的近 2 倍，而苔藓样品中二者的比例非常接近。虽然在样品分析前，我们有用大量自来水和去离子水冲洗苔藓以清除表面附着的颗粒物和土壤，但苔藓样品中高氯代 PCBs(pentaCB、hexCB 和 heptaCB)的比例 (9.4%)依然显著高于大气 PUF 样品(5.5%)。这表明，苔藓对高氯代联苯的富集能力较 PUF 高。此外，$\sum_7$PCBs 浓度范围为 83~310 pg/g，占 $\sum_{24}$PCBs 的 23%~36%。

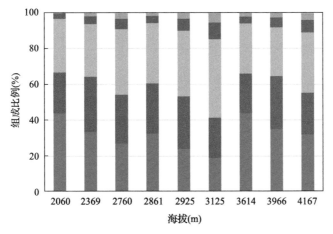

图 4-25　苔藓 PCBs 组成的海拔分布特征

土壤 $\sum_{24}$ PCBs 浓度在 41～510 pg/g 之间，平均值为 260 pg/g，tetraCB 比例最高，占 $\sum_{24}$ PCBs 的 39%，triCB 和 diCB 次之，分别为 25% 和 13%（图 4-26）。与文献比较发现，贡嘎山东坡土壤 PCBs 浓度与西藏色季拉山（100～300 pg/g）（Wang et al., 2014）和珠穆朗玛峰（47～423 pg/g）（Wang et al., 2009）表层土壤相当，低于欧洲比利牛斯山和塔特拉山表层土壤（410～1500 pg/g）（Moeckel et al., 2008），显著低于挪威意大利地区、欧洲和亚洲土壤背景值（420～28000 pg/g、120～2900 pg/g 和 47～97000 pg/g）（Grimalt et al., 2004b; Li et al., 2009）。$\sum_{7}$ PCBs 所占比例为 35%～48%，PCB-28 的相对含量最高。

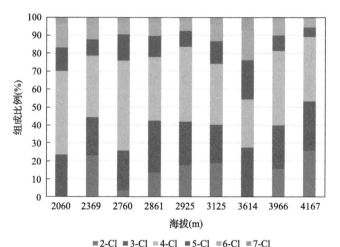

图 4-26　土壤 PCBs 组成的海拔分布特征

总之，贡嘎山东坡的 PCBs 浓度整体较低，表明该地区没有显著的 PCBs 污染源，属于清洁背景点。大气长距离传输是 PCBs 的主要来源。

2. PCBs 的海拔分布特征

图 4-27 可以看出，贡嘎山东坡大气中 PCBs 的浓度随海拔分布比较均匀，变异系数为 21%，而苔藓和土壤的波动则较大，变异系数分别为 36% 和 65%。大气平流运动、大气-土壤界面交换及大气垂直扩散都会影响山地大气 POPs 的空间分布，因此我们首先讨论了贡嘎山东坡地区的土-气平衡和大气运动状况。Wang 等（2012）分析了青藏高原地区 14 个背景点 POPs 的土-气平衡状态，他们的研究结果表明，区域温度在 -5～15℃ 变化时，只有 PCB-28 和 PCB-52 达到了平衡状态，其他 POPs 均以沉降过程为主。本研究区域土壤的温度变化范围为 1.8～12℃（表 4-7），因此我们有理由认为大气被动采样装置采集到的 PCBs 几乎不来自本地土壤挥发。大气边界层内不同高度气团中的 PCBs 浓度可能不同，当这些气团传输至贡嘎山东坡时，可能导致大气 PCBs 的空间差异性。后向气流轨迹结果表明，3

个不同高度的气团移动轨迹相似，气团在印度季风影响下自西南方向传输，途经缅甸和我国云南省。这表明大气边界层内气团平流运动稳定且污染物在大气中混合均匀（Wang et al., 2012）。大气 PCBs 沿海拔梯度并未出现组成分馏现象，且均以低氯代 PCBs 为主（>90%）（图 4-27）。低氯代 PCBs 的挥发性高、大气停留时间长，通过大气传输使得 PCBs 的海拔分布无显著变化，再次佐证了贡嘎山东坡的 PCBs 主要来自大气长距离传输。

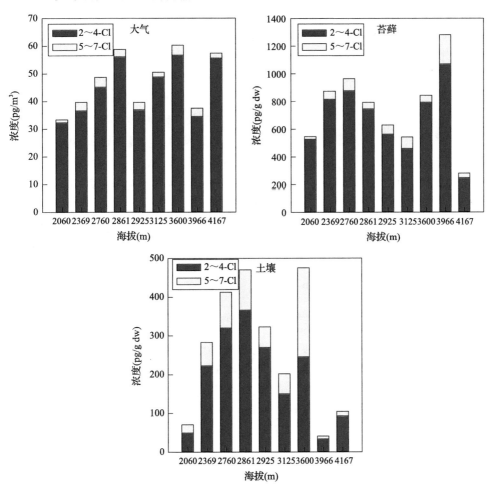

图 4-27　三种介质中 PCBs 的海拔分布特征

苔藓 PCBs 沿海拔梯度的变化并不十分明显。事实上，苔藓对污染物的富集能力与自身形态结构有关，苔藓植物体表面积越大，对颗粒态污染物的捕获能力越强。其次还与在大气污染物中的暴露时间有关，暴露时间越长苔藓植物体内的污染物含量越高。因此，不同种类不同年龄的苔藓富集大气中 POPs 的能力是不同的，导致进行不同区域浓度比较时存在一定的局限性。由于缺乏经验，我们未能采集到种类一致的苔藓样品，也无法确定苔藓的年龄，这可能是导致苔藓 PCBs 空间分布无规律的主要原因。此外，样点 8 的大气和土壤 PCBs 浓度较低，但苔藓中的浓度最高，且高氯代所占比例大，推测与该点采集到的长势最好(大而厚)的苔藓有关。未来需要加大对偏远地区各种类型的苔藓或地衣的调查研究，最终期望获得可指示全球 POPs 污染的广谱性的种类，以便于调查和比较各区域 POPs 的污染状况。

土壤 PCBs 沿海拔梯度呈倒"U"型分布。林线(海拔 3600 m)以下区域的平均浓度比林线以上高 3 倍，最高值出现在样点 7(海拔 3614 m)。样点 7 位于林线附近，该点的土壤浓度最高可能与林线附近的强降雨(＞3000 mm/a)和土壤中较高的有机质含量(38%)有关。降雨为植物提供生长所需水分，湿润多雨的环境通常有助于植物的快速生长，而植物越旺盛森林过滤效应越强。此外降雨对 POPs 有很好的清除效果。Wu 等(2011)的研究表明，贡嘎山东坡亚高山针叶林带(海拔 2600～ 3600 m)的大气镉沉降量和土壤镉浓度均最高。从组成上看，tetraCB 的比例随海拔分布均匀，林线以下和林线以上的比例分别为39%±8.0%和39%±4.0%(图 4-27)，并未出现组成分馏现象。高氯代联苯的比例在样点 7 最高(46%)，而其他样点的平均比例仅为 21%±6.0%，表明了降雨对高氯代联苯的清除作用。林线以上无森林覆盖的有机质土中，PCBs 浓度随海拔升高而升高。土壤 PCBs 浓度经 TOC 校正后，表现出显著的沿海拔上升趋势，最高值出现在气温最低的最高点。可见，温度和 TOC 是影响 POPs 海拔梯度分布的重要因素。

3. 环境因子对土壤 PCBs 空间分布的影响

将土壤 PCBs 浓度与环境变量做相关性分析，涉及的环境变量有土壤 TOC、年降雨量(annual precipitation, AP)和气温(air temperature, AT)，其中土壤 TOC 为实验室测量结果，AP 和 AT 由中国科学院成都山地灾害与环境研究所提供(表 4-7)。土壤 TOC 变化范围为 4.6%～40%，林线以下区域的平均浓度比林线以上高 5 倍左右。统计结果表明，$\sum_{24}$PCBs 浓度与土壤 TOC 显著正相关($p = 0.03$, $R^2 = 0.75$; 图 4-28)，剔除样点 7 后的单体 PCBs 浓度与土壤 TOC 显著正相关，且高氯代联苯的相关性更好。样点 7 受降雨作用明显，为了排除降雨干扰，PCBs 浓度经降雨量校正后与土壤 TOC 做相关性分析，二者仍显著正相关(图 4-29)。为了排除土壤 TOC 干扰，PCBs 浓度经 TOC 校正后分别与 AP 和 AT 做相关性分析，统计结果表明，$\log(\sum_{24}$PCBs /TOC)与 AP、$\log(\sum_{24}$PCBs /TOC)与 AT 均无显著相关性(表 4-8)。以土壤 TOC、AP 和 AT 为自变量，以 O 层土壤 $\sum_{24}$PCBs 浓度为因变量，做多元线性回归分析，结果表明，显著性概率值 $p = 0.04$，皮尔逊相关系数 $R^2 = 0.89$。综上所述，土壤 TOC、降雨和温度对 O 层土壤 PCBs 浓度变化的贡献率有

89%，TOC 为主要控制因子，此外可能还受降雪、降解和地表径流等环境因素影响。

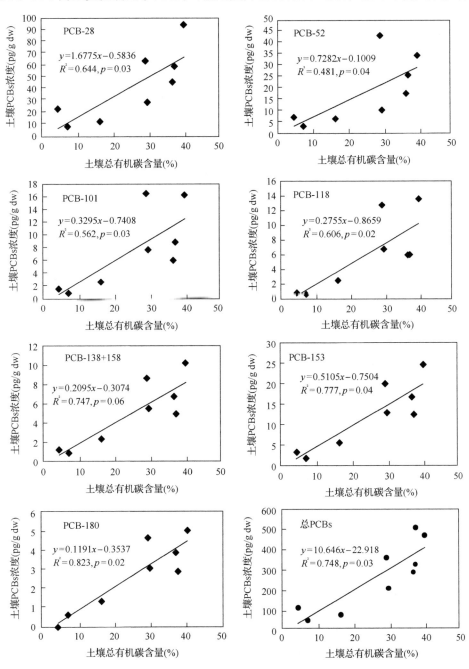

图 4-28　土壤 PCBs 浓度与 TOC 的线性关系图

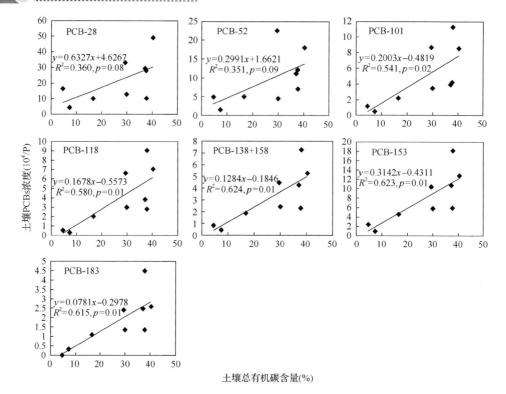

图 4-29 降雨校正的土壤 PCBs 浓度与 TOC 的线性关系图

表 4-8 $\log(\sum_{24}\mathrm{PCBs}/\mathrm{TOC})$ 与 AT、$\log(\sum_{24}\mathrm{PCBs}/\mathrm{TOC})$ 与 AP 的相关性分析

化合物	$\log(\sum_{24}\mathrm{PCBs}/\mathrm{TOC})$ vs. 1/AT		$\log(\sum_{24}\mathrm{PCBs}/\mathrm{TOC})$ vs. AP	
	r	p	r	p
PCB-28	0.47	0.21	−0.35	0.36
PCB-52	0.42	0.26	−0.12	0.75
PCB-101	0.29	0.44	0.55	0.12
PCB-118	0.098	0.80	0.44	0.23
PCB-138+158	−0.004	0.99	0.57	0.11
PCB-153	0.27	0.49	0.15	0.70
PCB-180	−0.37	0.33	**0.66**	0.05
$\sum$PCBs	0.47	0.21	0.22	0.57

注：黑体数据表示显著相关。

4. 森林过滤效应和冷凝捕集效应的对比分析

主成分分析/多元线性回归分析(PCA/MLRA)属于定量源解析方法，已成功应用于环境污染物的源解析和源贡献率计算(Li et al. 2006a, Li et al. 2006b)。主成分

分析利用"降维"的方法，将原有多个变量线性变化后，转化为数目较少的新变量，这些新变量两两正交，且最大限度反映原数据提供的信息。因此，我们首先利用该方法获取能最大限度反映贡嘎山东坡 O 层土壤 PCBs 变化特征的新变量（主成分）。事实上已有研究者做过类似工作。例如，叶兆贤等（2005）运用该方法揭示了珠三角区域内亚热带季风气候条件下，水、热因子的不同组合是控制大气 PAHs 干湿沉降的主要因素。Aichner 等（2013）运用该方法对影响德国森林土壤 POPs 空间分布的环境因子进行评价，结果发现区域/本地源排放是主要控制因子。

考虑到海拔和温度在信息表达上的重复性及海拔数据的准确性，只将海拔列入 PCA 变量。通过 PCA，我们从 5 个原始变量（低氯代联苯、高氯代联苯、土壤 TOC、AP、海拔）中提取了 2 个特征值大于 1 的主成分 PC1 和 PC2，总方差贡献率为 90%，各主成分因子载荷列于表 4-9。PC1 的方差贡献率占总方差的 61%，其中土壤 TOC 和 AP 有较高的载荷，定义为森林过滤效应（forest filter effect，FFE）；PC2 解释了总方差的 29%，海拔的因子载荷最高，定义为冷凝捕集效应（cold trapping effect，CTE）。

表 4-9　主成分因子载荷表

自变量	主成分 1	主成分 2
低氯代 PCBs	0.88	−0.21
高氯代 PCBs	0.90	0.29
土壤 TOC	0.91	−0.37
降雨	0.78	0.56
海拔	−1.8	0.93
载荷(%)	61	29

以因子得分为自变量，以标准化的 $\sum_{24}$PCBs 为因变量，经 SPSS 做多元线性回归分析（置信区间为 95%），将得到的线性回归系数代入以下公式（Larsen and Baker，2003），并计算因子 i 对土壤 $\sum_{24}$PCBs 的贡献值。

因子 i 的贡献值（pg/g dw）=平均浓度 $\sum_{24}$PCBs $\times (B_i/\Sigma B_i) + B_i\sigma_{PCBs}FS_i$

式中，B_i 表示因子 i 的线性回归系数，σ_{PCBs} 表示 $\sum_{24}$PCBs 的相对标准偏差，FS_i 表示因子得分。

如图 4-30 所示，FFE 和 CTE 对土壤 PCBs 的平均贡献率分别为 65% 和 34%，揭示了森林过滤效应对贡嘎山东坡土壤 PCBs 分布的控制作用。CTE 的贡献值沿海拔呈上升趋势，在高山灌木草甸带的平均贡献率为 64%，比预期结果低，这可能与灌木和草甸的过滤效应有关。由于叶片面积指数（leaf area index，LAI）（叶片面积/地表面积）是 FFE 的重要参数，我们有必要讨论 LAI 的分布情况。Luo 等

(2004)在1999～2000年间对贡嘎山东坡海拔1900～3700 m的LAI进行了测定，发现LAI最大值出现在海拔2850 m和3700 m处，最小值在海拔1900 m处，且LAI随降雨量的增加而增加，和本研究结果十分吻合。FFE在海拔2861 m和3614 m的贡献率较高，在海拔2060 m的贡献率仅为51%。此外，PCBs的统计计算结果在林线以下区域比实测结果低，而林线以上则高于实测值，可能是高山融雪期的地表径流将PCBs由高海拔地区迁移至低海拔地区所致。

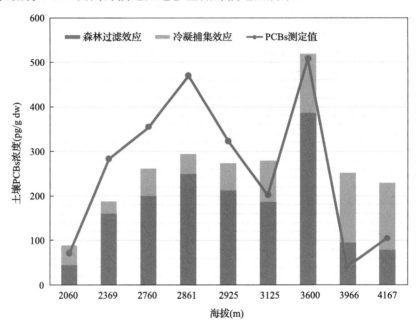

图4-30　森林过滤效应和冷凝捕集效应对土壤PCBs的贡献图

4.3.3　结论

（1）贡嘎山东坡属于清洁背景点，PCBs主要来自大气长距离传输，且低氯代联苯的相对含量高于高氯代联苯，tetraCB的相对含量最高。

（2）大气PCBs浓度随海拔分布均匀；苔藓PCBs浓度沿海拔梯度呈无规律变化，可能与植物体种类和年龄的不一致有关；土壤PCBs浓度沿海拔梯度呈倒"U"型分布，林线以下的平均浓度比林线以上高3倍。3种介质中PCBs的组成沿海拔梯度无明显分馏。

（3）环境因子（土壤TOC、温度、降雨）对土壤PCBs浓度变化的贡献率有89%，土壤TOC是主要控制因子。

（4）"森林过滤效应"和"冷凝捕集效应"对土壤PCBs的平均贡献率分别为65%和35%，表明了森林过滤效应对贡嘎山东坡O层土壤PCBs分布的控制作用。

4.4　天然林和人工林富集 POPs 的比较分析

森林土壤在全球碳循环中发挥了非常重要的作用，是陆地生态系统最大的土壤碳库，也是 POPs 的主要"汇"之一。然而，土地利用变化下土壤碳格局的改变可能会引发 POPs "源-汇"格局的改变，应引起足够重视。

联合国粮食及农业组织(FAO) 2015 年的数据显示，全球森林净砍伐量较 2010 年减少 50% 以上(引自 www.fao.org)。森林砍伐量的显著减少与大面积植树造林有关，人工林占全球森林面积的比例由 1990 年的 4% 增加至 2015 年的 7%，并以每年 500 万公顷的速度持续增加。人工林指通过人工措施形成的森林，其主要特点是群体结构单一、林木分布均匀、林地从造林之初就处于人为控制下。人工林种植有效缓和了发展落后地区的贫困问题，尤以在亚洲地区的影响显著。据统计，亚洲人工林面积占世界人工林总面积的 44.4%。遗憾的是，人工林扩张常以天然林退缩为代价，例如马来西亚通过砍伐烧尽低地热带森林将橡胶林的面积扩大至 1960 年的 2 倍(Aratrakorn et al., 2006)，印度尼西亚苏门答腊岛橡胶林和棕榈林面积持续增长的同时，热带雨林面积退缩至 1985 年的 1/2 (Guillaume et al., 2015)。

我国森林覆盖率只有全球平均水平的 2/3，人工林面积却居世界首位。橡胶树和桉树是我国两种典型的人工林树种，主要种植于包括云南、广西、广东和海南省在内的南方热带地区。连栽所导致的地力衰退、生态恶化、森林生产力下降及病虫害的蔓延等问题日益严重。云南已有百年橡胶种植历史，经过几十年的观察人们发现，凡橡胶种植的地区，对生态、植被、水土、环境都产生较大影响，单一的树种造成病虫害频繁发生(Li et al., 2007)。由于造林树种单一，不能形成异龄复层林，不能充分发挥水土保持作用，再加上地表不能形成有效的枯枝落叶层覆盖，因此在暴雨条件下容易产生水土流失。而漫灌、过量施肥和喷洒农药则通过淋溶侵蚀造成对土壤和地下水源的污染。桉树种植鼓励还是清理一直以来存在争论，从媒体报道来看，桉树被冠以"抽水机""吸肥器"等名称，并认为是导致西南地区旱灾的主要成因；研究者则认为，作为经济作物的桉树本身并无害处，桉树对水分的消耗量不比其他树种高，对土壤肥料和养分的需求可通过科学合理的施肥解决。

地力衰退、土壤侵蚀引起的土壤碳储量减少将导致 POPs 的二次释放，目前这方面的实测证据十分有限。为此，我们选取海南儋州兰洋国营农场为研究区域来评价土地利用类型变化(天然林→人工林)对 POPs 富集能力的影响，研究内容包括考察不同林型下 POPs 污染水平、组成和分布的差异并分析其原因，样品类型有表层(0~10 cm)、亚表层(10~20 cm)土壤和林下大气被动样品，其中大气样品 6 个，表层和亚表层土壤各 30 个(6 个林型×5 个土壤剖面)，目标化合物为多氯联苯(PCBs)和多溴二苯醚(PBDEs)(不包括 BDE-209)。

4.4.1　实验和方法

1. 采样点介绍

研究区域位于儋州市兰洋国营农场($19^\circ26'\sim19^\circ27'$N，$109^\circ38'\sim109^\circ39'$E)，距市区约 10 km。在该地区选择 6 块林地作为研究对象，包括天然次生林(SF)、天然次生桉树混交林(MF)、桉树林(AF)、幼龄橡胶林(RY)、中龄橡胶林(RM)和老龄橡胶林(RO)。天然次生桉树混交林早期为桉树林，后无人管理，逐渐被天然生长的阔叶树种和灌木树种所取代，但仍能发现少量桉树。一般而言，6 龄或 7 龄的橡胶可达到开割要求，每年的夏、秋是收割季节，橡胶工人通常选择离地 1 m 左右的高度开割，割线的走向是由左上方向右下方倾斜 $25^\circ\sim45^\circ$ 并绕树半周左右，橡胶胶乳从割线溢出并流入胶杯中。一株橡胶树的原生皮，至少应割 25 年以上。根据橡胶树割痕，我们可以判断幼龄、中龄和老龄橡胶林的年龄分别为 5 龄、15 龄和 25 龄。

2. 样品采集

大气被动采样器均悬挂在离地至少 2 m 的树枝上，避免人类活动的干扰。悬挂时间为 2015 年 1 月 20 日至 3 月 5 日。土壤样品采集时间为 2015 年 1 月 20~21 日，一般选择 10 m×10 m 的采样范围，用清洁好的不锈钢小铲在划定区域的四角和中央挖 3~5 个 1 m 深的土坑，由于土壤剖面自然状态下无明显分层，从下至上依次采集亚表层(10~20 cm)和表层(0~10 cm)土壤，同时采集表层落叶样品。所有样品装入干净密实袋中，立即运回实验室–20℃保存。

3. 样品的预处理及仪器分析

样品的预处理与 4.3 节相应内容一致。

多溴二苯醚混合标准物质(BDE-28、BDE-47、BDE-99、BDE-100、BDE-153、BDE-154、BDE-183、BDE-209)购自美国 AccuStandard 公司。

PBDEs 的仪器分析：所用仪器为气相色谱质谱联用仪(Agilent 7890C/5975A；Agilent Technologies，美国)，色谱柱为 DB-5HT(15 m×0.25 mm×0.1 µm; Agilent Technologies，美国)，离子源为负化学源(NCI)。进样模式采用不分流进样，进样量设为 1 µL。反应气为甲烷，载气为高纯氦气，流量设为 1 mL/min。进样口、传输线和离子源的温度分别设为 290℃、280℃和 230℃。

升温程序如下：110℃保留 1 min，以 20℃/min 升温至 200℃保留 1 min，以 10℃/min 升温至 310℃保留 12 min。

质谱检测器设为选择离子监测(SIM)模式，溶剂延迟 9 min。所得数据用安捷伦色谱工作站处理，目标化合物的定量采用 6 点校正曲线和内标法。PBDEs 的扫描离子碎片和出峰时间如表 4-10 所示。

表 4-10 **PBDEs 的扫描离子碎片和出峰时间**

化合物	定量离子(m/z)	定性离子(m/z)	出峰时间(min)
BDE-28	79	81	10.482
BDE-47	79	81	13.145
BDE-99	79	81	15.993
BDE-100	79	81	14.626
BDE-153	79	81	18.245
BDE-154	79	81	16.652
BDE-183	79	81	18.939
BDE-209	486.7	488.7	27.114

4. 质量控制/质量保证

质量控制/质量保证方法参考 4.3 节相应内容。PCBs 和 PBDEs 的 MDL 分别为：0.10~1.9 pg/g(土壤干重)和 0.43~1.74 pg/g(土壤干重)；野外空白样品中检测到低浓度的 BDE-28 和 BDE-47,当空白浓度低于检出限或样品平均浓度的 5%时,认为在可接受范围内,否则进行空白校正；PCB-30、PCB-198、PCB-209 的回收率分别为 59%±11%、110%±22%、110±21%,最终结果没有进行回收率校正。

5. 土壤理化性质分析

本研究涉及的土壤理化性质参数主要有土壤含水率、pH、总有机碳(TOC)和总氮(TN)。

1)含水率

称取一定重量土壤样品,记录湿重 W_1,于 105℃烘 24 h,恒重后称量此时的干重 W_2,含水率即为 $(W_1-W_2)/W_1\times100\%$。

2)pH

取用于理化性质测定的土壤样品 10 g 加入 50 mL 特氟龙离心管中,按 1∶2.5($w∶V$)将土壤浸泡于 25 mL 去离子水中,经水平振荡器振荡 5 min,静置 1~3 h。将 pH 计(Starter 3100; Ohaus, 美国)复合电极插入土壤溶液中,待读数稳定后读取测量值,每个样品测定 3 次,结果取其平均值。在测定 pH 时,相邻两次之间用大量超纯水冲洗电极,并用纸巾将水吸干。

3)TOC 和 TN

TOC 和 TN 的测定方法参考 4.3.1 节。

4.4.2 结果与讨论

1. POPs 浓度水平和组成

大气 $\sum_{26}$PCBs 和 $\sum_7$PBDEs 浓度分别为 5.40～13.6 pg/m^3 和 0.55～1.54 pg/m^3，在亚洲大气范围以内（$\sum_{29}$PCBs：5～340 pg/m^3，$\sum_8$PBDEs：<0.13～340 pg/m^3）（Jaward et al., 2005b），与海南尖峰岭大气浓度相当（$\sum_{29}$PCBs：11.5 pg/m^3，$\sum_8$PBDEs：0.22 pg/m^3）（Zheng et al., 2015b）。土壤 $\sum_{26}$PCBs 和 $\sum_7$PBDEs 浓度分别为 BDL（below method detection limit，小于方法检测限）～62.3 pg/g 和 BDL～1530 pg/g，PCBs 浓度低于青藏高原（$\sum_{33}$PCBs：75～1020 pg/g）（Wang et al., 2012）和我国森林背景土壤浓度（$\sum_{29}$PCBs：36～1320 pg/g）（Zheng et al., 2014），PBDEs浓度与我国森林背景土壤（$\sum_7$PBDEs：3～800 pg/g）（Zheng et al., 2015a）和意大利某山地背景点的检出水平相当（$\sum_{13}$PBDEs：710 pg/g±830 pg/g）（Nizzetto et al., 2006）。综上，海南儋州兰洋国营农场 PCBs 和 PBDEs 浓度整体较低，表明该地区没有显著的 POPs 污染源，属于清洁背景点。大气长距离传输是 PCBs 和 PBDEs 的主要来源。

大气样品中，tetraCB 和 BDE-47 的相对含量最高，反映出它们较强的长距离迁移能力（Wania and Dugani, 2003）。PCBs 和 PBDEs 在土壤中的组成情况有别于大气，以高氯代同系物和高溴代单体为主要贡献者（图 4-31），其中 hexaCB 占总PCBs 比例为 40.7%，BDE-100 占总 PBDEs 比例为 59.6%。Zheng 等（2015b）同样发现，热带雨林土壤中低分子量化合物较高分子量化合物更容易迁移，并以随地表径流向下迁移为主要迁移途径。我们之前的研究结果表明，POPs 一旦进入森林土壤很难逃逸且主要富集在有机质含量高的 O 层。但热带森林的环境条件与寒温

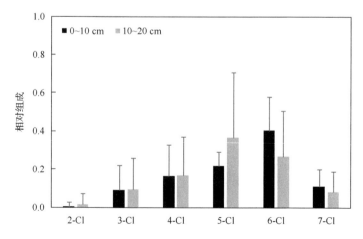

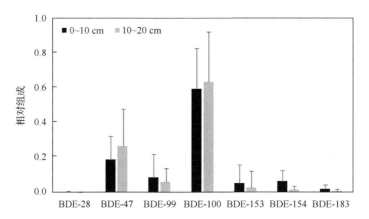

图 4-31　土壤样品中 PCBs 和 PBDEs 组成

误差棒为 5 个平行样品的平均标准偏差，下同

带森林有所不同，丰沛的降雨和高温使得土壤有机质周转速度快、土壤易风化，土壤对 POPs 的持留能力因此降低。

2. 天然林与人工林 POPs 污染特征的比较

如图 4-32 所示，不同林型下大气 PCBs 和 PBDEs 的浓度差异不大，最高值是最低值的 2 倍多；PCBs 和 PBDEs 的组成分布均匀，tetraCB 和 BDE-47 的比例分别为 52.6%±2.28% 和 59.1%±10.9%。然而，表层土壤中 PCBs 和 PBDEs 的浓度变化较大，最高和最低值之间相差 1~2 个数量级，分别出现在混交林（MF）（$\sum_{26}$PCBs：42.1 pg/g；$\sum_7$PBDEs：642 pg/g）和老龄橡胶林（RO）（$\sum_{26}$PCBs：3.24 pg/g；$\sum_7$PBDEs：9.11 pg/g）（图 4-32）。与我们预期不同的是，次生林（SF）表层土壤的 POPs 含量并不是最高的，混交林表现出强大的富集能力。此外，橡胶林表层土壤的 POPs 浓度随树龄的增加而增加。

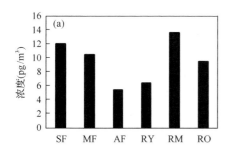
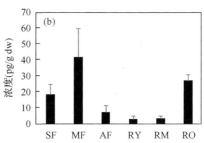

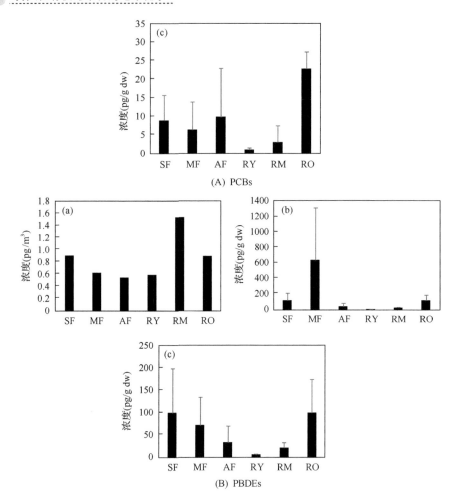

图 4-32　大气(a)、表层(b)和亚表层(c)土壤 PCBs 和 PBDEs 浓度分布

3. 森林过滤效应

土壤 POPs 浓度的高低主要受大气传输和土壤有机质含量影响。本研究中，采样点之间的距离小于 2 km，样点之间的降雨、温度和大气污染水平差异甚小，因此首先排除大气传输的影响。森林过滤效应(FFE)对土壤 POPs 分布具有控制作用，FFE 的强度与叶片面积指数和角质层厚度有关，叶片面积越大角质层越厚，对 POPs 的富集能力越强(Nizzetto et al., 2006)。一般来说，叶片的面积和角质层厚度都会随着树木的生长而变大变厚，橡胶树也不例外。树叶从大气中吸收 POPs 后经历死亡凋落进入林下土壤，成为土壤 POPs 的主要来源，也成为土壤有机质的一部分。MF 中的速生桉树长期以来无人管理，意味着桉树的枯枝落叶积累较多，分解后有机碳质量分数较大(Alem et al., 2010)；橡胶林随着树龄的增长，枯

枝落叶不断累积并处于分解状态，碳及养分的归还量逐渐增加，与幼龄和中龄橡胶林相比，老龄橡胶林土壤有机质的持有量较大(Chiti et al., 2014)，POPs 浓度因此较高。

为了进一步阐明不同林型 FFE 的差异，我们估算了天然林(SF)和人工林(橡胶和桉树)PCBs 向林下土壤的沉降通量[如式(4-11)所示](Moeckel et al., 2009)。

$$F_{\text{litter}} = \frac{c_{\text{litter}} m_{\text{litter}}}{1000 \cdot t_{\text{litter}}} \tag{4-11}$$

式中，c_{litter} (pg/g dw)为落叶 PCBs 的浓度，如表 4-11 所示；m_{litter} (kg/m²)为落叶层的平均质量，从文献中选取 SF、AF、RY、RM 和 RO 的 m_{litter} 值分别为 2.15 kg/hm²、0.29 kg/hm²、0.26 kg/hm²、0.77 kg/hm² 和 1.10 kg/m² (Cao et al., 2011; Zhu et al., 2016)；t_{litter} 为落叶层的平均年龄，可以由式(4-12)和式(4-13)推导得出(Moeckel et al., 2009; Zhang et al., 2008)。

$$K_{\text{decomp}} = -0.065 + 0.0001 \times 降雨量 + 0.044 \times 气温 \tag{4-12}$$

$$t_{\text{litter}} = \frac{1}{K_{\text{decomp}}} \tag{4-13}$$

其中，选取儋州地区年平均降雨量和年平均气温分别为 1705 mm 和 23.5℃。计算得出 t_{litter} 为 0.87 a。因此，SF、AF、RY、RM 和 RO 的 PCBs 沉降通量分别为 0.98 μg/(m²·a)、0.13 μg/(m²·a)、0.13 μg/(m²·a)、0.41 μg/(m²·a) 和 0.64 μg/(m²·a)，高于青藏高原色季拉山南北坡[0.054 μg/(m²·a) 和 0.039 μg/(m²·a)] (Wang et al., 2013)而低于瑞典寒带林[1.40 μg/(m²·a)] (Moeckel et al., 2009)。显然，天然林 PCBs 从树冠向林下土壤的沉降通量高于人工林，这主要是由落叶中较高浓度的 PCBs(表 4-11)和较高的落叶生物量所致。估算的结果也进一步证实了天然林 FFE 的强度高于人工林。

表4-11　落叶中 PCBs 浓度　　　　　　　(单位：pg/g dw)

	二氯联苯	三氯联苯	四氯联苯	五氯联苯	六氯联苯	七氯联苯	$\sum_{26}$PCBs
SF	14	83	161	49	48	46	401
AF	BDL	181	132	35	20	22	390
RY	15	99	147	60	59	41	422
RM	17	86	184	75	55	49	467
RO	19	86	189	87	69	59	509

4. 土壤有机碳

不同林型土壤的有机碳含量(TOC)、碳氮比(C/N)、pH 如图 4-33 所示。我国南方地区土壤基本呈弱酸性,SF、MF、AF、RY、RM、RO 表层土壤 pH 分别为 4.42、4.89、5.21、4.50、4.78 和 4.62,属于热带酸性土壤(Matson et al., 1999; von Uexküll and Mutert, 1995)。不同林型的表层土壤平均 TOC 值达到显著差异($p<0.01$),其大小顺序为 MF(3.14%)>RO(2.06%)>AF(1.57%)>RY(1.52%)>SF(1.51%)>RM(1.07%);不同林型的亚表层土壤平均 TOC 值没有显著差异;表层和亚表层土壤平均 TOC 值没有显著差异,尤其针对因施肥、翻耕而人为扰动频繁的 RM 土壤。如前所述,热带森林很难形成有效的枯枝落叶覆盖,土壤有机质的周转速度快、含量低,对 POPs 的富集能力较弱。当橡胶停止割胶时,人为扰动基本停止,枯枝落叶的碳归还量得以保留,有机碳质量分数接近天然林水平。

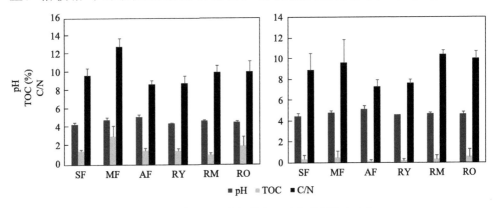

图 4-33 土壤 pH、有机碳(TOC)和碳氮比(C/N)

土壤有机碳含量很大程度上依赖于地表植被和土地利用状况,一旦土地利用/覆盖类型发生改变,土壤和植物群落内部营养物质和碳流动状况也会发生改变。热带天然林转变为人工林主要通过以下两方面降低土壤有机碳含量:①通过减少碳输入或加快碳分解而改变有机碳周转速率;②土壤地力衰退导致土壤侵蚀量增多(Guillaume et al., 2015)。土壤中有机碳的分解受土壤微生物的碳氮平衡影响,土壤的 C/N 可有效指示有机质分解程度和土壤碳质量(Batjes, 1996)。土壤 C/N 降低,微生物的活性提高,微生物同化同质量的氮需要消耗更多的碳,施肥可有效提高土壤含氮量,而微生物在充足氮素影响下加速对土壤原有碳和新鲜有机碳的分解矿化,不仅导致土壤有机碳总量下降,而且轻组有机碳量的减少大大超过重组碳,使难氧化有机碳质量分数上升,土壤有机质老化,不利于有机质的积累(任书杰等,2006),可能引起碳的净释放(孟磊等,2005)。人工林表层土壤 C/N 显著低于天然林,橡胶林表层土壤 C/N 随胶龄的增加而增加(图 4-34),表明 MF 和

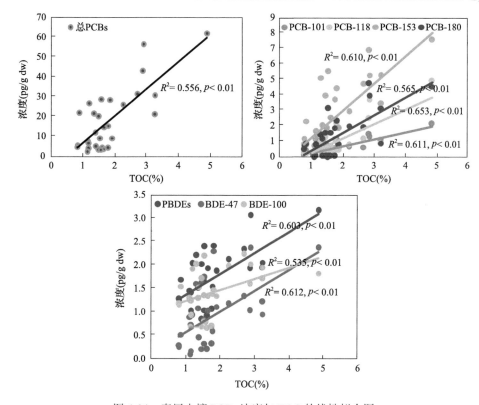

图 4-34　表层土壤 POPs 浓度与 TOC 的线性拟合图

RO 土壤微生物活性较低，AF、RY 和 RM 土壤碳的净释放量可能很高。现有数据无法准确评估不同林型土壤的碳净释放量，Guillaume 等(2015)的报道指出，印度尼西亚苏门答腊岛低地热带雨林转变为人工林后，棕榈园和 10 龄橡胶园的土壤侵蚀强度分别为(35±8)cm 和(33±10)cm。

　　显然，土壤有机碳的净损失对 POPs "源-汇"格局的影响值得高度关注，一些存储在森林土壤中的"老"POPs 很有可能因土壤侵蚀再次释放进入环境。土壤 TOC 是 POPs 环境分布的重要影响因素，本研究中 TOC 与 POPs 在 0.01 水平上显著相关，与高分子量化合物的相关性更强(图 4-34)，再次强调了 TOC 的控制作用。虽然相关性不代表因果关系，但至少体现了有机碳与 POPs 的协同运输。土壤 pH 与 POPs 不具有显著相关性。不同林型土壤 POPs 的分布特征还与 POPs 的沉降量和温度有关。

5. 土-气界面交换

　　为了进一步考察人工林土壤 POPs 的损失途径(淋溶或挥发)，我们利用逸度分数(ff)来判断 POPs 的土-气交换方向。POPs 土-气交换的最终结果是净挥发还是净沉降，取决于气态沉降和从土壤向大气的挥发这两个过程哪个更强，可以用大气和土壤逸度的相对大小来确定。逸度是用来描述物质从其所在相逃逸到另一相中的趋向性大小，单位是 Pa（Mackay，1979）。大气逸度（f_A）和土壤逸度（f_s）计算公式如下：

$$f_A = C_A RT \tag{4-14}$$

$$f_s = C_s RT / 0.411 \cdot \varphi'_{SOM} K_{OA} \tag{4-15}$$

式中，C_A 和 C_s 分别为污染物在大气和土壤中的浓度；R 为理想气体常数；T 为温度；φ'_{SOM} 为土壤有机质质量分数，定义为 1.8 倍有机碳质量分数；K_{oa} 为辛醇-大气分配系数。逸度分数 ff 可表示为

$$ff = f_s / (f_s + f_A) = C_s / (C_s + 0.411 \varphi'_{SOM} K_{OA} C_A) \tag{4-16}$$

式中，C_A 和 C_s 浓度需保持一致，因此选取土壤密度为 2500 kg/m^3，将土壤浓度表示为 pg/m^3。逸度分数计算方法参考 Harner 等（2001）方法。

一般认为，ff 大于 0.5，为净挥发；小于 0.5，为净沉降；等于 0.5，表示土-气达到了平衡态。但是由于逸度计算中有些参数存在着一定的不确定性，逸度的不确定性也较大。因此本研究 ff 在 0.3～0.7 之间就认为已经达到了土-气平衡（Harner et al., 2001; Meijer et al., 2003b）。

计算可得 PCB-99、PCB-101、PCB-118 和 BDE-47 的逸度分数，其他化合物的检出率较低，因此不讨论它们的土-气交换方向。从图 4-35 可以看出，土壤基本属于所选化合物的"汇"，BDE-47 在天然林达到土-气平衡，天然林的 ff 值整体大于人工林。逸度分数 ff 作为研究 POPs 土-气交换的有效指标，广泛应用于世界许多地区，主要用来评价土壤是"源"还是"汇"的问题。例如 Li 等（2009）在全球范围内评价了 PCBs 的土-气平衡，发现寒冷背景地区土壤 PCBs 的挥发趋向性小于温度较高的城市区域，即 ff 值为背景＜城市；Wang 等（2011）同样发现冬季 PAHs 的 ff 值小于夏季，表明高温会加剧 PAHs 从土壤的挥发。逸度分数计算过程并没有考虑 POPs 的降解和渗滤，仅将挥发作为土壤 POPs 二次释放的唯一途径。Zheng 等（2015b）以同位素标记技术示踪森林掉落物中 POPs 的归趋，发现热带森林 POPs 向土壤中的渗滤（非挥发）是其环境归趋的重要过程。因此，人工林较低的 ff 值实际反映了土壤 POPs 较强的向下渗滤趋势。

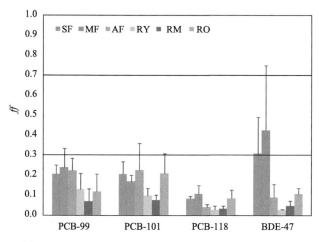

图 4-35　部分 PCBs 和 BDE-47 在不同林型的逸度分数

6. POPs 储量估算

为了比较不同林型对 POPs 富集能力的差异，我们粗略估算了我国华南地区次生林、桉树林及橡胶林深度 20 cm 土壤中 POPs 的储量。

$$U = 10 \times C \times BD \times l \tag{4-17}$$

式中，$U(\mathrm{ng/m^2})$ 为 PCBs 或 PBDEs 在单层土壤中的绝对储量，$C(\mathrm{pg/g\ dw})$ 为单层土壤中 PCBs 或 PBDEs 的浓度，$\mathrm{BD(g/cm^3)}$ 为土壤容重，l 为土壤层厚度。本研究中，SF、AF 和 RM 表层土壤的平均容重分别为 1.20 g/cm³、1.34 g/cm³ 和 1.35 g/cm³，亚表层分别为 1.27 g/cm³、1.44 g/cm³ 和 1.25 g/cm³，各层土壤深度为 10 cm。因此，根据式(4-18)可以计算 PCBs 或 PBDEs 在深度 20 cm 土壤中的总储量。

$$\mathrm{PCBs/PBDEs}\ 储量(\mathrm{kg}) = U(\mathrm{ng/m^2}) \times 森林面积(\mathrm{m^2}) \times 10^{-12} \tag{4-18}$$

根据我国第五次森林资源普查的结果，华南地区(海南、广东、广西、福建、云南)次生林、桉树林及橡胶林的覆盖面积分别为 $5.16 \times 10^6\ \mathrm{hm^2}$、$2.32 \times 10^5\ \mathrm{hm^2}$ 及 $8.75 \times 10^5\ \mathrm{hm^2}$。因此估算得到次生林深度 20 cm 土壤中 PCBs 和 PBDEs 的储量分别为 174 kg 和 1410 kg，比桉树林(PCBs: 5.55 kg，PBDEs: 25.5 kg)和橡胶林(PCBs: 7.58 kg，PBDEs: 50.9 kg)高 1~2 个数量级。虽然土壤剖面、林型、林龄等的不同会增加结果的不确定性，但估算结果仍然揭示出华南地区天然林和人工林土壤对已经禁用的 POPs 的富集水平存在明显差异。

4.4.3　结论

不同林型下，大气 POPs 浓度和组成分布均匀，以 tetraCB 和 BDE-47 比重最高；土壤 POPs 浓度和组成差异较大，天然林土壤浓度高于人工林，橡胶林土壤浓度随林龄增加而增加，主要由 FFE 和 TOC 的差异导致。土-气界面交换分析结果表明，热带人工森林 POPs 向土壤中的渗滤（而非挥发）强度大于天然森林。与寒温带森林相比，热带森林的有机碳主要存储在地上部分，因此本研究将有助于进一步理解 POPs 的全球分布和循环。

参 考 文 献

孟磊，蔡祖聪，丁维新，2005. 长期施肥对土壤碳储量和作物固定碳的影响. 土壤学报，42: 769-776.

任书杰，曹明奎，陶波，等，2006. 陆地生态系统氮状态对碳循环的限制作用研究进展. 地理科学进展，25: 58-67.

叶兆贤，张干，邹世春，等，2005. 珠三角大气多环芳烃（PAHs）的干湿沉降. 中山大学学报（自然科学版），44: 49-52.

余大福，1984. 贡嘎山的土壤及其垂直地带性. 土壤通报，2: 65-68.

Aichner B, Bussian B, Lehnik-Habrink P, et al., 2013. Levels and spatial distribution of persistent organic pollutants in the environment: A case study of German forest soils. Environmental Science & Technology, 47: 12703-12714.

Alaee M, Arias P, Sjodin A, et al, 2003. An overview of commercially used brominated flame retardants, their applications, their use patterns in different countries/regions and possible modes of release. Environment International, 29: 683-689.

Alem S, Woldemariam T, Pavlis J, 2010. Evaluation of soil nutrients under *Eucalyptus grandis* plantation and adjacent sub-montane rain forest. Journal of Forestry Research, 21: 457-460.

Aratrakorn S, Thunhikorn S, Donald P F, 2006. Changes in bird communities following conversion of lowland forest to oil palm and rubber plantations in Southern Thailand. Bird Conservation International, 16: 71-82.

Barra R, Popp P, Quiroz R, et al., 2005. Persistent toxic substances in soils and waters along an altitudinal gradient in the Laja River Basin, Central Southern Chile. Chemosphere, 58: 905-915.

Batjes N H, 1996. Total carbon and nitrogen in the soils of the world. European Journal of Soil Science, 47: 151-163.

Borghini F, Grimalt J O, Sanchez-Hernandez J C, et al., 2005. Organochlorine pollutants in soils and mosses from Victoria Land（Antarctica）. Chemosphere, 58: 271-278.

Cabrerizo A, Dachs J, Barceló D, et al., 2012. Influence of organic matter content and human activities on the occurrence of organic pollutants in Antarctic soils, lichens, grass, and mosses. Environmental Science & Technology, 46: 1396-1405.

Calamari D, Bacci E, Focardi S, et al., 1991. Role of plant biomass in the global environmental partitioning of chlorinated hydrocarbons. Environmental Science & Technology, 25: 1489-1495.

Chen D, Liu W, Liu X, et al., 2008. Cold-trapping of persistent organic pollutants in the mountain soils of Western Sichuan, China. Environmental Science & Technology, 42: 9086-9091.

Cheng Z, Wang Y, Wang S, et al., 2014. The influence of land use on the concentration and vertical distribution of PBDEs in soils of an E-waste recycling region of South China. Environmental Pollution, 191: 126-131.

Chiti, T, Grieco E, Perugini L, et al., 2014. Effect of the replacement of tropical forests with tree plantations on soil organic carbon levels in the Jomoro district, Ghana. Plant and Soil, 375: 47-59.

Covaci A, Harrad S, Abdallah M A E, et al., 2011. Novel brominated flame retardants: A review of their analysis, environmental fate and behaviour. Environment International, 37: 532-556.

Cui S, Qi H, Liu L Y, et al., 2013. Emission of unintentionally produced polychlorinated biphenyls (UP-PCBs) in China: Has this become the major source of PCBs in Chinese air? Atmospheric Environment, 67: 73-79.

Davis E F, Stapleton H M, 2009. Photodegradation pathways of nonabrominated diphenyl ethers, 2-ethylhexyltetrabromobenzoate and di(2-ethylhexyl)tetrabromophthalate: Identifying potential markers of photodegradation. Environmental Science & Technology, 43: 5739-5746.

de Wit C A, 2002. An overview of brominated flame retardants in the environment. Chemosphere, 46: 583-624.

Dishaw L V, Powers C M, Ryde I T, et al., 2011. Is the pentaBDE replacement, tris-(1,3-dichloropropyl)phosphate (TDCPP), a developmental neurotoxicant? Studies in PC12 cells. Toxicology and Applied Pharmacology, 256: 281-289.

Ejarrat E, Marsh G, Labandeira A, et al., 2008. Effect of sewage sludges contaminated with polybrominated diphenylethers on agricultural soils. Chemosphere, 71: 1079-1086.

Gai N, Pan J, Tang H, et al., 2014. Selected organochlorine pesticides and polychlorinated biphenyls in atmosphere at Ruoergai high altitude prairie in eastern edge of Qinghai-Tibet Plateau and their source identifications. Atmospheric Environment, 95: 89-95.

Gelman A, 2003. A Bayesian formulation of exploratory data analysis and goodness-of-fit testing. International Statistical Review, 71: 369-382.

Grimalt J O, Borghini F, Sanchez-Hernandez J C, et al., 2004a. Temperature dependence of the distribution of organochlorine compounds in the mosses of the Andean Mountains. Environmental Science & Technology, 38: 5386-5392.

Grimalt J O, van Drooge B L, Ribes A, et al., 2004b. Persistent organochlorine compounds in soils and sediments of European high altitude mountain lakes. Chemosphere, 54: 1549-1561.

Guillaume T, Damris M, Kuzyakov Y, 2015. Losses of soil carbon by converting tropical forest to plantations: Erosion and decomposition estimated by $\delta^{13}C$. Global Change Biology, 21: 3548-3560.

Harner T, Bidleman T F, Jantunen L M M, et al., 2001. Soil-air exchange model of persistent pesticides in the United States cotton belt. Environmental Toxicology and Chemistry, 20: 1612-1621.

Hassanin A, Breivik K, Meijer S N, et al., 2004. PBDEs in European background soils: Levels and factors controlling their distribution. Environmental Science & Technology, 38: 738-745.

Himberg K K, Pakarinen P, 1994. Atmospheric PCB deposition in Finland during 1970s and 1980s on the basis of concentrations in ombrotrophic peat mosses (Sphagnum). Chemosphere, 29: 431-440.

Holoubek I, Dusek L, Sanka M, et al., 2009. Soil burdens of persistent organic pollutants: Their levels, fate and risk. Part I. Variation of concentration ranges according to different soil uses and locations. Environmental Pollution, 157: 3207-3217.

Jaffe D, McKendry I, Anderson T, et al., 2003. Six 'new' episodes of *trans*-pacific transport of air pollutants. Atmospheric Environment, 37: 391-404.

Jaward F M, Di Guardo A, Nizzetto L, et al., 2005a. PCBs and selected organochlorine compounds in Italian mountain air: The influence of altitude and forest ecosystem type. Environmental Science & Technology, 39: 3455-3463.

Jaward F M, Zhang G, Nam J J, et al., 2005b. Passive air sampling of polychlorinated biphenyls, organochlorine compounds, and polybrominated diphenyl ethers across Asia. Environmental Science & Technology, 39: 8638-8645.

Lammel G, Stemmler I, 2012. Fractionation and current time trends of PCB congeners: Evolvement of distributions 1950~2010 studied using a global atmosphere-ocean general circulation model. Atmos. Chem. Phys., 12: 7199-7213.

Larsen R K, Baker J E, 2003. Source Apportionment of polycyclic aromatic hydrocarbons in the urban atmosphere: A comparison of three methods. Environmental Science & Technology, 37: 1873-1881.

Lead W A, Steinnes E, Jones K C, 1996. Atmospheric deposition of PCBs to moss (*Hylocomium splendens*) in Norway between 1977 and 1990. Environmental Science & Technology, 30: 524-530.

Li H, Aide T M, Ma Y, et al., 2007. Demand for rubber is causing the loss of high diversity rain forest in SW China. Biodiversity and Conservation, 16: 1731-1745.

Li J, Zhang G, Li X D, et al., 2006a. Source seasonality of polycyclic aromatic hydrocarbons (PAHs) in a subtropical city, Guangzhou, South China. Science of the Total Environment, 355: 145-155.

Li J, Zhang G, Qi S, et al., 2006b. Concentrations, enantiomeric compositions, and sources of HCH, DDT and chlordane in soils from the Pearl River Delta, South China. Science of the Total Environment, 372: 215-224.

Li Y F, Harner T, Liu L, et al., 2009. Polychlorinated biphenyls in global air and surface soil: Distributions, air-soil exchange, and fractionation effect. Environmental Science & Technology, 44: 2784-2790.

Li Y F, Harner T, Liu L, et al., 2010. Polychlorinated biphenyls in global air and surface soil: Distributions, air-soil exchange, and fractionation effect. Environmental Science & Technology, 44: 2784-2790.

Liu W, Chen D, Liu X, et al., 2010. Transport of semivolatile organic compounds to the Tibetan Plateau: Spatial and temporal variation in air concentrations in mountainous Western Sichuan, China. Environmental Science & Technology, 44: 1559-1565.

Liu X, Ming L L, Nizzetto L, et al., 2013a. Critical evaluation of a new passive exchange-meter for assessing multimedia fate of persistent organic pollutants at the air-soil interface. Environmental Pollution, 181: 144-150.

Liu X, Ming L L, Nizzetto L, et al., 2013b. Critical evaluation of a new passive exchange-meter for assessing multimedia fate of persistent organic pollutants at the air-soil interface. Environmental Pollution, 181: 144-150.

Luo T, Pan Y, Ouyang H, et al., 2004. Leaf area index and net primary productivity along subtropical to Alpine gradients in the Tibetan Plateau. Global Ecology and Biogeography, 13: 345-358.

Ma Y, Salamova A, Venier M, et al., 2013. Has the phase-out of PBDEs affected their atmospheric levels? Trends of PBDEs and their replacements in the Great Lakes atmosphere. Environmental Science & Technology, 47: 11457-11464.

Mackay D, 1979. Finding fugacity feasible. Environmental Science & Technology, 13: 1218-1223.

MacLeod M, Fraser A J, Mackay D, 2002. Evaluating and expressing the propagation of uncertainty in chemical fate and bioaccumulation models. Environmental Toxicology and Chemistry, 21: 700-709.

Matson P, McDowell W, Townsend A, et al., 1999. The globalization of N deposition: Ecosystem consequences in tropical environments. Biogeochemistry, 46: 67-83.

Meijer S N, Ockenden W A, Sweetman A, et al., 2003a. Global distribution and budget of PCBs and HCB in background surface soils: Implications or sources and environmental processes. Environmental Science & Technology, 37: 667-672.

Meijer S N, Shoeib M, Jantunen L M M, et al., 2003b. Air-soil exchange of organochlorine pesticides in agricultural soils. 1. Field measurements using a novel *in situ* sampling device. Environmental Science & Technology, 37: 1292-1299.

Meijer S N, Steinnes E, Ockenden W A, et al., 2002. Influence of environmental variables on the spatial distribution of PCBs in Norwegian and U. K. soils: Implications for global cycling. Environmental Science & Technology, 36: 2146-2153.

Moeckel C, Nizzetto L, Guardo A D, et al., 2008. Persistent organic pollutants in boreal and montane soil profiles: Distribution, evidence of processes and implications for global cycling. Environmental Science & Technology, 42: 8374-8380.

Moeckel C, Nizzetto L, Strandberg B, et al., 2009. Air-boreal forest transfer and processing of polychlorinated biphenyls. Environmental Science & Technology, 43: 5282-5289.

Motelay-Massei A, Harner T, Shoeib M, et al., 2005. Using passive air samplers to assess urban-rural trends for persistent organic pollutants and polycyclic aromatic hydrocarbons. 2. Seasonal trends for PAHs, PCBs, and organochlorine pesticides. Environmental Science & Technology, 39: 5763-5773.

Nizzetto L, Cassani C, Di Guardo A, 2006. Deposition of PCBs in mountains: The forest filter effect of different forest ecosystem types. Ecotoxicology and Environmental Safety, 63: 75-83.

Paasivirta J, Sinkkonen S I, 2009. Environmentally relevant properties of all 209 polychlorinated biphenyl congeners for modeling their fate in different natural and climatic conditions. Journal of Chemical and Engineering Data, 54: 1189-1213.

Ren N, Que M, Li Y-F, et al., 2007. Polychlorinated biphenyls in Chinese surface soils. Environmental Science & Technology, 41: 3871-3876.

Renner R, 2000. What fate for brominated fire retardants? Environmental Science and Technology, 34: 222A-226A.

Salihoglu G, Salihoglu N K, Aksoy E, et al., 2011. Spatial and temporal distribution of polychlorinated biphenyl（PCB）concentrations in soils of an industrialized city in Turkey. Journal of Environmental Management, 92: 724-732.

Schenker S, Scheringer M, Hungerbühler K, 2014. Do persistent organic pollutants reach a thermodynamic equilibrium in the global environment? Environmental Science & Technology, 48: 5017-5024.

Schuster J K, Gioia R, Moeckel C, et al., 2011. Has the burden and distribution of PCBs and PBDEs changed in European background soils between 1998 and 2008? Implications for sources and processes. Environmental Science & Technology, 45: 7291-7297.

Stapleton H M, Allen J G, Kelly S M, et al., 2008. Alternate and new brominated flame retardants detected in US house dust. Environmental Science & Technology, 42: 6910-6916.

Thorenz U R, Bandowe B A M, Sobocka J, et al., 2010. Method optimization to measure polybrominated diphenyl ether（PBDE）concentrations in soils of Bratislava, Slovakia. Environmental Pollution, 158: 2208-2217.

Tian M, Chen S-J, Wang J, et al., 2011. Brominated flame retardants in the atmosphere of E-waste and rural sites in Southern China: Seasonal variation, temperature dependence, and gas-particle partitioning. Environmental Science & Technology, 45: 8819-8825.

U. S. Environmental Protection Agency, 2012. DecaBDE Phase-out Initiative. Webpage（p. 1）. Retrieved from http://www.epa.gov/opptintr/existingchemicals/pubs/actionplans/deccadbe.html.

van der Veen I, de Boer J, 2012. Phosphorus flame retardants: Properties, production, environmental occurrence, toxicity and analysis. Chemosphere, 88: 1119-1153.

von Uexküll H R, Mutert E, 1995. Global extent, development and economic impact of acid soils. Plant and Soil, 171: 1-15.

Wang P, Zhang Q, Wang Y, et al., 2009. Altitude dependence of polychlorinated biphenyls（PCBs）and polybrominated diphenyl ethers（PBDEs）in surface soil from Tibetan Plateau, China. Chemosphere, 76: 1498-1504.

Wang W, Simonich S, Giri B, et al., 2011. Atmospheric concentrations and air-soil gas exchange of polycyclic aromatic hydrocarbons（PAHs）in remote, rural village and urban areas of Beijing-Tianjin region, North China. Science of the Total Environment, 409: 2942-2950.

Wang X P, Gong P, Yao T D, et al., 2010. Passive air sampling of organochlorine pesticides, polychlorinated biphenyls, and polybrominated diphenyl ethers across the Tibetan Plateau. Environmental Science & Technology, 44: 2988-2993.

Wang X P, Sheng J J, Gong P, et al., 2012. Persistent organic pollutants in the Tibetan surface soil: Spatial distribution, air-soil exchange and implications for global cycling. Environmental Pollution, 170: 145-151.

Wang X, Xue Y, Gong P, et al., 2014. Organochlorine pesticides and polychlorinated biphenyls in Tibetan forest soil: Profile distribution and processes. Environmental Science and Pollution Research, 21: 1897-1904.

Wania F, Dugani C B, 2003. Assessing the long-range transport potential of polybrominated diphenyl ethers: A comparison of four multimedia models. Environmental Toxicology and Chemistry, 22: 1252-1261.

Wania F, Mackay D, 1996. Peer reviewed: Tracking the distribution of persistent organic pollutants. Environmental Science & Technology, 30: 390A-396A.

Wania F, Westgate J N, 2008. On the mechanism of mountain cold-trapping of organic chemicals. Environmental Science & Technology, 42: 9092-9098.

Wei G L, Li D Q, Zhuo M N, et al., 2015. Organophosphorus flame retardants and plasticizers: Sources, occurrence, toxicity and human exposure. Environmental Pollution, 196: 29-46.

Wong F, Bidleman T F, 2011. Aging of organochlorine pesticides and polychlorinated biphenyls in Muck soil: Volatilization, bioaccessibility, and degradation. Environmental Science & Technology, 45: 958-963.

Wu Y, Bin H, Zhou J, et al., 2011. Atmospheric deposition of Cd accumulated in the montane soil, Gongga Mt., China. Journal of Soils and Sediments, 11: 940-946.

Xing Y, Lu Y L, Dawson R W, et al., 2005. A spatial temporal assessment of pollution from PCBs in China. Chemosphere, 60: 731-739.

Xu Y, Tian C, Zhang G, et al., 2013. Influence of monsoon system on α-HCH fate in Asia: A model study from 1948 to 2008. Journal of Geophysical Research: Atmospheres, 118: 6764-6770.

Yang R, Zhang S, Li A, et al., 2013. Altitudinal and spatial signature of POPs in soil, lichen, conifer needles, and bark of the southeast Tibetan Plateau. Environmental Science & Technology, 47: 12736-12743.

Yeo H G, Choi M, Chun M Y, et al., 2004. Concentration characteristics of atmospheric PCBs for urban and rural area, Korea. Science of the Total Environment, 324: 261-270.

Zhang G, Chakraborty P, Li J, et al., 2008. Passive atmospheric sampling of organochlorine pesticides, polychlorinated biphenyls, and polybrominated diphenyl ethers in urban, rural, and wetland sites along the Coastal Length of India. Environmental Science & Technology, 42: 8218-8223.

Zhang J, Jiang Y, Zhou J, et al., 2010. Elevated body burdens of PBDEs, dioxins, and PCBs on thyroid hormone homeostasis at an electronic waste recycling site in China. Environmental Science & Technology, 44: 3956-3962.

Zhang Z, Liu L, Li Y F, et al., 2008b. Analysis of polychlorinated biphenyls in concurrently sampled chinese air and surface soil. Environmental Science & Technology, 42: 6514-6518.

Zheng Q, Nizzetto L, Li J, et al., 2015a. Spatial distribution of old and emerging flame retardants in Chinese forest soils: Sources, trends and processes. Environmental Science & Technology, 49: 2904-2911.

Zheng Q, Nizzetto L, Liu X, et al., 2015b. Elevated mobility of persistent organic pollutants in the soil of a tropical rainforest. Environmental Science & Technology, 49: 4302-4309.

Zheng Q, Nizzetto L, Mulder M D, et al., 2014. Does an analysis of polychlorinated biphenyl（PCB）distribution in mountain soils across China reveal a latitudinal fractionation paradox? Environmental Pollution, 195: 115-122.

Zheng X, Liu X, Jiang G, et al., 2012. Distribution of PCBs and PBDEs in soils along the altitudinal gradients of Balang Mountain, the east edge of the Tibetan Plateau. Environmental Pollution, 161: 101-106.

Zhu N, Schramm K-W, Wang T, et al., 2014. Environmental fate and behavior of persistent organic pollutants in Shergyla Mountain, southeast of the Tibetan Plateau of China. Environmental Pollution, 191: 166-174.

第 5 章　POPs 的水-气界面交换与水柱过程

本章导读

- 介绍水-气界面交换、水解、生物泵降解和微生物降解等水柱过程对持久性有机污染物的地球化学过程的重要作用。
- 以湖光岩玛珥湖为研究场所,研究了亚热带水柱中水-气界面交换、沉积过程和降解等水柱过程对水体中有机氯农药的迁移和归宿的影响。
- 介绍有机氯农药在中国边缘海的含量、空间分布和可能来源,并评估这些海域有机氯农药的水-气界面交换过程。
- 介绍赤道印度洋有机氯农药和多氯联苯的空间分布和水-气界面交换过程,并使用手性化合物的对映体特征探讨该海域低层大气中 OCPs 的可能来源。
- 中国东海、中国南海、孟加拉湾和安达曼海、印度洋和大西洋大气中多溴二苯醚的浓度、空间分布和可能来源,并探讨水-气界面交换过程对大气中多溴二苯醚浓度的昼夜变化的影响。

5.1　引　　言

海洋和湖泊等大型水体被认为是 POPs 的汇(Lohmann et al., 2006; Iwata et al., 1993),但是随着世界各国和地区对 POPs 的禁用,水体也可能成为 POPs 的二次源。研究表明,水-气界面交换过程对 POPs 在水体环境中的分布和归趋起着重要的作用(Iwata et al., 1993),水-气界面交换过程不仅是 POPs 进入水体的主要方式(Wania et al., 1998),水体的 POPs 也可以通过水-气界面交换再次进入大气参与全球分配(Lohmann et al., 2012; Zhang and Lohmann, 2010; Stemmler and Lammel, 2009; Li and Bidleman, 2003)。

水-气界面交换是指化合物在水体的水-气界面发生质量传输,该过程可以用"双膜模型"(two-film model)(Liss and Slater, 1974)或者 Deacon 边界层(Deacon boundary layer)理论(Deacon, 1977)来描述。这些理论认为化合物在水相和气相之间的质量传输(mass transfer)主要受到分子在水膜和气膜两层薄膜之间的扩散速率的限制(Schwarzenbach et al., 2003; Bidleman and McConnell, 1995)。以水相为参考相，水-气界面交换通量$[F_{a/w}, ng/(m^2 \cdot d)]$可以用式(5-1)和式(5-2)计算(Schwarzenbach et al., 2003)：

$$F_{a/w} = v_{a/w} \times [C_{dis} - C_g RT/H] \tag{5-1}$$

$$1/v_{a/w} = RT/v_a H + 1/v_w \tag{5-2}$$

式中，C_{dis}和C_g分别为化合物在水中溶解相和大气气相中的浓度(mol/m^3)；H为亨利系数(Henry's law constant，$Pa \cdot m^3/mol$)，与温度和水体盐度有关；R为理想气体常数$[8.314\ Pa \cdot m^3/(mol \cdot K)]$；$T$为水-气界面的温度(K)；$v_{a/w}$表示化合物的总传质系数(m/d)；$v_a$和$v_w$分别为化合物穿过气膜和水膜的传质系数(m/s)，$v_a$与空气中分子扩散度、分子量、风速等参数有关，$v_w$则与化合物的运动黏度、分子扩散度以及风速有关(Schwarzenbach et al., 2003)。

化合物在水体和大气中的逸度系数比值和逸度分数也常被用来评估 POPs 的水-气界面交换趋势，详见式(5-3)~式(5-7)：

$$f_a = C_g RT \tag{5-3}$$

$$f_w = C_{dis} H \tag{5-4}$$

$$\frac{f_w}{f_a} = \frac{C_{dis} H}{C_g RT} \tag{5-5}$$

$$\frac{f_a}{f_w} = \frac{C_g RT}{C_{dis} H} \tag{5-6}$$

$$ff = f_w / (f_w + f_a) \tag{5-7}$$

式中，f_a和f_w分别表示化合物在大气和水体中的逸度(Pa)，C_{dis}、C_g、R和T的意义同上，f_w/f_a和f_a/f_w均为逸度比值，当f_w/f_a小于 1 或者f_a/f_w大于 1 时，表示化合物具有从大气向水体沉降的趋势；当f_w/f_a大于 1 或者f_a/f_w小于 1 时，表示化合物呈现从水体向大气挥发的趋势；当f_w/f_a或者f_a/f_w等于 1 时，化合物在大气和水体之间处于平衡状态。ff为水-气界面交换逸度分数(fugacity fraction)，当ff值等于 0.5 时，表示化合物处于水-气平衡状态；当ff值小于 0.5 时，表示化合物呈从大气向水体沉降的趋势；当ff值大于 0.5 时，表示化合物呈从水体向大气挥发的趋势。

温度是水-气界面交换过程的重要影响因素，其重要性主要体现为 H 值对温度的依赖(Wania et al., 1998)。Cetin 等(2006)使用气提法(gas stripping)测定了 α-HCH 等 17 种被限制使用的 OCPs 在淡水和盐水中的 H 值，发现 $\ln H'$(其中 $H'=H/RT$)与温度的倒数之间存在线性关系($\ln H'=A+B/T$)，当温度由 5℃上升到 35℃时，淡水中目标化合物的 H' 值增加 3～13 倍，盐水中 H' 值增加 3～80 倍。

与碳循环有关的生物地球化学过程(又称生物泵，biological pump)是影响 POPs 在水体中分布与归趋的另一重要过程。研究表明，生物泵作用对水体中 POPs 的消除和迁移起着重要作用(Nizzetto et al., 2012;Dachs et al., 2002; Dachs et al., 1999)，同时与 POPs 的水-气界面交换互相影响(Dachs et al., 1999)，进而影响 POPs 的长距离迁移(Scheringer et al., 2004; Dachs et al., 2002)。生物泵作用的大小与浮游生物的生物量密切相关。比如，湖泊富营养化引起的高生物量会增加浮游植物对水体中 POPs 的消耗量，导致 POPs 偏离水-气平衡，使得更多的 POPs 从大气向水体沉降，并随着生物传递或者颗粒物沉降等途径进入深层水体(Kuzyk et al., 2010; Dachs et al., 2002)。

此外，水解和微生物降解过程也是影响水体中 POPs 分布和归趋的重要过程(Harner et al., 1999, 2000a)。当水柱中 POPs 的降解速率大于水-气界面交换通量时，POPs 的水-气平衡会被打破，进而促进 POPs 从大气向水体扩散，这一过程被称为"降解泵"(degradative pump)(Galbán-Malagón et al., 2013a)。

5.2 湖光岩玛珥湖 POPs 的水柱过程研究

湖光岩玛珥湖(21.15° N, 110.28° E)位于我国雷州半岛湛江市西南郊世界地质公园内，是当今世界上最大的玛珥湖，湖水面积约为 2.3 km²，最深处近 20 m，平均水深 13 m(图 5-1)。该地区多年平均气温为 23.2℃，降水量为 1600 mm，东临太平洋，南邻中国南海，处于亚热带地区，冬季受西伯利亚高气压引起的东亚冬季风影响，夏季受西太平洋高压引起的东亚夏季风和南亚夏季风的影响。湖光岩玛珥湖是一个封闭性湖泊，既没有输入支流也没有输出支流，其湖水主要来自降水、地表径流和地下水补给。湖光岩玛珥湖具有相对偏远的地理位置和简单的水文特征，使得该湖泊成为研究 POPs 水柱过程的良好场所。本研究以湖光岩玛珥湖为研究场所，OCPs 为目标化合物，研究亚热带水柱中 POPs 的水-气界面交换、沉降和降解等水柱过程，并评估沉降和降解过程对水体中 POPs 迁移的影响。

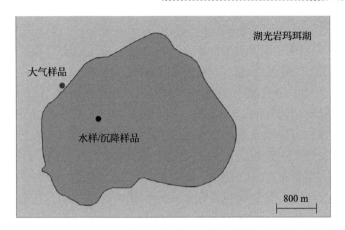

图 5-1　湖光岩玛珥湖大气、水体和水体沉降样品的采样点位图

5.2.1　样品采集与分析

1. 样品采集

1) 大气样品

从 2012 年 5 月 15 日至 2013 年 4 月 8 日使用 PUF 被动采样器在湖光岩玛珥湖湖边采集了 10 个大气样品，每个样品的采样时长为 30～44 天（表 5-1）。PUF 采样器由 2 个相向的不锈钢圆盖和 1 根作为固定主轴的螺杆组成，顶端通过吊环悬挂，采样时将用于吸附有机污染物的 PUF 碟片固定在主轴上并通过顶底盖扣合形成一个不完全封闭空间，以最大限度地减少风、降雨和光照的影响，空气可以通过顶底盖之间的空隙和底盖上的圆孔进行流通。采样结束时，取出 PUF 碟片并密封带回实验室，置于冰箱内–20℃保存。

表 5-1　大气样品采样记录

序号	样品名称	开始时间	结束时间	平均气温(K)
1	06/15/12	2012-05-15	2012-06-15	301
2	07/15/12	2012-06-15	2012-07-15	301
3	08/15/12	2012-07-15	2012-08-15	302
4	09/15/12	2012-08-15	2012-09-15	301
5	10/19/12	2012-09-15	2012-10-19	300
6	11/20/12	2012-10-19	2012-11-20	299
7	12/20/12	2012-11-20	2012-11-20	288
8	01/23/13	2012-12-20	2013-01-23	286
9	02/23/13	2013-01-23	2013-02-23	288
10	04/08/13	2013-02-23	2013-04-08	292

2) 水体样品

2012 年 3 月 15 日起至 2013 年 2 月 23 日，使用低密度聚乙烯(low-density polyethylene，LDPE)膜在湖光岩玛珥湖湖中心表层(水深：0.5 m)、中层(水深：6 m)和底层(水深：12 m)各收集了 10 个水相样品，合计 30 个水体样品(表 5-2)。采样前从纯水中取出净化好的 LDPE 膜，将 LDPE 膜固定在用不锈钢丝折成的长方形框上，然后将长方形框分表、中、底三层固定于安装在湖中心的一条不锈钢链上，每层安置 3 张 LDPE 膜。同时在现场准备一张 LDPE 膜作为野外空白样品，并在采样后带回实验室。LDPE 膜在水体中放置一个月后，取出，更换新的 LDPE 膜继续采样。收回的 LDPE 膜包裹在干净的铝箔中带回实验室，在–20℃保存。

表 5-2　水体样品采样记录

序号	样品名称	开始时间	结束时间	平均表层水温(K)
1	04/15/12	2012-03-15	2012-04-15	290
2	05/15/12	2012-04-15	2012-05-15	301
3	06/15/12	2012-05-15	2012-06-15	304
4	08/15/12	2012-07-15	2012-08-15	305
5	09/15/12	2012-08-15	2012-09-15	304
6	10/17/12	2012-09-15	2012-10-17	303
7	11/17/12	2012-10-17	2012-11-17	302
8	12/20/12	2012-11-17	2012-12-20	292
9	01/20/13	2012-12-20	2013-01-20	289
10	02/23/13	2012-01-20	2013-02-23	290

3) 水体沉降样品

在湖中心水深为 12.5 m 处布置颗粒物捕获器。颗粒物捕获器分为表层、中层和底层，离水面的距离分别为 0.5 m、6 m 和 12 m。每层设有 4 个无色透明的聚碳酸酯材料制作的捕获器，成"十"字形分布，捕获器其余连接结构均为 316 不锈钢材料。颗粒物捕获器的独特排列构造可以确保在放置期间捕获器始终处于垂直位置，平衡翼板和枢轴连接确保排列的捕获器在水流中始终处于正确位置。捕获器的聚碳酸酯管的规格为：外径 110 mm，内径 104 mm，长 500 mm。在 2011 年 11 月至 2013 年 2 月期间，共计采集了水体沉降样品 42 个(表 5-3)。每月中旬收集三层捕获器中的水样，将聚碳酸酯管中水样的上清液过玻璃纤维滤膜(孔径：0.75 μm，Whatman)，剩余水样静置过夜后，再将其上清液过玻璃纤维滤膜，底层剩余的沉降物部分带回实验室冷冻干燥。样品冷冻干燥后，将同一层捕获器的滤膜和剩余沉降物合并为一个水体沉降样品，在–20℃保存。收集完水样后用湖水将捕获器的内外壁洗刷干净，再次放入湖泊收集水体沉降样品。

表 5-3　水体沉降样品采样记录

序号	样品名称	开始时间	结束时间
1	11/13/11	2011-10-16	2011-11-13
2	12/17/11	2011-11-13	2011-12-17
3	01/15/12	2011-12-17	2012-01-15
4	02/16/12	2012-01-15	2012-02-16
5	03/15/12	2012-02-16	2012-03-15
6	04/15/12	2012-03-15	2012-04-15
7	05/15/12	2012-04-15	2012-05-15
8	06/15/12	2012-05-15	2012-06-15
9	07/15/12	2012-06-15	2012-07-15
10	08/15/12	2012-07-15	2012-08-15
11	09/15/12	2012-08-15	2012-09-15
12	10/17/12	2012-09-15	2012-10-17
13	01/23/13	2012-11-15	2013-01-23
14	02/23/13	2013-01-23	2013-02-23

2. 样品前处理

1）大气 PUF 样品

PUF 样品添加一定量的回收率混标（TCmX、PCB-30、PCB-198 和 PCB-209），使用二氯甲烷（DCM）索氏抽提 24 h。抽提液旋蒸并转换溶剂成正己烷后，利用硅胶氧化铝复合柱净化，使用 16 mL 的 DCM 和正己烷混合溶剂（1∶1，V∶V）冲洗获得 OCPs。硅胶氧化铝复合柱（直径：8 mm）使用干法填充，从下至上分别填充 3 cm 去活化中性氧化铝、3 cm 去活化中性硅胶和 1 cm 无水硫酸钠。将洗脱液浓缩并转换溶剂为正己烷后再过酸性硅胶柱，使用 20 mL 的 DCM 和正己烷混合溶剂（1∶1，V∶V）冲洗获得 OCPs。酸性硅胶柱（直径：8 mm）使用干法填充，从下至上分别填充 3 cm 去活化中性硅胶、3 cm 酸性硅胶和 1 cm 无水硫酸钠。将洗脱液浓缩并溶剂转换为正己烷后，氮吹至约 50 μL，加入定量的内标 $^{13}C_{12}$-PCB-141，冷冻保存。

2）水体 LDPE 膜样品

将 LDPE 膜剪碎置于 40 mL 的细胞瓶中，使用 DCM 浸泡，并加入定量的回收率指示物（TCmX、PCB-30、PCB-198 和 PCB-209）。静置 12 h，将提取液 DCM 转移至 250 mL 的平底烧瓶中。如此重复 3 次，浸提液转移至同一烧瓶中合并。将浸提液进行旋转蒸发浓缩并转换溶剂为正己烷，然后分别过硅胶氧化铝复合柱和酸性硅胶柱净化，过柱方法与 PUF 样品相同。最后洗脱液氮吹至约 50 μL，加入定量的内标 $^{13}C_{12}$-PCB-141，−20℃冷冻保存。

3) 水体沉降样品

将水体沉降样品使用 DCM 和甲醇的混合溶剂(2∶1, $V∶V$)索氏抽提 48 h；抽提液旋蒸浓缩后过中性氧化铝柱(直径：4 mm，从下至上：中性氧化铝 6 cm，无水硫酸钠 2 cm)，使用 4 mL 的正己烷和 DCM 混合溶剂(9∶1, $V∶V$)淋洗得到 OCPs。将洗脱液浓缩并转换溶剂为正己烷后，过硅胶氧化铝复合柱和酸性硅胶柱净化，获取 OCPs，过柱方法与 PUF 样品相同。洗脱液最后氮吹至约 50 μL，加入定量的内标 $^{13}C_{12}$-PCB-141，–20℃冷冻保存。

3. 仪器分析

1) OCPs

目标化合物为 α-HCH、γ-HCH、HCB、p,p'-DDT、p,p'-DDD、p,p'-DDE、o,p'-DDT、TC 和 CC。分析仪器为三重四极杆气相色谱-质谱联用仪(7890/7000 GC-MS/MS, Agilent, USA)，电子轰击(EI)源，–70 eV。色谱柱为 HP-5MS(30 m×0.25 mm×0.25 μm, J & W Scientific, USA)。传输线、进样口、离子源和四极杆温度分别为 280℃、250℃、230℃ 和 150℃。色谱柱升温程序为：80℃保持 0.5 min，以 20℃/min 的速率升至 160℃，再以 4℃/min 的速率升至 240℃，最后以 10℃/min 的速率升至 295℃保持 10 min。进样模式为多重反应监测(MRM)模式，进样量为 1 μL。载气为高纯氦气，流量为 1 mL/min。碰撞诱导解离气和猝灭气分别为氮气(1.5 mL/min)和氦气(2.25 mL/min)。所有碎片离子的扫描时间范围为 0.234～0.255 s，目标化合物的 MRM 参数详见参考文献 Huang 等(2013)。

2) 手性 OCPs

目标化合物为 α-HCH、o,p'-DDT、TC 和 CC，分析仪器为 7890/7000 GC-MS/MS，色谱柱为 BGB-172(15 m×0.25 mm×0.25 μm, BGB Analytik AG, Switzerland)。色谱柱升温程序为：90℃保持 1 min，以 20℃/min 的速率升至 150℃，再以 0.5℃/min 的速率升至 180℃，最后以 20℃/min 的速率升至 240℃，保持 10 min。

色谱柱上手性化合物对映体的出峰顺序为：(–)-α-HCH、(+)-α-HCH、(+)-TC、(+)-CC、(–)-CC、(–)-TC、(–)-o,p'-DDT 和 (+)-o,p'-DDT(Zhang et al., 2012a; 2012b; Falconer et al., 1997)。手性化合物的对映体组成特征由 EF 值表征(Harner et al., 2000b)。

4. 质量控制/质量保证

所有样品中 TCmX、PCB-30、PCB-198 和 PCB-209 的回收率分别为 49%±13%、54%±15%、74%±22%和 77%±25%，本研究报道的数据中，α-HCH、β-HCH、γ-HCH 和 HCB 的浓度经 TCmX 的回收率校正，p,p'-DDT、p,p'-DDD、p,p'-DDE、o,p'-DDT、o,p'-DDD、o,p'-DDE、TC、CC 和七氯的浓度经 PCB-209 的回收率校

正。目标化合物的仪器检测限(instrumental detection limit，IDL)为标样中最低浓度的 3 倍标准偏差(0.24～0.73 pg)，方法检测限(method detection limit，MDL)为 IDL 的 3 倍，目标化合物的 IDL 和 MDL 详见 Huang 等(2017)。采样过程中设置了 1 个 PUF 野外空白样品、9 个 LDPE 膜野外空白样品和 2 个实验室空白样品。所有空白样品中目标化合物的含量均低于方法检测限。

重复测定 6 次手性化合物的外消旋标样以确定标样的 EF 值。α-HCH、TC、CC 和 *o,p'*-DDT 标样的 EF 平均值分别为 0.501±0.001、0.492±0.004、0.495±0.002 和 0.501±0.002。α-HCH、TC、CC 和 *o,p'*-DDT 标样 EF 值的 95%置信区间分别为 0.500～0.503、0.487～0.497、0.492～0.497 和 0.500～0.503。当样品中手性化合物的 EF 值落在 95%置信区间内，认为手性化合物以外消旋体形式存在，否则以非外消旋体形式存在(Meng et al.，2009)。

5.2.2　湖光岩玛珥湖低层大气中 OCPs 的含量

1)HCH

本研究中，我们分析了 2012 年 5 月至 2013 年 4 月期间湖光岩玛珥湖大气样品中 OCPs 的浓度，并将每个 PUF 中吸附的 OCPs 含量按照平均吸附速率(3.5 m^3/d)转换为体积浓度(Shoeib and Harner，2002)。如表 5-4 所示，湖光岩玛珥湖大气中 α-HCH 和 γ-HCH 在所有大气样品中均有检出，其浓度分别为(41±38) pg/m^3 和 (31±39) pg/m^3。大气样品中 α-HCH/γ-HCH 比值为 0.57～2.98，平均值为 1.51，说明近期林丹的使用对湖光岩玛珥湖大气中 HCH 含量有贡献。与其他地区相比 (表 5-5)，湖光岩玛珥湖大气中 α-HCH 和 γ-HCH 的浓度与香港相似(Li et al.，2007)，但是远低于广州(Li et al.，2007)和肇庆(Ling et al.，2011)($p<0.01$)。湖光岩玛珥湖大气中 α-HCH 的浓度与太湖相似($p>0.05$)，但 γ-HCH 的浓度显著低于太湖地区 ($p<0.05$)(Qiu et al.，2008)。

2)HCB

湖光岩玛珥湖大气中 HCB 含量为 71～1300 pg/m^3。总体来说，冬春季样品中 HCB 含量高于夏秋季样品。化石燃料燃烧和垃圾焚烧等高温过程是大气中 HCB 的重要来源(Liu et al.，2009)。我们推测冬季湖光岩玛珥湖大气样品中 HCB 浓度偏高可能是因为受到北方大陆供暖燃烧过程的影响。与其他研究相比(表 5-5)，湖光岩玛珥湖大气中 HCB 的浓度高于欧洲大陆(Jaward et al.，2004a)、新加坡和日本 (2004 年：10～460 pg/m^3)(Jaward et al.，2005)($p<0.05$)，与韩国地区相比没有显著差异($p>0.05$)(Jaward et al.，2005)。

3) DDT

湖光岩玛珥湖大气中∑DDT 的浓度范围为 45～170 pg/m³，平均值为(88±43) pg/m³。*p,p'*-DDT 是含量最丰富的单体。研究表明，商业品 DDT 中 *o,p'/p,p'*-DDT 的比值约为 0.20～0.26，而三氯杀螨醇 *o,p'/p,p'*-DDT 的比值约为 7.5(Qiu et al., 2008)。挥发和地-气交换等环境过程会导致 DDT 化合物的分馏，从而导致环境介质中 *o,p'*-DDT/*p,p'*-DDT 的改变。通过校正，滴滴涕中 *o,p'*-DDT/*p,p'*-DDT 的比值约为0.74～0.96，三氯杀螨醇中 *o,p'*-DDT/*p,p'*-DDT 的比值约为28(Liu et al., 2009)。湖光岩大气中 *o,p'*-DDT/*p,p'*-DDT 比值为 0.29～0.66，说明滴滴涕的使用是湖光岩大气中 DDT 的主要来源。所有大气样品中 *p,p'*-DDT/(DDD+DDE) 的比值范围为0.58～2.6，平均值为 1.4±0.6，说明湖光岩玛珥湖大气中没有明显新源的输入，这也是湖光岩大气中 DDT 含量较为稳定的原因之一。与其他地区相比(表 5-5)，湖光岩玛珥湖大气中 DDT 含量处于较低水平，*p,p'*-DDT 的含量远低于我国广州(Li et al., 2007)和香港(Li et al., 2007)以及日本(Jaward et al., 2005)和欧洲大陆(Jaward et al., 2004a)($p < 0.01$)，略高于太湖(Qiu et al., 2008)、新加坡(Jaward et al., 2005)和韩国(Jaward et al., 2005)($p < 0.05$)。

4) 氯丹

湖光岩玛珥湖大气中 TC 和 CC 的平均浓度分别为(120±72) pg/m³ 和(52±25) pg/m³，远低于我国广州(Li et al., 2007)和香港(Li et al., 2007)以及日本(Jaward et al., 2005)($p < 0.01$)，高于我国太湖(Qiu et al., 2008)、新加坡(Jaward et al., 2005)和韩国(Jaward et al., 2005)($p < 0.05$)。

表 5-4 湖光岩玛珥湖低层大气(05/2012～04/2013)和表层水体(03/2012～02/2013)中 OCPs 的浓度

化合物	大气浓度(pg/m³)				水体浓度(pg/L)			
	最小值	最大值	平均值	标准偏差	最小值	最大值	平均值	标准偏差
α-HCH	5.7	140	41	38	37	144	92	37
γ-HCH	10	140	31	39	n.d.[a]	52	19	15
∑HCH	16	280	73	76	42	174	111	44
HCB	71	1300	310	370	4.3	39	17	13
o,p'-DDT	9.6	41	19	10	0.26	1.4	0.71	0.41
p,p'-DDD	5.5	44	12	12	1.9	5.9	3.7	1.3
p,p'-DDE	10	73	20	19	0.91	4.0	1.8	1.0
p,p'-DDT	18	69	37	18	0.45	2.8	1.6	0.82
∑DDT	45	170	88	43	4.1	13	7.8	3.1
TC	34	230	120	72	0.56	4.1	1.8	1.1
CC	16	94	52	25	0.36	2.1	1.0	0.51
∑氯丹	51	310	170	95	0.92	6.2	2.9	1.6

a. n.d.表示未检出。

5.2.3　湖光岩玛珥湖表层水体中 OCPs 的含量

1）HCH

本研究使用 LDPE 膜富集湖光岩玛珥湖表层水体水相中的 OCPs，通过测定 LDPE 膜中 OCPs 的浓度计算水相中 OCPs 的浓度（Lohmann et al., 2012），结果如表 5-4 所示。湖光岩玛珥湖水相中 α-HCH 和 γ-HCH 的浓度分别为 37～140 pg/L 和 n.d.～52 pg/L。水相样品中 α-HCH/γ-HCH 比值为 2.4～7.6，平均值为 4.5，说明湖光岩玛珥湖水体中 HCH 污染主要来自过去六六六的使用。与其他研究相比（表 5-6），湖光岩玛珥湖表层水体中 α-HCH 和 γ-HCH 的浓度远低于我国的洪湖（Yuan et al., 2013）、太湖（Qiu et al., 2008）、巢湖（He et al., 2012）和白洋淀（Dai et al., 2011）以及北美洲的五大湖和北极地区湖泊（Law et al., 2001）（$p < 0.01$）。

2）HCB

湖光岩玛珥湖水相中 HCB 含量为 4.3～39 pg/L，平均值为（17±13）pg/L。与其他研究相比，湖光岩水体中 HCB 含量高于赤道印度洋（Huang et al., 2014）、太平洋（Zhang and Lohmann, 2010）、北大西洋（Zhang L et al., 2012; Lohmann et al., 2009; Booij et al., 2007）和北冰洋（Wong et al., 2011; Lohmann et al., 2009）等海洋水体中 HCB 含量。

3）DDT

湖光岩玛珥湖水相中 $\sum$DDT 的浓度范围为 4.1～13 pg/L，平均值为（7.8±3.1）pg/L。与大气样品不同，所有表层水相样品中 p,p'-DDD 的含量[（3.7±1.3）pg/L]大于其母体 p,p'-DDT[（1.6±0.82）pg/L]。湖光岩玛珥湖水相中 o,p'-DDT/p,p'-DDT 比值为 0.18～0.82，平均值为 0.47±0.19，与大气样品相似，滴滴涕的使用是湖光岩玛珥湖大气中 DDT 的主要来源，这与水相样品中 DDT 来自大气沉降有关。表层水相中 p,p'-DDT/（DDD+DDE）的比值为 0.28±0.10，低于 1，且低于大气样品中对应比值[p,p'-DDT/（DDD+DDE）：1.4±0.6]，说明大气中的 DDT 通过沉降进入水体后，在水体中被微生物降解。与其他研究相比（表 5-6），本研究中 o,p'-DDT、p,p'-DDD、p,p'-DDE 和 p,p'-DDT 的浓度远低于我国的洪湖（Yuan et al., 2013）、太湖（Qiu et al., 2008）、巢湖（He et al., 2012）和白洋淀（Dai et al., 2011）（$p < 0.01$）。

4）氯丹

湖光岩玛珥湖所有表层水相样品中均可检测到 TC 和 CC。TC 和 CC 的含量范围分别为（1.8±1.1）pg/L 和（1.0±0.5）pg/L。与其他研究相比，TC 和 CC 的浓度显著低于洪湖（Yuan et al., 2013）和太湖（Qiu et al., 2008）、苏必利尔湖和安大略湖（Jantunen et al., 2008a）（$p < 0.01$）。

表 5-5　不同地区大气中 OCPs 的浓度

(单位：pg/m³)

地区		采样年份	α-HCH	γ-HCH	HCB	p,p'-DDT	TC	CC	参考文献
中国	湖光岩玛珥湖	2012~2013	41±38	31±39	310±370	37±18	120±72	52±25	本研究
	香港市区	2003~2004	46±28	51±64	NAa	358±719	389±381	380±358	(Li et al., 2007)
	香港郊区	2003~2004	52±26	51±116	NA	914±1310	427±563	406±516	(Li et al., 2007)
	广州市区	2003~2004	139±71	523±819	NA	718±781	922±424	1430±979	(Li et al., 2007)
	广州郊区	2003~2004	111±69	285±495	NA	557±900	387±279	674±620	(Li et al., 2007)
	肇庆市区	2006~2007	116	412	135±148	22	108	88	(Ling et al., 2011)
	太湖	2004~2005	32±28	12±12	NA	17±29	8.2±10	4.8±5.9	(Qiu et al., 2008)
新加坡		2004	NA	NA	9.5~24.5	<1.9~16	0.4~24	<0.26~19	(Jaward et al., 2005)
日本		2004	NA	NA	14~95	4.4~146	1.3~360	1.8~305	(Jaward et al., 2005)
韩国		2004	NA	NA	26.0~136	<1.9~20	0.35~3	0.6~1.7	(Jaward et al., 2005)
欧洲		2002	<14~100	9~390	11~50	0.6~190	NA	NA	(Jaward et al., 2004a)

a. NA 表示无数据。

表 5-6　不同湖泊水体中 OCPs 的浓度

(单位：pg/L)

湖泊	采样年份	样品类型	α-HCH	γ-HCH	o,p'-DDT	p,p'-DDE	p,p'-DDD	p,p'-DDT	TC	CC	参考文献
湖光岩玛珥湖	2012~2013	溶解态	92±37	19±15	0.71±0.41	1.8±1.0	3.7±1.3	1.6±0.82	1.8±1.1	1.0±0.5	(Huang et al., 2017)
巢湖	2009	溶解态	330	600	1950	610	1400	2860	NAa	NA	(He et al., 2012)
白洋淀	2008	溶解态	1120±630	1080±840	1400±320	2160±1000	2160±2140	1200±300	NA	NA	(Dai et al., 2011)
洪湖(干季)	2005	溶解态+颗粒态	1230±880	1310±620	70±80	100±40	20±20	50±60	620±540	230±200	(Yuan et al., 2013)
洪湖(湿季)	2005	溶解态+颗粒态	240±210	660±340	100±90	120±60	40±50	150±50	920±460	1140±490	(Yuan et al., 2013)
太湖	2004~2005	溶解态	1887±1372	484±373	135±287	77±91	36±17	12±4	1068±1014	739±732	(Qiu et al., 2008)
五大湖	1997~1998	溶解态	340~2120	260~950	NA	NA	NA	NA	NA	NA	(Law et al., 2001)
北极湖泊	1997~1998	溶解态	640~1020	130~1313	NA	NA	NA	NA	NA	NA	(Law et al., 2001)

a. NA 表示无数据。

总体来说，湖光岩玛珥湖所有表层水相中 OCPs 的浓度处于较低水平，这可能与水体中 OCPs 的输入途径有关。与其他湖泊不同，湖光岩玛珥湖是个火山湖，具有一定的封闭性，受地表径流的影响很小，大气沉降是湖光岩玛珥湖水体中 OCPs 的主要输入途径。另一方面，如前所述湖光岩地处广东偏远地区，大气中 OCPs 也处于中等偏低水平。

5.2.4　OCPs 在湖光岩玛珥湖的水-气界面交换

1. 逸度分数

本研究使用逸度系数比值 f_w/f_a 判断了 OCPs 在湖光岩玛珥湖的水-气界面交换趋势，f_w/f_a 的计算详见式(5-3)～式(5-5)。由于夏季和秋季水体表层温度接近，冬季和春季水体表层温度接近，目标化合物的 H 值分别按照这两个时间段的平均表层水温进行校正，f_w/f_a 的不确定性计算详见 Huang 等(2017)。

如图 5-2 所示，α-HCH 和 γ-HCH 具有相似的水-气界面交换趋势。采样期间，大部分情况下，α-HCH 呈现从大气向水体沉降的趋势，这与太湖观测到的情况不同。研究表明，由于底层沉积物的释放作用，α-HCH 在太湖(2004 年)处于由水体向大气挥发的趋势(Qiu et al., 2008)。α-HCH 在五大湖地区(1996～2000 年)(Jantunen et al., 2008a)和赤道印度洋(2011 年)(Huang et al., 2013)基本处于接近水-气平衡的状态。在观测期间，γ-HCH 在湖光岩玛珥湖均处于大气向水体沉降的状态。在北冰洋(Galbán-Malagón et al., 2013a)和南大洋(Galbán-Malagón et al., 2013b)也曾观测到 α-HCH 和 γ-HCH 从大气向水体沉降的趋势。

对于 HCB 而言，2012 年 11～12 月，HCB 在湖光岩玛珥湖处于从大气向水体沉降的趋势，其余时间段都处于平衡或接近平衡的状态(图 5-2)。研究表明，在地中海和黑海(Berrojalbiz et al., 2014)、北大西洋(Galbán-Malagón et al., 2013a; Zhang L et al., 2012; Lohmann et al., 2009)、北冰洋(Galbán-Malagón et al., 2013a; Wong et al., 2011; Lohmann et al., 2009; Su et al., 2006; Hargrave et al., 1997)、太平洋(Zhang and Lohmann, 2010)和南大洋(Galbán-Malagón et al., 2013b)均有观测到相似的 HCB 水-气界面交换趋势。在赤道印度洋，HCB 呈从水体向大气挥发的趋势(Huang et al., 2014)。

如图 5-2 所示，观测期间，o,p'-DDT、p,p'-DDT、p,p'-DDD、p,p'-DDE、TC 和 CC 在湖光岩玛珥湖均呈从大气向水体沉降的趋势。Qiu 等(2008)发现，o,p'-DDT 在太湖(2004 年)也呈沉降趋势，TC 和 CC 则呈现挥发趋势。在赤道印度洋，o,p'-DDT、p,p'-DDT、p,p'-DDD、p,p'-DDE、TC 和 CC 主要呈从水体向大气挥发的趋势(Huang et al., 2013)。

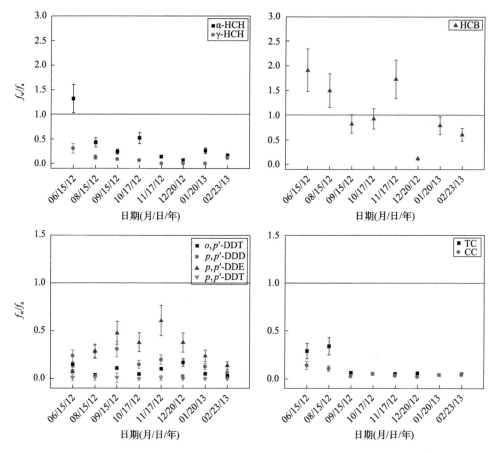

图 5-2　湖光岩玛珥湖 OCPs 的水-气界面交换逸度系数比值 f_w/f_a（竖线表示不确定度）

由上可知，对于 α-HCH、γ-HCH、o,p'-DDT、p,p'-DDT、p,p'-DDD、p,p'-DDE、TC 和 CC 而言，湖光岩玛珥湖扮演着"汇"的角色，这可能与湖光岩水体中这些化合物的浓度较低有关。如上所述，湖光岩水体水相中的 OCPs 含量远低于其他有支流输入的湖泊。

2. 水-气界面交换通量

本研究利用 Deacon 边界层模型修订版计算了 α-HCH、γ-HCH、HCB、TC、CC、p,p'-DDT、p,p'-DDD、p,p'-DDE 和 o,p'-DDT 的水-气界面交换通量 $F_{a/w}[ng/(m^2 \cdot d)]$（Schwarzenbach et al., 2003），其计算详见式（5-1）和式（5-2），$F_{a/w}$ 的不确定性的计算详见 Huang 等（2017），结果如图 5-3 所示。

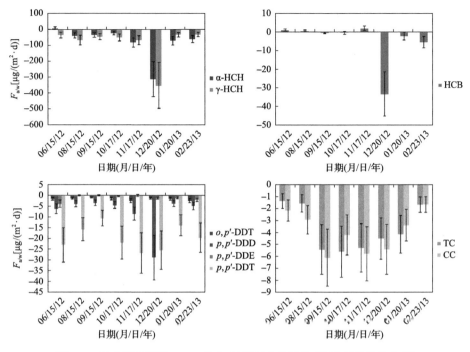

图 5-3 湖光岩玛珥湖 OCPs 的水-气界面交换通量(竖线表示不确定度)

α-HCH 的沉降通量为(−310±110)~(9.2±7.7) ng/(m²·d),平均值为−(77±99) ng/(m²·d)。γ-HCH 和 α-HCH 的沉降通量相当,范围为(−350±140)~(−31±14) ng/(m²·d),平均值为−(85±110) ng/(m²·d),略高于其他目标化合物。对于DDT 而言,2012 年 5 月 15 日至 11 月 17 日,p,p'-DDT 的沉降通量大于其他 DDT 单体,2012 年 12 月 20 日至 2013 年 2 月 23 日,p,p'-DDD 的沉降通量与 p,p'-DDT 相当。湖光岩玛珥湖 TC[(−5.6±2.1)~(−1.4±0.60) ng/(m²·d)]和 CC[(−6.1±2.4)~(−1.7±0.65) ng/(m²·d)]的沉降通量时间变化趋势相似。

5.2.5 湖光岩玛珥湖水体中 OCPs 的大气沉降

本研究根据湖光岩玛珥湖低层大气中 OCPs 的浓度和经验公式评估了通过大气沉降进入水体的 OCPs 的沉降通量。

OCPs 的干沉降通量 F_d[ng/(m²·d)]使用式(5-8)计算(Li et al., 2009):

$$F_d = C_{tsp}v_d \tag{5-8}$$

式中,C_{tsp}(ng/m³)为大气总悬浮颗粒物中化合物的浓度,由 Junge-Pankow 吸附模型计算获得(Pankow, 1987);v_d(m/d)为大气颗粒物的干沉降速率,根据文献报道,赋值为 1.82 cm/s(Chen et al., 2012)。

OCPs 的颗粒相湿沉降通量 F_w[ng/(m²·d)]使用式(5-9)计算(Li et al., 2009):

$$F_w = C_{tsp}W_pV_r \tag{5-9}$$

式中，W_p 为颗粒物的除洗效率，赋值为 10^4（Li et al., 2009; Dickhut and Gustafson, 1995）；V_r（m/d）为采样期间的降雨量。OCPs 的气相湿沉降通量 F_{vap} [ng/（m²·d）] 使用公式（5-10）计算（Li et al., 2009）：

$$F_{vap} = C_gW_gV_r \tag{5-10}$$

式中，W_g 为气相的除洗效率，该值根据 Dickhut 和 Gustafson（1995）提供的经验公式计算获得。

湖光岩玛珥湖 OCPs 的大气沉降通量的计算结果如表 5-7 所示，$F_{a/w}$、F_d、F_w 与 F_{vap} 的和定义为总大气输入通量 F_{ai} [ng/（m²·d）]。

表 5-7　湖光岩玛珥湖水-气界面交换通量（$F_{a/w}$）、干沉降通量（F_d）、湿沉降通量（F_w）、气相湿沉降通量（F_{vap}）和大气总输入通量（F_{ai}）　　　　［单位：ng/（m²·d）］

	06/15/12	08/15/12	09/15/12	10/17/12	01/20/13	02/23/13
			α-HCH			
$F_{a/w}$	−9.2	38	36	23	71	61
F_d	0.01	0.01	0.01	0.01	0.05	0.03
F_w	0.0	0.0	0.0	0.0	0.0	0.0
F_{vap}	0.52	1.6	0.65	0.18	0.02	0.35
F_{ai}	−8.7	40	37	23	71	61
			γ-HCH			
$F_{a/w}$	35	67	45	50	34	31
F_d	0.02	0.03	0.02	0.03	0.06	0.06
F_w	0.0	0.0	0.0	0.0	0.0	0.0
F_{vap}	0.95	1.8	0.68	0.20	0.01	0.17
F_{ai}	36	69	46	50	34	31
			p,p′-DDT			
$F_{a/w}$	23	16	10	22	14	20
F_d	7.4	4.5	3.4	8.6	16	18
F_w	0.27	0.21	0.09	0.06	0.0	0.11
F_{vap}	0.47	0.41	0.16	0.09	0.0	0.10
F_{ai}	31	21	14	31	30	37
			o,p′-DDT			
$F_{a/w}$	1.5	1.2	0.7	1.4	1.5	2.4
F_d	1.06	0.68	0.56	0.85	2.5	3.1
F_w	0.04	0.03	0.01	0.01	0.0	0.02
F_{vap}	0.05	0.04	0.02	0.01	0.0	0.01
F_{ai}	2.7	2.0	1.3	2.3	4.0	5.5

续表

	06/15/12	08/15/12	09/15/12	10/17/12	01/20/13	02/23/13
			TC			
$F_{a/w}$	1.4	1.6	5.4	5.6	4.1	1.7
F_d	0.76	0.85	2.2	2.7	4.6	1.5
F_w	0.03	0.04	0.06	0.02	0.0	0.01
F_{vap}	0.04	0.07	0.09	0.03	0.0	0.01
F_{ai}	2.2	2.5	7.8	8.4	8.8	3.2
			CC			
$F_{a/w}$	2.2	2.9	6.1	4.2	3.4	1.7
F_d	0.54	0.64	1.3	1.1	2.7	1.0
F_w	0.02	0.03	0.04	0.01	0.00	0.01
F_{vap}	0.05	0.09	0.10	0.02	0.00	0.01
F_{ai}	2.8	3.7	7.6	5.4	6.1	2.7

5.2.6　湖光岩玛珥湖水体中 OCPs 的沉积过程

如前文所述，对于 α-HCH、γ-HCH、o,p'-DDT、p,p'-DDT、p,p'-DDD、p,p'-DDE、TC 和 CC 而言，湖光岩玛珥湖扮演着"汇"的角色。进入湖光岩玛珥湖的这些化合物可能会经历微生物降解、水解以及被颗粒物吸附并沉降进入底泥等过程。为了研究颗粒物吸附沉降对湖光岩玛珥湖水体中 OCPs 的影响，本研究在湖光岩玛珥湖中心位置距离水面 0.5 m、6 m 和 12 m 处分别收集了表层、中层和底层的水体沉降样品，通过测定沉降样品中 OCPs 含量计算湖光岩玛珥湖中 OCPs 的沉降通量 [F_{sink}，ng/(m^2·d)]。

结果如表 5-8 所示，表层水体中 α-HCH 和 γ-HCH 的平均沉降通量分别为 0.19 ng/(m^2·d) 和 0.14 ng/(m^2·d)。α-HCH 和 γ-HCH 的沉降通量占大气输入通量的比例分别为 0~0.26% 和 0~0.79%（表 5-9），说明沉积过程对移除湖光岩玛珥湖水体中 OCPs 的作用非常小。表层水体中 p,p'-DDT [平均值：1.0 ng/(m^2·d)]、o,p'-DDT [平均值：0.43 ng/(m^2·d)]、TC [平均值：6.9 ng/(m^2·d)] 和 CC [平均值：6.1 ng/(m^2·d)] 的沉降通量远高于 α-HCH 和 γ-HCH。o,p'-DDT 和 p,p'-DDT 的沉降通量占大气输入通量的平均比例分别为 5.8% 和 20%，高于 α-HCH 和 γ-HCH。TC 和 CC 的沉降通量占大气输入通量的平均比例分别为 130% 和 59%，这可能与 TC 和 CC 的大气输入通量被低估有关。上述研究结果表明，水体中颗粒物的沉降过程对去除水体中 α-HCH 和 γ-HCH 作用远小于 o,p'-DDT、p,p'-DDT、TC 和 CC。这可能与这些化合物的理化性质有关。研究表明，与 o,p'-DDT、p,p'-DDT、TC 和 CC 相比，α-HCH 和 γ-HCH 的疏水性较弱（298 K 时，log K_{OW}<4）(Shen and Wania, 2005; Xiao et al., 2004)。PCBs 也有类似的现象，研究表明颗粒物沉降过程对去除

水体中疏水性更强的 PCBs 单体更重要（Galbán-Malagón et al., 2012; Berrojalbiz et al., 2011; Dachs et al., 2002）。

表5-8 湖光岩玛珥湖表层、中层和底层水体中 OCPs 的沉降通量 ［单位：ng/(m² · d)］

	α-HCH	γ-HCH	o,p'-DDT	p,p'-DDD	p,p'-DDE	p,p'-DDT	TC	CC
				表层（深度：0.5 m）				
最小值	n.d. [a]	n.d.	n.d.	0.07	0.13	n.d.	0.65	0.31
最大值	1.4	0.61	1.8	1.4	2.8	4.1	48	58
平均值	0.19	0.14	0.43	0.53	1.0	1.0	6.9	6.1
标准偏差	0.38	0.17	0.45	0.43	0.78	1.3	12	15
				中层（深度：6 m）				
最小值	n.d.	n.d.	0.06	0.14	0.19	0.07	1.6	0.68
最大值	1.2	1.42	59	4.5	7.8	11	170	170
平均值	0.27	0.28	5.4	1.1	1.6	2.5	18	17
标准偏差	0.35	0.39	16	1.1	1.9	3.1	44	45
				底层（深度：12 m）				
最小值	n.d.	n.d.	n.d.	0.60	1.2	n.d.	1.4	0.70
最大值	3.4	0.65	1.8	12	48	5.3	57	63
平均值	0.90	0.25	0.45	2.2	7.5	1.2	13	13
标准偏差	1.0	0.25	0.56	2.9	12	1.7	18	20

a. n.d.表示未检测出。

本研究还测定了湖光岩玛珥湖水体中层（6 m）和底层（12 m）OCPs 的颗粒物沉降通量（表 5-9）。α-HCH、γ-HCH、HCB、p,p'-DDT、TC 和 CC 在中层的沉降通量与表层显著相关（$p < 0.05$）。α-HCH、γ-HCH、HCB 和 p,p'-DDT 在底层的沉积通量与中层和表层都没有相关性（$p > 10.05$），这可能与底泥中这些化合物的再悬浮（Liu et al., 2013）或是横向传输有关。

表5-9 沉降通量（F_{sink}）、水解通量（F_h）和微生物降解通量（F_m）对湖光岩玛珥湖大气总输入通量（F_{ai}）的贡献率 （单位：%）

贡献率	化合物	06/15/12	08/15/12	09/15/12	10/17/12	01/20/13	02/23/13
	α-HCH	—	0.26	0.0	0.0	0.0	0.0
	γ-HCH	0.09	0.16	0.09	0.0	0.39	0.79
F_{sink}	p,p'-DDT	1.7	1.3	6.7	1.6	12	11
	o,p'-DDT	13	5.6	30	11	45	14
	TC	210	330	50	7.8	33	120
	CC	87	130	33	6.4	32	72

贡献率	化合物	06/15/12	08/15/12	09/15/12	10/17/12	01/20/13	02/23/13
F_h	α-HCH	—	0.78	0.33	1.2	0.05	0.03
	γ-HCH	0.36	0.12	0.08	0.06	0.0	0.01
F_m	α-HCH	—	99	100	99	100	100
	γ-HCH	100	100	100	100	100	99
	p,p'-DDT	98	99	93	98	88	89
	o,p'-DDT	87	94	70	89	55	86
	TC	—	—	50	92	67	—
	CC	13	—	67	94	68	28

5.2.7　降解作用对水体中 OCPs 迁移的影响

HCH 在水体中的降解作用包括水解作用和微生物降解作用。HCH 在表层水体中的水解通量 $[F_h，ng/(m^2 \cdot d)]$ 使用式 (5-11) 计算 (Galbán-Malagón et al., 2013b)：

$$F_h = k_h C_{dis} h \tag{5-11}$$

式中，k_h 为水解常数 (1/d)，h 为水深 (0.5 m)。α-HCH 和 γ-HCH 的水解常数由 Ngabe 等 (1993) 报道的公式计算而得。2012 年 5 月 15 日至 11 月 17 日期间，α-HCH 和 γ-HCH 的水解常数分别为 2.3/a 和 1.8/a，2012 年 11 月 17 日至 2013 年 2 月 13 日期间，α-HCH 和 γ-HCH 的水解常数分别为 0.20/a 和 0.14/a。α-HCH 和 γ-HCH 的水解通量详见表 5-7。湖光岩玛珥湖水体中 α-HCH 和 γ-HCH 的水解过程对消除水体中 α-HCH 和 γ-HCH 的作用很小。α-HCH 和 γ-HCH 的水解通量占大气输入通量的比例仅为 0.03%~1.2% 和 0~0.36%。因为湖光岩玛珥湖是一个封闭性湖泊，没有支流输出，假设颗粒物沉积过程、水解过程和微生物降解过程是去除水体中 α-HCH 和 γ-HCH 的主要方式，由上述计算可以推测出微生物降解过程是去除水体中 α-HCH 和 γ-HCH 的最重要方式，α-HCH 和 γ-HCH 的微生物降解通量 $[F_m，ng/(m^2 \cdot d)]$ 占大气输入通量的 99% 以上 (见表 5-9)。

对于 p,p'-DDT、o,p'-DDT、TC 和 CC，假设颗粒物沉降过程和微生物降解过程是水体中这些化合物的主要去除方式，可得微生物降解作用远大于颗粒物沉降过程。湖光岩玛珥湖 p,p'-DDT、o,p'-DDT、TC 和 CC 的微生物降解通量分别占大气输入通量的 88%~99%、55%~94%、50%~92% 和 13%~94%。DDE 和 DDD 是 DDT 的代谢物。DDT/(DDD+DDE) 的值可以用来指示环境中的 DDT 是否经历微生物降解过程 (Lin et al., 2012；Li et al., 2006)。湖光岩玛珥湖表层水体中 p,p'-DDT 和 o,p'-DDT 的 DDT/(DDD+DDE) 的值分别为 0.28±0.10 和 0.36±0.12，远低于低层大气的对应值(1.3±0.6 和 2.3±0.46),进一步说明 *p*,*p*′-DDT 和 *o*,*p*′-DDT 在水体中经历了充分的微生物降解。手性化合物的对映体组成特征也可以用来指示这些化合物是否经历微生物降解过程(Bidleman et al., 2012)。本研究分别测定了低层大气和表层水体样品中 α-HCH、*o*,*p*′-DDT、TC 和 CC 的 EF 值。如图 5-4 所示,表层水体中 α-HCH、*o*,*p*′-DDT、TC 和 CC 的 EF 值偏离化合物外消旋值的幅度大于低层大气,进一步表明这些化合物从大气中进入水体后经历了微生物降解过程。

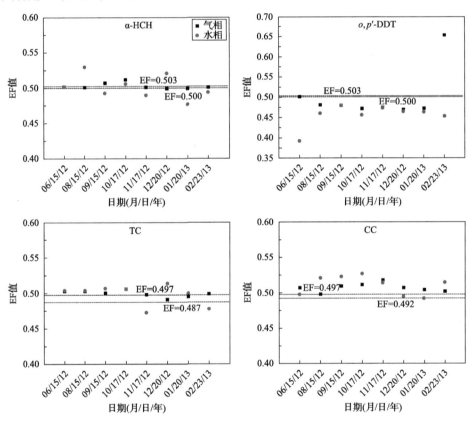

图 5-4   湖光岩玛珥湖大气和表层水体中 α-HCH、*o*, *p*′-DDT、TC 和 CC 的 EF 值
(虚线表示 95%置信区间)

5.3   中国边缘海有机氯农药的水-气界面交换研究

中国黄海、东海和南海是东南亚地区重要的边缘海,其周边国家曾被认为是 OCPs 的重要源区(Iwata et al., 1994)。海洋是陆源 OCPs 的重要接收体(Iwata et al., 1993)。河流输入和大气沉降是陆源 OCPs 进入边缘海的重要途径(Zhang et al., 2007)。本节重点介绍的研究是依托中国科学院海洋研究所"科学三号"科考船

2006 年从青岛至海南的往返航线上进行的一系列研究，以下简称本研究。本研究在中国黄海、东海和南海采集了低层大气和表层水体样品，分析了样品中 OCPs 的含量、空间分布和可能来源，并评估了在这些海域 OCPs 的水-气界面交换过程（Lin et al., 2012）。

5.3.1　样品采集和分析

1. 样品采集

依托中国科学院海洋研究所"科学三号"科考船 2006 年 9～10 月青岛至海南的往返航程，在中国边缘海（含黄海、东海和南海）采集了大气样品 37 个和表层水体样品 11 个，采样信息如表 5-10 所示。航行过程中，将大流量采样器放置在科考船顶层甲板前端，使用滤膜和 PUF 分别采集颗粒相和气相大气样品。为了分别收集日间和夜间样品，每隔 12 小时更换滤膜和 PUF，具体更换时间定在 6∶00 和 18∶00。收集的样品在–20℃冷冻保存。此外，在科考船停船作业时采集表层水样。采样时，先用海水将采样金属桶冲洗干净，然后用金属桶收集 50 L 海水，过玻璃纤维滤膜（Gelman Type A/F，孔径：1μm）。过滤后的水样过装有 XAD 混合物（XAD-2 和 XAD-4，$V∶V$ 1∶1）的玻璃柱（直径：25 mm，长度：400mm）。滤膜样品、PUF 样品和 XAD 样品均在–20℃冰箱保存直至分析。

表 5-10　大气和水体样品的采样信息

样品编号[a]	采样时间[b]（日/月/年）	大气样品采样起始纬度/经度(°)	大气样品采样结束纬度/经度(°)	水体样品纬度/经度(°)	温度空气/水体(℃)
A1/W1	18/09/06	N 36.0; E 120.2	N 35.5; E 121.2	N 35.8; E 120.7	24.6/22.5
A2	18/09/06	N 35.3; E 121.3	N 34.4; E 122.5		23.7/22.7
A3/W2	19/09/06	N 34.5; E 122.5	N 33.6; E 123.6	N 34.5; E 122.6	23.4/22.4
A4/W3	19/09/06	N 33.4; E 124.0	N 32.1; E 123.6	N 33.4; E 123.9	23.1/22.3
A5/W4	20/09/06	N 31.8; E 123.6	N 30.1; E 123.2	N 30.9; E 123.6	25.8/26.0
A6	20/09/06	N 30.0; E 122.8	N 30.0; E 122.6		24.2/24.2
A7	21/09/06	N 30.0; E 122.5	N 29.9; E 122.4		
A8	21/09/06	停靠舟山			
A9/W5	23/09/06	N 29.3; E 122.9	N 27.9; E 121.8	N 28.7; E 122.4	25.2/25.2
A10	24/09/06	N 27.9; E 121.8	N 26.5; E 122.9		26.0/25.8
A11/W6	24/09/06	N 26.5; E 120.9	N 25.0; E 119.8	N 25.8; E 120.3	26.3/26.0
A12	24/09/06	停靠厦门			
A13/W7	30/09/06	N 23.5; E 117.9	N 22.1; E 116.9	N 23.4; E 117.9	26.9/26.5
A14	01/10/06	N 22.0; E 116.9	N 20.7; E 115.9		25.9/26.4
A15/W8	01/10/06	N 20.7; E 115.9	N 20.4; E 115.4	N 20.7; E 115.9	28.9/25.6

样品编号[a]	采样时间[b] （日/月/年）	大气样品采样起始 纬度/经度(°)	大气样品采样结束 纬度/经度(°)	水体样品 纬度/经度(°)	温度 空气/水体(℃)
A16	02/10/06	N 20.1; E 115.0	N 19.3; E 114.8		27.8/27.0
A17	02/10/06	N 19.0; E 114.6	N 18.7; E 113.2		26.2/26.2
A18/W9	03/10/06	N 18.7; E 113.2	N 18.5; E 112.4	N 18.5; E 112.4	25.2/25.8
A19/W10	03/10/06	N 18.5; E 112.4	N 18.1; E 110.7	N 18.1; E 110.7	26.8/26.4
A20	04/10/06	停靠三亚			
A21	08/10/06	停靠三亚			
A22	10/10/06	N 18.1; E 112.0	N 18.9; E 113.3		27.2/26.7
A23	10/10/06				
A24	11/10/06	N 18.9; E 113.4	N 18.8; E 113.2		25.7/25.9
A25	11/10/06	N 18.8; E 113.2	N 20.2; E 114.9		24.6/24.2
A26	12/10/06	N 20.2; E 114.9	N 21.5; E 116.2		24.2/23.8
A27	12/10/06	N 21.7; E 116.5	N 23.2; E 117.4		23.2/24.0
A28	13/10/06	N 23.3; E 117.3	N 24.5; E 118.7		25.6/23.2
A29	13/10/06	N 24.7; E 119.0	N 26.1; E 120.6		24.5/24.4
A30	14/10/06	N 26.5; E 114.6	N 27.9; E 122.7		25.4/23.6
A31	14/10/06	N 28.1; E 123.2	N 29.1; E 125.5		24.3/24.3
A32	15/10/06	N 29.1; E 125.6	N 30.3; E 124.0		23.5/22.5
A33/W11	15/10/06	N 30.4; E 123.9	N 30.9; E 123.5	N 30.4; E 123.9	22.4/23.8
A34	16/10/06	N 30.8; E 123.5	N 30.1; E 122.8		23.0/22.9
A35/W12	16/10/06	N 29.8; E 122.8	N 31.5; E 122.8	N 31.0; E 122.8	23.1/22.9
A36	17/10/06	N 32.1; E 122.8	N 34.2; E 122.0		23.0/23.0
A37	17/10/06	N 35.0; E 121.4	N 35.9; E 120.8		

a. A 表示大气样品，W 表示水体样品；b. 采样时间为大气采样的起始时间。

2. 样品前处理

1) PUF 样品

将采集 PUF 用处理过的滤纸包好，经 200 mL 的二氯甲烷(DCM)索氏抽提 48 h。抽提前加入 TC*m*X 和 PCB-209 作为回收率指示物。提取液旋蒸至 5 mL，分 3 次加入 15 mL 的正己烷进行溶剂转换，浓缩至 5 mL，转移至 10 mL 样品瓶中，在柔和的氮气下浓缩至约 1 mL，然后过硅胶氧化铝复合柱净化。硅胶氧化铝复合柱(直径：8 mm)的填装方法如下：从下至上分别填装 6 cm 的中性氧化铝、10 cm 的中性硅胶、10 cm 的酸性硅胶和 1 cm 的无水硫酸钠。过柱后，使用 50 mL 正己烷和 DCM 的混合溶剂(V：V，1：1)洗脱，收集 OCPs 组分。洗脱液浓缩后，在柔和氮气下定容至约 25 μL，加入定量内标 PCB-54，在–20℃冷冻保存。

2) 表层水样

XAD 样品中加入定量的回收率指示物 TC*m*X 和 PCB-209,然后先后用 50 mL 甲醇和 50 mL DCM 冲淋 XAD 柱,流速 5 mL/min;再将 XAD 颗粒倒入三角瓶中,用 100 mL DCM 和甲醇混合溶剂($V:V$, 2:1)超声萃取,重复三次。所有的提取液合并,然后加入氯化钠饱和溶液和 50 mL DCM,振荡 10 min 后静置直至分层,接取底层 DCM 至平底烧瓶,重复三次。DCM 反萃取液再加入纯水萃取,以去除残留在 DCM 中的甲醇。然后将 DCM 过无水硫酸钠玻璃柱去除水分。接着,将 DCM 旋蒸浓缩并转换溶剂为正己烷,然后按照 PUF 样品的方法净化、浓缩、加内标并保存。

3. 仪器分析

目标化合物为 α-HCH、β-HCH、γ-HCH、δ-HCH、*p,p'*-DDT、*p,p'*-DDD、*p,p'*-DDE、*o,p'*-DDT、TC、CC、七氯、α-硫丹(α-endosulfan)和 β-硫丹(β-endosulfan)。分析仪器为气相色谱-质谱联用仪(6890/5975 GC-MSD, Agilent, USA),电子轰击(EI)源,SIM 模式。色谱柱为 CP-Sil 8 CB(50 m×0.25 mm×0.25 μm, Varian)。色谱柱升温程序为:60℃保持 1min,以 4℃/min 的速率升至 290℃,保持 10 min。进样模式为无分流进样,进样量为 1 μL。进样口的温度为 250℃。

4. 质量控制/质量保证

大气样品中 TC*m*X 和 PCB-209 的回收率分别为 79.4%±8.6%和 89.2%±11.7%;水体样品中 TC*m*X 和 PCB-209 的回收率分别为 61.9%±11.0%和 78.6%±9.6%。本研究所报道的数据未经回收率校正。目标化合物的仪器检测限(IDL)为标样中最低浓度的 3 倍标准偏差(13.6～89.5 pg)。由于野外空白和实验室空白中目标化合物的含量均低于方法检测限,目标化合物的方法检测限(MDL)定义为 IDL 的 3 倍。大气样品中目标化合物的 MDL 为 0.10～0.64 pg/m^3,水相样品中目标化合物的 MDL 为 0.27～1.79 pg/L。

为了考察 PUF 的穿透性,采样前使用 2 个 PUF 收集气相中的目标化合物,结果表明,目标化合物在第二个 PUF 中低于检测限,说明第一个 PUF 可以有效地捕集大气中的目标化合物。

5. 气团后向轨迹

为了辅助分析大气样品中 OCPs 的来源,使用 NOAA 的 HYSPLIT 模型分析采样期间大气样品的气团后向轨迹(Draxler and Rolph, 2003; Rolph, 2003)。由于采样期间,科考船在移动,选取每个样品的采样开始和结束的协调世界时(UTC)时间点和经纬度计算生成 120 h 的后向轨迹图,气团到达海拔高度设置为 10 m。

5.3.2 中国边缘海大气中 OCPs 的含量和空间分布

该次科学考察航次过程中，沿途海域大气中主要检出的气态有机氯农药有 HCH、DDT、氯丹和硫丹，结果如表 5-11 所示，其中 α-HCH、γ-HCH、TC、CC、*p,p'*-DDE、*o,p'*-DDT 和 *p,p'*-DDT 在所有大气样品中均有检出。总体来说，本研究大气中 OCPs 的含量低于 2005 年观测到的中国南海北部海域（Zhang et al., 2007）。

表 5-11　中国边缘海大气和水体中 OCPs 的浓度　　（单位：pg/m³）

	大气（*n* = 37）			水体（*n*=11）		
	平均值	范围	*H/L*[a]	平均值	范围	*H/L*
α-HCH	13±8.1	4.1～39	9.6	500±97	330～640	1.9
γ-HCH	110±76	12～440	37.5	790±295	350～1400	4.1
TC	180±150	16～790	4.6	200±77	140～380	2.7
CC	220±170	25～860	35.1	170±36	110～240	2.2
p,p'-DDE	5.6±3.5	1.4～17	12	470±210	200～920	4.6
o,p'-DDT	19±15	3.7～67	18.2	410±260	120～850	7.1
p,p'-DDT	5.1±5.1	1.0～17	17.4	390±160	200～800	4
α-硫丹	3.9±3.7	1.0～16	15.9			

a. 表示最高浓度和最低浓度的比值。

1）HCH

本研究中，中国边缘海大气中 α-HCH 和 γ-HCH 的浓度分别为 4.1～39 pg/m³ 和 12～440 pg/m³。α-HCH 在中国边缘海的空间分布较为均一（图 5-5），其最高浓度和最低浓度比值（*H/L*）为 9.6，因此，本研究中测得的大气中 α-HCH 的浓度可以被认为是该海域 α-HCH 的背景值。

与其他研究相比，中国边缘海大气中 α-HCH 的含量[（13±8.1）pg/m³]与北太平洋及相邻北极地区[2003 年：（9.9±8.3）pg/m³；2008 年：（33±16）pg/m³]（Wu et al., 2010; Ding et al., 2007）、大西洋（2001 年：<0.1～11 pg/m³）（Jaward et al., 2004b）、赤道印度洋（2004～2005 年：<0.2～19.2 pg/m³）（Wurl et al., 2006）以及北大西洋和北冰洋（Lohmann et al., 2009）（2004 年：<1～7 pg/m³）观测的浓度相似。中国边缘海大气中 γ-HCH 的含量[（110±76）pg/m³]高于北太平洋及相邻北极地区[2003 年：（0.2～49.4）pg/m³；2008 年：（13±7.5）pg/m³]（Wu et al., 2010; Ding et al., 2007）、大西洋（2001 年：<3.6～100 pg/m³）（Jaward et al., 2004b）、赤道印度洋（2004～2005 年：2.3～80.0 pg/m³）（Wurl et al., 2006）以及北大西洋和北冰洋（2004 年：<1～10 pg/m³）（Lohmann et al., 2009）观测的浓度。

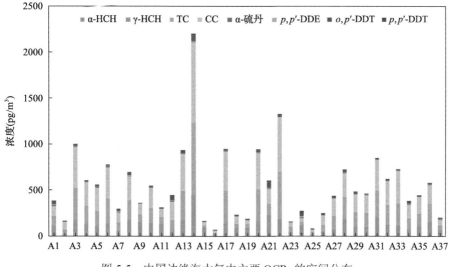

图 5-5　中国边缘海大气中主要 OCPs 的空间分布

2）DDT

大气样品中 p,p'-DDE、p,p'-DDT 和 o,p'-DDT 的浓度分别为 1.4～17 pg/m^3、3.7～67 pg/m^3 和 1.0～17 pg/m^3，p,p'-DDD 在大气样品中未检出。与其他海域相比，本研究中国边缘海大气中 p,p'-DDE 和 p,p'-DDT 的浓度略低于北太平洋和邻近北冰洋大气中在 2003 年（p,p'-DDE：0.18～42.8 pg/m^3；p,p'-DDT：0.20～112 pg/m^3）（Ding et al., 2009）和 2008 年（p,p'-DDE：n.d.～16 pg/m^3；p,p'-DDT：n.d.～54 pg/m^3）（Wu et al., 2011）观测到的浓度，与赤道印度洋（2004～2005 年）（p,p'-DDE：<0.2～6.3 pg/m^3；p,p'-DDT：<0.2～26.7 pg/m^3）（Wurl et al., 2006）、大西洋（2001 年）（p,p'-DDE：<1.5～47 pg/m^3；p,p'-DDT：<2.2～5.4 pg/m^3）（Jaward et al., 2004b）、北大西洋和北冰洋（2004 年）（p,p'-DDE：0.1～16 pg/m^3）（Lohmann et al., 2009）大气中的浓度相似。大气样品中 o,p'-DDT 的浓度为 4～67 pg/m^3，与北太平洋和邻近北冰洋大气中观测到的浓度（2003 年：0.19～73.2 pg/m^3；2008 年：n.d.～30 pg/m^3）相似（Ding et al., 2009），但是远高于赤道印度洋（Wurl et al., 2006）、大西洋（Jaward et al., 2004b）、北大西洋和北冰洋（Lohmann et al., 2009）等海域。

3）氯丹

中国边缘海大气样品中的 TC 和 CC 的浓度分别为 16～790 pg/m^3 和 25～860 pg/m^3，显著高于赤道印度洋（2004～2005 年）（TC：0.3～2.7 pg/m^3；CC：<0.1～2.4 pg/m^3）（Wurl et al., 2006）、北大西洋和北冰洋（2004 年）（TC：0.01～1.9 pg/m^3；CC：0.1～2.2 pg/m^3）（Lohmann et al., 2009）等开放海域大气中的浓度。这可能与氯丹的使用有关。本次航行中采集的大气样品主要受大陆气团的影响，

而氯丹在东南亚地区被广泛用作灭蚁剂(Iwata et al., 1994)。

4)硫丹

大气样品中 α-硫丹的浓度为 1.0～15 pg/m³，平均值为 3.9 pg/m³，略高于北冰洋大气中的浓度(Weber et al., 2010)。如图 5-5 所示，邻近中国北方的黄海大气中α-硫丹的浓度明显高于东海和南海海域。硫丹是一种广谱杀虫剂，曾被广泛用于防治棉花、果树、谷物、茶树和咖啡等作物的虫害(Weber et al., 2010)。结合气团来源分析可知，黄海较高浓度的 α-硫丹可能与北方大陆硫丹在棉花种植业中的使用有关。

5.3.3 中国边缘海水体中 OCPs 的含量和空间分布

中国边缘海水相中 OCPs 的含量如表 5-11 所示，HCH、DDT 和氯丹在所有水样中均能检出。OCPs 在中国边缘海的空间分布非常均一(图 5-6)，*H/L* 为 1.9～7.1，说明由于大量海水的稀释作用，地表径流输入对中国边缘海海水中 OCPs 空间分布的影响很小。总体来说，海水中 α-HCH(均值：500 pg/L)、γ-HCH(均值：790 pg/L)、*p,p'*-DDE(均值：470 pg/L)、*p,p'*-DDT(均值：390 pg/L)和 *o,p'*-DDT(均值：410 pg/L)的浓度显著高于 TC(均值：210 pg/L)、CC(均值：170 pg/L)和 *p,p'*-DDD(均值：210 pg/L)的浓度($p < 0.001$)。中国边缘海海水中 OCPs 的浓度与 Zhang 等(2007)报道的中国南海北部海域 2005 年海水中 OCPs 的浓度相当。与其他海域相比，中国边缘海水体中 HCH 的浓度略高于白令海和楚科奇海(α-HCH：144～683 pg/L；γ-HCH：30～196 pg/L)(Yao et al., 2002)以及北冰洋(γ-HCH：< 0.70～894 pg/L)(Weber et al., 2006)，远高于北大西洋和北冰洋(Lohmann et al.,

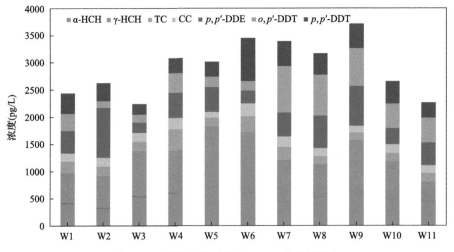

图 5-6 中国边缘海水体中 OCPs 的空间分布

2009)以及南极半岛西部海域(Dickhut et al., 2005)。与 HCH 相似,中国边缘海水体中 DDTs 的浓度处于较高水平,远高于白令海和楚科奇海(Yao et al., 2002)以及北大西洋和北冰洋(Lohmann et al., 2009)。目前关于海洋水体中氯丹浓度的报道较少。本研究中 TC 和 CC 的浓度分别为 140～380 pg/L 和 110～240 pg/L,也高于北大西洋和北冰洋海域(Lohmann et al., 2009)。

5.3.4　中国边缘海 OCPs 的可能来源

大气和海水样品中 α-HCH/γ-HCH 的比值分别为 0.05～0.76 和 0.31～0.91,低于六六六中的 α-HCH/γ-HCH 的比值(4～7),说明六六六和林丹对中国边缘海 γ-HCH 的污染都有贡献。

由于在大气中未检出 p,p'-DDD,水体样品中只有微量 p,p'-DDD 被检出,本研究中 p,p'-DDT/(DDD+DDE) 的比值被简化为 p,p'-DDT/DDE。中国边缘海大气和水体中 o,p'-DDT/p,p'-DDT 和 p,p'-DDT/DDE 的比值如图 5-7 所示。大气和水体中 o,p'-DDT/p,p'-DDT 的比值分别为 0.33～27 和 0.21～1.9,说明滴滴涕和三氯杀螨醇的使用均为我国边缘海大气和水体中 o,p'-DDT 的来源。此外,如图 5-7 所示,在大气和水体样品中,当 p,p'-DDT 浓度较高时,o,p'-DDT/p,p'-DDT 的比值偏低,且 p,p'-DDT/DDE 的比值偏高,说明该海域有滴滴涕的新鲜源输入。虽然滴滴涕在农业上的使用已被禁止多年,但是船舶防污漆中仍然添加有滴滴涕,因此船舶行驶过程中滴滴涕的释放可能是中国边缘海滴滴涕的重要新鲜来源(Lin et al., 2009)。

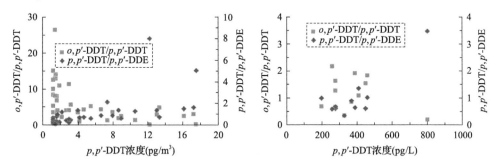

图 5-7　大气和水体样品中 p,p'-DDT 的浓度以及 o,p'/p,p'-DDT 和 p,p'-DDT/DDE 的比值

5.3.5　中国边缘海 OCPs 的水-气界面交换过程

本研究使用逸度系数比值 f_a/f_w 判断了 OCPs 在中国边缘海的水-气界面交换方向,f_a/f_w 的计算详见式(5-3)、式(5-4)和式(5-6)。考虑到 H 值和化合物浓度的误差,通过误差传递计算,设定当化合物的 f_a/f_w 值在 0.8～1.2 范围内时,认为该化

合物处于水-气平衡或者接近平衡状态；当 f_a/f_w 值大于 1.2 时，认为该化合物呈从大气向水体沉降的趋势；当 f_a/f_w 值小于 0.8 时，认为该化合物呈从水体向大气挥发的趋势。从图 5-8 可以看出，o,p'-DDT 和 γ-HCH 在中国边缘海处于水-气平衡或接近水-气平衡的状态，α-HCH 全部处于从水体向大气挥发的趋势(图 5-8)。在 1989 年的观测中，α-HCH 在相同海域处于从大气向水体沉降的趋势(Iwata et al., 1993)。六六六是环境中 α-HCH 的主要来源，由于六六六已经被禁用多年，随着大气环境中 α-HCH 浓度的降低，海洋开始成为环境中 α-HCH 的二次源，过去进入水体的 α-HCH 通过挥发进入大气再次参与全球循环。Ding 等(2007)在北冰洋也观测到 α-HCH 水-气界面交换趋势的上述转变。虽然中国仍然存在氯丹的排放源，比如氯丹在白蚁防治方面的使用，但本次研究中，氯丹的主要成分 TC 和 CC 均呈现从水体向大气挥发的趋势(图 5-8)。p,p'-DDT 和 p,p'-DDE 也呈现从水体向大气挥发的趋势(图 5-8)，这可能与滴滴涕在船舶防污漆中的应用有关。如前所述，在船舶行驶过程中，船舶防污漆中的 p,p'-DDT 可能进入水体，进而影响 p,p'-DDT 的水-气界面交换过程。

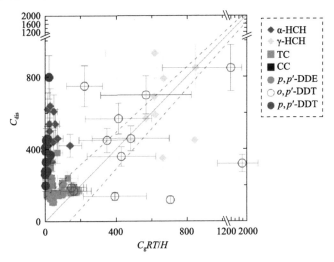

图 5-8　中国边缘海 OCPs 的逸度系数比值(f_a/f_w)

5.4　赤道印度洋 OCPs 和 PCBs 的水-气界面交换研究

赤道印度洋毗邻南亚次大陆南端，其周边国家是 OCPs 和 PCBs 的重要潜在源区。比如，滴滴涕和六六六曾在周边国家被大量用作农业杀虫剂，且滴滴涕还被用于预防和控制各种蚊蝇传播疾病。目前，印度仍然持有滴滴涕在预防疟疾等疾病方面的豁免权，且每年允许的最大使用量达 10000 t(UNEP, 2002a)。印度、巴基斯坦、马来西亚、越南和菲律宾等印度洋周边国家是重要的电子垃圾输入国(Robinson, 2009)，而电子垃圾焚烧是大气中 PCBs 的重要来源。此外，印度、巴基斯坦和孟加拉的旧船拆解活动也是 PCBs 的重要排放源。据报道，每拆解一艘废旧船可能释放 0.25～0.8 t PCBs(Wurl et al., 2006)。海洋是 OCPs 和 PCBs 等 POPs 的重要的汇(Lohmann et al., 2006)。本研究基于"实验 I 号"科考船 2011 年的开放航线，在赤道印度洋收集了 19 对低层大气和表层海水样品，分析了样品中 OCPs 和 PCBs 的含量和空间分布；评估了 OCPs 和 PCBs 的水-气界面交换过程；并利用手性化合物的对映体特征探讨了低层大气中 OCPs 的可能来源(Huang et al., 2014; 2013)。

5.4.1　样品采集与分析

1. 样品采集

在中国科考船"实验 I 号"2011 年 4 月 12 日至 5 月 14 日的开放航线中，于赤道印度洋(印度尼西亚经斯里兰卡至南孟加拉湾)采集了水相和大气样品各 19 个，采样点位信息如图 5-9 和表 5-12 所示。

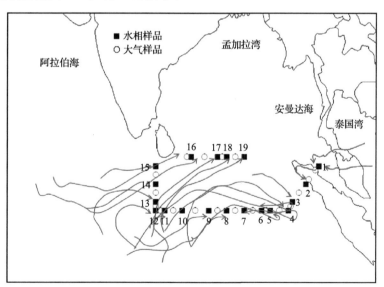

图 5-9　赤道印度洋采样点位和气团后向轨迹图(红色表示大陆气团，蓝色表示海洋气团)

表 5-12　赤道印度洋表层水体和低层大气样品的采样信息

编号	水体样品					大气样品		
	采样时间(UTC)	纬度(°)	经度(°)	水温(℃)	盐度(‰)	纬度(°)[a]	经度(°)[b]	气温(℃)
1	4, 12, 2011/ 4:00	N 5	E 98.5	28.9	34.3	N 4.5	E 98.1	29.4
2	4, 13, 2011/ 11:20	N 3	E 97	29.1	34.6	N 3.5	E 97.4	30.8
3	4, 14, 2011/ 14:00	N 1	E 95.5	29.5	34.7	N 2	E 96.3	30.8
4	4, 15, 2011/ 03:00	0	E 95	29.4	34.0	N 0.5	E 95.3	29.9
5	4, 16, 2011/ 03:30	0	E 93	29.4	34.2	0	E 94	29.5
6	4, 16, 2011/ 11:00	0	E 92	29.4	34.4	0	E 92.5	28.9
7	4, 17, 2011/ 14:00	0	E 90	29.6	34.6	0	E 91	30.1
8	4, 18, 2011/ 13:00	0	E 88	29.6	34.7	0	E 89	29.5
9	4, 19, 2011/ 09:30	0	E 86	29.8	34.8	0	E 87	29.4
10	4, 20, 2011/ 03:30	0	E 83	29.5	34.8	0	E 84.5	30.8
11	4, 21, 2011/ 03:00	0	E 81	30.1	34.8	0	E 82	30.6
12	4, 22, 2011/ 04:00	0	E 80	30.0	34.8	0	E 80.5	29.5
13	4, 22, 2011/ 13:00	N 1	E 80	30.0	35.0	N 0.5	E 80	30.7
14	4, 23, 2011/ 13:00	N 3	E 80	29.3	34.2	N 2	E 80	28.7
15	4, 24, 2011/ 11:00	N 5	E 80	29.6	33.8	N 4	E 80	28.2
16	5, 1, 2011/ 12:30	N 6	E 84	29.4	34.1	N 6	E 83.5	30.4
17	5, 2, 2011/ 13:30	N 6	E 87	29.1	33.0	N 6	E 85.5	30.2
18	5, 3, 2011/ 10:00	N 6	E 88	29.5	33.5	N 6	E 87.5	31.3
19	5, 4, 2011/ 09:00	N 6	E 90	29.5	33.3	N 6	E 89	30.1

a. 表示大气样品采集开始位置纬度和结束位置纬度的平均值；b. 表示大气样品采集开始位置经度和结束位置经度的平均值。

使用大流量采样器在甲板的迎风面采集低层大气样品(200～500 m³)。采样时，大气先通过大流量采样器中的石英纤维滤膜，再通过两个相连的 PUF。在每个水样收集站点，先用海水将采样金属桶冲洗干净，然后用金属桶收集 70～120 L 海水，过玻璃纤维滤膜(Gelman Type A/E，孔径：1 μm)；过滤后的水样过装有约 28 g XAD 混合物(XAD-2 和 XAD-4，$V:V$ 1:1)的特氟龙柱(直径：25 mm，长度：200 mm)。滤膜样品、PUF 样品和 XAD 样品均在−20℃冰箱保存直至分析。

2. 样品前处理

1) PUF 样品

PUF 样品添加定量的回收率混标(TC*m*X、PCB-209 和 $^{13}C_{12}$-PCB-141)，使用 DCM 索氏抽提 36 h。抽提液旋蒸并将溶剂转换成正己烷后，在硅胶氧化铝复合柱上净化，使用 30 mL 的 DCM：正己烷($V:V$，1:1)冲洗获得 OCPs 和 PCBs。硅胶氧化铝复合柱(10 mm i.d.)使用湿法填充,从下至上分别填充 3 cm 去活化中性氧化铝、3 cm 去活化中性硅胶、3 cm 酸性硅胶和 1 cm 无水硫酸钠。将洗脱液浓缩并将溶剂转换为正己烷后,氮吹至约 50 μL,加入定量的内标 $^{13}C_{12}$-PCB-138,冷冻保存。

2)XAD 样品

使用甲醇将特氟龙管中的 XAD 冲洗到烧杯中,将上清液转移至平底烧瓶,然后依次用甲醇(3×50 mL)和 DCM(3×50 mL)超声萃取 XAD,每次时间为 10 min。将萃取液和上清液合并转移至分液漏斗,加入 200 mL 氯化钠饱和溶液,振荡 10 min 后静置直至分层,接取底层 DCM 至平底烧瓶,余下液体接着使用 DCM(3×50 mL)反萃取 3 次。将 DCM 过 15g 无水硫酸钠去除水分,然后浓缩萃取液并转换为正己烷,接着按照 PUF 样品的方法净化、浓缩、加内标并冷冻保存。

3. 仪器分析

1)OCPs

目标化合物为 α-HCH、β-HCH、γ-HCH、HCB、*p,p′*-DDT、*p,p′*-DDD、*p,p′*-DDE、*o,p′*-DDT、*o,p′*-DDD、*o,p′*-DDE、TC、CC、TN、CN 和七氯。分析仪器为三重四极杆气相色谱-质谱联用仪(7890/7000 GC-MS/MS, Agilent, USA),电子轰击(EI)源,–70 eV。色谱柱为 HP-5MS(30 m×0.25 mm×0.25 μm, J&W Scientific, USA)。传输线、进样口和离子源和四极杆温度分别为 280℃、250℃、230℃和 150℃。色谱柱升温程序为:80℃保持 0.5 min,以 20℃/min 的速率升至 160℃,再以 4℃/min 的速率升至 240℃,最后以 10℃/min 的速率升至 295℃保持 10 min。进样模式为多重反应监测(MRM)模式,进样量为 1 μL。载气为高纯氦气,流量为 1 mL/min。碰撞诱导解离气和猝灭气分别为氮气(1.5 mL/min)和氦气(2.25 mL/min)。所有碎片离子的扫描时间范围为 0.234~0.255 s,目标化合物的 MRM 参数详见 Huang 等(2013)。

2)PCBs

目标化合物为 21 种 PCBs 单体(PCB-18、PCB-28、PCB-44、PCB-52、PCB-66、PCB-77、PCB-81、PCB-101、PCB-105、PCB-114、PCB-118、PCB-123、PCB-126、PCB-128、PCB-138、PCB-153、PCB-156、PCB-157、PCB-167、PCB-169 和 PCB-180)。PCBs 的仪器分析条件与 OCPs 相同,目标化合物的 MRM 参数分析详见 Huang 等(2014)。

3)手性 OCPs

目标化合物为 α-HCH 和 *o,p′*-DDT,分析仪器为 7890/7000 GC-MS/MS,色谱柱为 BGB-172(15 m×0.25 mm×0.25 μm, BGB Analytik AG, Switzerland)。色谱柱

升温程序为：90℃保持 1 min，以 20℃/min 的速率升至 160℃，再以 2℃/min 的速率升至 210℃保持 10 min，最后以 20℃/min 的速率升至 230℃保持 10 min。色谱柱上手性化合物对映体的出峰顺序为：(−)-α-HCH、(+)-α-HCH、(−)-o,p'-DDT 和 (+)-o,p'-DDT (Zhang et al., 2012a；Falconer et al., 1997)。

4. 质量控制/质量保证

实验过程中分析了 3 个实验室空白样品、4 个 PUF 野外空白样品和 2 个 XAD 野外空白样品。结果表明，目标化合物在实验室空白样品中均未检出；PUF 野外空白样品中检测到微量 HCB、七氯、TC、CC、PCB-18、PCB-28、PCB-44 和 PCB-52；XAD 野外空白样品检测到微量 HCB、七氯、TC、CC、PCB-18、PCB-28、PCB-77、PCB-81 和 PCB-118。PUF 样品中 $^{13}C_{12}$-PCB-141、TCmX 和 PCB-209 的回收率分别为 97%±7.2%、63%±13% 和 110%±11%。XAD 样品中 $^{13}C_{12}$-PCB-141、TCmX 和 PCB-209 的回收率分别为 97%±10%、71%±9.5% 和 100%±18%。本研究报道的数据已扣除野外空白，但未经过回收率校正。目标化合物的仪器检测限 (IDL) 定义为 3 倍 S/N，方法检测限 (MDL) 定义为野外空白平均值加 3 倍标准偏差，如果野外空白中未检出目标化合物，则 MDL 为 3 倍 IDL。本次实验中，大气样品中 OCPs 和 PCBs 目标化合物的 MDL 为 0.02～0.32 pg/m^3，水相样品中目标化合物的 MDL 为 0.05～0.90 pg/L。

为了考察 PUF 的穿透性，随机选择了 6 个大气样品，将上下两个 PUF 分开测定。结果表明，第二个 PUF 中未检出 OCPs 和 PCBs，说明第一个 PUF 可以有效地捕集大气中的 OCPs 和 PCBs。为了考察 XAD 特氟龙柱的穿透性，3 个水样连续过了 2 根特氟龙柱，并被分开测定 OCPs 和 PCBs。结果表明，同一样品中的第二根 XAD 特氟龙柱中未检出 OCPs 和 PCBs，说明使用 1 根 XAD 特氟龙柱就可以很好地吸附水相中的 OCPs 和 PCBs。

重复测定具有外消旋特征的 α-HCH 和 o,p'-DDT 标样以确定标样的 EF 值。α-HCH 标样的 EF 平均值为 0.507±0.014 ($n=6$)，o,p'-DDT 标样的 EF 平均值为 0.502±0.004 ($n=6$)。α-HCH 和 o,p'-DDT 标样 EF 值的 95% 置信区间分别为 0.492～0.521 和 0.498～0.505，当 EF 值落在置信区间，认为手性化合物以外消旋体形式存在，否则以非外消旋体形式存在 (Meng et al., 2009)。

5. 气团后向轨迹

为了辅助分析大气样品中 OCPs 和 PCBs 的来源，使用 NOAA 的 HYSPLIT 模型分析采样期间大气样品的气团后向轨迹 (Draxler and Rolph, 2003; Rolph, 2003)。由于采样期间，科考船在移动，选取每个大气样品的采样开始和结束的 UTC 时间点和经纬度计算生成 120 h 的后向轨迹图，气团到达海拔高度设置为 10 m。后向轨迹图如图 5-9 所示。

5.4.2　大气中 OCPs 和 PCBs 的浓度和空间分布

赤道印度洋大气中 OCPs 和 PCBs 的浓度如表 5-13 所示。与氯丹类化合物相比，大气中 HCH 和 DDT 化合物的分布较为一致，最高含量和最低含量比值低于 14.5(图 5-10)。虽然后向轨迹分析显示(图 5-9)，1 号和 2 号大气样品具有来自马来西亚和印度尼西亚大陆气团的来源，这个点位中 HCH 和 DDT 的含量并未明显高于其他点位，这可能是由于滴滴涕早已于 20 世纪 90 年代在马来西亚和印度尼西亚禁用，六六六也已在印度尼西亚禁用(UNEP, 2002b)。由此可知，本研究中测得的大气中 HCH 和 DDT 含量可以代表研究区域的大气背景值。

表 5-13　赤道印度洋大气和水体中 OCPs 和 PCBs 的浓度

化合物	气相(pg/m³)			水相(pg/L)		
	平均值	标准偏差	范围	平均值	标准偏差	范围
α-HCH	0.77	0.47	0.21~1.7	3.2	0.80	2.0~4.7
β-HCH	0.40	0.20	0.15~0.95	5.4	2.2	1.6~8.9
γ-HCH	0.61	0.28	0.24~1.2	2.2	1.3	0.71~6.3
∑HCH	1.78	0.83	0.76~3.4	11	3.3	4.8~17
HCB	6.2	3.9	2.2~17	4.0	3.0	0.94~13
七氯	27	36	n.d.[a]~120	2.8	7.2	n.d.~32
TC	20	24	0.70~90	9.4	26	n.d.~120
CC	15	18	0.88~71	6.6	17	n.d.~76
TN	3.1	3.8	0.06~15	2.0	4.6	n.d.~21
CN	0.48	0.66	n.d.~2.8	0.32	0.48	n.d.~2.1
o,p′-DDD	0.35	0.19	0.05~0.78	4.1	10	n.d.~44
o,p′-DDE	0.43	0.22	0.11~0.99	48	120	n.d.~510
o,p′-DDT	1.4	0.66	0.43~2.9	330	840	n.d.~3600
p,p′-DDD	0.72	0.46	0.15~2.2	19	40	1.8~170
p,p′-DDE	0.94	0.47	0.23~2.0	37	85	0.30~360
p,p′-DDT	4.3	1.8	1.1~8.8	1600	4000	2.4~17000
∑DDT	8.1	3.6	2.2~17	2000	5100	9.0~22000
PCB-28	4.8	2.9	0.28~11	3.2	2.1	0.89~10
PCB-52	2.9	5.6	0.22~22	0.24	0.45	n.d.~1.7
PCB-101	0.16	0.17	n.d.~0.55	0.28	0.17	n.d.~0.74
PCB-118	0.09	0.06	n.d.~0.20	0.11	0.14	n.d.~0.55
PCB-153	0.12	0.09	n.d.~0.34	0.10	0.14	n.d.~0.52
PCB-138	0.03	0.06	n.d.~0.21	0.02	0.05	n.d.~0.14
PCB-180	n.d.	n.d.	n.d.	n.d.	n.d.	n.d.
∑_ICES PCBs	8.1	5.1	1.4~22	4.0	2.6	1.4~14
∑_21 PCBs	12	6.9	2.0~29	7.5	5.4	2.7~25

a. n.d. 表示未检出。

1）HCH

本研究大气中 α-HCH、β-HCH 和 γ-HCH 的浓度分别为 0.21～1.7 pg/m³、0.15～0.95 pg/m³ 和 0.24～1.2 pg/m³。与以往在该海域及周边海域的研究相比（表 5-14），本研究大气中 α-HCH 和 γ-HCH 浓度低于赤道印度洋 2005 年观测到的浓度（Wurl et al., 2006），也低于安达曼海和孟加拉湾（Gioia et al., 2012）、西北印度洋（Gioia et al., 2012）、中国东海以及南海大气中观测到的浓度（Gioia et al., 2012）。Iwata 等（1993）研究了 1989 年期间孟加拉湾和阿拉伯海大气中 HCH 浓度，远高于本研究。该海域大气中 α-HCH 和 γ-HCH 浓度的下降趋势可能与六六六的禁用有关（UNEP, 2002a）。与其他海域相比，本研究赤道印度洋大气中 α-HCH 浓度低于北大西洋（2004 年、2007 年和 2008 年）（Gioia et al., 2012; Zhang L et al., 2012; Lohmann et al., 2009）、北冰洋（2004 年和 2007～2008 年）（Wong et al., 2011; Lohmann et al., 2009）、南大西洋（2007 年）（Gioia et al., 2012）和北太平洋（2008 年）（Wu et al., 2010）大气中 α-HCH 的浓度（表 5-14）。与 α-HCH 浓度类似，赤道印度洋 γ-HCH 浓度也低于高纬度开放海域大气中 γ-HCH 的浓度（表 5-14）。

2）HCB

大气中 HCB 的浓度为 2.2～17 pg/m³，平均值为（6.2±3.9）pg/m³，与北大西洋（3.6～17.6 pg/m³）（Zhang L et al., 2012）和大西洋（0.8～21.9 pg/m³）（Gioia et al., 2012）大气中 HCB 的浓度相似，低于安达曼海及孟加拉湾［2008 年：（4.6～38）pg/m³，（24±11）pg/m³］（Gioia et al., 2012）、加拿大北冰洋海域（48～71 pg/m³）（Wong et al., 2011）、北冰洋东部（23～87 pg/m³）（Lohmann et al., 2009）和太平洋（14～89 pg/m³）（Zhang and Lohmann, 2010）大气中 HCB 浓度。

3）DDT

p,p'-DDT 是赤道印度洋大气中含量最丰富的 DDT 单体，浓度范围为 1.1～8.8 pg/m³，其次是 *o,p*'-DDT，浓度为 0.43～2.9 pg/m³。DDE 和 DDD 单体在大气样品中也均有检出。与周围海域相比，本研究大气中 *p,p*'-DDT 浓度高于西北印度洋（2008 年）（Gioia et al., 2012），与赤道印度洋（2005 年）（Wurl et al., 2006）和安达曼海及孟加拉湾相似（2008 年）（Gioia et al., 2012），低于中国东海和南海（2008 年）（Gioia et al., 2012）大气中 *p,p*'-DDT 的浓度（表 5-14）。1989 年在孟加拉湾和阿拉伯海观测到的大气中 *p,p*'-DDT 浓度（19～590 pg/m³）远高于上述研究（Iwata et al., 1993）。与其他开放海域相比，本研究赤道印度洋大气中 *p,p*'-DDT 浓度高于北大西洋（2004 年和2007 年）（Gioia et al., 2012; Lohmann et al., 2009）、南大西洋（2007 年）（Gioia et al., 2012）和北冰洋（2004 年）（Lohmann et al., 2009）。这可能与赤道印度洋周围国家历史上使用了大量的滴滴涕有关（Zhang et al., 2008）。伴随着对"一次源"的控制，过去沉积在"土壤"等汇中的 DDT 可能通过挥发作用重新进入大气进行长距离迁移和全球分布。此外，滴滴涕在印度仍被用于控制和预防疟疾等虫媒传染病（Gupta, 2004）。

表 5-14　不同海域低层大气和表层海水中 OCPs 浓度

海域（采样时间）	样品类型	α-HCH	γ-HCH	o,p'-DDT	p,p'-DDD	p,p'-DDE	p,p'-DDT	TC	CC	参考文献
大气（pg/m³）										
赤道印度洋（2011 年）	气相	0.77±0.47	0.61±0.28	1.4±0.66	0.72±0.46	0.94±0.47	4.3±1.8	20±24	15±18	(Huang et al., 2013)
赤道印度洋（2005 年）	气相	0.9~19	4.7~18				4.2~12.5			(Wurl et al., 2006)
孟加拉湾和阿拉伯海（1989 年）	气相	570~29000	120~3500	18~420		2.0~41	19~590	<0.5~38	<0.3~22	(Iwata et al., 1993)
安达曼海和孟加拉湾（2008 年）	气相+颗粒相	9.9±6.9	27±11.4	2.6±2.8		2.2±1.7	2.3±2	5.3±2.4	3.6±1.5	(Gioia et al., 2012)
西北印度洋（2008 年）	气相+颗粒相	8.7±12	189±397	1.6±0.88		1.4±1.5	0.2±0.25	21±41	18±36	(Gioia et al., 2012)
中国东海和南海（2008 年）	气相+颗粒相	10±4.28	72±62	3.3±2.49	1.1±0.53	9.3±16	8.2±22	18±14	11±9.6	(Gioia et al., 2012)
北大西洋（2008 年）	气相	4.9±1.2	0.6~7.5			0.5±0.3		0.6~1.1	0.7±0.3	(Zhang L et al., 2012)
北大西洋和北冰洋（2004 年）	气相	2.7±1.4	2.2±2.3		7.8±13.4	2.8±3.7	n.d.~0.22	0.14±0.36	0.4±0.34	(Lohmann et al., 2009)
北大西洋（2007 年）	气相+颗粒相	3.4±2	28.6±12.9			1	0.8±0.6	10.1±16	8.4±15.8	(Gioia et al., 2012)
北冰洋加拿大海域（2007~2008 年）	气相	7.5~48	2.1~7.7							(Wong et al., 2011)
南大西洋（2007 年）	气相+颗粒相	2.3±2.4	24.9±51.2	1±0.9		0.6±0.5	0.4±0.4	4±5.1	3±4.3	(Gioia et al., 2012)
北太平（2008 年）	气相	26~56	10~36							(Wu et al., 2010)
水体（pg/L）										
赤道印度洋（2011 年）		3.2±0.80	2.2±1.3	102±179[a]	8±9[a]	13±22[a]	438±749[a]	3.46±2.97[b]	2.74±2.72[b]	本研究
孟加拉湾和阿拉伯海（1989 年）		100~1200	27~190	0.3~8.5		0.4~5.4	0.9~10	4.1	3.8	(Iwata et al., 1993)
北大西洋（2008 年）		57.6±28.9	20.4±9.6		0.5±0.2	0.5±0.2		0.7±0.4	0.7±0.1	(Zhang L et al., 2012)
北大西洋和北冰洋（2004 年）		13±16.3	4.7±5.6		0.24±0.10	0.15±0.08		0.05±0.05	0.08±0.07	(Lohmann et al., 2009)
北冰洋加拿大海域（2007~2008 年）		465~1013	150~254							(Wong et al., 2011)

a. 表示不包含斯里兰卡附近 DDT 浓度异常高的 15 和 16 号样品；b. 表示不包含斯里兰卡附近氯丹浓度异常高的 14 号样品。

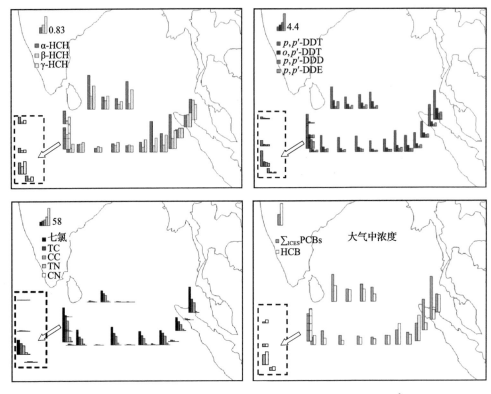

图 5-10　赤道印度洋大气中 OCPs 和 PCBs 的空间分布（pg/m³）

4）氯丹

如图 5-10 所示，大气中氯丹的空间分布具有很大的差异性（$p = 0.003$），样品中 TC、CC 和 TN 的最高/最低比值分别高达 129、81 和 250，说明周边可能存在工业氯丹排放源。七氯是工业氯丹的组成成分之一（Dearth and Hites, 1991），也可以单独用作杀白蚁剂（Jantunen et al., 2000）。赤道印度洋大气中七氯的浓度为 n.d.～120 pg/m³，在氯丹浓度较高的大气样品中，七氯占氯丹总量的 38%～50%，表明工业七氯的使用是其来源之一（Jantunen et al., 2000）。

TC 和 CC 是海洋环境中研究的最多的氯丹化合物。本研究中赤道印度洋大气中 TC[（20±24）pg/m³]和 CC[（15±18）pg/m³]的浓度与西北印度洋、中国东海以及南海相似（Gioia et al., 2012），高于孟加拉湾和阿拉伯海（1989 年）（Iwata et al., 1993）、安达曼海及孟加拉湾（2008 年）（Gioia et al., 2012）、北大西洋（2004 年、2007 年和 2008 年）（Gioia et al., 2012; Zhang L et al., 2012; Lohmann et al., 2009）、南大西洋（2007 年）（Gioia et al., 2012）和北冰洋（2004 年）（Lohmann et al., 2009）。与 DDT 相似，赤道印度洋海域大气中 TC 和 CC 浓度高于较高纬度地区海域（比如北冰洋及亚北冰洋地区），这可能与工业氯丹在周围地区的大量使用有关（Iwata et al., 1994)。工业氯丹曾被广泛用于预防和控制白蚁对房屋建筑、土壤堤坝和和木材的危害。此外，化合物的长距离迁移能力是影响其全球分布的另一个重要因素(Wania and Mackay, 1996)。Gioia 等(2012)的研究表明 p,p'-DDT、TC 和 CC 在安达曼海及孟加拉湾大气中的停留时间小于 α-HCH 和 γ-HCH，相对而言，α-HCH 和 γ-HCH 具有更强的长距离迁移能力，更容易往偏远开放海域输送。

5）PCBs

赤道印度洋大气中PCBs浓度如表5-13所示。大气中 $\sum_{21}$ PCBs 的浓度为2.0～29 pg/m³，三氯代和四氯代联苯为主要成分，分别占 $\sum_{21}$ PCBs 的 64%±21%和 32%±22%。大气中 $\sum_{ICES}$ PCBs (PCB-28、PCB-52、PCB-101、PCB-118、PCB-138、PCB-153 与 PCB-180 之和，ICES 为 International Council for the Exploration of the Seas，国际海洋考察理事会)的浓度为 1.4～22 pg/m³，占 $\sum_{21}$ PCBs 的64%～77%。大部分样品中 PCB-28 是最主要的单体，其含量范围为 1.2～11 pg/m³。2 号和 3 号大气样品中，PCB-52 含量最高，浓度分别为 22 pg/m³ 和 15 pg/m³。所有样品中 PCB-101、PCB-118、PCB-138 和 PCB-153 均低于 1 pg/m³。PCB-138 只在 4 个大气样品检出。PCB-180 和另外 9 种类二噁英 PCBs 单体(PCB-105、PCB-114、PCB-123、PCB-126、PCB-128、PCB-156、PCB-157、PCB-167 和 PCB-169)在所有样品中均低于检测限。

从图 5-9 和图 5-10 可知，陆地附近的 2 号、3 号和 16 号大气样品中 PCBs 的含量高于开放海域。大气后向轨迹分析表明，2 号和 3 号大气样品受来自印度尼西亚和马来西亚大陆气团的影响(图 5-9)。虽然这两个国家早已禁止了 PCBs 的使用(UNEP, 2002b)，但马来西亚仍是电子垃圾的重要输入国之一(Robinson, 2009)，而电子垃圾焚烧是大气中 PCBs 的重要排放源(Breivik et al., 2007)。此外，生物质燃烧也可能导致早期沉积在土壤中的 PCBs 再次挥发进入大气并进行长距离迁移(Eckhardt et al., 2007)。16 号大气样品中较高浓度的 PCBs 可能与印度大气中 PCBs 的外溢有关。研究表明，印度大气中含有高浓度的 PCBs(Pozo et al., 2011; Zhang et al., 2008)，孟买(253 pg/m³)、班加罗尔(243 pg/m³)和加尔各答(239 pg/m³)等城市大气中 $\sum_{ICES}$ PCBs 含量为本研究的约 30 倍(Zhang et al., 2008)。旧船拆解活动、含 PCBs 的废旧电力设备泄露、电子垃圾焚烧等被认为是印度大气中 PCBs 的重要来源(Breivik et al., 2011; Zhang et al., 2008)。

本研究大气中 $\sum_{ICES}$ PCBs 的浓度(1.4～22 pg/m³)低于北太平洋(2008 年：28～103 pg/m³)(Zhang and Lohmann, 2010)和大西洋(2001 年：4.5～120 pg/m³；2005 年：3.7～220 pg/m³)(Gioia et al., 2008a;Jaward et al., 2004b)，与北冰洋(0.76～43 pg/m³)(Gioia et al., 2008b)和南太平洋(1.5～36 pg/m³)(Zhang and Lohmann,

2010) 相似。

5.4.3 水相中 OCPs 和 PCBs 的浓度和空间分布

1) HCH

如表 5-13 所示,赤道印度洋水相中 α-HCH、β-HCH 和 γ-HCH 的浓度分别为 (3.2±0.8) pg/L、(5.4±2.2) pg/L 和 (2.2±1.3) pg/L,水相中 HCH 单体的空间分布比较均一(图 5-11)。与其他研究相比(表 5-14),本研究水相中 α-HCH 和 γ-HCH 浓度低于北大西洋(2004 年和 2008 年)和北冰洋(2004 年和 2007~2008 年)(Zhang L et al., 2012; Wong et al., 2011; Lohmann et al., 2009) 水相中 α-HCH 和 γ-HCH 的浓度。研究表明北冰洋可能是 α-HCH 最后的"避难所"(Macdonald et al., 1997)。

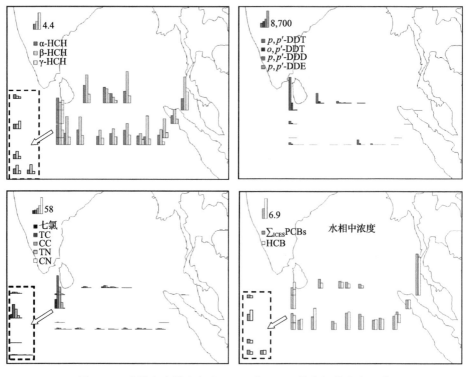

图 5-11　赤道印度洋水相中 OCPs 和 PCBs 的空间分布(pg/L)

2) HCB

本研究赤道印度洋水相中 HCB 含量为 0.94~13 pg/L,平均值为 (4.0±3.0) pg/L,高于太平洋(0.4~1.6 pg/L)(Zhang and Lohmann, 2010)、南大西洋(1.9~3.3 pg/L)(Booij et al., 2007)和北大西洋(0.1~0.8 pg/L)(Zhang L et al., 2012)水相中 HCB 的含量。北冰洋东部(0.85~9.6 pg/L)(Lohmann et al., 2009)和加拿大北冰洋海域(4.0~6.4 pg/L)(Wong et al., 2011)水相中 HCB 含量与本研究相似。

3) DDT

如图 5-11 所示，DDTs 的空间分布具有很大差异性。比如，*p,p'*-DDT 的浓度范围为 2.4～17 000 pg/L，*o,p'*-DDT 的浓度范围为 n.d.～3 600 pg/L。在大部分样品中 *p,p'*-DDT 为主要单体。在 4 号、9 号、10 号和 11 号水相样品中，*p,p'*-DDD 为主要化合物，并且这 4 个样品中 DDT 浓度远低于其他采样点，其含量范围为 9.0～12 pg/L，"旧"的 DDT 可能是这些采样点 DDT 污染的主要来源。斯里兰卡附近的 15 号和 16 号水相样品中检测出异常高浓度的 DDT，表明周围可能存在新鲜输入源。由于斯里兰卡自 1986 年就开始全面禁用滴滴涕的使用(UNEP, 2002a)，我们推测这些采样点高浓度的 DDT 可能来自印度河流的排放。目前，由于缺乏合适替代品，印度仍然被允许每年使用滴滴涕用于控制和预防疟疾(UNEP, 2002a)。据报道，2001 年，印度国家抗疟疾计划(National Anti Malaria Program，NAMP)在农村和郊区使用了 3750 t 滴滴涕以预防疟疾(Gupta, 2004)。在高纬度的北大西洋和北冰洋只有极少量的 *p,p'*-DDE 或者 *p,p'*-DDD 被检出(表 5-14)，其浓度远低于赤道印度洋。

4) 氯丹

水相中氯丹化合物的浓度如表 5-13 所示，TC 和 CC 含量分别为(9.4±26) pg/L 和(6.6±17) pg/L，高于七氯[(2.8±7.2) pg/L]、TN[(2.0±4.6) pg/L]和 CN[(0.32±0.48) pg/L]。与 DDT 相似，氯丹化合物的空间分布具有极大的差异性(图 5-11)。斯里兰卡附近的 14 号水相样品中氯丹含量远高于其他采样点，表明可能受到新鲜输入源的影响。与其他研究相比，赤道印度洋水相中 TC 和 CC 浓度高于北大西洋和北冰洋(表 5-14)。

5) PCBs

水相中 $\sum_{21}$PCBs 的含量为 2.7～25 pg/L，平均值为(7.5±5.4) pg/L。与大气样品相似，三氯代和四氯代联苯是主要成分，分别占 $\sum_{21}$PCBs 的 58%±12% 和 33%±11%。$\sum_{ICES}$PCBs 的浓度为 1.4～14 pg/L，占 $\sum_{21}$PCBs 的 27%～66%，低于大气样品的对应值。PCB-28 是水相样品中主要的 PCBs 单体，含量范围为 0.89～10 pg/L。PCB-101、PCB-118、PCB-138 和 PCB-153 的浓度均低于 1 pg/L，检出率为 16%～95%。PCB-180 和其他类二噁英 PCBs 单体(PCB-105、PCB-126、PCB-128、PCB-156、PCB-157、PCB-167 和 PCB-169)均低于检出限。

与其他研究相比，赤道印度洋水相样品中 $\sum_{ICES}$PCBs (1.4～14 pg/L)浓度与北太平洋(0.2～15 pg/L)相似，略高于南太平洋(0.3～7.8 pg/L) (Zhang and Lohmann, 2010)。大西洋(0.017～1.7 pg/L) (Gioia et al., 2008a)和北冰洋(<1 pg/L) (Gioia et al., 2008b)水相中 $\sum_{7}$PCBs 的浓度更低。1989 年孟加拉湾和阿拉伯海水体中 $\sum_{40}$PCBs 的浓度为 13～46 pg/L(Iwata et al., 1993)。

5.4.4 OCPs 和 PCBs 的水-气界面交换过程

本研究使用化合物的逸度分数 ff 指示 OCPs 和 PCBs 在赤道印度洋的水-气界面交换趋势，ff 的计算详见式 (5-3)、式 (5-4) 和式 (5-7)。由于化合物浓度和 H 的误差传递，假设 ff 值的不确定度为 45% (Zhang et al., 2007)，即 ff 值小于 0.275 表示化合物呈从大气向水体沉降的趋势；当 ff 值在 0.275～0.725 范围内时，表示化合物处于水-气平衡或者接近平衡状态；当 ff 值大于 0.725 表示化合物呈从水体向大气挥发的趋势。

本研究计算了 α-HCH、γ-HCH、p,p'-DDT、p,p'-DDD、p,p'-DDE、TC、CC、七氯、PCB-18、PCB-28、PCB-44、PCB-52、PCB-66、PCB-101、PCB-118、PCB-153 和 PCB-HCB 的 ff 值，其他 PCBs 单体由于在水相中的检出率过低，本研究中未做计算。H 值根据公式进行温度校正。α-HCH、γ-HCH、p,p'-DDT、p,p'-DDD、p,p'-DDE、TC、CC 和七氯的 H 值根据 Cetin 等 (2006) 的公式计算，o,p'-DDT 的 H 值为 p,p'-DDT 的 5.14 倍 (Shen and Wania, 2005)，PCB-28、PCB-52、PCB-101、PCB-118 和 PCB-153 的 H 值由 Li 等 (2003) 报道的公式计算，PCB-18、PCB-44 和 PCB-66 的 H 值采用 Bamford 等 (2002) 建立的公式计算。HCB 的 H 值采用 Jantunen 等 (2006) 建立的公式计算，并进行了"盐析效应"校正 (Su et al., 2006)。

1) HCH

赤道印度洋 OCPs 的水-气界面交换的 ff 值如图 5-12 所示，α-HCH 在 10 号采样点呈从水体向大气挥发的趋势，其余采样点 α-HCH 均处于水-气平衡或者接近平衡状态。γ-HCH 在 14 号采样点呈挥发趋势，在 10 个采样点呈平衡状态，在其余 8 个采样点呈大气向水体沉降的趋势。研究表明，α-HCH 在中国南海北部大部分海域接近水-气平衡 (2005 年) (Zhang et al., 2007)，在中国东海和黄海呈挥发趋势 (2006 年) (Lin et al., 2012)。2004 年 α-HCH 在北大西洋和北冰洋呈从大气向水体沉降的趋势 (Lohmann et al., 2009)。在 2008 年藻类暴发期，α-HCH 在北大西洋大部分采样点呈水-气平衡或接近平衡状态 (Zhang L et al., 2012)。α-HCH 在加拿大群岛的雷索卢特湾 (1999 年) 和加拿大北冰洋海域的拉布拉多海、哈得孙湾以及波弗特海 (2007～2008 年) 呈从水体向大气挥发的趋势 (Wong et al., 2011; Jantunen et al., 2008b)。γ-HCH 在许多研究中都表现为从大气向水体沉降的趋势 (Wong et al., 2011; Lohmann et al., 2009; Jantunen et al., 2008b; Zhang et al., 2007)，这可能与林丹近期的使用以及禁用年限较短有关 (Lin et al., 2012; Zhang L et al., 2012)。在六六六被禁用之后的很长一段时间内，林丹被当成六六六的替代品。2009 年 5 月，林丹的主要成分 γ-HCH 被列入《关于持久性有机污染物的斯德哥尔摩公约》的受控清单，意味着各缔约国将陆续禁止林丹的生产、使用和流通 (引自 www.pops.int)。

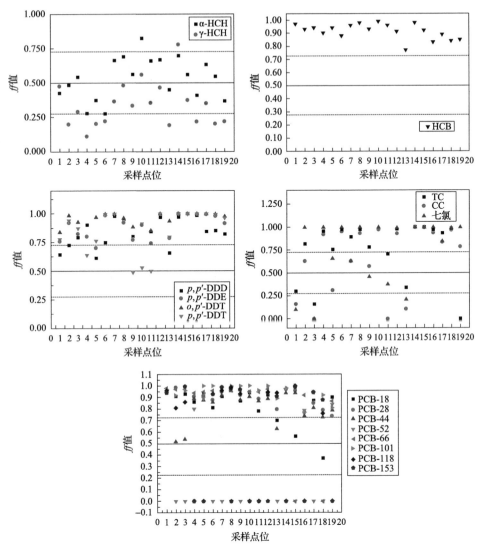

图 5-12　赤道印度洋 OCPs 和 PCBs 的水-气界面交换逸度分数(ff)

（图中虚线表示不确定度为 45%）

2）HCB

HCB 在赤道印度洋所有采样点呈从水体向大气挥发的趋势（图 5-12），这可能与海域水温较高有关。大西洋热带海区 HCB 呈现挥发或者接近水-气平衡状态（Lohmann et al., 2012）。在温度较低的高纬度地区比如北大西洋（Zhang L et al., 2012; Lohmann et al., 2009）和北冰洋（Wong et al., 2011; Lohmann et al., 2009; Su et al., 2006; Hargrave et al., 1997），HCB 呈现水-气平衡或者接近平衡状态。HCB 在太平洋也呈现水-气平衡或者接近平衡状态（Zhang and Lohmann, 2010）。

3) DDT

p,p'-DDT、*o,p'*-DDT、*p,p'*-DDD 和 *p,p'*-DDE 在赤道印度洋大部分采样点呈现挥发趋势，在少数水相 DDT 浓度很低的点位（点位 4、9、10 和 11），*p,p'*-DDT 和 *o,p'*-DDT 接近水-气平衡或者呈从大气向水体沉降的趋势（图 5-12）。2006 年 *p,p'*-DDT 和 *p,p'*-DDE 在中国南海北部、东海和黄海呈从水体向大气挥发的趋势（Lin et al., 2012）。2004 年 *p,p'*-DDE 在北大西洋和北冰洋呈沉降趋势（Lohmann et al., 2009），2008 年藻类暴发期 *p,p'*-DDE 在北大西洋呈挥发趋势（Zhang L et al., 2012）。

4) 氯丹

与 DDT 相似，在大部分点位，TC、CC 和七氯呈从水体向大气挥发的趋势，在少数点位呈水-气平衡或者沉降趋势（图 5-12）。TC 和 CC 在中国南海北部、东海和黄海以及北大西洋也呈现挥发趋势（Lin et al., 2012; Zhang L et al., 2012）。Zhang 等（2007）的研究表明，受大陆源的影响，2005 年 TC 和 CC 在南海北部大部分采样点位呈现沉降趋势。

5) PCBs

如图 5-12 所示，在本次航线大部分采样点，PCBs 呈从水体向大气挥发的趋势，表明在周围"一次源"减少的情况下，赤道印度洋已经转变为大气中 PCBs 的"二次源"。PCB-18 和 PCB-44 在部分采样点接近水-气平衡（*ff*: 0.375～0.725）。少数样品中，由于水相中 PCB-52、PCB-66 和 PCB-153 低于检测限，这些单体呈现沉降趋势。PCBs 在太平洋（2006～2007 年）（Zhang and Lohmann, 2010）和大西洋热带海区（2009 年）（Lohmann et al., 2012）也呈从水体向大气挥发的趋势。PCBs 在北大西洋和北冰洋主要呈现从大气向水体沉降的趋势（Gioia et al., 2008a; 2008b）。在南太平洋，PCBs 接近水-气平衡状态（Gioia et al., 2008a）。

5.4.5　手性化合物的对映体特征

1) α-HCH

α-HCH 是环境介质中研究最多的手性化合物。大部分情况下，(+)-α-HCH 在水体生态系统中被优先降解（Bidleman et al., 2012）。比如，北太平洋和北冰洋大气中 α-HCH 的 EF 值为 0.414±0.052（2003 年）（Ding et al., 2007），北大西洋和北冰洋大气中 α-HCH 的 EF 值为 0.46±0.02（2004 年）（Lohmann et al., 2009），北大西洋大气中 α-HCH 的 EF 值为 0.463±0.023（2008 年）（Zhang et al., 2012），都表明 (+)-α-HCH 被优先降解。Wong 等（2011）发现加拿大北冰洋海域的拉布拉多海和波弗特海大气中 α-HCH 的 EF 值分别为 0.456±0.008 和 0.476±0.010，也表明 (+)-α-HCH 被优先降解。与上述研究不同，赤道印度洋大部分大气样品中 α-HCH

的 EF 平均值为 0.505±0.042，表明 α-HCH 主要以外消旋体形式存在，在少数几个样品中(+)-α-HCH 或者(−)-α-HCH 被优先降解(图 5-13)。与本研究相似，α-HCH 在大西洋(2001 年)大部分大气样品中以外消旋体形式存在，少数几个样品中(−)-α-HCH 被优先降解(Galbán-Malagón et al., 2013a)。

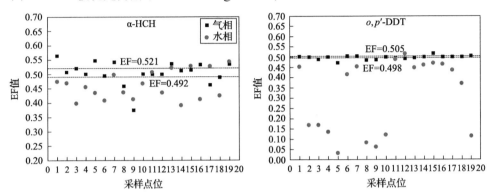

图 5-13　大气和水相样品中 α-HCH 和 *o,p'*-DDT 的 EF 值(虚线表示 95%置信区间)

在赤道印度洋大部分样品中，(+)-α-HCH 被优先降解，EF 平均值为 0.430±0.025，个别样品中 α-HCH 以外消旋体形式存在或者(−)-α-HCH 被优先降解(图 5-13)。研究者在北大西洋和北冰洋(2004 年：EF = 0.430～0.50；2008 年：EF = 0.442～0.454)(Zhang L et al., 2012; Lohmann et al., 2009)、加拿大北冰洋海域(EF 值：0.425～0.457)(Wong et al., 2011)、北极地区湖泊(EF 值：0.359～0.432，由 ER 值换算)和加拿大育空地区湖泊(EF 值：0.237～0.468，由 ER 值换算)(Law et al., 2001)的水体样品中，也发现(+)-α-HCH 被优先降解。

2)*o,p'*-DDT

目前关于海洋系统中 *o,p'*-DDT 对映体特征的报道十分有限。赤道印度洋大气样品中 *o,p'*-DDT 的 EF 值为 0.497±0.01，表明大气中 *o,p'*-DDT 以外消旋体形式存在(图 5-13)。水体样品中(+)-*o,p'*-DDT 被优先被降解的程度比大气样品更加显著(图 5-13)。从图 5-14 可知，在 *o,p'*-DDT 浓度高的水体样品中(220～3600 pg/L)，*o,p'*-DDT 接近外消旋体形式(EF 值：0.438～0.517)，而在 *o,p'*-DDT 浓度很低的水体样品中(<12 pg/L)，(+)-*o,p'*-DDT 被优先降解的程度显著(EF 值：0.034～0.171)。DDT/(DDE+DDD)比值是指示 DDT 降解的另一指标。当 DDT/(DDE+DDD)比值远大于 1 时表示环境介质 DDT 主要来自新鲜源输入；当该比值小于 1 时表示 DDT 来自被微生物降解的"旧源"(Li et al., 2006)。从图 5-15 可知，在 *p,p'*-DDT 和 *o,p'*-DDT 浓度高的水体样品中，DDT/(DDE+DDD)的比值偏高；在 *p,p'*-DDT 和 *o,p'*-DDT 浓度较低的水体样品中，DDT/(DDE+DDD)的比值偏低。因此，我们推测水体中高浓度的 DDT 主要来自还未被降解的新鲜源，从而导致这些

样品中 EF 值接近 0.5。比如，在 DDT 浓度很高的 15 号和 16 号水体样品中，
p,p'-DDT/(DDE+DDD)分别为 33 和 28，*o,p'*-DDT/(DDE+DDD)比值分别为 6.6 和
5.2，EF 值分别为 0.472 和 0.467。在 DDT 浓度很低(<12 pg/L)的 4 号、9 号和
10 号水体样品中，*p,p'*-DDT/(DDE+DDD)比值为 0.39~0.59，EF 值为 0.064~0.138，
说明这些站位水体中 DDT 来自被微生物降解的"旧源"。

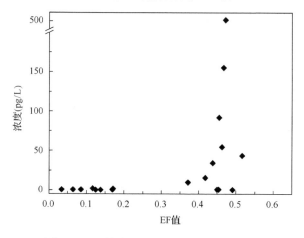

图 5-14 水体中 *o,p'*-DDT 的 EF 值与浓度

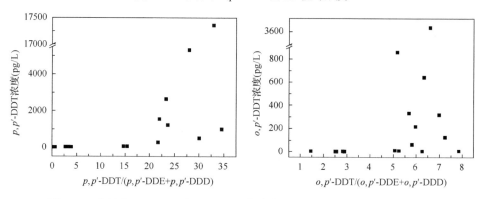

图 5-15 水体中 *p,p'*-DDT 和 *o,p'*-DDT 的浓度及其 DDT/(DDE + DDD)比值

5.4.6 长距离迁移与水体挥发作用

EF 值可以用来追溯大气样品中手性化合物的来源(Bidleman and Falconer,
1999)，即是来自长距离迁移还是水体挥发。研究表明当大气中手性化合物的 EF
值接近 0.5 时，表明大气中该化合物主要来自于长距离迁移；如果大气中手性化
合物发生选择性降解时，则表明大气中该化合物主要来自于水体挥发(Bidleman
et al., 2012; Wong et al., 2011; Jantunen et al., 2008b; Ding et al., 2007)。研究表明，
在加拿大北冰洋海域的雷索卢特湾和波弗特海冰融期间，水体中(+)-α-HCH 被优

先降解的 α-HCH 挥发进入低层大气与长距离迁移过来的气团混合，造成低层大气中 α-HCH 的 EF 值从接近 0.5 降低至 0.483±0.009 和 0.476±0.010（Wong et al., 2011; Jantunen et al., 2008b）。

通过公式（5-12）可以计算水体挥发对大气中 OCPs 的贡献率（Zhang L et al., 2012; Jantunen et al., 2008b）：

$$f_c = (EF_a - EF_b) / (EF_w - EF_b) \qquad (5\text{-}12)$$

式中，EF_a 和 EF_w 分别为大气和水体中手性化合物 EF 平均值，EF_b 为背景区手性化合物的 EF 值。本研究中假设背景区手性化合物为外消旋体，考虑到仪器检测的误差，计算时 EF_b 设定为手性化合物外消旋体标样的 EF 平均值（α-HCH：0.507；o,p'-DDT：0.502）。需要说明的是，考虑到采样站位 1、2、3、15 和 16 接近陆地，由于陆地的河流输入和大气沉降会影响化合物的水-气界面交换过程，因此在计算时，这些点位被排除。

计算结果表明，赤道印度洋低层大气中 24% 的 α-HCH 来自水体挥发，说明长距离迁移仍为大气中 α-HCH 的主要来源。水体挥发对赤道印度洋低层大气中 α-HCH 的贡献率低于雷索卢特湾的冰融期（32%）（Jantunen et al., 2008b）、北大西洋藻类暴发期（52%）（Zhang L et al., 2012）和卡特加特海夏季（20%～50%）（Sundqvist et al., 2004）。虽然逸度分数表明 o,p'-DDT 呈从水体向大气挥发的趋势，水体挥发对赤道印度洋低层大气中 o,p'-DDT 的贡献率仅为 3.0%，说明在长距离迁移气团的影响下，水体中 o,p'-DDT 挥发的作用很小。

5.5　水-气界面交换过程对开放海域大气中 PBDEs 浓度昼夜变化的影响

海洋是持久性有机污染物重要的汇，研究开放海域大气中 PBDEs 的含量、来源、归趋和昼夜变化对了解 PBDEs 的全球循环具有重要的意义。本研究依托"MV Oceanic Ⅱ号"科考船 2008 年的航线，在中国东海、中国南海、孟加拉湾和安达曼海、印度洋和大西洋采集大气样品，分析大气样品中 PBDEs 的浓度、空间分布和可能来源，并探讨水-气界面交换过程对大气中 PBDEs 浓度的昼夜变化的影响（Li et al., 2011）。

5.5.1　样品采集与分析

1. 样品采集

依托"MV Oceanic Ⅱ号"科考船，于 2008 年 1 月 16 日至 3 月 14 日，在中国东海和南海、孟加拉湾和安达曼海、印度洋以及大西洋四大海域采集低层大气样品 59 个(表 5-15)。采样时,将大流量采样器放在甲板的迎风面采集低层大气,分别使用预处理过的石英纤维滤膜和 PUF/XAD-2/PUF 的复合体收集大气中颗粒态和气态的目标化合物。样品采集后使用干净的锡箔纸包好,密封在干净的瓶子中,在−18℃保存直至分析。野外空白的准备与实际样品相同,但是野外空白在船上暴露几秒钟就立即收集保存。

表 5-15 中国东海和南海(E)、孟加拉湾和安达曼海(B)、印度洋(I)和
大西洋(A)四大海域大气样品信息

采样区域	样品编号	经度(°)	纬度(°)
中国东海和南海($n = 18$)	E1	E 122.0	N 31.2
	E2	E 121.5	N 31.3
	E3	E 121.5	N 31.2
	E4	E 122.4	N 29.8
	E5	E 121.5	N 27.1
	E6	E 116.9	N 21.9
	E7	E 115.0	N 19.0
	E8	E 113.3	N 16.2
	E9	E 111.6	N 13.6
	E10	E 110.0	N 11.0
	E11	E 107.9	N 8.7
	E12	E 105.1	N 8.2
	E13	E 102.8	N 9.7
	E14	E 101.5	N 12.0
	E15	E 101.4	N 11.6
	E16	E 102.5	N 8.8
	E17	E 103.7	N 5.7
	E18	E 104.0	N 2.6
孟加拉湾和安达曼海($n = 10$)	B1	E 102.5	N 2.0
	B2	E 100.0	N 3.7
	B3	E 97.6	N 5.3
	B4	E 94.9	N 6.4
	B5	E 89.5	N 8.7
	B6	E 86.8	N 10.0
	B7	E 84.2	N 11.3
	B8	E 81.7	N 12.5
	B9	E 81.1	N 10.8
	B10	E 80.2	N 5.5

续表

采样区域	样品编号	经度(°)	纬度(°)
印度洋(n=13)	I1	E 77.2	N 4.0
	I2	E 74.2	N 2.6
	I3	E 71.0	N 1.4
	I4	E 67.8	N 0.5
	I5	E 64.6	S 0.5
	I6	E 61.4	S 1.6
	I7	E 58.3	S 2.6
	I8	E 54.5	S 5.5
	I9	E 52.6	S 7.0
	I10	E 50.2	S 8.9
	I11	E 47.6	S 10.8
	I12	E 45.3	S 12.9
	I13	E 43.0	S 14.9
大西洋(n=18)	A1	E 15.8	S 31.3
	A2	E 13.3	S 28.8
	A3	E 11.0	S 26.3
	A4	E 8.7	S 23.9
	A5	E 6.4	S 21.4
	A6	E 4.2	S 18.8
	A7	E 2.0	S 16.3
	A8	W 0.2	S 13.7
	A9	W 2.2	S 11.2
	A10	W 4.3	S 8.8
	A11	W 6.4	S 6.3
	A12	W 8.5	S 3.7
	A13	W 10.6	S 1.2
	A14	W 12.7	N 1.3
	A15	W 14.7	N 3.8
	A16	W 16.7	N 6.2
	A17	W 18.7	N 8.6
	A18	W 22.6	N 13.3

2. 样品前处理和分析

在大气样品(含颗粒态和气态)中添加定量的回收率指示物 $^{13}C_{12}$-PCB-28、$^{13}C_{12}$-PCB-52、$^{13}C_{12}$-PCB-101 和 $^{13}C_{12}$-PCB-180，然后使用正己烷索氏抽提 24 h。抽提液浓缩至 1 mL 后过复合硅胶柱净化。复合硅胶柱直径 20 mm，从下至上分别填充 1 cm 无水硫酸钠、1 g 活化中性硅胶、2 g 碱性硅胶、1 g 活化中性硅胶、

4 g 酸性硅胶、1 g 活化中性硅胶和 1 cm 无水硫酸钠。洗脱液浓缩再过填充有 6 g 凝胶填料(Biobeads S-X3)的凝胶渗透色谱柱净化。洗脱液浓缩至 100 µL,然后溶剂转换至 25 µL 正十二烷,并添加定量的内标 PCB-30、$^{13}C_{12}$-PCB-141 和 $^{13}C_{12}$-PCB-208。

本研究的目标化合物包括 21 种 BDE 单体,分别是:BDE-17、BDE-28、BDE-32、BDE-35、BDE-37、BDE-47、BDE-49、BDE-51、BDE-66、BDE-71、BDE-75、BDE-77、BDE-99、BDE-100、BDE-126、BDE-128、BDE-138、BDE-153、BDE-154、BDE-166 和 BDE-183。分析仪器为气相色谱-质谱联用仪(7890/5975GC-MSD, Agilent, USA),负化学电离(NCI)源。色谱柱为 DB-5MS(30 m×0.25 mm×0.25 µm, J&W Scientific, USA)。色谱柱升温程序为:130℃保持 1min,以 12℃/min 的速率升至 155℃,然后以 4℃/min 的速率升至 215℃,最后以 3℃/min 的速率升至 300℃,保持 10 min。进样模式为无分流进样,进样量为 1 µL。进样口的温度为 290℃。

3. 质量控制/质量保证

所有样品中 $^{13}C_{12}$-PCB-28、$^{13}C_{12}$-PCB-52、$^{13}C_{12}$-PCB-101 和 $^{13}C_{12}$-PCB-180 的回收率分别为 68%±12%、81%±15%、86%±18%和 89%±13%。所有实验室空白样品中均无目标化合物检出。7 个野外空白样品中检出微量的 BDE-47、BDE-49、BDE-99、BDE-100、BDE-153、BDE-154 和 BDE-183,其他目标化合物无检出。目标化合物的仪器检测限(IDL)定义为 3 倍 S/N,方法检测限(MDL)定义为野外空白平均值加 3 倍标准偏差,如果野外空白中未检出目标化合物,则 MDL 为 3 倍 IDL,结果如表 5-16 所示。本研究报道的 PBDEs 浓度为经过野外空白浓度校正后的数值。

为了考察 PUF 的穿透性,分别测定样品中上下两个 PUF 中的目标化合物。结果表明,70%~80%的目标化合物可以被第一个 PUF 收集,说明穿透的影响不大。

4. 气团后向轨迹

为了辅助分析大气样品中 PBDEs 的来源,使用 NOAA 的 HYSPLIT 模型分析采样期间大气样品的气团后向轨迹(http://www.arl.noaa.gov/HYSPLIT.php)。由于采样期间,科考船在移动,每隔 6 小时作一条 120 小时气团后向轨迹图。海拔高度设置为 100 m、500 m 和 1000 m。由于这三个海拔高度的气团来源方向相同,因此本研究选取海拔高度为 500 m 的后向轨迹进行分析。

5.5.2 大气中 PBDEs 的含量与组成特征

大气样品中 PBDEs 的浓度如表 5-16 所示。中国东海和南海、孟加拉湾和安

表 5-16　中国东海和南海、孟加拉湾和安达曼海、印度洋和大西洋四大海域低层大气中 PBDEs 的浓度　（单位：pg/m³）

化合物	MDL	中国东海和南海 (n=18)			孟加拉湾和安达曼海 (n=10)			印度洋 (n=13)			大西洋 (n=18)		
		平均值	范围	检出数	平均值	范围	检出数	平均值	范围	检出数	平均值	范围	检出数
BDE-17	0.11	0.53±0.54	n.d.[a]~1.69	12	0.05±0.11	n.d.~0.32	2	0.25±0.12	n.d.~0.37	2	0.03±0.09	n.d.~0.33	3
BDE-28	0.11	0.48±0.47	n.d.~1.77	12	0.06±0.08	n.d.~0.18	5	0.09±0.13	n.d.~0.33	5	0.11±0.11	n.d.~0.37	11
BDE-32	0.11	0.07±0.16	n.d.~0.61	4	0.00	n.d.	0	0.00	n.d.	0	0.00	n.d.	0
BDE-35	0.11	0.20±0.23	n.d.~0.65	9	0.00	n.d.	0	0.00	n.d.	0	0.00	n.d.	0
BDE-37	0.11	0.25±0.25	n.d.~0.71	10	0.02±0.05	n.d.~0.15	1	0.00	n.d.	0	0.00	n.d.	0
BDE-47	0.14	4.09±3.13	0.41~12.7	18	1.44±0.73	0.46~2.97	10	3.21±2.19	0.57-8.27	13	1.60±1.10	0.34~3.64	18
BDE-49	0.16	0.47±0.40	n.d.~1.32	13	0.38±0.12	n.d.~0.53	8	0.27±0.53	n.d~1.79	4	0.10±0.10	n.d.~0.25	9
BDE-51	0.11	0.30±0.34	n.d.~1.17	13	0.03±0.07	n.d.~0.19	2	0.00	n.d.	0	0.02±0.05	n.d.~0.15	3
BDE-66	0.11	0.23±0.24	n.d.~0.75	10	0.00	n.d.	0	0.00	n.d.	0	0.00	n.d.	0
BDE71	0.11	0.26±0.22	n.d.~0.64	6	0.00	n.d.	0	0.04±0.13	n.d.~0.48	1	0.06±0.09	n.d.~0.25	6
BDE-75	0.11	0.11±0.15	n.d.~0.42	6	0.02±0.05	n.d.~0.16	1	0.07±0.13	n.d.~0.33	3	0.00	n.d.	0
BDE-77	0.11	0.02±0.06	n.d.~0.23	2	0.01±0.04	n.d.~0.12	1	0.00	n.d.	0	0.00	n.d.	0
BDE-99	0.15	1.76±2.72	0.15~11.3	18	0.47±0.30	n.d.~1.00	9	0.59±0.61	0.29~2.38	13	0.68±0.31	0.42~1.27	18
BDE-100	0.14	0.37±0.21	n.d.~0.68	16	0.24±0.15	n.d.~0.57	9	0.59±0.36	0.14~1.49	13	0.16±0.11	n.d.~0.34	14
BDE-126	0.11	0.40±0.38	n.d.~1.24	7	0.00	n.d.	0	0.00	n.d.	0	0.00	n.d.	0
BDE-128	0.11	0.00±0.00	n.d.	0	0.09±0.23	n.d.~0.72	2	0.00	n.d.	0	0.00	n.d.	0
BDE-138	0.11	0.17±0.40	n.d.~1.29	3	0.00	n.d.	0	0.00	n.d.	0	0.00	n.d.	0
BDE-153	0.16	0.26±0.54	n.d.~2.17	6	0.05±0.11	n.d.~0.29	2	0.13±0.09	n.d.~0.34	1	0.00	n.d.	0
BDE-154	0.16	0.52±0.46	n.d.~1.77	15	0.16±0.19	n.d.~0.48	5	0.18±0.18	n.d.~0.56	3	0.06±0.13	n.d~0.52	4
BDE-166	0.11	0.00±0.00	n.d.	0	0.00	n.d.	0	0.00	n.d.	0	0.00	n.d.	0
BDE-183	0.17	0.56±0.46	n.d.~1.78	14	0.23±0.33	n.d.~1.03	5	0.00	n.d.	0	0.03±0.08	n.d.~0.28	2
Σ21PBDEs		10.8±6.13	2.89~28.6		3.22±1.57	0.81~6.14		5.12±3.56	1.15~13.2		2.87±1.81	0.86~6.44	

a. n.d.表示未检出。

达曼海、印度洋以及大西洋四大海域低层大气中 $\sum_{21}$PBDEs 的平均浓度分别为 (10.8 ± 6.13) pg/m^3、(3.22 ± 1.57) pg/m^3、(5.12 ± 3.56) pg/m^3 和 (2.87 ± 1.81) pg/m^3。以往的研究表明，大西洋大气中 PBDEs 浓度为 $(0.40\sim3.30)$ pg/m^3（Xie et al., 2011），印度洋大气中 PBDEs 的浓度为 $(0.5\sim15.6)$ pg/m^3（Wurl et al., 2006），加拿大阿勒特大气中 $\sum_{14}$PBDEs 的浓度为 7.7 pg/m^3（Su et al., 2007），美国鹰港大气中 $\sum_{35}$PBDEs 的浓度为 (5.8 ± 0.4) pg/m^3（Venier and Hites, 2008）。与这些结果相比，本研究海域大气中 PBDEs 浓度处于中间水平。

本研究中，BDE-28、BDE-47、BDE-99 和 BDE-100 的检出率最高。大气样品中五溴二苯醚工业品的主要成分 BDE-47 和 BDE-99 具有显著相关性（$r^2=0.74$，$p<0.01$），说明五溴二苯醚工业品的使用是开放海域中 PBDEs 的主要来源。由表 5-16 可知，BDE 单体在中国东海和南海的检出率明显高于另外三大海域，这可能与该海域周边的东亚以及东南亚国家大气中 PBDEs 浓度较高有关（Bi et al., 2007）。中国东海和南海大气样品中 BDE 单体具有相似的分布特征，其低溴代二苯醚单体的百分含量高于五溴二苯醚工业品；此外，只在 BDE-47、BDE-99、BDE-153 和 BDE-154 之间观测到显著相关性（$r>0.59$，$p<0.01$）。这可能是由于：①低溴代二苯醚具有更强的挥发性和长距离迁移能力；②从工业品中释放出来的 BDE 单体在迁移过程中可能发生脱溴反应，降解成更低溴代的 BDE 单体。在印度洋和大西洋，BDE-47、BDE-99 和 BDE-100 是主要的单体，在大部分样品中可以检出，BDE-28、BDE-49、BDE-75、BDE-153、BDE-154 和 BDE-183 在少量样品中检出。

5.5.3 大气中 PBDEs 的空间分布与可能来源

如表 5-16 所示，不同海域大气样品中 BDE 单体的浓度和组成特征各不相同。BDE-28、BDE-47、BDE-99、BDE-100、BDE-154 和 BDE-183 等主要单体的组成特征及其空间分布如图 5-16 所示。虽然在印度洋个别大气样品中 PBDEs 浓度较高，但总体来说，大气中 PBDEs 的浓度呈现从东往西下降的趋势。大部分的 BDE 单体比如 BDE-17、BDE-35、BDE-37、BDE-153、BDE-154 和 BDE-183 只在中国东海和南海、泰国湾、马六甲海峡和安达曼海的大气样品中有检出。PBDEs 在各海域的空间分布可能受样品采集时航线与大陆 PBDEs 源区的距离以及气团来源等因素的影响。比如，在中国和南亚次大陆附近海域采集的大气样品中 PBDEs 的浓度较高，尤其是那些在港口（上海港口和曼谷港口）附近采集的大气样品（图 5-16）。后向轨迹的分析结果表明，这些大气样品主要受源自中国东海、南海和西太平洋东亚沿海并经过我国台湾和菲律宾附近海域的气团影响。

印度洋的大气样品主要受来自东北方向经过印度东海岸和西海岸大陆气团的影响，并且受来自印度西部和南部气团影响的大气样品中的 PBDEs 浓度较高（图 5-16）。这可能与周边大陆大量的电子垃圾拆解活动有关，因为电子垃圾拆解活动是环境中 PBDEs 的重要来源之一。据报道，印度每年接收和拆解的电子垃圾高达 14.6 万 t(CII, 2006)，其中印度西部和南部地区的拆解量分别占总量的 35% 和 30%，印度北部和东部地区分别占 20% 和 14%(Pinto, 2008)。

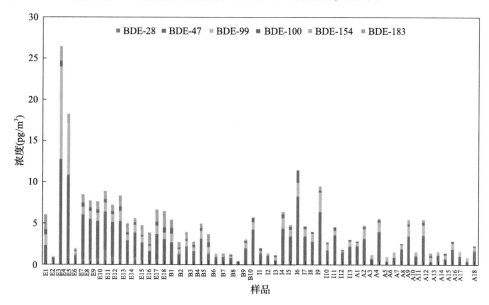

图 5-16　中国东海和南海(E)、孟加拉湾和安达曼海(B)、印度洋(I)和大西洋(A) 四大海域大气中 PBDEs 的浓度

大西洋的大气样品主要受源自大西洋南部海域并经过西非沿海的气团影响，部分受途经西非沿海气团影响的大气样品中 PBDEs 浓度较高(图 5-16)。近期研究表明，西非已经成为世界电子垃圾的另一重要接收地(Gioia et al., 2011; Linderholm et al., 2010)。

5.5.4　水-气界面交换对大气中 PBDEs 浓度昼夜变化的影响

从前面的讨论可知，本研究大气样品中 PBDEs 的浓度受采样位置与大陆的距离及其气团来源的影响。然而，在更为偏远的南大西洋和印度洋，大气样品中 PBDEs 的浓度还可能受其他因素的影响。这些海域采集的大气样品中，观测到 BDE-47 和 BDE-99 呈现显著的昼夜循环模式。比如在大西洋北纬 6°至南纬 30°，白天采集的大气样品中 PBDEs 的浓度高于夜间采集的大气样品(图 5-17)，白天大气样品中 BDE-47 和 BDE-99 的浓度分别是夜间大气样品的 1.5～9 倍和 1～3 倍(图 5-17)。在印度洋北纬 4°东经 77°至南纬 5°东经 54°也观测到类似的现象。分析表明，大气温度、风速以及大气混合层高度等参数与 PBDEs 浓度的昼夜变化都不存在相关性，说明可能存在其他因素影响这些海域 PBDEs 浓度的昼夜变化。无独有偶，Jaward 等（2004b）在大西洋南纬 1°至南纬 32°观测到白天大气样品中 PCB-28 和 PCB-52 的浓度是夜间大气样品浓度的 1.5～2.5 倍。Jaward 等（2004b）提出一个假设，认为大气中 POPs 浓度的昼夜变化与海洋表层有机碳的浓度变化有关，因为海洋中的浮游动物、浮游植物、溶解性有机碳（DOC）都存在昼夜变化（Johnson et al., 2006; Vaulot and Marie, 1999）。以浮游植物为例，由于具有趋光性，夜间浮游植物下沉，可能引起表层水体中 POPs 浓度降低，导致 POPs 在水体中的逸度系数减小，进而有利于低层大气中 POPs 通过水-气界面交换作用向水体沉降，导致大气中 POPs 的浓度降低；白天随着浮游植物的上浮，表层水体中 POPs 浓度升高，POPs 在水体中的逸度系数增大，减缓大气中 POPs 向水体的沉降或者促成水体中 POPs 向大气挥发，大气中 POPs 随之升高。然而，上述推断只是基于目前观测现象的一种假设，更多基于生物参数的验证实验有待在未来的研究中开展。

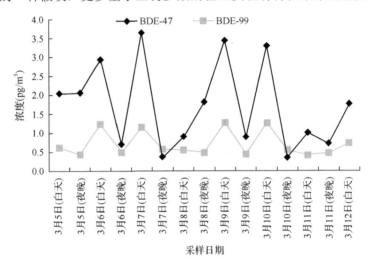

图 5-17　大西洋大气样品中 BDE-47 和 BDE-99 浓度的昼夜变化

参 考 文 献

Bamford H A, Poster D L, Huie R, et al., 2002. Using extrathermodynamic relationships to model the temperature dependence of Henry's law constants of 209 PCB congeners. Environmental Science & Technology, 36: 4395-4402.

Berrojalbiz N, Dachs J, Del Vento S, et al., 2011. Persistent organic pollutants in Mediterranean seawater and processes affecting their accumulation in plankton. Environmental Science & Technology, 45（10）: 4315-4322.

Berrojalbiz N, Castro-Jiménez J, Mariani G, et al., 2014. Atmospheric occurrence, transport and deposition of polychlorinated biphenyls and hexachlorobenzene in the Mediterranean and Black Seas. Atmospheric Chemistry and Physics, 14: 8947-8959.

Bi X H, Thomas G O, Jones K C, et al., 2007. Exposure of electronics dismantling workers to polybrominated diphenyl ethers, polychlorinated biphenyls, and organochlorine pesticides in South China. Environmental Science & Technology, 41: 5647-5653.

Bidleman T F, McConnell L L, 1995. A review of field experiments to determine air-water gas exchange of persistent organic pollutants. Science of the Total Environment, 159: 101-117.

Bidleman T F, Falconer R L, 1999. Using enantiomers to trace pesticide emissions. Environmental Science & Technology, 33: 206A-209A.

Bidleman T F, Jantunen L M M, Kurt-Karakus P B, et al., 2012. Chiral persistent organic pollutants as tracers of atmospheric sources and fate: Review and prospects for investigating climate change influences. Atmospheric Pollution Research, 3: 371-382.

Booij K, van Bommel R, Jones K C, et al., 2007. Air-water distribution of hexachlorobenzene and 4,4'-DDE along a North-South Atlantic transect. Marine Pollution Bulletin, 54: 814-819.

Breivik K, Sweetman A, Pacyna J M, et al., 2007. Towards a global historical emission inventory for selected PCB congeners: A mass balance approach: 3. An update. Science of the Total Environment, 377: 296-307.

Breivik K, Gioia R, Chakraborty P, et al., 2011. Are reductions in industrial organic contaminants emissions in rich countries achieved partly by export of toxic wastes? Environmental Science & Technology, 45: 9154-9160.

Cetin B, Ozer S, Sofuoglu A, et al., 2006. Determination of Henry's law constants of organochlorine pesticides in deionized and saline water as a function of temperature. Atmospheric Environment, 40: 4538-4546.

Chen L, Peng S, Liu J, et al., 2012. Dry deposition velocity of total suspended particles and meteorological influence in four locations in Guangzhou, China. Journal of Environmental Sciences, 24(4): 632-639.

CII, 2006. "E-waste Management", Green Business Opportunities. Confederation of Indian Industry (CII), Delhi: 12.

Dachs J, Eisenreich S J, Baker J E, et al., 1999. Coupling of phytoplankton uptake and air-water exchange of persistent organic pollutants. Environmental Science & Technology, 33 (20): 3653-3660.

Dachs J, Lohmann R, Ockenden W A, et al., 2002. Oceanic biogeochemical controls on global dynamics of persistent organic pollutants. Environmental Science & Technology, 36 (20): 4229-4237.

Dai G, Liu X, Liang G, et al., 2011. Distribution of organochlorine pesticides (OCPs) and polychlorinated biphenyls (PCBs) in surface water and sediments from Baiyangdian Lake in North China. Journal of Environmental Sciences, 23(10): 1640-1649.

Deacon E L, 1977. Gas transfer to and across an air-water interface. Tellus, 29: 363-374.

Dearth M A, Hites R A, 1991. Complete analysis of technical chlordane using negative ionization mass spectrometry. Environmental Science & Technology, 25: 245-254.

Dickhut R M, Gustafson K E, 1995. Atmospheric washout of polycyclic aromatic hydrocarbons in the Southern Chesapeake Bay region. Environmental Science & Technology, 29: 1518-1525.

Dickhut RM, Cincinelli A, Cochran M, et al., 2005. Atmospheric concentrations and air-water flux of organochlorine pesticides along the Western Antarctic Peninsula. Environmental Science & Technology, 39: 465-470.

Ding X, Wang X-M, Xie Z-Q, et al., 2007. Atmospheric hexachlorocyclohexanes in the North Pacific Ocean and the adjacent Arctic region: Spatial patterns, chiral signatures, and sea-air exchanges. Environmental Science & Technology, 41: 5204-5209.

Ding X, Wang X-M, Wang Q-Y, et al., 2009. Atmospheric DDTs over the North Pacific Ocean and the adjacent Arctic region: Spatial distribution, congener patterns and source implication. Atmospheric Environment, 43:4319-4326.

Draxler R R, Rolph G D, 2003. HYSPLIT (HYbird Single-Particle Lagrangian Integrated Trajectory) Model. NOAA Air Resources Laboratory: Silver Spring, MD.

Eckhardt S, Breivik K, Mano S, et al., 2007. Record high peaks in PCB concentrations in the Arctic atmosphere due to long-range transport of biomass burning emissions. Atmospheric Chemistry and Physics, 7: 4527-4536.

Falconer R L, Bidleman T F, Szeto S Y, 1997. Chiral pesticides in soils of the Fraser Valley, British Columbia. Journal of Agricultural and Food Chemistry, 45: 1946-1951.

Galbán-Malagón C, Berrojalbiz N, Ojeda M J, et al., 2012. The oceanic biological pump modulates the atmospheric transport of persistent organic pollutants to the Arctic. Nature Communications, 3 (862), DOI: 10.1038/ncomms1858.

Galbán-Malagón C, Berrojalbiz N, Gioia R, et al., 2013a. The "degradative" and "biological" pumps controls on the atmospheric deposition and sequestration of hexachlorocychlohexanes and hexachlorobenzene in the North Atlantic and Arctic Oceans. Environmental Science & Technology, 47: 7195-7203.

Galbán-Malagón C, Cabrerizo A, Caballero G, et al., 2013b. Atmospheric occurrence and deposition of hexachlorobenzene and hexachlorocyclohexanes in the Southern Ocean and Antarctic Peninsula. Atmospheric Environment, 80: 41-49.

Gioia R, Nizzetto L, Lohmann R, et al., 2008a. Polychlorinated biphenyls (PCBs) in air and seawater of the Atlantic Ocean: Sources, trends and processes. Environmental Science & Technology, 42: 1416-1422.

Gioia R, Lohmann R, Dachs J, et al., 2008b. Polychlorinated biphenyls in air and water of the North Atlantic and Arctic Ocean. Journal of Geophysical Research, 113: D19302. http://dx.doi.org/ 10.1029 /2007JD009750.

Gioia R, Eckhardt S, Breivik K, et al., 2011. Evidence for major emissions of PCBs in the West African region. Environmental Science & Technology, 45: 1349-1355.

Gioia R, Li J, Schuster J, et al., 2012. Factors affecting the occurrence and transport of atmospheric organochlorines in the China Sea and the Northern Indian and South East Atlantic Oceans. Environmental Science & Technology, 46: 10012-10021.

Gupta P K, 2004. Pesticide exposure—Indian scene. Toxicology, 198: 83-90.

Hargrave B T, Barrie L A, Bidleman T F, et al., 1997. Seasonality in exchange of organochlorines between Arctic air and seawater. Environmental Science & Technology, 31: 3258-3266.

Harner T, Kylin H, Bidleman T F, et al., 1999. Removal of α- and γ-hexachlorocyclohexane in the eastern arctic ocean. Environmental Science & Technology, 33: 1157-1164.

Harner T, Jantunen L M M, Bidleman T F, et al., 2000a. Microbial degradation is a key elimination pathway of hexachlorocyclohexanes from the Arctic Ocean. Geophysical Research Letters, 27: 1155-1158.

Harner T, Wiberg K, Norstrom R, 2000b. Enantiomer fractions are preferred to enantiomer ratios for describing chiral signatures in environmental analysis. Environmental Science & Technology, 34: 218-220.

He W, Qin N, He Q-S, et al., 2012. Characterization, ecological and health risks of DDTs and HCHs in water from a large shallow Chinese lake. Ecological Informatics, 12: 77-84.

Huang Y, Xu Y, Li J, et al., 2013. Organochlorine pesticides in the atmosphere and surface water from the equatorial Indian Ocean: Enantiomeric signatures, sources and fate. Environmental Science & Technology, 47: 13395-13403.

Huang Y, Li J, Xu Y, et al., 2014. Polychlorinated biphenyls (PCBs) and hexachlorobenzene (HCB) in the equatorial Indian Ocean: Temporal trend, continental outflow and air-water exchange. Marine Pollution Bulletin, 80: 194-199.

Huang Y, Zhang R, Li K, Cheng Z, et al., 2017. Experimental study on the role of sedimentation and degradation processes on atmospheric deposition of persistent organic pollutants in a subtropical water column. Environmental Science & Technology, 51: 4424-4433.

Iwata H, Tanabe S, Sakai N, et al., 1993. Distribution of persistent organochlorines in the oceanic air and surface seawater and the role of ocean on their global transport and fate. Environmental Science & Technology, 27 (6): 1080-1098.

Iwata H, Tanabe S, Sakai N, et al., 1994. Geographical distribution of persistent organochlorines in air, water and sediments from Asia and Oceania, and their implications for global redistribution from lower latitudes. Environmental Pollution, 85: 15-33.

Jantunen L M M, Bidleman T F, Harner T, et al., 2000. Toxaphene, chlordane, and other organochlorine pesticides in Alabama air. Environmental Science & Technology, 34: 5097-5105.

Jantunen L M, Bidleman T F, 2006. Henry's law constants for hexachlorobenzene, p,p'-DDE and components of technical chlordane and estimates of gas exchange for Lake Ontario. Chemophere, 62: 1689-1696.

Jantunen L M, Helm P A, Ridal J J, et al., 2008a. Air-water gas exchange of chiral and achiral organochlorine pesticides in the Great Lakes. Atmospheric Environment, 42: 8533-8542.

Jantunen L M, Helm P A, Kylin H, et al., 2008b. Hexachlorocyclohexanes (HCHs) in the Canadian archipelago. 2. Air-water gas exchange of α- and γ-HCH. Environmental Science & Technology, 42: 465-470.

Jaward F M, Farrar N J, Harner T, et al., 2004a. PCBs, PBDEs, and organochlorine pesticides across Europe. Environmental Science & Technology, 38: 34-41.

Jaward F M, Barber J L, Booij K, et al., 2004b. Evidence for dynamic air-water coupling and cycling of persistent organic pollutants over the open Atlantic Ocean. Environmental Science & Technology, 38, 2617-2625.

Jaward F M, Zhang G, Nam J J, et al., 2005. Passive air sampling of polychlorinated biphenyls, organochlorine compounds, and polybrominated diphenyl ethers across Asia. Environmental Science & Technology, 39: 8638-8645.

Johnson Z I, Zinser E R, Coe A, et al., 2006. Niche partitioning among prochlorococcus ecotypes along ocean-scale environmental gradients. Science, 311: 1737-1740.

Kuzyk Z Z A, MacDonald R W, Johannessen S C, et al., 2010. Biogeochemical controls on PCB deposition in Hudson Bay. Environmental Science & Technology, 44: 3280-3285.

Law S A, Diamond M L, Helm P A, et al., 2001. Factors affecting the occurrence and enantiomeric degradation of hexachlorocyclohexane isomers in northern and temperate aquatic systems. Environmental Toxicology and Chemistry, 20: 2690-2698.

Li J, Zhang G, Qi S, et al., 2006. Concentrations, enantiomeric compositions, and sources of HCH, DDT and chlordane in soils from the Pearl River Delta, South China. Science of the Total Environment, 372: 215-224.

Li J, Zhang G, Guo L, et al., 2007. Organochlorine pesticides in the atmosphere of Guangzhou and Hong Kong: Regional sources and long-range atmospheric transport. Atmospheric Environment, 41: 3889-3903.

Li J, Cheng H, Zhang G, et al., 2009. Polycyclic aromatic hydrocarbon (PAH) deposition to and exchange at the air-water interface of Luhu, an urban lake in Guangzhou, China. Environmental Pollution, 157(1): 273-279.

Li N, Wania F, Lei Y D, et al., 2003. A comprehensive and critical compilation, evaluation, and selection of physical-chemical property data for selected polychlorinated biphenyls. Journal of Physical and Chemical Reference Data, 32: 1545-1590.

Li Y F, Bidleman T F, 2003. Correlation between global emissions of α-hexachlorocyclohexane and its concentrations in the Arctic air. Journal of Environmental Informatics, 1 (1): 52-57.

Li J, Li Q, Gioia R, et al., 2011. PBDEs in the atmosphere over the Asian marginal seas, and the Indian and Atlantic oceans. Atmospheric Environment, 45: 6622-6628.

Lin T, Hu Z H, Zhang G, et al., 2009. Levels and mass burden of DDTs in sediments from fishing harbors: The importance of DDT-containing antifouling paint to the coastal environment of China. Environmental Science & Technology, 43: 8033-8038.

Lin T, Li J, Xu Y, et al., 2012. Organochlorine pesticides in seawater and the surrounding atmosphere of the marginal seas of China: Spatial distribution, sources and air-water exchange. Science of the Total Environment, 435-436: 244-252.

Ling Z, Xu D, Zou S, et al., 2011. Characterizing the gas-phase organochlorine pesticides in the atmosphere over the Pearl River Delta region. Aerosol and Air Quality Research, 11: 238-246.

Linderholm L, Biague A, Månsson F, et al., 2010. Human exposure to persistent organic pollutants in West Africa: A temporal trend study from Guinea-Bissau. Environment International, 36: 675-682.

Liss P S, Slater P G, 1974. Flux of gases across the air-water interface. Nature, 247: 181-184.

Liu X, Zhang G, Li J, et al., 2009. Seasonal patterns and current sources of DDTs, chlordanes, hexachlorobenzene, and endosulfan in the atmosphere of 37 Chinese cities. Environmental Science & Technology, 43: 1316-1321.

Liu H-H, Bao L-J, Zhang K, et al., 2013. Novel passive sampling device for measuring sediment-water diffusion fluxes of hydrophobic organic chemicals. Environmental Science & Technology, 47: 9866-9873.

Lohmann R, Jurado E, Pilson M E Q, et al., 2006. Oceanic deep water formation as a sink of persistent organic pollutants. Geophysical Research Letters, 33: L12607, doi:10.1029/2006GL025953.

Lohmann R, Gioia R, Jones K C, et al., 2009. Organochlorine pesticides and PAHs in the surface water and atmosphere of the North Atlantic and Arctic Ocean. Environmental Science & Technology, 43: 5633-5639.

Lohmann R, Klanova J, Kukucka P, et al., 2012. PCBs and OCPs on a east-to-west transect: The importance of major currents and net volatilization for PCBs in the Atlantic Ocean. Environmental Science & Technology, 46: 10471-10479.

Macdonald R, McLaughlin F, Adamson L, 1997. The Arctic Ocean: The last refuge of volatile organochlorines. The Canadian Chemical News, 49: 28-29.

Meng X-Z, Guo Y, Mai B-X, et al., 2009. Enantiomeric signatures of chiral organochlorine pesticides in consumer fish from South China. Journal of Agricultural and Food Chemistry, 57: 4299-4304.

Ngabe B, Bidleman T F, Falconer R L, 1993. Base hydrolysis of α- and γ- hexachlorocyclohexanes. Environmental Science & Technology, 27: 1930-1933.

Nizzetto L, Gioia R, Jun L, et al., 2012. Biological pump control of the fate and distribution of hydrophobic organic pollutants in water and plankton. Environmental Science & Technology, 46, 3204-3211.

Pankow J F, 1987. Review and comparative analysis of theories of partitioning between the gas and aerosol particulate phase in the atmosphere. Atmospheric Environment, 21: 2275-2283.

Pinto V N, 2008. E-waste hazard: The impending challenge. Indian Journal of Occupational and Environmental Medicine, 2008, 12 (2): 65-70.

Pozo K, Harner T, Lee S C, et al., 2011. Assessing seasonal and spatial trends of persistent organic pollutants (POPs) in Indian agricultural regions using PUF disk passive air samplers. Environmental Pollution, 159: 646-653.

Qiu X H, Zhu T, Wang F, et al., 2008. Air-water gas exchange of organochlorine pesticides in Taihu Lake, China. Environmental Science & Technology, 2008, 42: 1928-1932.

Robinson B H, 2009. E-waste: An assessment of global production and environmental impacts. Science of the Total Environment, 408: 183-191.

Rolph G D, 2003. Real-time Environmental Applications and Display System (READY) Website; NOAA Air Resources Laboratory: Silver Spring, MD. http://www.arl.noaa.gov/ready/hysplit.html.

Scheringer M, Stroebe M, Wania F, et al., 2004. The effect of export to the deep sea on the long-range transport potential of persistent organic pollutants. Environmental Science and Pollution Research, 11(1): 41-48.

Schwarzenbach R E, Gschwend P M, Imboden D M, 2003. Environmental Organic Chemistry. New York: John Wiley.

Shen L, Wania F, 2005. Compilation, evaluation, and selection of physical-chemical property data for organochlorine pesticides. Journal of Chemical and Engineering Data, 50: 742-768.

Shoeib M, Harner T, 2002. Characterisation and comparison of three passive air samplers for persistent organic pollutants. Environmental Science & Technology, 36: 4142-4151.

Stemmler I, Lammel G, 2009. Cycling of DDT in the global environment 1950～2002: World ocean returns the pollutant. Geophysical Research Letters, 36: Art. No. L24602.

Su Y, Hung H, Blanchard P, et al., 2006. Spatial and seasonal variations of hexachlorocyclohexanes (HCHs) and hexachlorobenzene (HCB) in the Arctic atmosphere. Environmental Science & Technology, 40: 6601-6607.

Su Y, Hung H, Sverko E, et al., 2007. Multi-year measurements of polybrominated diphenyl ethers (PBDEs) in the Arctic atmosphere. Atmospheric Environment, 41: 8725-8735.

Sundqvist K L, Wingfors H, Brorstrom-Lundren E, et al., 2004. Air-sea gas exchange of HCHs and PCBs and enantiomers of α-HCH in the Kattegat Sea region. Environmental Pollution, 128: 73-83.

UNEP, 2002a. Regional based assessment of persistent toxic substances: Indian Ocean Regional Report. http://www.chem.unep.ch/pts/regreports/IndianOcean.pdf: 15.

UNEP, 2002b. Regional based assessment of persistent toxic substances: South East Asia and South Pacific Regional Report. http://www.chem.unep.ch/pts/regreports/seaandsp.pdf: 27.

Vaulot D, Marie D, 1999. Diel variability of photosynthetic picoplankton in the equatorial Pacific. Journal of Geophysical Research-Oceans, 104: 3297-3310.

Venier M, Hites R A, 2008. Flame retardants in the atmosphere near the Great Lakes. Environmental Science & Technology, 42: 4745-4751.

Wania F, Mackay D, 1996. Tracking the distribution of persistent organic pollutants. Environmental Science & Technology, 30: 390-396A.

Wania F, Axelman J, Broman D, 1998. A review of processes involved in the exchange of persistent organic pollutants across the air-sea interface. Environmental Pollution, 102 (1): 3-23.

Weber J, Halsall C J, Muir D C G, et al., 2006. Endosulfan and gamma-HCH in the Arctic: An assessment of surface seawater concentrations and air-sea exchange. Environmental Science & Technology, 40: 7570-7576.

Weber J, Halsall C J, Muir D, et al., 2010. Endosulfan, a global pesticide: A review of its fate in the environment and occurrence in the Arctic. Science of the Total Environment, 408: 2966-2984.

Wong F, Jantunen L M, Pućko M, et al., 2011. Air-water exchange of anthropogenic and natural organohalogens on International Polar Year (IPY) Expeditions in the Canadian Arctic. Environmental Science & Technology, 45: 876-881.

Wu X, Lam J C W, Xia C, et al., 2010. Atmospheric HCH concentrations over the marine boundary layer from Shanghai, China to the Arctic Ocean: Role of human activity and climate change. Environmental Science & Technology, 44: 8422-8428.

Wu X, Lam J C W, Xia C, et al., 2011. Atmospheric concentrations of DDTs and chlordanes measured from Shanghai, China to the Arctic Ocean during the Third China Arctic Research Expedition in 2008. Atmospheric Environment, 45: 3750-3757.

Wurl O, Potter J R, Obbard J P, et al., 2006. Persistent organic pollutants in the equatorial atmosphere over the open Indian Ocean. Environmental Science & Technology, 40: 1454-1461.

Xiao H, Li N, Wania F, 2004. Compilation, evaluation, and selection of physical-chemical property data for α-, β-, and γ-hexachlorocyclohexane. Journal of Chemical and Engineering Data, 49: 173-185.

Xie Z, Möller A, Ahrens L, et al., 2011. Brominated flame retardants in seawater and atmosphere of the Atlantic and the Southern Ocean. Environmental Science & Technology, 45: 1820-1826.

Yao Z W, Jiang G B, Xu H Z, 2002. Distribution of organochlorine pesticides in seawater of the Bering and Chukchi Sea. Environmental Pollution, 116: 49-56.

Yuan L, Qi S, Wu X, et al., 2013. Spatial and temporal variations of organochlorine pesticides (OCPs) in water and sediments from Honghu Lake, China. Journal of Geochemical Exploration, 132: 181-187.

Zhang G, Li J, Cheng H, et al., 2007. Distribution of organochlorine pesticides in the Northern South China Sea: Implications for land outflow and air-sea exchange. Environmental Science & Technology, 41, 3884-3890.

Zhang G, Chakraborty P, Li J, et al., 2008. Passive atmospheric sampling of organochlorine pesticides, polychlorinated biphenyls, and polybrominated diphenyl ethers in urban, rural, and wetland sites along the coastal length of India. Environmental Science & Technology, 42 (22): 8218-8223.

Zhang L, Lohmann R., 2010. Cycling of PCBs and HCB in the surface ocean-lower atmosphere of the open ocean. Environmental Science & Technology, 2010, 44: 3832-3838.

Zhang L, Bidleman T F, Perry M J, et al., 2012. Fate of chiral and achiral organochlorine pesticides in the North Atlantic bloom experiment. Environmental Science & Technology, 46: 8106-8114.

Zhang A, Chen Z, Ahrens L, et al., 2012a. Concentrations of DDTs and enantiomeric fractions of chiral DDTs in agricultural soils from Zhejiang Province, China, and correlations with total organic carbon and pH. Journal of Agricultural and Food Chemistry, 60: 8294-8301.

Zhang A, Fang L, Wang J, et al., 2012b. Residues of currently and never used organochlorine pesticides in agricultural soils from Zhejiang Province, China. Journal of Agricultural and Food Chemistry, 60: 2982-2988.

第 6 章　POPs 的土壤-大气界面沉降与交换过程

本章导读

- 介绍持久性有机污染物土壤-大气迁移的研究意义及主要研究方法，包括土-气扩散交换的逸度模型和原位实测方法、大气干湿沉降测量方法及净交换通量的计算方法。
- 以珠江水系支流东江流域为研究区域，以多氯萘和氯化石蜡为研究对象，介绍两种持久性有机污染物在该区域的土-气交换和大气沉降研究。
- 介绍东江流域大气与土壤中多氯萘和氯化石蜡的研究结果，包括浓度水平、空间分布、季节性变化、化合物组成及可能来源。
- 土-气界面交换过程是影响持久性有机污染物环境归趋的重要过程。介绍东江流域多氯萘和氯化石蜡的大气沉降研究，包括沉降通量、空间分布、季节性差异、单体组成、可能来源等；利用逸度模型估算多氯萘的土-气扩散交换趋势、交换通量，并结合大气沉降计算净交换通量和年交换总量。
- 展望持久性有机污染物的土-气交换研究。

6.1　POPs 土壤-大气迁移的研究意义与方法

6.1.1　POPs 土壤-大气迁移的研究意义

持久性有机污染物由于其具有半挥发性、环境持久性和长距离大气迁移性(long-range atmospheric transport, LRAT)等特征，可以释放到多种环境介质当中，例如土壤、大气、水体和生物体等，并能随大气迁移至人迹罕至的偏远地区。土壤是持久性有机污染物重要的汇，但并不是最终的或永久的归趋地，沉降到土壤中的 POPs 可以挥发重新释放到环境中形成二次污染。在很长的一段时间内，POPs 可通过气态挥发、颗粒态再悬浮及气态和颗粒态干湿沉降等方式在土壤和大气之间交换和迁移,直至富集或降解(Sharma et al., 2014)。因此,研究污染物在两相界面间的迁移比单独研究其在一相间的行为更加重要(Ruzickova et al., 2008)。POPs 在环境中进行的迁移和循环如图 6-1 所示。POPs 能随着洋流和气团运动迁移至偏远地方,甚至高原(Zhu et al., 2015)和极地(Cabrerizo et al., 2012; Letcher et al., 2010)。对于持久性有机污染物来说,挥发是其从土壤中去除的主要过程,土壤因此成为许多污染物向大气输送的源(Jones, 1994)。土壤-大气的气态扩散交换(简称土-气交换,soil-air exchange)及大气沉降(atmospheric deposition)是持久性有机污染物从大气进入土壤的重要途径。土-气交换是影响 POPs 在环境中迁移、归趋及对人体的健康风险的重要因素(Meijer et al., 2003b),研究 POPs 的土-气交换过程有助于探究其在环境中的迁移趋势和源汇关系。随着《斯德哥尔摩公约》的履约,全球范围限制 POPs 生产、使用和排放一系列措施的出台,POPs 的一次污染源已得到一定程度的控制,原先的 POPs 的"汇"正慢慢向"源"转换,因此对 POPs 二次污染源的研究越来越受到重视(Nizzetto et al., 2010)。土-气交换是牵涉地表环境 POPs 源-汇(source-sink)转换的关键环境过程(Kurt et al., 2006);土壤和大气间的扩散和分配过程更是控制污染物在大气中含量水平以及区域命运的关键环节(Cabrerizo et al., 2011a)。同时,土-气交换过程在 POPs 区域和全球循环和再分配中扮演着重要角色(Sultana et al., 2014; Wania and Mackay, 1993)。因此,量化 POPs 的土-气交换和沉降通量,掌握其环境过程对研究 POPs 的迁移、转换及环境归趋等具有重要意义,同时也对控制和治理污染具有重要意义(Lohmann et al., 2007)。

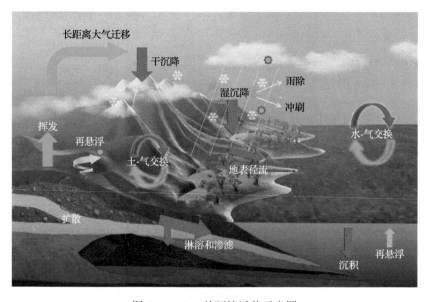

图 6-1　POPs 的环境迁移示意图

6.1.2　POPs 土壤-大气迁移的研究方法

1. 土壤-大气的气态扩散交换

1）逸度模型

逸度（fugacity, f）最早由 G. N. Lewis 在 1901 年提出，可作为判别各相间平衡标准的一种物理量（Mackay, 2001）。逸度的物理意义为表示某物质逃离某一相的趋势大小，其单位为压力单位（Pa）。对理想气体而言，逸度就等于分压。通常状况下，化合物由高逸度向低逸度方向移动。

D. Mackay 在 1991 年出版的第一版 *Multimedia Environmental Models—The Fugacity Approach* 一书中，对如何利用逸度方法计算环境中的介质交换量做了详尽的叙述。其中，有机污染物在土壤-大气间的迁移过程如图 6-2 所示（Mackay, 2001）。逸度理论和逸度模型是研究 POPs 等有机污染物在土壤-大气间迁移的重要手段。

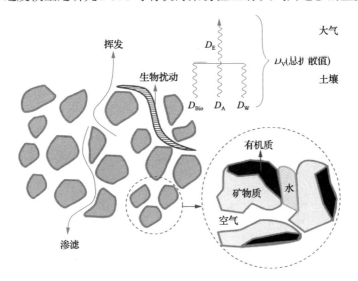

图 6-2　化合物在土壤-大气间的迁移过程[根据（Mackay, 2001）修改]
图中符号含义参见式(6-15)的说明

基于逸度理论（Mackay, 2001），非离子化物质的逸度与浓度在低浓度时线性相关：

$$C=Z \cdot f \qquad (6-1)$$

式中，C 为浓度，$\mathrm{mol/m^3}$；f 为逸度，Pa；Z 为逸度容量（fugacity capacity），$\mathrm{mol/(m^3 \cdot Pa)}$。

逸度容量 Z 是用以描述环境介质对污染物滞留潜力的物理量，其在大气（Z_A）、土壤（Z_S）、水体（Z_W）中可通过如下计算：

$$Z_A=1/RT \tag{6-2}$$

$$Z_W=1/H \tag{6-3}$$

$$Z_S=\varphi_{SOC}\,K_{OC}\,Z_W\,(\rho_S/1000) \tag{6-4}$$

其中，

$$K_{OC}\approx0.411K_{OW}\,(\text{Karickhoff, 1981}) \tag{6-5}$$

$$K_{AW}=Z_A/Z_W=H/RT \tag{6-6}$$

$$K_{SA}=Z_S/Z_A=\varphi_{SOC}\,K_{OC}\,Z_W\,(\rho_S/1000)\,/\,Z_A=0.411\varphi_{SOC}K_{OW}\,(\rho_S/1000)\,/K_{AW}=0.411\varphi_{SOC}\,K_{OA}$$
$$(\rho_S/1000) \tag{6-7}$$

式中，R 为气体常数，8.314 Pa·m³/(mol·K)；T 为热力学温度，K，冬季温度为 288 K(15℃)，夏季温度为 303 K(30℃)；H 为亨利常数，Pa·m³/mol；φ_{SOC} 为土壤有机碳质量分数；φ_{SOM} 为土壤有机质质量分数；ρ_S 为土壤密度，kg/m³，一般取 2.5×10³ kg/m³；K_{OC} 为有机碳-水分配系数；K_{OW} 为辛醇-水分配系数；K_{AW} 为空气-水分配系数；K_{OA} 为辛醇-空气配系数。

注意：Z_S 的表达式在文献间有细微的差别，Backe 等(2004)也采用上述表达式，但未经土壤密度修正；同时 Z_A、Z_W 的数值与温度显著相关。

Hippelein 和 McLachlan 基于 1000 多次试验提出：在利用 K_{OA} 估算 K_{SA} 时添加系数 2 能更接近于试验结果(Hippelein and McLachlan, 2000)，即

$$K_{SA}=2\cdot[0.411\varphi_{SOC}\,K_{OA}\,(\rho_S/1000)] \tag{6-8}$$

Harner 等(2001)根据上述结果以及 $\varphi_{SOM}\approx1.8\varphi_{SOC}$ 得出

$$K_{SA}=2\varphi_{SOC}\cdot[0.411\,K_{OA}\,(\rho_S/1000)]\approx0.411\,(\rho_S/1000)\,\varphi_{SOM}K_{OA} \tag{6-9}$$

由于 0.411 $(\rho_S/1000)$ 值近似为 1，因此之后诸多文献(Ruzickova et al., 2008; Bidleman and Leone, 2004; Meijer et al., 2003a; 2003b)都将 $K_{SA}\approx\varphi_{SOM}K_{OA}$，$Z_S\approx\varphi_{SOM}$ K_{OA}/RT 以简化计算。

根据上述结论，大气逸度(f_A)、土壤逸度(f_S)、水体逸度(f_W)分别为

$$f_A=C_A/Z_A=C_ART \tag{6-10}$$

$$f_S=C_S/Z_S=C_S/[\varphi_{SOC}\,K_{OC}\,(\rho_S/1000)\,Z_W]=C_S/\,(K_{SA}\,Z_A)=C_SRT/K_{SA} \tag{6-11}$$

$$f_W=C_W/Z_W=C_WH \tag{6-12}$$

式中，C 的浓度单位为 mol/m³。

（1）交换趋势。

a.逸度分数（fugacity fraction, *ff*）常用以评估化合物在两相中的平衡状态（Li et al., 2010b; Ruzickova et al., 2008; Bidleman and Leone, 2004; Harner et al., 2001）。化合物在土壤与大气间的 *ff* 值计算公式如下：

$$ff = \frac{f_S}{f_S + f_A} = \frac{C_S RT / K_{SA}}{(C_S RT / K_{SA}) + C_A RT} = \frac{C_S}{C_S + K_{SA} C_A} \tag{6-13}$$

注意：计算 *ff* 值的 *C* 可以是以单位为 mol/m³ 或者 pg/m³ 的浓度。

ff 值的大小可以用以评价化合物在土壤和大气间的平衡状态。*ff* > 0.5 说明化合物呈现从土壤向大气挥发的趋势；*ff* < 0.5 时说明化合物呈现从大气向土壤沉降的趋势；*ff* = 0.5 时说明化合物在土壤和大气界面间达到平衡。而当 *ff* 接近于 0 或者 1 时，说明化合物有强烈的从一种介质扩散进入另一种介质的趋势。Backe 等（2004）指出：化合物从大气进入土壤存在很多非扩散方式，而从土壤重新回到大气只有缓慢的扩散作用才能实现，因此以 $f_S = f_A$（即 *ff* = 0.5）作为土-气达到平衡的标准不妥。尽管如此，目前研究仍以 *ff* = 0.5 作为评价化合物土-气平衡的标准。但是我们注意到，在利用逸度模型计算逸度分数时存在很多变量，包括化合物在土壤和大气中的浓度 *C*、化合物的 K_{OA}、土壤密度、土壤有机质，这些变量的测定往往存在一定的误差（即不确定度，uncertainty）。受不确定度的影响，通常 *ff* 值在 0.3～0.7 被认为是达到土-气交换平衡状态（Wang et al., 2011; Ruzickova et al., 2008; Meijer et al., 2003a; Harner et al., 2001）。此外也有学者认为 *ff* 值在 0.25～0.75 已达到土-气平衡状态（Wang et al., 2012b），主要与各待测变量的不确定度有关。

b.逸度比（fugacity ratio, f_S/f_A）也可用来评估化合物在土壤-大气间的交换趋势。当 f_S/f_A 值 > 1，说明土-气交换是从土壤挥发；当 f_S/f_A 值 < 1 时，说明土-气交换的结果是从大气沉降；当 f_S/f_A 值 = 1 或接近于 1 时，说明化合物达到土-气交换的平衡状态（Harner et al., 2000）。同样受待测变量不确定度的影响，通常 f_S/f_A 值在 0.74～1.26 之间即认为是达到土-气平衡状态（Cetin et al., 2017; Zhong and Zhu, 2013; Bozlaker et al., 2008）。同时也有学者认为 f_S/f_A 值在 0.47～1.53 之间为土-气平衡状态（Wang et al., 2008）。

（2）扩散交换通量。

通过逸度模型不但可以评估化合物在土壤-大气间的交换趋势，还能计算化合物的土-气交换通量。如果不考虑土壤淋溶、降解和矿化作用，化合物在土壤-大气间通过气体扩散作用形成的扩散通量 N_V（mol/h，以从土壤挥发为正）可通过如下方法计算（Backe et al., 2004）：

$$N_V = D_V (f_S - f_A) \tag{6-14}$$

式中，D_V 为土壤-空气总扩散值。

$$\frac{1}{D_V} = \frac{1}{D_E} + \frac{1}{D_A + D_W + D_{Bio}} \tag{6-15}$$

式中，D_V 为土壤-大气总扩散值，mol/(Pa·h)；D_E 为土壤上方，大气边界层扩散值，mol/(Pa·h)；D_A 为土壤内部，空气有效扩散值，mol/(Pa·h)；D_W 为土壤内部，水体有效扩散值，mol/(Pa·h)；D_{Bio} 为土壤生物扰动扩散值，mol/(Pa·h)。

$$D_E = k_V A Z_A \tag{6-16}$$

$$D_A = AZ_A B_{SA}/Y = AZ_A B_A v_A^{10/3}/Y(v_A + v_W)^2 \tag{6-17}$$

$$D_W = AZ_W B_{SW}/Y = AZ_W B_W v_W^{10/3}/Y(v_A + v_W)^2 \tag{6-18}$$

$$D_{Bio} = k_{Bio} A Z_S \tag{6-19}$$

$$B_{SA} = B_A v_A^{10/3}/(v_A + v_W)^2 = 0.43 \times 0.2^{10/3}/[24 \times (0.2 + 0.3)^2] = 3.35 \times 10^{-4}\,\mathrm{m}^2/\mathrm{h} \tag{6-20}$$

$$B_{SW} = B_W v_W^{10/3}/(v_A + v_W)^2 = 4.3 \times 10^{-5} \times 0.3^{10/3}/[24 \times (0.2 + 0.3)^2] = 1.30 \times 10^{-7}\,\mathrm{m}^2/\mathrm{h} \tag{6-21}$$

式中，A 为区域面积，m^2，假设各点为 1 m^2；B_A 为空气中分子扩散系数，m^2/d 或 m^2/h，典型值 0.43 m^2/d，也可利用公式计算(Harner et al., 2001)；B_{SA} 为空气中分子有效扩散系数，m^2/d 或 m^2/h；B_W 为水中分子扩散系数，m^2/d 或 m^2/h，典型值 4.3×10^{-5} m^2/d；B_{SW} 为水中分子有效扩散系数，m^2/d 或 m^2/h；k_V 为空气边界层传质速率，m/h，B_A /0.00475(空气边界层厚度)≈4 m/h；k_{Bio} 为生物扰动传质速率，m/h，通常取 2.2×10^{-6} m/h(Sweetman et al., 2002)；v_A 为土壤空气体积分数，通常取 0.2；v_W 为土壤水分体积分数，通常取 0.3；Y 为扩散路径长度，m，通常为土壤深度的 1/10～1/2，通常取 0.05 m。

　　目前，逸度理论得到了国内外学者的应用和发展(Chakraborty et al., 2015; Ghirardello et al., 2010; Li Y et al., 2010b; Cetin et al., 2007; Bidleman et al., 1998)。通过逸度分数我们能够推知哪些地方是污染物的二次排放源区，哪些地方是污染物的汇区。同时也可以得知污染物的"分馏"状况。Ruzickova 等(2008)考察了欧洲中、南部背景、农村、城市、工业区和重污染地区的 OCPs 和 PCBs 的土-气交换趋势和季节变化特征；Li 等(2010b)探究了 PCBs 同系物在全球大气和土壤中的分布及土-气交换趋势；Tasdemir 等(2012)连续监测了土耳其的布尔萨市 PCBs 的土气交换趋势和通量，探究了其季节性变化规律。Wang 等(2012a)对我国西藏包括 OCPs、PCBs、PBDEs 等多种 POPs 的土-气交换趋势进行研究，发现西藏土壤是 HCB、六六六及低氯代联苯的二次排放源,是 DDT 和 DDE 的汇。Syed 等(2013)对有机氯农药在巴基斯坦土-气间交换趋势做了研究,发现土壤已经成为诸多 OCPs 的二次排放源。Wang 等(2012b)对新型 POPs 物质 PCNs 在广东省东江流域的土-气交换进行研究,发现夏季 3~5 氯 CNs 以挥发为主,冬季则达到土-气平衡状态;6 氯 CNs 则全年为从大气向土壤沉降扩散。该研究内容及结果将在后面章节详细介绍。

2) 原位实测

POPs 在环境中的土-气交换受到很多因素的影响(Sultana et al., 2014),例如土壤的性质(pH、温度、土壤类型、土壤有机质含量、土壤利用方式等)、污染物的性质(蒸气压、溶解度、亨利系数、辛醇-空气分配系数、辛醇-水分配系数等)及其他因素(包括气象条件、植被覆盖等)。然而,逸度模型假定污染物在土壤-大气间的平衡状态只受土壤性质及化合物辛醇-空气分配系数(K_{OA})控制,忽略了环境因素的影响,因此存在一定局限性。例如:随着采样时间的变化,土壤及大气的温度及湿度也随之变化,而逸度模型不能很好地校正环境因素改变对土-气交换所带来的影响。同时对于某些新型污染物,其物理化学参数还不健全或者存在争议。另外,逸度模型方法需测定土壤和大气中化合物含量。然而土壤中可抽提的化合物含量可能小于或者大于参与土-气分配过程的化合物含量,因此结果可能低估或者高估了化合物的逸度值。另外参与土-气交换的土壤实为表层 0~1 cm 的土壤,因此对土壤的采集要求较高。因此,亟待研制出一种可以原位测定 POPs 土-气交换趋势的采样器。

(1)"帽子"逸度采样器(fugacity sampler)。

Meijer 等(2003a)和 Cabrerizo 等(2009;2011b)先后研制和改进了形似"帽子"的逸度采样器(图 6-3)。该采样器能够反映出实际环境中污染物在土壤-大气间的分配系数,因此较逸度模型的计算更为准确可靠。目前,"帽子"逸度采样器已被应用到多种有机污染物的土壤-大气界面的分配系数和平衡常数研究当中,取得较好的研究结果(Meijer et al., 2003a; Cabrerizo et al., 2009)。Cabrerizo 等(2011b)利用该逸度采样器对西班牙和英格兰的 PAHs 的土-气交换趋势展开了研究,结果发现 2~4 环的 PAHs 及其甲基取代物均有从土壤向大气挥发的趋势。Wang 等(2016)利用逸度采样器研究了我国广东清远废弃的电子垃圾填埋区 PCBs 的土-气交换情况,发现虽然经过覆盖洁净土壤等举措,夏季电子垃圾污染土壤仍然是低氯代 PCBs 的释放源。同时,Wang 等(2015a)还对逸度采样器进行了改进,创新性地利用水稻生长形成的冠层作为"帽子",收集冠层下方大气;研究发现即使是高环 PAHs 在水稻田也达到土-气平衡状态,这与逸度模型的计算结果不相一致。Degrendele 等(2016)利用该采样器在匈牙利大平原上研究了多种 POPs 的土-气交换趋势及其昼夜变化规律,结果发现该地区是 PAHs、高氯代联苯、PBDEs 及多种 OCPs 的二次释放源区，同时也是低氯代联苯和 γ-HCH 的汇区；此外还发现五氯苯和 p,p'-DDE 两种化合物的土-气交换趋势存在昼夜差异。

图 6-3　"帽子"逸度采样器(Cabrerizo et al., 2011b)

当然，逸度采样器也存在一定缺陷，例如：逸度采样器造价较高，且不易搭建；采样需要电力支撑，且采样时间相对较长(通常 24 小时)；此外，由于造价较高，不易同时大范围采样。但总体来说，逸度采样器提供了一种原位测定化合物土-气交换趋势的新思路。

(2) 被动采样器。

由于逸度采样器需要电力支撑，而且通常只能测定化合物短时间的土-气交换状况，因此很多学者提出利用不需要电力、廉价便携的被动采样器来研究化合物长期的土-气交换状况。Zhang 等(2011)研制出垂直被动采样器[vertical passive sampler, 如图 6-4(a)所示]，分别在 5～520 mm 高度放置采样器，研究 PAHs 在土壤表层垂直方向上的浓度梯度变化规律。Wang 等(2015b)利用配对的 PUF 被动采样器研究水稻冠层对 PAHs 和 OCPs 土-气交换的影响，并利用同位素标记的效能参考化合物校正配对 PUF 的采样速率；研究发现水稻冠层能阻碍低环 PAHs 的挥发和高环 PAHs 的沉降扩散。Wang 等(2017)利用改进的 PUF 被动采样器研究 OCPs 在青藏高原表层土壤 2～200 cm 高度的浓度梯度，发现即使是在夏季青藏高原仍然是 OCPs 的重要汇。Donald 和 Anderson(2017)利用研制的低密度聚乙烯(LDPE)被动采样器[如图 6-4(b)所示]研究了 PAHs 和 PCBs 在土壤和大气间的交换趋势。

2. 大气沉降

大气沉降是指大气中的颗粒物、有机污染物、重金属等通过重力、对流及扩散作用降落到地面的过程，包括干沉降和湿沉降。大气沉降是化合物从大气向土壤迁移的重要过程。大气悬浮物中总有机碳的含量约为 10%～20%，导致 POPs 等有机有毒物质很容易吸附到颗粒物上，随大气沉降迁移到地表环境中。

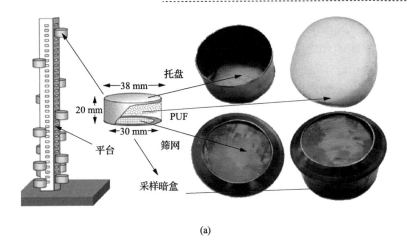

(a)

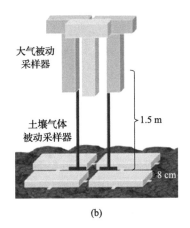

(b)

图 6-4　垂直被动采样器(a)[引自(Zhang et al., 2011)]和 LDPE 被动采样器(b)
[引自(Donald and Anderson, 2017)]

1) 干沉降

干沉降(dry deposition)是指在无降水(降雨、降雪等)的情况下,气溶胶颗粒
在重力作用下或与地表碰撞产生的沉降过程,这里指颗粒态干沉降。颗粒态干沉
降过程的影响因素较为复杂,如颗粒物的性质(颗粒物的粒径、形状和密度)、沉
降面特征(粗糙程度)、气象条件(相对湿度、温度、风速)等。大气颗粒物成因不
同,其粒径也不同,因此沉降方式与沉降速率也不同。例如粒径较小的爱根(Aitken)
核模 $D_P < 0.05$ μm,主要来源于一次燃烧过程及气体分子化学反应均相成核而生
成。由于它们的粒径小、数量多、表面积大且不稳定,易于相互碰撞凝结成大粒
子,而转入集聚模;也可在大气湍流扩散过程中很快被其他物质或地面吸收而去
除。中间粒径 0.05 μm $\leqslant D_P \leqslant 2$ μm 的集聚模主要由核模凝聚或通过热蒸汽冷凝再
聚集而长大。这类颗粒物多为二次颗粒物,其中硫酸盐占 80% 以上。它们在大气

中不易由扩散或碰撞而去除。大颗粒物 ($D_P > 2$ μm) 多由机械过程, 如扬尘、液滴蒸发、海盐溅沫、火山爆发和风沙等形成的一次颗粒物所组成, 因而它的组成与地面土壤十分相近, 这些粒子主要通过重力作用沉降 (戴树桂, 2006)。

颗粒态干沉降通量可以通过干沉降采样器直接收集测定。所用采集干沉降颗粒物的采样器有采样盘、采样桶 (添加或不添加溶剂, 如超纯水)、聚乙烯盘等。Lopez-Garcia 等 (2013) 对比了加水和不加水的颗粒物干沉降采样器的采样效率, 结果发现二者采样效率相差不大, 表面加水的采样器的结果为不加水采样器的 94%±7%。另一种方法是利用大气颗粒态中化合物的浓度乘以模拟的沉降速度, 测得化合物的干沉降通量。但是沉降速度受到气象因素、颗粒物理化性质、采样器类型等因素的影响, 因此往往存在差异 (崔阳, 2015)。颗粒物干沉降通量 $D_{P\text{-dry}}$ 可用式 (6-22) 表达:

$$D_{P\text{-dry}} = V_{P\text{-dry}} \cdot C_P \tag{6-22}$$

式中, $D_{P\text{-dry}}$ 为颗粒物干沉降通量, ng/(m²·h); C_P 为大气颗粒态中 POPs 浓度, ng/m³; $V_{P\text{-dry}}$ 为颗粒态干沉降速率, m/h。

2) 湿沉降

湿沉降 (wet deposition) 是通过雨、雪、雾等降水过程使污染物质从大气中去除的过程, 可以同时去除大气中气态和颗粒态的污染物。湿沉降分为雨除和冲刷 (云下冲刷) 两种去除颗粒物的机制。雨除是指由细颗粒物作为云的凝结核, 通过凝结和碰撞等过程形成雨降落到地面。雨除对直径 <1 μm 的颗粒物的去除效果较高, 特别是具有吸湿性和可溶性的颗粒物。云下冲刷是雨滴与云下面较大颗粒物发生惯性碰撞或扩散、吸附等过程, 使颗粒物从大气中去除的过程。冲刷对直径为 4 μm 以上的颗粒物效率较高 (戴树桂, 2006)。气态 ($D_{G\text{-wet}}$) 和颗粒态湿沉降通量 ($D_{P\text{-wet}}$) 可分别用式 (6-23) 和式 (6-24) 计算:

$$D_{G\text{-wet}} = C_G \cdot P_r \cdot W_G \tag{6-23}$$

$$D_{P\text{-wet}} = C_P \cdot P_r \cdot W_P \tag{6-24}$$

式中, $D_{G\text{-wet}}$ 为气态湿沉降通量, ng/(m²·h); C_G 为大气气相中 POPs 的浓度, ng/m³; P_r 为单位时间降雨 (雪) 量, m/h; W_G 为气相中 POPs 的清除率 (scavenging ratio); $D_{P\text{-wet}}$ 为颗粒态湿沉降通量, ng/(m²·h); C_P 为大气颗粒相中 POPs 的浓度, ng/m³; W_P 为颗粒相中 PBDEs 的清除率。

3) 干湿总沉降

干湿沉降样品可通过全自动干湿沉降采样器来分别采集, 但该采样器价格相对昂贵, 不适合大范围采样。因此。也有研究学者在采集大气沉降时, 并未将干湿沉降样品相分离，而是将干湿沉降收集到一起，称为干湿总沉降。

Li 等(2010a)于 2003～2004 年期间对珠江三角洲 15 个采样点的沉降样品的测试发现：氯丹的年平均沉降通量为 0.25～1.9 μg/(m²·a)，DDT 的年平均沉降通量为 0.8～11 μg/(m²·a)，PAHs 的年平均沉降通量为 22～290 μg/(m²·a)，BDE-209 的平均沉降通量最高，为 32.6～1970 μg/(m²·a)。BDE-209 在珠江三角洲中心区域沉降通量相对较高，沿海地区的沉降通量相对较低。Wang 等(2013)对广东省东江流域内的短链和中链氯化石蜡的大气沉降进行研究，结果发现短链和中链氯化石蜡沉降通量冬季分别为 1.0～12.5 μg/(m²·d)和 0.6～15.2 μg/(m²·d)，夏季分别为 0.5～13.6 μg/(m²·d)和 0.7～19.1 μg/(m²·d)，该结果将在下述详细介绍。Wu 等(2017)对该流域的 PBDEs 和得克隆(dechlorane plus, DP)大气沉降的研究发现：除 BDE-209 外，其余 PBDEs 的沉降通量为 4.74～27.0 ng/(m²·d)，DP 的沉降通量为 8.77～206 ng/(m²·d)，沉降通量在夏季明显高于冬季。

3. 净交换通量

土壤与大气间的交换作用除以气态形式存在的土壤挥发作用和大气气态干沉降作用外，还包括：气态湿沉降、颗粒态干沉降和颗粒态湿沉降。因此土壤-大气间净交换通量 N (以土壤向大气挥发为正方向)等于扩散通量 N_V 减去其他大气沉降通量的和，即

$$N = N_V - D_{G\text{-wet}} - D_{P\text{-wet}} - D_{P\text{-dry}} \tag{6-25}$$

式中，$D_{G\text{-wet}}$ 为气态湿沉降通量；$D_{P\text{-wet}}$ 为颗粒态湿沉降通量；$D_{P\text{-dry}}$ 为颗粒态干沉降通量；$D_{G\text{-wet}}$、$D_{P\text{-wet}}$、$D_{P\text{-dry}}$ 可通过野外试验实际测得。

6.2　研究区域与目标化合物简介

6.2.1　东江流域简介

东江为珠江流域三大水系之一，地理坐标为东经 113°52′～115°52′，北纬 22°33′～25°14′。它发源于江西省寻乌县，源区包括寻乌、安远、定南三县，上游有两条支流，分别为东源寻乌水和西源九曲河，都发源于赣南，在广东省的龙川县合河坝与安远水汇合后称东江。自东北向西南流入广东省境，在河源市有支流新丰江注入，经紫金、惠阳、博罗、东莞等注入狮子洋，后出虎门入海。东江的主要支流有新丰江、秋香江、公庄水、石马河、西枝江、增江等，其流经的主要城市有河源、惠州、东莞等。

东江干流全长 562 km，其中在江西省境内长度为 127 km，广东省境内长度为 435 km，平均坡降为 0.35‰，石龙以上干流长 520 km，广东省境内长 393 km。流域总面积 35340 km²，占全珠江流域面积 7.3%，其中广东省境内 31840 km²，占东江流域总面积的 90%；石龙以上流域总面积 27024 km²，广东省境内 23540 km²。东江年径流总量为 280 亿 m³，占珠江总径流量的 8.3%，夏季最丰，干流径流量占全年径流量的 51.7%；冬季最少，只占 7.6%。流域内多年平均降雨量为 1500～2400 mm，平均值 1750 mm，变异系数 0.22。降雨分布一般中下游比上游多，西南多，东北少。东江流域多年平均蒸发量 1000～1400 mm，平均 1200 mm，区域分布为西南多，东北少。东江流域属亚热带季风湿润气候区，具有明显的干湿季节，多年平均气温为 20～22℃。根据 1956～2005 年径流流量系列分析，东江流域年平均水资源总量是 331.1 亿 m³。2005 年石龙镇以上水资源总量约 260 亿 m³，东江流域广东省境内约 291 亿 m³。东江流域中上游已建成的大型水库有三座，分别是位于支流新丰江的新丰江水库、位于贝岭水和寻乌水汇合口下游的枫树坝水库和位于支流西枝江的白盆珠水库，三大水库总的兴利库容为 82.3 亿 m³，控制面积 11736 km²，占石龙以上流域面积的 42.8%。

整个东江流域中，高程 50～500 m 的丘陵及低山区约占 78.1%，高程 50 m 以下的平原地区约占 14.4%，高程 500 m 以上的山区约占 7.5%。由于流域内的地形、气候、植被和成土母质等自然条件极其复杂，所以土壤构成也极其复杂。流域内土壤主要分为 4 大类：壤土、沙质土、水稻土、冲积土。平原地区沿江两岸主要为水稻土和冲积土，丘陵山区主要为泥炭土，丘陵地区主要为红壤、黄壤、紫色土和潮沙泥土等。

东江直接肩负着河源、惠州、东莞、广州、深圳以及香港近 4000 万人口的生产、生活、生态用水。2005 年流域内各主要城市的用水量为：广州 83.7 亿 m³、深圳 16.8 亿 m³、河源 16.6 亿 m³、惠州 21.4 亿 m³、东莞 20.2 亿 m³。东江流域五市人口约占广东省总人口的 50%，GDP 约两万亿，占广东省 GDP 总量的 70%，在广东省政治、社会、经济中具有举足轻重的地位。东江水资源已成为东江流域及香港地区的政治之水、经济之水、生命之水。因此，研究东江流域新型 POPs 污染，对于保护水资源和水环境、降低人体健康风险具有一定的理论意义和实际价值。

6.2.2 目标化合物

1. 多氯萘

1) 多氯萘的性质

多氯萘（PCNs）是基于萘环上氢原子被氯原子取代的一类化合物的总称，化学通式为 $C_{10}H_{(8-n)}Cl_n$（$1 \leqslant n \leqslant 8$），参见图 6-5。PCNs 和 PCBs 在物理和化学性质上具有极大的相似性，也是一类典型的疏水性有机物，具有共平面性、低蒸气压、化学惰性、热稳定性、绝缘性以及高亲脂性，能溶于大部分有机溶剂，如苯、甲苯、二乙醚、二氯甲烷、正己烷、异辛烷等，在甲醇等极性较大的溶剂中溶解性较小。PCNs 共有 75 种同类物(congener)，常温下除 1CNs 是液体外，其他均是固体，熔点为–2.3～198℃，沸点为 260～440℃。PCNs 典型的物理和化学性质详见表 6-1。研究发现 PCNs 具有典型持久性有机污染物的性质，包括环境持久性、长距离迁移性、生物毒性和富集性，对环境与健康存在潜在的威胁。

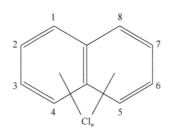

(1, 4, 5, 8 为 α 位；2, 3, 6, 7 为 β 位)

图 6-5　PCNs 的结构

表 6-1　PCNs 的典型物理和化学性质

同系物	分子量	熔点 (℃)	沸点 (℃)	水溶性 (mg/L)	蒸气压 (kPa)	亨利常数 (Pa·m³/mol)	log K_{ow}
1CNs	162.5	–2.3～60	260	9.2×10^{-2}～0.28	$(2.1～3.9) \times 10^{-3}$	36	3.9
2CNs	197	37～138	285～298	$(0.85～8.6) \times 10^{-2}$	1.7×10^{-3}	—	4.19～6.93
3CNs	231.5	68～133	274	$(1.6～6.7) \times 10^{-2}$	1.3×10^{-4}	—	5.35～7.56
4CNs	266	115～198	—	$(3.7～8.0) \times 10^{-2}$	—	—	5.50～8.58
5CNs	300.5	147～171	313	7.3×10^{-3}	4.2×10^{-6}	11.9	8.73～9.06
6CNs	335	194	331	1.1×10^{-4}	$(0.095～3.0) \times 10^{-9}$	8.8	6.98～10.37
7CNs	369.5	194	348	4.0×10^{-5}	3.7×10^{-7}	—	7.63～8.3
8CN	404	192	440	8.0×10^{-5}	1.3×10^{-7}	4.8	7.77

2) PCNs 的生物毒性

关于 PCNs 的生物毒性早有报道。Kover (1975)、Crookes 和 Howe (1993) 以及 Hayward (1998) 相继对 PCNs 的毒性做了总结报道。PCNs 是共平面异构体，其结构类似于二噁英类物质以及非邻位或单邻位取代的 PCBs 类物质。其毒性也类似于毒性最强的 2, 3, 7, 8-四氯代二苯并-p-二噁英 (2,3,7,8-TCDD)，其毒性机制，如 7-乙氧基异吩噁唑脱乙基酶 (ethoxyresorufin O-deethylase, EROD) 和芳烃羟化酶 (aryl hydrocarbon hydroxylase, AHH) 等效应与 2,3,7,8-TCDD 类似，具有潜在的胚胎毒性、肝毒性、免疫毒性、皮肤损害性、致癌毒性和致畸毒性等。关于 PCNs 同系物毒性的资料不多。Villeneuve 等(2000)通过对鱼体和大鼠肝肿瘤细胞的 PCNs 毒性测试发现：毒性主要由 5~7CNs 引起，其中 CN-63、CN-66/67 和 CN-69 是主要毒性来源，毒性当量因子(TEF)为 0.002。Sisman 和 Geyikoglu 等(2008)选取 CN-50 和 CN-66 两种同系物对斑马鱼胚胎进行毒性研究发现，当 PCNs 单体浓度在 30~50 ng/μL 时，胚胎成活率有很明显的降低，而且出现不同程度的畸变。从总体上看，75 种 PCNs 同类物中，取代位为 2、3、6、7 位上(即 β 位)被 3 个或 4 个氯取代，即 CN-48、CN-54、CN-66、CN-67、CN-68、CN-69、CN-70、CN-71 和 CN-73 等具有类似于二噁英类的毒性，其中 CN-73 是相对毒性最强的一种，它的 TEF 为 0.003。实际上，75 种 PCNs 同类物中 23 种已被测试具有类二噁英毒性(Falandysz, 2003)。PCNs 对人体也存在毒性，直接接触可引发的各类疾病(如氯痤疮、黄疸、肝病其至癌症)，且已在 PCNs 生产工人中表现出来。

3) PCNs 的主要来源

PCNs 的来源主要有下列几种：PCNs 生产及使用过程中的排放、历史残留 PCNs 的释放(Crookes and Howe, 1993; Weistrand et al., 1992)、作为副产物在 PCBs 生产及使用过程中的释放、焚烧、煅烧等热处理过程、氯碱工业(Kannan et al., 2000; Jarnberg et al., 1997)、金属冶炼(Falandysz, 1998)、水泥制造(Helm and Bidleman, 2003)等。

(1)生产、使用及历史残留 PCNs 的释放。

PCNs 在 1910 年开始商品化，在 20 世纪 30~50 年代期间应用最为广泛。历史上主要的 PCNs 工业品包括：美国 Bakelite 和 Koppers 公司生产的 Halowax 产品，德国 Bayer 公司生产的 Nibren waxes 产品，英国 Imperial Industries 公司生产的 Seekay waxes 产品以及法国 Proelec 公司生产的以 Clonacire waxes 为代表，其中以 Halowax 系列的产品使用最广泛。如图 6-6 所示，Halowax 系列品种众多，氯含量也各不相同(Noma et al., 2004)。Crookes 和 Howe(1993)的研究显示：Halowax 1000 和 1031 主要含 1~2CNs，氯含量在 22%~35%，主要用于机械润滑油(占 Halowax 系列产品总销售量的 15%~18%)及纺织品制造业(占销售量的 10%)；Halowaxes 1001 和 1099 主要以 3~4CNs 为主，氯含量在 50%~52%，是 Halowax 系列产销量最大的两个品种，约占总销售量的 65%，主要用于汽车等电容器；Halowax 1013 和 1014 则以 4~5CNs 为主，氯含量在 53%~60%，主要用于电镀业和氯碱工业等；Halowax 1051 只含 7~8CNs，产量不足总产量的 1%。由于 PCNs 具有良好的稳定性、电绝缘性、防水性、防腐性和阻燃性，且易与其他材料兼容，在 20 世纪 80 年代以前被广泛应用于工业领域，包括：电子产品和电缆电线绝缘体、电容器或变压器绝缘油、机器润滑油添加剂、木材防腐剂、热交换剂、印染载体、电镀遮蔽料、电介质、橡胶添加剂、阻燃剂等(Falandysz, 1998)。由于 PCNs 的毒性和替代产品的出现，80 年代开始各国 PCNs 的生产陆续停止。据估算全球 PCNs 的总产量约为 15 万 t(Falandysz, 1998; Jarnberg et al., 1997)。这些富含 PCNs

的工业品遍布环境当中，成为 PCNs 的持久性来源。研究发现在欧洲及北美一些偏远地区大气和沉积物中的 PCNs 主要来源于历史残留与释放（Lee et al., 2007; Egeback et al., 2004; Helm and Bidleman, 2003; Jarnberg et al., 1999）。

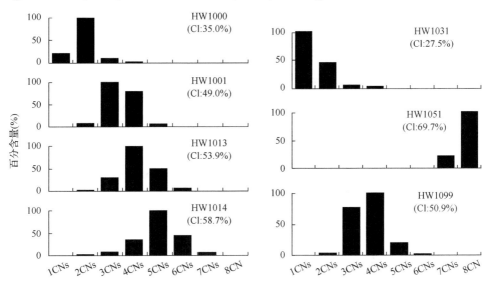

图 6-6　Halowax 的组成（Noma et al., 2004）

（2）PCBs 副产物。

PCBs 工业品中也含有痕量的 PCNs 副产物（Taniyasu et al., 2003; Yamashita et al., 2000a; Falandysz, 1998），在 PCBs 的使用与处置过程中也会释放到环境当中（Yamashita et al., 2003; Haglund et al., 1993）。如图 6-7 所示，18 种 PCBs 工业品中均检出 PCNs，含量为 5.23~73.8 μg/g（Yamashita et al., 2000a）。由此估算由 PCBs 副产物而产生的 PCNs 大概有 100~169 t，但远小于 PCNs 工业品的产量（<1%），因此 PCBs 副产物中的 PCNs 可能并不是环境中 PCNs 的主要来源（Lee et al., 2007）。

（3）焚烧。

废弃物等的焚烧作为热处理的一种方式，是 PCNs 的一个重要来源。目前焚烧等热处理过程对环境中 PCNs 的贡献越来越大。文献报道，多种多氯萘是焚烧等热处理过程的副产物（Meijer et al., 2001），这些 PCNs 单体可以作为探索大气中 PCNs 来源的指示物。Imagawa 等发现：机械床焚烧炉飞灰中以 CN-39、CN-54、CN-66/67 为主，流化床焚烧炉飞灰以 CN-18、CN-27、CN-35、CN-62、CN-49 为主；并且所有飞灰样品中 CN-73 所占比例均高于 CN-74（Imagawa and Takeuchi, 1995）。Jarnberg 等（1997）发现 CN-52/60、CN-66/67、CN-73 在飞灰样品中质量分数较其他单体有所增加；同时他们还发现一些单体在飞灰中含量较工业品 PCBs 和 PCNs 高出很多，可以作为燃烧来源的指示物，包括 CN-39、CN-44、CN-48、CN-54、CN-60、CN-70。

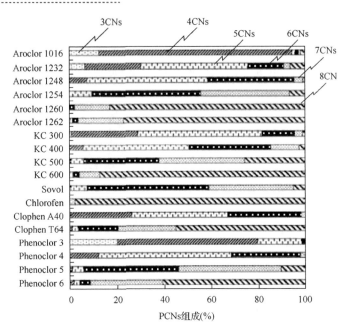

图 6-7　PCBs 工业品中 PCNs 的组成（Yamashita et al., 2000a）

Schneider 等（1998）在垃圾焚烧的飞灰中检出 1～8CNs，总浓度为 323 ng/g，同时发现飞灰的 PCNs 单体组成与 PCNs 工业品 Halowax 存在明显差异，CN-44、CN-45/36、CN-39、CN-38/48、CN-51、CN-54、CN-66/67 并不存在于 Halowax 产品中，在焚烧飞灰中毒性较强的 CN-54 和 CN-66/67 的含量大大高于工业 Halowax 产品，这可以作为源解析的一个重要特征。Nakano 等（2000）同样研究了几种 Halowax 工业品中不存在的 PCNs 同类物，发现 CN-25、CN-39、CN-54 这 3 种可以作为燃烧源指示物。Meijer 等（2001）则认为 CN-29、CN-51、CN-52/60、CN-54、CN-66/67 等与燃烧源有关。Helm 和 Bidleman（2003）分析了来自加拿大医疗垃圾焚烧、水泥厂、炼铁厂以及市政垃圾焚烧飞灰中 PCNs 的含量，发现医疗垃圾（3600 ng/g）显著高于其他飞灰（1.3～2.0 ng/g）；同时还发现飞灰及城市大气中 CN-51、CN-54 所占比例较 Halowax 1014 中高（图 6-8），且在城市大气中发现 Halowax 1014 中所不存在的 PCNs 同类物 CN-44，指示一种可能的燃烧来源。焚烧生成 PCNs 机理已有诸多研究，结果表明多环芳烃、氯苯、氯酚或多氯联苯等化学结构与 PCNs 类似的芳香族化合物以及烯烃、炔烃等脂肪族化合物都能够作为 PCNs 的前体，在合适的温度和催化剂存在的条件下生成 PCNs（Jansson et al., 2008; Oh et al., 2007; Sakai et al., 2006; Kim et al., 2005）。Imagawa 和 Lee（2001）对日本 12 种生活垃圾焚烧飞灰样品中所产生的 PCNs 和 PCDD/Fs 之间关系的研究结果表明：与二噁英类物质的生成机理类似，飞灰表面的铜催化所发生的从头（*de novo*）合成反应是 PCNs 的重要生成途径；Iino 等（1999）研究了 PAHs 生成 PCDD/Fs 和 PCNs 的初步机理：在 CuCl$_2$ 的催化作用下将 PAHs 加热到 400℃，2 h 后可以直接产生 PCNs。Oh 等 (2007) 报道了 PCDD/Fs、PCNs、氯酚、氯苯和 PAHs 等在生活垃圾焚烧时的产生机理及其之间的关系，通过对实验结果进行聚类分析，发现 PCNs 特别是低氯萘中的 1CNs 和 2CNs 以及高氯萘中的 8CN 与 PAHs 之间具有一定的相关性。

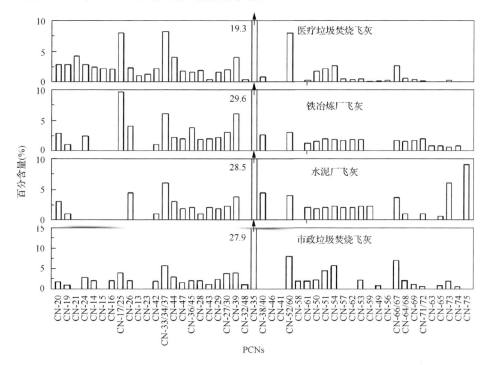

图 6-8　不同来源飞灰中 PCNs 单体的分布 (Helm and Bidleman, 2003)

(4) 其他热处理过程。

除了焚烧外，其他工业热处理过程如金属冶炼及化石燃料燃烧等，也能生成 PCNs。郑明辉研究组发现非铁冶炼过程产生 PCNs，气相以 3～4CNs 为主，飞灰中则主要是 CN-75 (Ba et al., 2010)。Sinkkonen 等 (2004) 研究再生铝生产时发现再生铝冶炼炉的烟气中含有较高浓度的 PCNs。此外，煤、木材等燃料燃烧过程中也可生成 PCNs。Lee 等 (2005a) 在模拟家庭燃煤和燃木的条件下研究几类有机污染物在煤和硬质木材燃烧时的排放因子时发现：PCNs 和 PCDD/Fs 的排放因子均为 100 ng/kg。尽管全球环境中工业 PCNs 的含量呈下降趋势，但焚烧等热处理过程产生的 PCNs 却呈上升趋势 (Meijer et al., 2001)。

2. 氯化石蜡

1) 氯化石蜡的性质

氯化石蜡 (chlorinated paraffins, CPs)，又称为氯代饱和烃 (polychlorinated

n-alkanes，PCAs)，化学通式为 $C_mH_{2m+2-n}Cl_n$，是氯代烷烃的工业混合品，由饱和烷烃氯化得到，根据碳链的长度，可分为短链氯化石蜡($C_{10}\sim C_{13}$, short chain chlorinated paraffins, SCCPs)、中链氯化石蜡($C_{14}\sim C_{17}$, medium chain chlorinated paraffins, MCCPs)和长链氯化石蜡($C_{18}\sim C_{30}$, long chain chlorinated paraffins, LCCPs)。典型短、中链氯化石蜡($C_{12}H_{18}Cl_8$ 和 $C_{14}H_{22}Cl_8$)的结构图如图 6-9 所示。氯原子取代数目和位置的不同，使得 CPs 组分极为复杂，假设每个碳原子位置上最多被一个氯取代，则 MCCPs 理论上有 122161 种成分(Bayen et al., 2006)。CPs 的氯含量差别很大，一般在 30%～72%之间。由于 CPs 成分复杂，其物理化学性质差别较大，目前有关各类氯化石蜡同系物物理、化学性质的信息非常有限 (Drouillard et al., 1998b; 1998a; Fisk et al., 1998; Sijm and Sinnige, 1995; BUA, 1992; Madeley and Maddock, 1983; Renberg et al., 1980)。一般来说，CPs 的理化性质主要受到碳链长度和氯化程度的控制，碳链越长，氯化程度越高，辛醇-水分配系数越高，水溶性越小，饱和蒸气压力越大。估算的 SCCPs、MCCPs 和 LCCPs 的 log K_{OW} 值分别为 4.39～8.69、5.5～8.2 和 7.3～12.8。

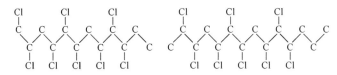

图 6-9　典型短链和中链氯化石蜡的结构($C_{12}H_{18}Cl_8$ 和 $C_{14}H_{22}Cl_8$)

短链氯化石蜡：其碳链长度为 10～13 个碳原子，氯化程度约为 16%～78%，其分子式为：$C_xH_{(2x-y+2)}Cl_y$，其中 x=10～13，y=1～13，分子量在 320～500。常温下 SCCPs 为淡黄色或无色黏稠液体，其辛醇-水分配系数的对数(log K_{OW})从 5.06～8.12 不等，对水生生物具有高毒性，可引起长期不利影响(OSPAR, 2001)。通过 K_{OW} 和亨利定律常数(H)值估算出来的 SCCPs 辛醇-空气分配系数的对数(log K_{OA})为 8.2～9.8，具有在陆地动物(包括人类)体内富集放大的潜力(Kelly et al., 2007)；饱和蒸气压(V_P)在 2.8×10^{-7}～0.028 Pa(Drouillard et al., 1998a; BUA, 1992)；预测在 25℃时含氯 50%～60% SCCPs 的过冷液体蒸气压力介于 1.4×10^{-5}～0.066 Pa (Tomy et al., 1998)，这表明短链氯化石蜡受环境分隔的影响可以从水中再次释放到空气中。测得的单组分 $C_{10}\sim C_{12}$ 的 SCCPs 溶解度为 400～960 μg/L(Sijm and Sinnige, 1995)，而估算的 C_{10} 和 C_{13} 混合物的溶解度范围为 6.4～2370 μg/L(Borgen et al., 2000)。由于短链氯化石蜡的生物毒性和可利用性较中、长链氯化石蜡强，因此目前氯化石蜡的研究主要集中于短链氯化石蜡。少量文献在分析短链的同时分析了中链氯化石蜡，长链氯化石蜡的研究鲜有报道，因此本节主要对中短链氯化石蜡的研究进展进行总结。

2)CPs 的生物毒性

研究发现，CPs 的毒性变化规律是碳链越短，毒性越强，因此 SCCPs 的生态毒性较大。有资料表明，不同的工业品对水生无脊椎动物的毒性试验发现明显的急性毒性效应，其无可见有害影响剂量远远低于 0.1 mg/L（周森等，2010）。Fisk 等（1999）研究发现：SCCPs 的急性毒性约为 TCDD 的 0.000001～0.0001 倍，对日本青鳉胚胎毒理效应的研究发现 9.6 mg/L 的 $C_{10}H_{15.5}Cl_{6.5}$ 与 7.7 mg/L 的 $C_{10}H_{15.3}Cl_{6.7}$ 会导致青鳉鱼卵死亡。此外，SCCPs 对哺乳动物也具有毒性，对兔、鼠都有潜在致癌性，而 MCCPs 和 LCCPs 则没发现致癌的现象（Madeley and Birtley, 1980）。SCCPs 在环境中的生态风险已引起了世界卫生组织和环境研究者的高度重视（OECD, 1999; Tomy et al., 1998; WHO, 1996），SCCPs 已被美国 EPA 列入排放毒性化学品目录，被加拿大环境保护署列入优先控制化合物，被联合国欧洲经济委员会《关于持久性有机污染物的远距离越境空气污染物公约的议定书》缔约方列为持久性有机污染物，2017 年正式被《斯德哥尔摩公约》列入 POPs 名单。

3)CPs 的主要来源

自 20 世纪 30 年代 CPs 首次合成以来，由于其挥发性低、阻燃性和电绝缘性良好、廉价易得等优点，被广泛用作金属加工/金属切削润滑液、聚氯乙烯（PVC）添加剂、密封胶的添加剂、辅助增塑剂、涂料涂层以及纺织品阻燃剂等，还曾用作 PCBs 的替代品（Tomy et al., 1998），其中在欧洲和北美，金属加工/金属切削润滑液和聚氯乙烯（PVC）添加剂是 SCCPs 的两大主要用途，占 SCCPs 的总需求量 80%以上（Feo et al., 2009; Bayen et al., 2006）。另有研究（Barber et al., 2005）表明：欧盟地区金属加工润滑剂占 SCCPs 使用量的 70%，橡胶阻燃剂占 9%，染料可塑剂及阻燃剂占 10%，黏合剂和密封剂占 5%；而 80%的 MCCPs 用于 PVC 添加剂，9%的用于金属加工润滑剂，5%的用于密封剂和黏合剂，另有 3%则作为橡胶或其他聚合材料的阻燃剂。

CPs 的产品种类较多（Feo et al., 2009; Bayen et al., 2006），SCCPs 有 Hordalub 17、Hordalub 80、Cereclor 60L、Cereclor 70L、Hordalub 500、PCA-60、PCA-70、Paroil 1160，氯含量在 49%～69%之间；MCCPs 有 Chlorparaffin 40fl、Chlorparaffin 45fl、Cloparin 50、Cereclor S52、Hordalub 80 EM、Hordaflex SP、CP 30、CP 40、CP 52、CP 56 等，氯含量在 41%～57%之间。据估计，SCCPs 1985 年产量为 30 万 t，1985～1998 年间保持每年 1%的速度增长，90 年代末全球的年产量达到 50 万 t（Feo et al., 2009）。1998 年，北美的 SCCPs、MCCPs、LCCPs 的产量分别为 7900 t, 17800 t 和 12700 t（Barber et al., 2005），欧盟地区 SCCPs 和 MCCPs 年产量分别为 1.5 万 t 和 4.5 万～16 万 t。目前，除少数欧盟国家限制在金属行业和皮革行业中使用 SCCPs，其他国家和地区对 SCCPs 均无限制措施。由于尚未发现氯化石蜡的天然源，因此环境中的 CPs 主要来源于工业生产、储存、运输和使用。

6.2.3 样品采集简介

东江流域样品包括土壤样品、大气沉降样品和大气被动样品三类，采样时间为 2009 年 11 月至 2010 年 9 月。样品类型及个数详情如表 6-2 所示，采样点位置如图 6-10 所示。

表 6-2 样品类型及采样数目

类型		样品数目	采样时间	备注
土壤	菜地土	24	2009 年 12 月	
	水稻土	20	2009 年 12 月	
	经济作物土	10	2009 年 12 月	
	城市园林土	6	2009 年 12 月	
	原生土	10	2009 年 12 月	
	剖面土	20	2009 年 12 月	
植物	水稻	6	2009 年 12 月	
	蔬菜	10	2009 年 12 月	
大气	大气沉降	11×4＝44	2010 年 1 月, 2 月, 7 月, 8 月	4 次
	大气被动	22×2–2+2＝44	2010 年 1, 2 月, 7 月, 8 月	2 次
合计		194		

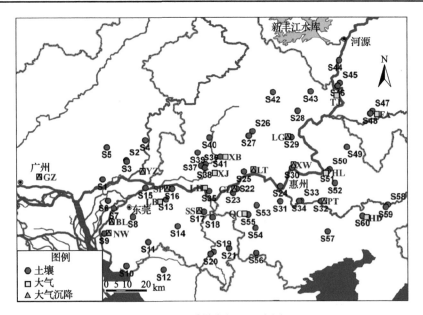

图 6-10 采样点位置示意图

1. 土壤样品

2009 年 11 月 10～18 号期间对东江流域土壤进行分类采集，包括菜地土、水稻土、城市园林土、经济作物土、原生土及剖面土在内的 6 种土壤，共 90 个样品。表层土：表层土采样采用五点混合法，即在设计点附近利用不锈钢铁铲采集 0～20 cm 土壤样 5 个，将其混合利用四分法弃去多余土壤，收集 1 kg 土壤装入聚乙烯密封袋中，-20℃冰箱保存直至样品分析。

2. 大气沉降样品

分别于 2010 年冬季(1 月：2009.12.26～2010.01.27，2 月：2010.01.28～2010.03.04)和 2010 年夏季(7 月：2010.06.23～2010.07.23，8 月：2010.07.24～2010.08.31)期间在东江流域中下游 10 个采样点共采集了 4 次大气沉降样品，同时在广州设置 1 个对照点，共计 11 个采样点。所有沉降采样点远离化工厂及工业区等可能污染源区。

使用不锈钢桶沉降采样器(直径 25 cm，桶高 45 cm)，均放置在 10～20 m 高的楼顶，以避免受人为干扰。不锈钢桶以三脚架固定，桶底部高出楼顶 1 m(防止楼顶扬尘被风吹入桶中)。采样时不锈钢桶中加入 2 L 或 4 L 纯水(冬季 4 L，夏季 2 L)以防沉降颗粒物再次被风吹走，同时加入少量灭藻剂防止微生物生长。采样结束时，以干净的棕色玻璃瓶收集雨水，同时用抽提过的脱脂棉收集桶底及四周颗粒物。沉降样品未区分干湿沉降。

3. 大气被动样品

分别于 2010 年冬季、2010 年夏季利用 PUF-大气被动采样器在东江流域 22 个采样点采集 2 次大气样品。所有大气被动采样点均匀地分布在东江中下游地区，其中和沉降采样点相一致的点，PUF 同沉降采样器一起放置在 10～20 m 高楼顶(PUF 装置悬挂于沉降采样器三脚架中央)，其余各点均悬挂于 5～10 m 高的树上，避免各种人为源及人类活动的干扰。

采样装置如图 6-11 所示，依空气动力学设计的 PUF 采样器是由 2 个规格不同、放置相向的不锈钢盆和 1 根主轴螺杆组成，顶端通过吊环悬挂，两盆之间合拢形成 1 个不完全封闭空间(Chamber)，空气通过两盆边缘的空隙和底盖上的圆孔进行流通，PUF 海绵碟片通过主轴上的螺母固定于空腔内，PUF 直径 14 cm，厚度 1.30 cm，表面积 365 cm^2，净重 3.40 g，体积 200 cm^3，密度 0.017 g/cm^3。

为了校正采样点间 PUF 工作状态差异以及外部环境(如风速等)的影响，事先在每一个 PUF 碟片上添加纯化合物(depuration compounds, DCs)作为效能参考化合物。PUF 事先分别经丙酮、二氯甲烷各抽提 72 h，真空干燥器中干燥保存，采样前再用干净的二氯甲烷抽提 24 h，真空干燥后各添加 50 ng ^{13}C-PCB-28/52/101/138/153/180。这一校正是基于假设 DCs 从 PUF 上逸散速率与 PUF 对大气中与 DCs 挥发性相似化合物的采样速率相接近。采样到期后，卸下海绵碟片，将其包裹在干净的铝箔中，装入密实袋中，运回实验室–20℃保存。

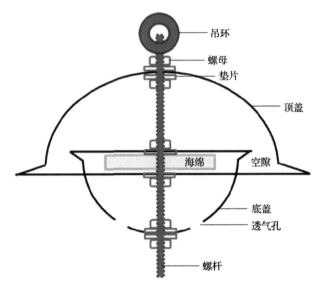

图 6-11　大气被动采样装置图

6.3　东江流域大气与土壤中的 PCNs 与 CPs

6.3.1　大气中的 PCNs 与 CPs

1. 大气中的 PCNs

1）大气 PCNs 浓度

大气 PCNs 浓度时空分布如图 6-12 所示。∑PCNs 浓度冬季为 51.7～832 pg/m^3，夏季为 6.4～42.6 pg/m^3，最大值来自 LT 点冬季样品，最小值来自 XW 点夏季样品。2 次大气被动样品均值以 LT 点最高 (399 pg/m^3)，LG 点次之 (351 pg/m^3)，PT 点最低 (31.0 pg/m^3)。PCNs 总均值皆以广州地区最高，东莞次之，惠州最低。按季节平均，冬季广州地区低分子量的 PCNs 含量较高，东莞高分子量的相对含量较高；夏季恰好相反；惠州始终最低。大气 PCNs 的分布规律说明东莞和广州由于城市化和工业化较为发达，工业区相对稠密，PCNs 的污染源较多，污染也较为严重。

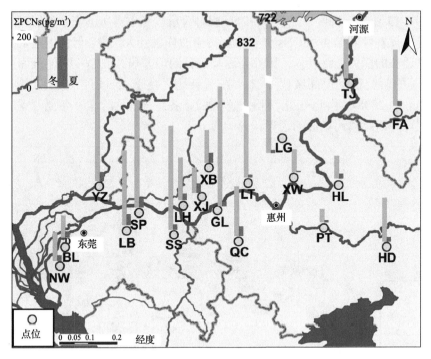

图 6-12　大气 PCNs 浓度及分布

本研究夏季大气中 PCNs 的浓度与五大湖地区（0.3～52.1 pg/m³）（Harner et al., 2006）及全球大气被动采样研究（GAPS Study, n.d.～32 pg/m³）（Lee et al., 2007）的结果极为相近；但是冬季大气 PCNs 浓度要显著高于上述研究，但是和巴塞罗那某工业区（228.8～621.8 pg/m³，大气主动采样）（Mari et al., 2008）及兰开斯特郊区（73.4～223 pg/m³，大气主动采样）（Lee et al., 2000）的研究结果接近。

2）大气 PCNs 组成

东江流域大气样品中 PCNs 的组成如图 6-13 所示。除夏季个别点（SP、GZ、YZ）外，3CNs 是大气中 PCNs 的主要成分，许多采样点其含量甚至占 PCNs 总量的 50% 以上，此后是 4～7CNs，7～8CNs 含量最少（甚至检测不出）。3CNs、4CNs、5CNs、6CNs 所占的百分比冬季分别为 72%、20%、6%、2%，夏季分别为 64%、25%、8%、3%。这与各 PCNs 的饱和蒸气压及辛醇-空气分配系数（K_{OA}）密切相关：Cl 取代值越高的 PCNs 由于 K_{OA} 越大，越难挥发，因此大气中含量也越低，反之亦然。东江流域多数样品中 3CNs 含量较高表明大气中 PCNs 的来源主要来自污染物的大气传输。同时根据各组分相对含量也可粗略判断污染物可能来源。由于高分子量的 PCNs 不易挥发和迁移，因此大气中高分子量 PCNs 含量和比例较高的地区可能为 PCNs 的源区。由此可见，广州（GZ、YZ）、东莞（BL、LB、SP、SS）可能为 PCNs 的主要源区。

图 6-13 还显示源区样品夏季 3CNs 相对含量较冬季有所下降，说明夏季温度升高导致挥发性弱的 4～8CNs 更多地从污染源挥发到大气中，但由于它们随大气长距离迁移的能力始终较弱，因此在远离源区的地方(TJ、HD)3CNs 反而更高。Baek 等的研究也发现高氯代 PCNs 在污染地区夏季大气中相对含量有所升高 (Baek et al., 2008)。由此可知，利用大气 PCNs 各组分相对含量在冬夏两季的变化特征也可判断距离污染源的远近。

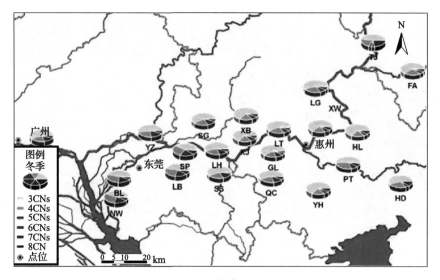

(a) 冬季

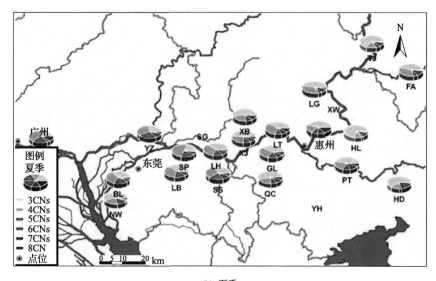

(b) 夏季

图 6-13　大气中 PCNs 的组成

3) 大气 PCNs 季节性变化

东江流域大气 PCNs 浓度冬季显著高于夏季。夏季温度较高,易于污染物挥发至大气,但就结果来看夏季浓度反而更低。可能原因为:第一,冬季污染源排放较夏季多;第二,夏季降雨量显著增多,PCNs 的气态和颗粒态的湿沉降也随之增加,因此造成大气 PCNs 浓度降低。同时受台风和季风气候影响,夏季气流运动活跃,来自太平洋和印度洋上空的气流对东江流域的大气有稀释作用,也造成 PCNs 浓度降低,而冬季虽然也受西北风影响,但这些气流吹扫过我国内陆大部分地区,甚至包括一些工业发达的城市,因此可能加剧大气污染状况。Helm 等在研究北极圈内大气 PCNs 浓度时也发现冬季 PCNs 浓度高于夏季(Helm et al.,2004);Harner 等研究北美五大湖地区大气 PCNs 浓度时也存在冬季较夏季高的规律(Harner et al., 2006)。

4) 大气 PCNs 可能来源

历史遗留 PCNs 的释放及燃烧等热过程产生副产物被认为是 PCNs 的两大主要来源(Harner et al., 2006; Falandysz, 1998)。研究表明大气中燃烧过程相关的 PCNs 单体(CN-52/60、CN-51、CN-54、CN-66/67)的组成呈增加趋势,这些单体在 Halowaxes 和 PCBs 的工业品中几乎不存在(Helm and Bidleman, 2003; Meijer et al., 2001; Yamashita et al., 2000a)。通过比较东江流域大气与 Halowaxes 产品中燃烧源 PCNs 的组成(图 6-14,红色为燃烧源相关 PCNs 单体),发现燃烧源相关 PCNs 单体是主要单体,在 3CNs 中占 45%,5CNs 中占 74%。东江大气 PCNs 单体组成和 Halowax 1014 差别显著,说明东江流域大气 PCNs 主要来自燃烧源,而非历史 PCNs 的释放。详细的结果发表在 *Atmospheric Environment* 上(Wang et al., 2012c)。

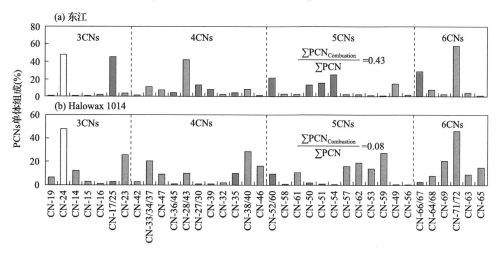

图 6-14　东江大气及 Halowax 1014 中 PCNs 的组成对比

2. 大气中的CPs

1) 大气CPs浓度

东江大气CPs时空分布如图6-15所示。70天采样结束后，PUF中SCCPs和MCCPs的含量在冬季分别为0.28～7.79 μg/sampler和0.03～6.76 μg/sampler，在夏季分别为0.59～31.2 μg/sampler和0.23～67.9 μg/sampler。如果PUF对SCCPs的采样速率按4.2 m³/d计算，则SCCPs大气浓度在冬季为0.95～26.5 ng/m³，在夏季为2.01～106 ng/m³。SCCPs最大值来自SS夏季样品，FA冬季样品次之，最小值来自GL冬季样品；平均值以FA最高(95.4 ng/m³)，SS次之(78.9 ng/m³)；LG最低(6.5 ng/m³)。MCCPs最高值来源于SS夏季样品，SS冬季样品次之，而最低值仍来源于GL冬季样品；均值以SS最高(56 ng/m³)，FA次之(52.0 ng/m³)，LG最低(3.5 ng/m³)。与上述两种结果的规律类似，大气CPs浓度较高的地区仍多集中于东莞境内(SS、NW、BL)。同时FA点SCCP浓度也很高，且受季节影响较小，说明可能存在点源污染。

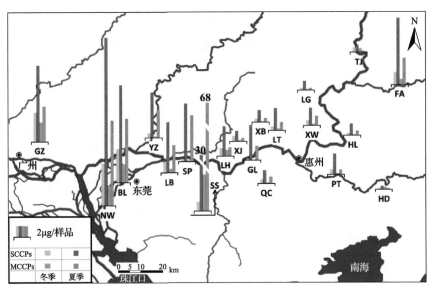

图6-15 大气SCCPs和MCCPs浓度分布

Barber等(2005)2003年4～5月间对兰开斯特地区大气的研究发现：SCCP浓度介于<185～3430 pg/m³，均值1130 pg/m³，较之先前在相同地区的研究(Peters et al., 2000)高出许多；MCCPs浓度为<811～14500 pg/m³，均值3040 pg/m³，显著低于本研究。而Li等(2012)对中国、日本和韩国大气中SCCPs的监测结果分别为13.5～517 ng/m³、0.28～14.2 ng/m³和0.60～8.96 ng/m³，其中中国的SCCPs浓度与本研究结果相接近。

2）大气 CPs 的组成

东江流域冬夏 2 次大气被动样品中 MCCPs/SCCPs 比值如图 6-16 所示。图中实线代表大气样品 MCCPs/SCCPs 比值均值 0.74。SS 点冬夏样品 MCCPs/SCCPs 均高于平均值，据此推测 SS 附近存在强烈的 MCCPs 点源污染。MCCPs/SCCPs 夏季高而冬季低的现象可能与夏季温度高有利于当地点源 MCCPs 向大气中挥发有关，这些地区主要集中于东莞及周边区域(BL、NW、LB、SP、YZ、GL、XJ、XB、QC)。偏远地区样品中，冬季 MCCPs/SCCPs 比值显著增高(HD、TJ)，由于冬季这些地区大气中颗粒物浓度高，而 MCCPs 相对 SCCPs 更易吸附到颗粒物上，因此冬季 MCCPs/SCCPs 高。夏季偏远地区无点源补充，降雨冲刷使得附着在颗粒物上的 MCCPs 大部分沉降下来，因而空气中 MCCPs/SCCPs 降低。

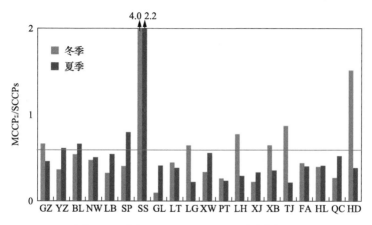

图 6-16　大气 MCCPs/SCCPs 的季节变化图

大部分地区大气中 SCCPs 和 MCCPs 浓度夏季高于冬季。这与大气 PCNs 浓度分布规律截然相反。与 PCNs 相比 CPs 的挥发性较弱，尤其是 MCCPs 在气相中的含量较低。而温度会显著提升大气中 CPs 的浓度，高温时 CPs 倾向于释放到大气中，因此夏季大气中 CPs 浓度更高；尽管夏季雨水冲刷作用会使得大气中 CPs 含量降低，但由于 CPs 多来自本地点源污染，点源的释放会迅速补充由于雨水冲刷作用所造成的大气 CPs 含量的降低。部分偏远地区由于缺乏 CPs 污染源的补给，夏季大气 CPs 的浓度受雨水冲刷而低于冬季。

大气样品中 CPs 组分的相对丰度如图 6-17 所示。各地 SCCP 组分的相对丰度差异较大，但总体来看氯原子数均以 6～7Cl 为主，碳骨架以 $C_{10\sim11}$ 为主。从东莞到广州再到惠州 $C_{12\sim13}$ 以及 $Cl_{8\sim10}$ 所占比例逐渐降低，$C_{10\sim11}$ 和 $Cl_{5\sim6}$ 所占比例逐渐增加。Drouillard 等(1998a)研究表明随着 CPs 碳链和氯原子数的增加，其挥发性逐渐降低，因此 $C_{10\sim11}Cl_{5\sim6}$ 较 $C_{12\sim13}Cl_{8\sim10}$ 更易通过挥发进入大气。这也说明东莞地区存在更多的 SCCPs 污染源，而惠州大气中 SCCPs 多通过气流迁移而来。

Peters 等分别对安大略湖地区、加拿大阿勒特(Alert)地区以及英国兰开斯特地区大气中的 SCCPs 组分进行了测定,其结果显示安大略湖地区大气中 SCCPs 组分与本研究中东莞地区组分最为相似[图 6-17(b)],其余两地则不同,并归因于来自不同的氯化石蜡工业品(Peters et al., 1998);而他对英国大气中 SCCPs 组成的研究虽然也发现 6~7Cl 占主要成分,但碳骨架以 C_{12} 为主[图 6-17(c)],与本节结果不同(Peters et al., 2000)。

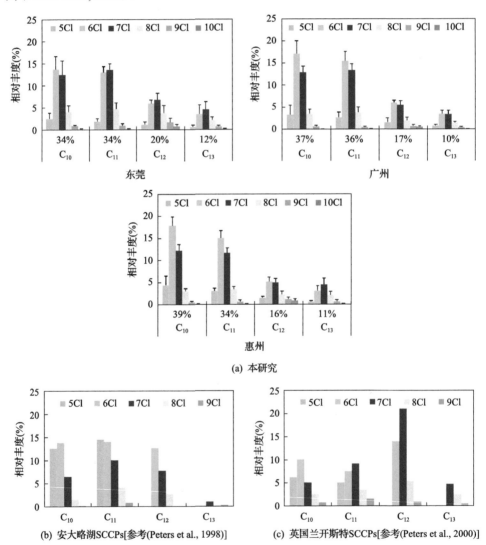

图 6-17 东江流域大气 SCCPs 各组分的相对丰度

6.3.2　土壤中的 PCNs 和 CPs

1. 土壤中的 PCNs

1) 土壤 PCNs 浓度

土壤$\sum$PCNs 含量并不符合正态分布，$\sum$PCNs 范围主要集中于 10~50 pg/g，约占总测得量的 60%，这说明东江流域土壤 PCNs 整体含量偏低，$\sum$PCNs 范围介于 5.32~906 pg/g。一般而言，如果趋于正态分布，则说明化合物是经过了较长时间的环境迁移和转化作用(如地表挥发和大气扩散迁移等)造成的“二次污染”，也可表示为面源性、区域性污染；而严重的偏峰则说明存在局部性污染源的输入，一般指示为存在新的污染输入(Shen et al., 2005)。3CNs 和 4CNs 在区域上最接近正态分布，可能是 3~4CNs 相对高氯代 PCNs 具有更强的迁移能力；而其他 PCNs 均表现为强烈的偏峰，说明在部分地区存在新污染源的输入。

从东江流域土壤样品中 PCNs 组成来看，主要以 3CNs 为主，平均值为 22.4 pg/g，占$\sum$PCNs 含量的 33.1%；随着氯原子数目的增加，相对含量逐渐降低，依次为 4CNs(17.9 pg/g 26.5%)、5CNs(14.2 pg/g, 21.0%)、6CNs(6.41 pg/g, 9.50%)、7CNs(6.01 pg/g, 8.91%)；8CN(PCN75, 0.56 pg/g) 所占比例最低，仅为 0.83%。广州地区以 4CNs 最多，东莞和深圳以 5CNs 最多，惠州则以 3CNs 为主。PCNs 的组成特征与各组分性质密切相关。总体来看，随着氯含量的增加，饱和蒸气压(V_P)，水溶性，生物富集/生物降解性逐渐降低，同时辛醇-水分配系数(K_{OW})逐渐增加，相应的迁移性也逐渐降低。较偏远的地区由于无点源输送，PCNs 绝大部分来自大气传输作用，因而迁移性较好的 3CNs 在惠州等地占主要成分。

Kannan 等研究来自一氯碱工厂附近的污染土壤，测得$\sum$PCNs 含量为 17.9 µg/g，这是最早关于土壤 PCNs 含量的报道(Kannan et al., 1998)。Meijer 等研究英国 Broadbalk 和 Luddington 两处试验站土壤 PCNs 浓度和组成随时间变化的趋势，发现 20 世纪 40~70 年代土壤 PCNs 呈上升趋势，80 年代后土壤 PCNs 急剧下降，到 1986 年$\sum$PCNs 含量降到 300 pg/g(Meijer et al., 2001)。Krauss 等研究不同地区、不同土地利用类型的土壤时发现：乡村土壤中的 PCNs 浓度较低(<100~820 pg/g，中值 130 pg/g)，主要来源于大气沉降，低氯 PCNs 的质量分数随着离城市工业区距离的增大而升高；城市土壤浓度较高(<100~15400 pg/g，中值 1300 pg/g)，最高浓度来自工业区及家庭园林土，点源污染排放是城市土壤 PCNs 的主要源(Krauss and Wilcke, 2003)。Domingo 研究组分别于 2002 年和 2005 年在相同站点采集表层土壤样品，结果发现未受污染土壤的 PCNs 含量保持稳定(32 pg/g, 2002 年；17 pg/g, 2005 年)，城市生活区(180 pg/g, 2002 年；41 pg/g, 2005 年)和化工区(121 pg/g, 2002 年；22 pg/g, 2005 年)呈下降趋势，而石化工厂附近 PCNs 浓度(70 pg/g, 2002

年; 142 pg/g, 2005 年)显著升高趋势,其中主要以 5～6CNs 的增加为主(Nadal et al., 2007; Schuhmacher et al., 2004)。我国关于土壤中 PCNs 的报道目前只有杨永亮等对四川卧龙地区的土壤所做的分析,结果显示 PCNs 含量范围为 12.96～28.99 pg/g,平均值为 21.4 pg/g,且与海拔高度呈现负相关性(杨永亮等, 2003)。本节东江流域土壤 PCNs 含量的研究结果(5.32～906 pg/g, 平均值 67.5 pg/g)与上述研究中乡村及未受污染地区土壤相近,说明东江流域土壤 PCNs 污染的整体水平较轻,但也不乏严重污染的地区(S1: 906 pg/g; S55: 678 pg/g)。

2)土壤中 PCNs 的空间分布

表层土壤∑PCNs 浓度的空间分布如图 6-18 所示。浓度较高的点主要分布在东江下游以及三角洲地区,区域位置主要位于广州增城南部,东莞北部麻涌、道滘、中堂等镇,东莞东部谢岗、清溪、桥头等镇以及惠州西部地区(靠近增城和东莞的地区)。其中,浓度最高点出现在广州增城市的三角洲地区的一采样点(S1, 906 pg/g),其次是惠州惠城区西部靠近东莞地区一采样点(S55, 678 pg/g),再次是东莞石排镇(S20, 199 pg/g)和清溪镇(S52, 174 pg/g)两点。这些地区主要是工业和经济发达的地区,说明工业化、城市化发达及人口稠密的地区人为干扰严重,PCNs 的浓度也较高。尤其是东莞地区,随着各种机械制造、电子加工以及服装纺织等行业的发展,在带来经济效益的同时也带来不少环境污染问题。同时,我们还可以看出,惠州PCNs 污染高的地方也主要集中于广惠、莞惠交界处。其原因可能有两种:其一是,这些地方由于濒临东莞地区,工业化城市化相对发达,由此带来的污染也比较严重;其二是,这些地方濒临东莞及广州增城 PCNs 污染高的地区,由于受大气的迁

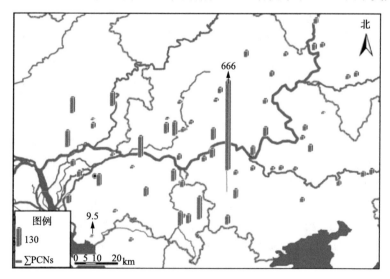

图 6-18 土壤 PCNs 浓度分布

移及沉降作用的影响，PCNs 浓度也较高，随着离污染源距离的增加，PCNs 浓度逐渐降低至平均水平。最低值来自东莞市中心—新建公园土壤(S18, 10.8 pg/g)，由于属于新建公园，土壤可能来源于深层土壤，受人为活动影响时间短，因此 PCNs 含量最低。其次是来自河源偏远龙川地区的水稻土(S64, 11.2 pg/g) 以及来源于山区的土壤(S34, 15.8 pg/g; S60, 16.5 pg/g; S61, 18.6 pg/g)。这些地方由于位于山间丘陵地区，周围并无工业区，人口密度较低，受人为干扰影响较小，因此 PCNs 污染水平较低。

由于工业使用的减少，燃烧等热过程所产生的 PCNs 逐渐成为环境中 PCNs 的主要来源，已有文献报道多种多氯萘是焚烧等热处理过程的副产物(Meijer et al., 2001)，这些 PCNs 单体可以作为探索大气中多氯萘来源的指示物。Schneider 等(1998)发现飞灰中含量丰富的 CN-44、CN-45/36、CN-39、CN-38/48、CN-51、CN-54、CN-66/67、CN-73 在 Halowax 中并不存在，特别是 CN-54 和 CN-66/67。Nakano 等(2000)发现 CN-25、CN-39、CN-54 这 3 种可以作为燃烧源指示物。Jarnberg 等(1997)发现 CN-52/60、CN-66/67、CN-73 以及取代位置位于 2, 3, 6, 7 的 PCNs 单体(CN-39、CN-44、CN-48、CN-54、CN-60、CN-70)可以作为燃烧源指示物。Helm 等则认为 CN-51、CN-54 以及 CN-44 可指示可能的燃烧来源(Helm and Bidleman, 2003)。Meijer 等则认为 CN-29、CN-51、CN-52/60、CN-54、CN-66/67 等与燃烧源有关(Meijer et al., 2001)。此外，Lee 等运用 CN-52/60、CN-50、CN-51、CN-54、CN-66/67 作为燃烧源指示物(Lee et al., 2007)。富集系数(enrichment factor, EF) 作为一种源解析的手段，可以用来评估各地燃烧源 PCNs 的贡献值(Harner et al., 2006)。采样点具有燃烧源特征 PCNs 单体的相对含量($w_i\%$)与所有样点该单体相对含量均值的比即为富集系数。诸文献对燃烧源指示物的选择不尽相同，本节选择应用较广泛的 CN-39、CN-51、CN-52/60、CN-54、CN-66/67，其富集系数如图 6-19 所示。显示燃烧源 PCNs 的空间分布呈现：广州、东莞燃烧源 PCNs 的富集系数大于 1，其余地区均小于 1，说明以广州、东莞为中心，广惠、莞惠交界区是燃烧源 PCNs 的主要源区。同时我

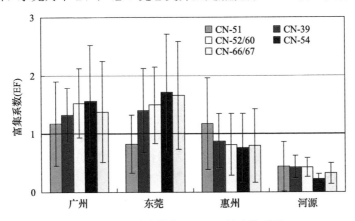

图 6-19　土壤中燃烧源 PCNs 的富集系数

们发现虽然同为燃烧源指示物,但其在各地来源规律不尽相同。CN-39、CN-52/60、CN-54、CN-66/67 这 4 种燃烧源 PCNs 各地区来源规律相似;而 CN-51 与其他 4 种不同。这说明 CN-51 和其他 4 种 PCNs 可能来自不同的焚烧源,同时也说明东莞、广州、惠州分别存在着不同的 PCNs 燃烧来源。曾有研究证实:五大湖地区高含量的 CN-66/67 与当地发达工业活动有关(Harner et al., 2006)。

2. 土壤中的氯化石蜡

1)土壤中氯化石蜡浓度

对 90 个不同类别的土壤样品分别测定了氯化石蜡 SCCPs 和 MCCPs 的含量。土壤 SCCPs 总浓度主要集中于 <10 ng/g 范围内,约占总测得量的 57%;其次为 10~20 ng/g,约占总体的 28%。土壤中 MCCPs 总浓度主要集中于 <50 ng/g 范围内,占整个土壤的 86%。土壤 SCCPs、MCCPs 含量均不符合正态分布,而是存在严重的偏峰,说明东江流域存在局部性 CPs 污染源的输入(Shen et al., 2005)。土壤中 CPs 浓度的范围较大,SCCPs 浓度介于 ND~236 ng/g,MCCP 浓度介于 ND~1530 ng/g,而 SCCPs 与 MCCPs 总浓度介于 ND~1770 ng/g。绝大多数土壤(78%)的 SCCPs/MCCPs 值 <1,说明大部分地区 SCCPs 浓度要低于 MCCPs 浓度,这与目前 SCCPs 的限制生产和使用有关。SCCPs/MCCPs 值 >1 的点主要分布在河源、惠州,这些地方都是远离城市和工业区的地方,这里的 CPs 大部分来源于大气的传输作用。

2)土壤 CPs 的空间分布

表层土壤 SCCPs 和 MCCPs 浓度的空间分布如图 6-20 所示。从地区分布上看,SCCPs 浓度较高的点主要集中分布在东江下游三角洲地区、东莞东部地区以及惠州中部地区,主要包括广州增城南部,东莞北部麻涌、道滘、中堂等镇,东莞东部清溪、塘厦、大朗、桥头等镇,惠州中部平潭、横沥镇以及河源市区。这些地区同样是工业和城市化相对发达的地区,CPs 主要是人为因素产生的,工业化和城市化发达、人口稠密的地区受人为干扰严重。CPs 的污染源较多,因此浓度也较高。特别是东莞地区,金属制造、机械加工、电子加工等行业的发展,在带来经济效益的同时也带来不少环境污染问题。最低值来自于惠州市大岚镇,其次是来自河源古竹镇以及梁化镇。这些地方多位于山区地带,周围缺少工业区,人口密度较低,可能的污染来源较小,因此 SCCPs 污染水平较低,同时由于群山环抱,山中植被对 CPs 的大气迁移具有一定的阻滞作用,并且植被本身也具有吸附和吸收有机污染物的功效,因此造成这些地方 CPs 含量较低。

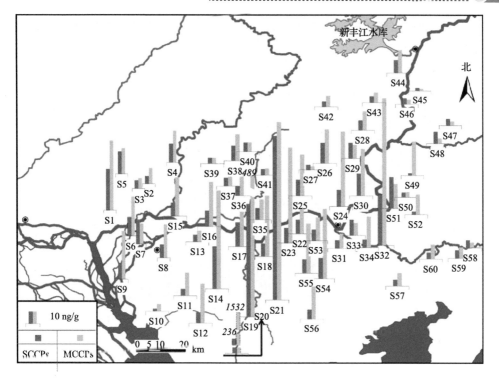

图 6-20　土壤 CPs 浓度分布图

　　MCCPs 浓度分布规律大致与 SCCPs 相似，仍以东莞市部分地区最高，其中包括塘厦及三角洲地区的中堂、麻涌等几个乡镇。影响其分布因素与 SCCPs 类似。同时我们还可以看出，同 PCNs 污染分布不同，CPs 在惠州中部地区浓度也较高，说明两种类型的污染物其来源不同。

　　3）土壤 CPs 的组成

　　由于本研究所采用的检测方法只能得到 SCCPs 或 MCCPs 各组分浓度的总和，不能定量某一组分的绝对含量，因此改用组分相对丰度来比较各组分的相对含量。SCCPs 或 MCCPs 某组分的相对丰度是该组分相对峰面积占所有组分总相对峰面积的百分比。各地土壤 CPs 组分的相对丰度如图 6-21 所示。SCCPs 各地组分的相对丰度变化较大，总体来看氯原子数以 6Cl、7Cl、8Cl 为主，碳骨架 $C_{10\sim13}$ 均有峰值出现。其中，广州、东莞两地以 $C_{12\sim13}Cl_{7\sim8}$ 为主，惠州、河源两地以 $C_{10\sim11}Cl_{6\sim7}$ 为主。这与 Zeng 等（2010）对北京通州地区农田土壤的 SCCPs 调查结果相近，他们发现：靠近凉水河的污灌区土壤 SCCPs 浓度较高，主要以 $C_{12\sim13}$ 为主，而远离凉水河的土壤则浓度较低，且以 $C_{10\sim11}$ 为主。CPs 的分布特征与其性质密切相关。随着 CPs 中碳链的增长，饱和蒸气压及辛醇-水分配系数（K_{OW}）逐渐降低（Muir et al., 2000）。Drouillard 等（1998a）的研究表明：随着 CPs 碳链和氯原子数

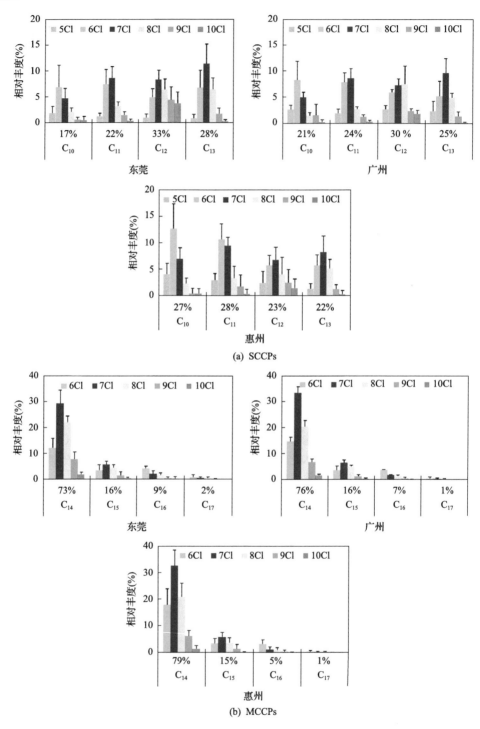

(a) SCCPs

(b) MCCPs

图 6-21　东江土壤中 CPs 各组分的相对丰度

的增加，其挥发性逐渐降低，因此 $C_{10\sim11}Cl_{6\sim7}$ 较 $C_{12\sim13}Cl_{7\sim8}$ 更易挥发和通过大气迁移。这说明惠州、河源两地 CPs 的来源很可能是挥发和大气传输。各地 MCCPs 组分的相对丰度并无显著差异，均以 C_{14} 组分为主（广州 73%，东莞 74%，惠州 78%，河源 83%），氯原子数以 $Cl_{7\sim8}$ 为主。可能原因：其一，各地 MCCPs 来源相似；其二，$C_{16\sim17}Cl_{6\sim10}$ 由于碳链过长难于挥发，因此各地含量均较低，缺乏可比性。这与 Huettig 与 Oehme（2006）在沉积物中的研究一致，他们也发现欧洲沉积物中 SCCPs 的质量分布模式随区域和环境的不同而有所差异，但 MCCPs 的质量分布几乎相同。

6.4　东江流域 PCNs 和 CPs 的大气沉降与土-气交换

释放到环境中的持久性有机污染物可以在大气圈、水圈、土壤圈及生物圈之间迁移、转化、循环、富集，直至最终降解。大气沉降作为大气与地表介质进行物质交换的重要手段，在污染物的全球循环中发挥重要作用。本节对东江流域大气-土壤间多氯萘及氯化石蜡的沉降通量进行了研究，考察了包括颗粒态干、湿沉降以及气态湿沉降在内的大气沉降过程。本研究对填补多氯萘及氯化石蜡大气沉降数据的空缺具有极其重要的意义，同时也为估算东江流域整体多氯萘和氯化石蜡的年沉降量提供基础。

虽然土壤是半挥发性污染物环境中主要的归趋地，然而其并不是污染物的最终归趋地。对非离子型的半挥发性有机污染物来说，挥发是其从土壤清除的主要过程，土壤因此成为许多污染物向大气输送的源（Jones，1994）。由于空气是影响人体暴露的主要因素（Hippelein et al.，1998），因此污染物在土壤-大气间的气态交换作用显得尤为重要。同时，土壤-大气间的交换作用在污染物区域和全球循环和再分配中扮演重要角色（Wania et al.，1993）。

6.4.1　大气沉降中的 PCNs 和 CPs

1. 大气沉降中的 PCNs

1）PCNs 的大气沉降通量

东江流域中下游地区 11 个采样点 4 次沉降样品的 ∑PCNs 沉降通量主要集中于 $0.4\sim0.8$ pg/$(m^2 \cdot d)$（图 6-22），约占总测得量的 36%；沉降通量数值复合正态分布。这说明东江流域大气沉降样品中 PCNs 整体含量偏低，所有采样点基本来自大气传输作用，点源影响较弱。∑PCNs 的日沉降通量范围为 $131\sim2000$ pg/$(m^2 \cdot d)$，平均值为 828 pg/$(m^2 \cdot d)$。其中，最大值来自 BL 点 7 月份沉降样品，最小值来自 XW 点 8 月份样品。4 次日沉降通量的均值 SP 点均值最高[1500 pg/$(m^2 \cdot d)$]，GZ 点次之[1310 pg/(m²·d)]，XW点最低[375 pg/(m²·d)]。总体来看∑PCNs沉降通量较高的地区始终位于广州、东莞境内，说明这些地区可能存在潜在的污染来源。

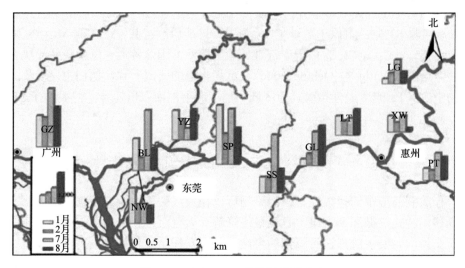

图 6-22　大气 PCNs 总沉降通量分布

目前关于 PCNs 的大气沉降的研究鲜有报道。Egeback 等（2004）虽然报道了大气沉降中 PCNs 的组成，但由于绝对量未知而并未给出具体通量，因此无法进行比较。Gevao 等（2000）研究英格兰北部湖泊沉积柱，结果表明：∑PCNs 年沉降通量在 0.4～12 μg/(m²·a)[即 1096～32880 pg/(m²·d)]，除 20 世纪 50～80 年代 PCNs 主要使用期外，其余年代沉降通量值与本研究基本在同一数量级。Yamashita 等（2000b）在研究东京湾沉降柱时发现：∑PCNs 年沉降通量在 0.1～2.2 ng/(cm²·a)[即 2740～60820 pg/(m²·d)]，20 世纪 50 年代 PCNs 未大量使用前与本研究结果处于同一水平。

2）PCNs 大气沉降通量的空间分布

如图 6-22 所示，∑PCNs 日沉降通量均值以东莞地区最高，广州地区次之，惠州地区最低。东莞和广州两地由于城市化和工业化较惠州发达，人口及工业区更为稠密，可能的 PCNs 污染来源更为复杂多样，包括：历史上残留 PCNs 工业品的释放、金属冶炼等热过程、固体废弃物焚烧等燃烧源，因此 PCNs 的污染更为严重。王俊等（2007a；2007b）在监测珠江三角洲大气中 PCBs 和 PBDEs 时，也发现广州、东莞的含量普遍高于惠州。

3）PCNs 大气沉降通量的季节变化

图 6-22 显示：整体看∑PCNs 日沉降通量夏季高于冬季（除 YZ、NW、XW 外）。PCNs 的沉降通量与降雨量及温度有关。降雨可以直接冲刷空气中气态的 PCNs，

同时还可以通过冲刷空气中的悬浮颗粒物,提高吸附在颗粒物上的有机污染物(如PCNs)的沉降量。夏季温度高有利于 PCNs 的挥发,空气中 PCNs 浓度相对更高,加之雨水的频繁冲刷,因此夏季∑PCNs 的沉降通量也高。Helm 等(2005)在研究PCNs 在大气气态与颗粒态上分配时发现:80%以上的 6CNs 位于颗粒物上。Kaupp和 McLachlan 的研究(1999)也显示:焚烧产生的难挥发或半挥发性的有机污染物(如二噁英)主要分布在细颗粒物上。冬季降雨量明显少于夏季,因此冬季 PCNs的沉降以干沉降为主;同时夏季由于雨水冲刷作用使得大气颗粒物浓度远小于冬季,因此颗粒物沉降总量也少于冬季。

同一季节两次样品间沉降通量也存在显著差别。各地 PCNs 沉降通量较高的月份也不一致。∑PCNs 日沉降通量:冬季除 GL、LG、SS 外,其余各点均以 1月高于 2 月;夏季除 YZ、LT、GL 外,其余均为 7 月高于 8 月。排除点源污染干扰,多数污染物沉降通量与降雨量和温度密切相关。相同季节温度差异不大,因此降雨量是决定沉降的主要因素。1 月平均降雨量高于 2 月,特别是恰在 1 月样品收集前有一次强降雨,增加了沉降通量。7 月样品采集前恰好受到台风"康森""灿都"的影响,河口三角洲地区普降大雨,致使沉降量增加。但夏季除台风带来的强降雨外,各地的短时阵雨也对沉降通量具有重要影响,这也是各地同一季节沉降量显著差异的主要原因。此外,台风和冷空气在带来降水的同时也带来不同地区的大气气流和云团,这些来自不同地区的气流和云团很可能带来不同含量的污染物,这也是影响沉降通量的又一因素。

4)PCNs 大气沉降的组成

东江流域各采样点冬夏两季大气沉降样品中 PCNs 同系物的组成如图 6-23 所示。3CNs 是主要的污染物,许多采样点其含量占 PCNs 总量的 50%以上,其他组分相对含量随着氯原子取代数的增加而逐渐减少,依次是 4CNs、5CNs、6CNs、7CNs、8CN。这与各 PCNs 的物理化学性质密切相关:Cl 取代值越高的 PCNs 由于 K_{OA} 越大,越难于挥发,因此大气中含量也越低,不利于长距离传输,进而沉降样品中的含量也低,反之亦然。因此各样品中 3CNs 含量较高表明东江流域采样点周围大气中 PCNs 的来源主要为污染物的大气传输。同时,3CNs 是各采样点及各采样时间∑PCNs 沉降通量差异的主要原因,即各点及各采样时间沉降通量差异的主要原因来源于 3CNs 沉降通量的差异。Helm 和 Bidleman (2003)在研究加拿大多伦多大气 PCNs 组成时也发现 3CNs 是大气中 PCNs 的主要组分;Lee 等(2005b)对英国乡村大气 PCNs 的研究也有类似发现;Egeback 等(2004)在对瑞典背景地区大气及沉降 PCNs 的研究中虽然未给出具体浓度,但也指出大气及沉降样品中以 3CNs 为主,相对含量占总量的 60%以上。

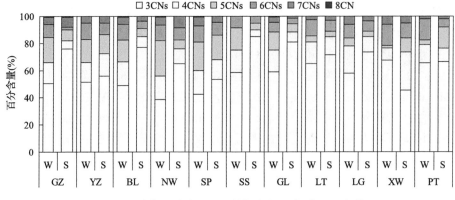

图6-23 大气沉降中 PCNs 的组成（W: 冬季; S: 夏季）

图 6-23 还显示除 XW 点外，其他各点均是夏季样品中 3CNs 相对含量高于冬季，说明夏季温度较高，挥发性强的 3CNs 更容易从污染源挥发到大气中，并随降雨等沉降下来。XW 点由于 8 月样品中间有蒸干的一段时间，导致部分易挥发的低氯 PCNs 又重新挥发进入大气，这可能是造成 XW 点夏季 3CNs 相对含量偏低的原因之一。总体而言，YZ、NW、SP 三点高氯代的 6~8CNs 含量较其余点高，相比之下 3~4CNs 含量（50%左右）较其余点（70%左右）低。

5）PCNs 大气沉降的来源

（1）燃烧源相关 PCNs 分析。

所谓富集系数，即各采样点 PCNs 单体的质量分数与所有采样点该单体质量分数均值的比（Harner et al., 2006）。此处仍利用富集系数（enrichment factor, EF）来评估各地大气中燃烧源 PCNs 的贡献值。除了选择应用较广泛的燃烧源指示物 CN-39、CN-52/60、CN-54、CN-66/67，还加入指示煤和硬质木材燃烧的 CN-50（Lee et al., 2005a），其富集系数如图 6-24 所示。YZ、BL、NW、SP 4 点 CN-39、CN-50、CN-54、CN-52/60、CN-66/67 的富集系数均显著高于1，说明这 4 点所在区域为燃烧源 PCNs

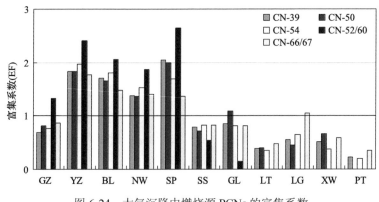

图6-24 大气沉降中燃烧源 PCNs 的富集系数

的主要源区，其余各点所在地燃烧源 PCNs 贡献较少，这一结论与通过被动采样所测得的大气中燃烧源相关 PCNs 的分析结果相近。同大气燃烧源分析相似，CN-52/60 仍然与其他燃烧源指示 PCNs 的规律不同，进一步说明其可能来源于不同的热处理方式，Baek 等(2008)的研究也间接证实了这一点。就地域来讲，广州、东莞两地仍然是燃烧源 PCNs 的主要源区，特别是位于三角洲地区的 YZ、BL、NW、SP 4 点。

由于空气中高氯代 PCNs 主要集中在颗粒相上(Helm et al., 2005)，随大气迁移的能力较弱，因此高氯代 PCNs 含量较高的地方有可能为 PCNs 的源区。从位置来看，广州(GZ、YZ)和东莞(BL、NW、SP、SS)两地采样点不仅 ΣPCNs 日沉降量高于惠州，同时高氯代 PCNs 的百分含量也高于惠州(GL、LT、LG、XW、PT)，这说明广州、东莞为 PCNs 的主要源区。GZ 点除 CN-52/60 外其余燃烧源 CNs 的富集系数低于 1，虽然同样位于 PCNs 的源区，但是 GZ 点的 PCNs 并非主要来源于燃烧源，可能更多来自历史残留 PCNs 的释放。

(2)PCNs 单体组成分析。

采样点冬夏两季沉降通量均值的 PCNs 单体组成如图 6-25 所示。组成上，冬夏两季沉降样品 PCNs 单体组成差异并不显著，但都同典型的 PCNs 工业品 Halowax 1014 在组成上存在较大的差异。Halowax 1014 在组成上以 5CNs 和 6CNs 为主，且以 6CNs 中的 CN-71/72 为含量最高；沉降样品中则以 3CNs 组分相对丰富，且以 CN-24 含量最高(46%~60%)。这与 Egeback 等(2004)在对瑞典背景地大气沉降中 PCNs 组分的报道一致。有研究表明(Lee et al., 2005a)CN-24 和 CN-50 与煤或硬质木材等的燃烧有关。这说明东江流域境内大气沉降中 PCNs 普遍存在煤或木材燃烧

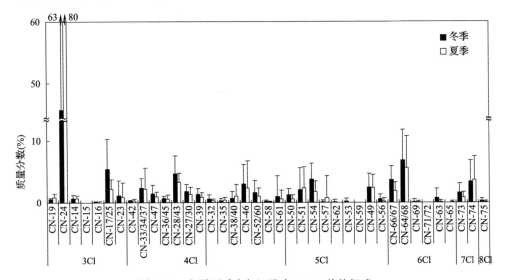

图 6-25　冬夏两季大气沉降中 PCNs 单体组成

源来源，这与土壤和大气的结论基本一致。燃烧源相关 PCNs 冬夏沉降差异较大，可能与降雨量有关。

6) 东江流域 PCNs 大气年沉降量的估算

根据广东境内东江流域的空间分布特征，以石龙为界分为两部分：石龙以上流域面积 23540 km²，若不考虑短期采样和采样点较少的影响，以 SS、GL、LT、LG、XW、PT 6 点的平均值作为平均沉降通量，计算得到石龙以上流域的 PCNs 年沉降量；同理，石龙以下流域面积 8300 km²，以 YZ、BL、NW、SP 4 点（GZ 点除外）的平均值作为该地区平均沉降通量，计算得到石龙以下流域的 PCNs 年沉降量，结果如表 6-3 所示。东江流域石龙以上段，∑PCNs 年均沉降量 5.3 kg/a；石龙以下段 ∑PCNs 年均沉降量 3.2 kg/a。位于广东省境内东江流域每年 PCNs 的沉降总量为 8.5 kg。虽然这只是粗略估算，但由于目前我国还未见有 PCNs 大气干湿沉降量的报道，这对以后 PCNs 沉降的研究以及应对 PCNs 焚烧等污染源具有重要的参考价值。

表 6-3　东江流域 PCNs 大气年沉降量　　　　　　　（单位：kg/a）

年沉降量	石龙以下段	石龙以上段（广东省）	广东省东江流域总和
3CNs	1.7	3.8	5.5
4CNs	0.45	0.62	1.07
5CNs	0.50	0.40	0.90
6CNs	0.31	0.42	0.73
7CNs	0.16	0.12	0.28
8CN	0.01	0.001	0.01
∑PCNs	3.2	5.3	8.5

2. 大气沉降中的 CPs

1) CPs 大气沉降通量

对 4 次沉降样品分别测定了 SCCPs 和 MCCPs 的含量，沉降样品 SCCPs 范围主要集中于 $1\sim5\ \mu g/(m^2 \cdot d)$，约占总测得量的 34%，说明东江流域大气沉降样品中 SCCPs 整体含量不高。东江流域大气沉降中 MCCPs 主要也集中于 $1\sim5\ \mu g/(m^2 \cdot d)$ 范围内，占整体的 43%。SCCPs 大气沉降通量符合正态分布，而 MCCPs 在显著性水平 0.05 上不符合正态分布，说明采样点 SCCPs 大气沉降基本来自大气传输，MCCPs 局部受点源影响较重。SCCPs 范围介于 $0.18\sim20.1\ \mu g/(m^2 \cdot d)$，MCCPs 范围介于 $0.31\sim30.0\ \mu g/(m^2 \cdot d)$。就其组成来看，大部分地区 MCCPs 含量要高于 SCCPs，这与 SCCPs 已经停止使用有关。

目前还未见有关于 CPs 大气沉降通量的研究报道，因此将本研究结果与沉积柱样品的沉降通量进行比较。Tomy 等（1999）在研究加拿大中纬度地区及北极圈内湖泊沉积物时发现：Winnipeg 湖南部 SCCPs 的表层沉降通量最高 147 μg/(m²·a) [即 0.403 μg/(m²·d)]，Ya Ya 湖最低 0.454 μg/(m²·a) [即 0.0012 μg/(m²·d)]。Marvin 等（2003）在对加拿大安大略湖沉积柱样品的研究中发现：1007 号采样点受当地点源污染影响 SCCPs 沉降通量较高 170 μg/(m²·a) [即 0.466 μg/(m²·d)]，未受点源污染的 1034 号采样点沉降通量只有 8 μg/(m²·a) [即 0.022 μg/(m²·d)]。Stern 等（2005）调查加拿大北极圈德文（Devon）岛内一湖泊 DV09 沉降柱时同样也发现：SCCPs 表层沉降通量最高（约 140 μg/(m²·a) [即 0.38 μg/(m²·d)]，同时他也指出 SCCPs 的使用以及深层沉积物中 SCCPs 的降解可能是造成表层沉降通量最高的原因。Iozza 等（2009）在研究瑞士图恩湖（Thun Lake）沉积柱样品时也发现：表层沉积物 CPs（SCCPs & MCCPs）沉降通量最高 164 μg/(m²·a) [即 0.449 μg/(m²·d)]，且随着深度增加沉降通量逐渐降低，并指出这种趋势与 CPs 的使用量逐年增加有关。同时，上述文献对北极圈内及偏远地区湖泊沉积物中 SCCPs 的来源做了推测，一致认为是来自大气长距离迁移和沉降作用。本节研究东江流域 11 个采样点大气沉降通量发现：SCCPs 介于 0.18~20.1 μg/(m²·d)，平均值 4.96 μg/(m²·d)，MCCPs 介于 0.31~30.0 μg/(m²·d)，平均值 5.27 μg/(m²·d)，部分地区远远高于湖泊沉积物中计算出来的沉降通量。

2）CPs 大气沉降通量的空间分布

采样点 SCCPs 沉降通量时空分布如图 6-26 所示。SCCP 的日沉降通量平均值 4.96 μg/(m²·d)。其最大值来自 SP 点 8 月份沉降样品，最小值来自 XW 点 7 月份样品。NW 点 4 次均值最高[13.1 μg/(m²·d)]，SP 点次之[7.53 μg/(m²·d)]，PT 点最低[0.82 μg/(m²·d)]。MCCPs 日沉降通量如图 6-26 所示，平均值 5.27 μg/(m²·d)。其最高值来源于 SS 点 8 月份样品，而最低值仍来源于 XW 点 7 月份样品。MCCPs 日沉降通量的均值以 SS 点最高[15.1 μg/(m²·d)]，BL 点次之[12.1 μg/(m²·d)]，PT 点最低[0.61 μg/(m²·d)]。SCCPs 和 MCCPs 日沉降通量分布并不一致，说明各点的来源不同。但是总体来看 SCCPs 和 MCCPs 沉降通量较高的地区始终位于东莞境内，说明这些地区可能存在潜在的污染来源。CPs 沉降通量均值以东莞地区最高，广州、惠州地区较低。SCCPs、MCCPs 的排放与一些特定的工业生产活动有关，如机械加工、棉纺织业、润滑剂制造、PVC 生产等。东莞电子、纺织、机械加工等轻工业十分发达，而其中大部分行业都涉及生产和使用含有 CPs 的产品，因此其 CPs 污染更为严重。组成上，各地 MCCPs 日沉降通量均高于 SCCPs，这与 SCCPs 已经禁用而 MCCPs 却是目前应用较多的氯化石蜡品种（氯化石蜡-52，主要成分 $C_{15}H_{26}Cl_6$）相吻合；同时东莞地区 MCCPs/SCCPs 比值又显著高于其他两地，这也证明了东莞是 CPs 特别是 MCCPs 的污染源区。根据采样地区城乡类型划分，结果如表 5-8。总体看来，城镇采样点 CPs 日沉降通量均值[SCCPs, 7.33 μg/(m²·d)；

MCCPs, 9.60 μg/(m²·d)]普遍高于乡村[SCCPs, 2.99 μg/(m²·d)；MCCPs, 1.66 μg/(m²·d)]，这说明工厂聚集的城镇比乡村存在更多的 CPs 来源。

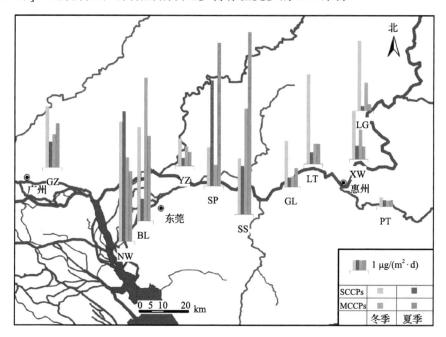

图 6-26　大气 SCCPs 和 MCCPs 沉降通量分布图

3）CPs 大气沉降通量的季节变化

图 6-26 显示：东莞地区 SCCPs 日沉降通量夏季高于冬季（NW、SP），其余地区则冬季高于夏季。图 6-26 中 MCCPs 也有类似规律，除 SP、SS 外，其余也均为冬季高于夏季。相比其他污染物，CPs 挥发性较弱，尤其是 MCCPs 更易吸附于颗粒物上，因此颗粒物的沉降总量对 SCCPs 及 MCCPs 具有决定性的作用。温度会显著影响 CPs 在颗粒物上的分布，高温时 CPs 倾向于释放到大气中，低温时则倾向于吸附到颗粒相上，因此冬季颗粒物上 CPs 浓度更高；加之夏季降雨量明显多于冬季，由于雨水冲刷作用使得大气颗粒物浓度远小于冬季，因此颗粒物沉降总量也少于冬季；上述二者结合最终导致冬季 CPs 沉降通量高于夏季。NW、SP、SS 三点受周边点源污染严重，因此不符合这一规律。根据表层土壤 CPs 含量可知，污染较严重的地区位于东莞的清溪和塘厦两镇，且都位于 SP、SS 采样点南边，因此夏季受季风气候影响，SP、SS 两点沉降量显著增加。NW 点冬夏两季 4 次沉降通量均基本一致，说明 NW 处于 CPs 污染源之内，受季风及降雨影响较小。

各地同一季节两次样品间 CPs 沉降通量也存在显著差别，且规律不一。SCCPs 日沉降通量：冬季除 BL、LG、YZ 各点 1 月份显著高于 2 月份外，其余 1、2 月沉降量相当；夏季除 SP、SS 受南部点源影响 8 月显著高于 7 月外，其余各点均相当。MCCPs 日沉降通量：冬季除 BL 1 月份较高外，其余各点均 1、2 月接近；夏季仍以 SP、SS 这 2 点受点源污染影响 8 月显著高于 7 月，其余各点均相近。同时我们还发现 NW 点无论冬夏 SCCPs 及 MCCPs 沉降通量均接近，这说明 NW 可能位于点源污染区内，因此沉降量不受季风气候影响。综上所述，CPs 的沉降通量与 PCNs 不同，其主要受点源污染的影响，季节变化、温度高低及降雨量多少对其影响不大。同时由于 CPs 更倾向于吸附在颗粒物上，跨境迁移能力弱于 PCNs 等污染物，同时鉴于 MCCPs 尚在普遍应用当中，因此长距离大气迁移可能并非 CPs 的主要来源。

　　4) CPs 大气沉降的组成

　　东江流域各采样点 4 次大气沉降样品中 MCCPs/SCCPs 如图 6-27 所示。图中黑色实线代表 44 个沉降样品 MCCPs/SCCPs 均值 1.36。BL、SS 两点 4 次样品 MCCPs/SCCPs 均高于平均值，NW、PT 两点均低于平均值，其余各点基本上是夏季高于平均值，冬季则低于平均值。MCCPs/SCCPs 夏季高而冬季低的现象可能与夏季温度高，更有利于 MCCPs 向大气中挥发有关。PT 点由于远离工业密集区，其 CPs 主要来源于大气传输作用，因此碳链较短、挥发性更强的 SCCPs 在沉降样品中占主导。BL、SS、NW 三点则主要受附近点源污染影响，根据 MCCPs/SCCPs 比值可推测：BL、SS 两处附近主要为 MCCPs 的点污染源，而 NW 附近主要以 SCCPs 点源污染为主。其余各点 MCCPs/SCCPs 规律类似、数值接近，推断 CPs 可能来自大气输送作用。

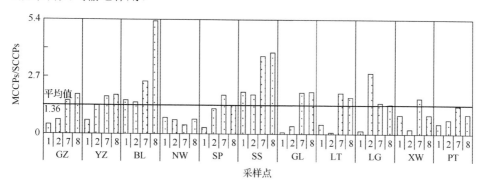

图 6-27　大气沉降 MCCPs/SCCPs 的季节变化图

　　各地沉降样品中 CPs 组分的相对丰度如图 6-28 所示。同大气规律相似，仍以 SCCPs 各组分的相对丰度变化较大。总体来看氯原子数均以 6~8Cl 为主，碳骨架以 C_{12} 总量最高。从东莞到广州再到惠州 $C_{12~13}$ 所占比例逐渐降低，$C_{10~11}$ 所占比例逐渐增加；氯原子数 $Cl_{5~6}$ 所占比例逐渐增加，而 $Cl_{8~10}$ 所占比例逐渐降低。Drouillard 等(1998a)研究表明随着 CPs 碳链和氯原子数的增加，其挥发性逐渐降低，因此 $C_{10~11}Cl_{5~6}$ 较 $C_{12~13}Cl_{8~10}$ 更易通过大气迁移。这样说明东莞地区属 SCCPs

源区，而惠州大气沉降中 SCCPs 多通过大气迁移而来。MCCPs 各地组分相差不大，都以 $C_{14}Cl_{7\sim8}$ 为主。值得注意的是，各地大气沉降中 SCCPs 及 MCCPs 的组成与其对应土壤中基本一致，而与对应的大气截然不同，这说明土壤中的 CPs 可能来源于大气沉降，或者与大气沉降具有相同来源。

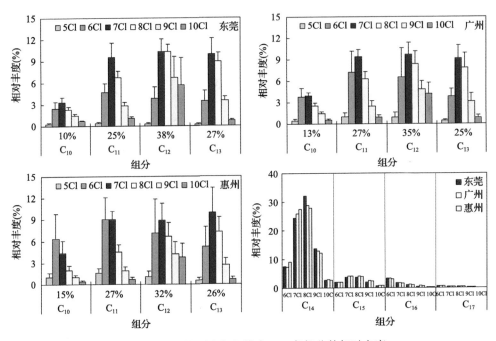

图 6-28　不同地区大气沉降中 CPs 各组分的相对丰度

5）CPs 大气沉降的来源

同土壤和大气类似，沉降中的 CPs 同样也存在两种可能来源，一是点源污染输入；二是大气的扩散作用。上述分析中已然提到可能靠近污染源的三处采样点，分别是 NW、SP、SS。现将这三处采样点沉降通量较高的 8 月份样品单独提取出来与远离污染源的 PT 点对比各组分相对丰度，如图 6-29 所示。SCCPs 组成上 PT 点 C_{10} 组分显著高于其他三处，由于大气扩散和输送作用的结果是"轻"组分比值较高，这也证实 PT 点主要来源于大气输送，而其余三点则很可能来自点源污染。同为点源污染的结果，然而其组分也存在显著差异，SS 点 C_{12} 组分显著高于 NW、SP，尤其是 $C_{12}Cl_{9\sim10}$ 相对丰度很高，说明三处点源 SCCPs 的组成不同，即来源于不同的污染物类型。MCCPs 组成上 SP、NW、PT 三处差别不大，而 SS 点与其他三处差别较大，$C_{14}Cl_{7\sim8}$ 组分相对丰度较高，也说明几处点源污染类型不同。

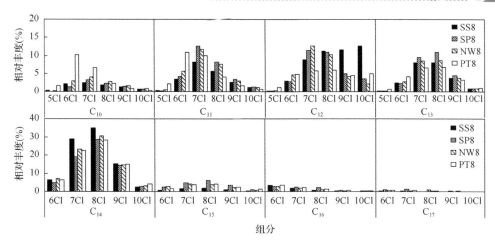

图 6-29 典型沉降样品中 CPs 的组成

6) 东江流域 CPs 大气年沉降量的估算

根据流域面积粗略估算东江流域广东境内 CPs 年沉降量。仍以 YZ、BL、NW、SP 四点均值计算石龙以下段沉降量，以 SS、GL、LT、LG、XW、PT 六点均值估算石龙以上段沉降量，结果如表 6-4 所示。东江流域石龙以上段，SCCPs 年均沉降量 21.6 t/a，MCCPs 年均沉降量 30.8 t/a；石龙以下段 SCCPs 年均沉降量 23.2 t/a，MCCPs 年均沉降量 33.3 t/a。位于广东省境内东江流域每年 SCCPs 和 MCCPs 的沉降总量为 109 t。虽然这只是粗略估算，但由于目前我国还未见有关于 CPs 大气干湿沉降量的报道，这对以后 CPs 沉降的研究具有重要的参考价值。

表 6-4 东江流域 CPs 大气年沉降量 （单位：t/a）

年沉降量	石龙以下段	石龙以上段 （广东省）	东江流域总和 （广东省）
SCCPs	21.6	30.8	52.4
MCCPs	23.2	33.3	56.5
SCCPs & MCCPs	44.8	64.2	109

6.4.2 低氯 PCNs 的土-气交换

通过逸度分数我们能够推知哪些地方是污染源区(包括二次污染源区)，哪些地方是污染物的汇区。同时通过它也可以得知污染物的组成情况(或称污染物的"分馏"状况)，从而获悉污染的主要源区和潜在的二次污染源区。用于土-气交换计算的 PUF 样点 22 个(含两个夏季样品遗失的点)、土壤样点 72 个、沉降样点 11 个。将每个 PUF 样点周边与其距离最近的 2~5 个土壤样品污染物浓度的平均值作为其对应的土壤的含量，同时相邻两 PUF 点采用同一沉降数值。

由于 PUF 所采集的样品除了包括气态样品外还涉及少量的颗粒态样品，因此由 PUF 所计算的大气污染物浓度为气态和颗粒态(少量)浓度之和,即以 PUF 的结果作为大气中气态污染物的浓度会高估了这一浓度。以此结果来估算土壤-大气间的平衡状态及交换通量,也会高估了污染物在大气中的沉降趋势、低估了其在土壤中的挥发趋势。鉴于这一原因,考虑到部分高氯代 PCNs(6~8CNs)以及 SCCPs 和 MCCPs 挥发性较弱而易于吸附在颗粒相上的特点,我们在此仅对主要以气相为主的低氯 PCNs(3~5CNs)的土-气交换进行研究。高氯 PCNs 及部分的 SCCPs 和 MCCPs 由于主要位于颗粒相上以颗粒态沉降为主,气态交换并非主要的环境过程,因此不适用于气态交换的估算。

1. 低氯 PCNs 的土-气逸度分数

各采样点冬夏两季低氯 PCNs 的土壤-大气逸度分数(ff)如图 6-30 所示。从图中可以看出,低分子量的组分(LMW,主要包括 3CNs、4CNs 以及夏季部分地区的 5CNs)接近平衡状态或者向大气挥发,这与低分子量的 PCNs 挥发性、迁移性较强及土-气分配系数 K_{SA} 较低有关。PCNs 的 K_{SA} 值对其组分在土壤和大气间分配具有显著影响,低分子量的 3~5CNs 土-气分配系数 K_{SA} 较低,对土壤的吸附作用较弱,更易挥发至大气中。同时低分子量的 PCNs 在大气中的半衰期更短,因此大气中衰减速度较高分子量的更加迅速,使得其在大气中的浓度衰减较快,这也是造成低氯 PCNs 在土-气平衡状态中易于挥发的原因之一。

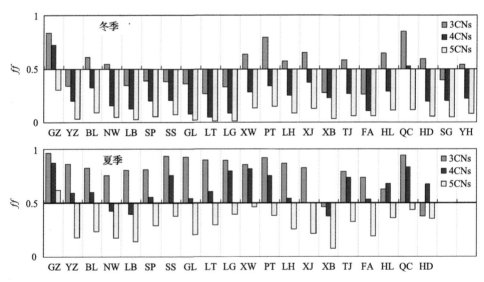

图 6-30　冬夏两季 PCNs 的土壤-大气逸度分数

季节变化对 ff 值有显著的影响,同一地区 ff 值夏季显著高于冬季,致使部分地区 3~5CNs 冬夏两季在土壤-大气间的扩散规律不一致,特别是 4CNs。3CNs

冬季在靠近污染源区(YZ、NW、SP、SS、GL、LT、LG 等)主要为沉降或接近平衡，而远离污染源区(XW、PT 等)以挥发为主；夏季除 XB、HD 以沉降为主外，其余地区均以挥发为主。4CNs 除 GZ、QC 冬夏均以挥发为主，XB、LB、NW 冬夏均以沉降为主，其他点均夏季以挥发为主、冬季以沉降为主。5CNs 除 GZ 点夏季以挥发为主，其余各点冬夏均以沉降为主。Hoff 等在研究季节变迁对大气中 PCBs 和 OCPs 浓度的影响时指出，受温度控制的土壤-大气交换量的改变是大气中化合物浓度季节变化的主要原因(Hoff et al., 1992a;1992b)。季节的变化会导致环境温度的改变，东江流域冬季平均温度 15℃(以采样时期内为准)，夏季平均气温 30℃。化合物的饱和蒸气压与温度密切相关，对于中间分子量的有机物的研究结果显示，温度每升高 10℃，饱和蒸气压将升高 3～4 倍(Jury et al., 1987)。另有研究(Cousins et al., 1999; Wallace and Hites, 1996)表明：温度会显著影响土-气交换过程，特别是土壤的挥发作用。同时季节变化所带来的风速和大气、土壤湿度的变化也会显著影响土-气交换通量(Cousins et al., 1999; Grass et al., 1994)。由上述结论可知：PCNs 除在本地区域环境内进行土-气交换之外，冬季受北风影响时，从我国北方地区迁移来的大气气团所含的 PCNs(4～5CNs)有可能在东江流域一带沉降进入土壤；夏季东南季风盛行时，东江流域土壤中的 3～4CNs 有可能从土壤中挥发出来并随气流向我国内陆地区迁移，对部分内陆地区的大气造成污染。

2. 低氯 PCNs 的交换通量

交换通量包括：土壤-大气间通过气体扩散作用形成的扩散通量 N_v、大气沉降通量 D(包括湿沉降和颗粒态的干沉降)以及土壤-大气净交换通量 N_{net}。这里只介绍通过逸度模型所计算出来的扩散通量 N_v 以及净交换通量 N_{net}。

1)扩散通量

不同地区冬夏两季低氯 PCNs 组分(3～5CNs)的扩散通量 N_v 如表 6-5 所示。表中正值代表扩散方向为土壤向大气挥发，负值代表大气沉降。从表中可以看出，冬季：GZ、BL、XW、PT、XJ、LH、HL、QC 的 3CNs 以土壤挥发为主，其余各点以大气沉降为主，其中 3CNs 土壤挥发通量以 QC 最高，LH 最低，大气沉降通量以 LT 最高、NW 最低；4CNs 除 GZ、QC 以挥发为主外，其余均以沉降为主，其中挥发通量 GZ 高于 QC，而沉降通量以 LT 最高，HL 最低；5CNs 均以沉降为主，5CNs 沉降通量以 SP 最高、PT 最低。夏季：3CNs 除 XB 以沉降为主外，其余各点均以挥发为主，其中挥发通量 QC 最高、FA 最低；4CNs 除 NW、LB、SP、XB、FA 以沉降为主外，其余各点仍以挥发为主，且沉降通量 LB 最高，挥发通量 GZ 最高、GL 最低；5CNs 除 GZ、LG、XW、HL、QC 以挥发为主外，其余各点以沉降为主，且挥发通量 GZ 最高，沉降通量 YZ 最高、HD 最低。沉降或挥发通量高的地区说明土壤-大气之间 PCNs 含量未达到平衡状态，暗示周边有点源污染(包括来自大气的一次源及来自土壤的二次源)的输入,这些地区包括广州的 GZ 以及东莞的 SP、QC、GL、LB、XB 和惠州的 LG、TJ 等地。挥发、沉降通量低的地区说明土-气已接近平衡状态,这有两种可能:一是由于长期污染,使得土-气接近平衡,例如,BL、NW、LH、XJ 等靠近污染源的地区;二是不存在点源污染,仅为大气输送作用使得土-气间近乎平衡,例如 PT、HL、HD 等偏远地区。这两种情况都需经过漫长的沉降-挥发过程才能达到接近平衡的状态。

就各采样点冬夏两季整体扩散通量来看,GZ、QC 两点 3～4CNs 均以挥发为主,说明两地土壤中浓度较高,据此推测两点在此之前受点源污染,土壤中 3～4CNs 的污染较为严重;也表明这两点成为大气 3～4CNs 的二次污染源。同时 XB 这一点 3～4CNs 均以沉降为主,说明大气中浓度较高,可能存在新近的点源污染输入。

表 6-5　不同地区冬夏两季低氯 PCNs 的扩散通量 N_v [a]　　[单位:pg/(m² · d)]

N_v	冬季			夏季		
	3CNs	4CNs	5CNs	3CNs	4CNs	5CNs
GZ	4860	3120	−537	5560	3770	181
YZ	−1281	−3880	−6720	1410	805	−732
BL	174	−726	−1710	718	349	−351
NW	−76	−1190	−1480	348	−104	−234
LB	−1230	−3420	−4830	399	−288	−581
SP	−504	−3900	−8090	1370	−12	−351
SS	−444	−3390	−4080	1820	646	−111
GL	−1960	−4100	−3920	1580	45	−194
LT	−8300	−12800	−6110	2260	172	−60.5
LG	−3740	−7790	−4680	839	327	4.13
XW	663	−609	−424	1370	234	31.1
PT	347	−377	−291	574	162	−8.70
LH	25	−1610	−1730	1200	63	−285
XJ	1040	−377	−545	1630	156	−270
XB	−1003	−958	−751	−206	−129	−311
TJ	−145	−1130	−640	808	362	−26.7
FA	−1770	−2980	−996	239	−164	−71.1
HL	451	−204	−328	932	472	2.85
QC	7830	472	−1480	8630	1930	103
HD	−209	−1920	−737	898	162	−6.44
SG[b]	−917	−2210	−2630	—	—	—
YH[b]	−303	−1120	−719	—	—	—

a.挥发为+,沉降为−;b.SG、YH 夏季数据遗失。

2) 净交换通量

净交换通量 N_{net} 考虑到污染物在土壤-大气间的气态和颗粒态的交换结果之和，它等于扩散通量减去大气沉降通量。不同地区冬夏两季 PCNs 组分的净交换通量 N_{net} 如表 6-6 所示。表中土壤向大气挥发为正，大气沉降为负。净交换通量的规律与扩散通量具有类似性。冬季：4～5CNs 除 GZ、QC 为挥发外，其余各点均或以沉降为主或接近平衡；3CNs 较为特殊，净交换通量随采样点变化显著，说明采样点周边污染状况对净交换通量的影响大于季节变化所造成的影响。夏季：5CNs 除 GZ、QC 外其余各点均或接近平衡或以沉降为主，3～4CNs 较为特殊，随采样点而改变。总体来看，净交换量较低的地区(即土-气交换通量接近平衡区)仍然分为持续污染地区(BL、NW、SP、LB 等)和偏远地区(PT、HL、HD 等)；GZ、QC 等地受前期污染源影响，该地区土壤污染严重，使得其成为大气 3～5CNs 的二次污染源。

表 6-6　不同地区冬夏两季低氯 PCNs 的净交换通量 N_{net} [a]　[单位：pg/(m²·d)]

N_{net}	冬季			夏季		
	3CNs	4CNs	5CNs	3CNs	4CNs	5CNs
GZ	4350	2970	−724	4320	3660	53.9
YZ	−1710	−4000	−6870	1030	689	−828
BL	−178	−857	−1830	−331	239	−432
NW	−472	−1370	−1630	−50.8	−169	−275
LB	−1860	−3680	−5140	−415	−510	−856
SP	−1140	−4160	−8400	558	−233	−626
SS	−753	−3480	−4170	672	577	−176
GL	−2130	−4150	−3950	598	−44.4	−271
LT	−8670	−12900	−6140	1750	75.9	−90.5
LG	−3890	−7840	−4700	396	258	−18.8
XW	376	−646	−434	1220	144	−4.04
PT	116	−425	−303	27.1	82.3	−139
LH	−285	−1700	−1820	51.4	−5.95	−351
XJ	867	−423	−583	641	66.2	−347
XB	−1370	−1050	−777	−715	−226	−341
TJ	−293	−1180	−658	366	293	−49.6
FA	−1920	−3040	−1010	−203	−233	−94.0
HL	164	−241	−338	784	382	−32.3
QC	7660	426	−1510	7640	1840	26.3
HD	−439	−1970	−748	351	82.6	−137
SG[b]	−1340	−2330	−2770	—	—	—
YH[b]	−533	−1170	−730	—	—	—

a.+为挥发，−为沉降；b.SG、YH 样品夏季数据遗失。

3) 东江流域低氯 PCNs 交换总量的估算

　　由于东江流域污染较重的地区为下游和三角洲地区，中上游污染相对较轻，因此在对整个流域的研究时通常以石龙为界将其分为两个部分分别研究。根据采样点位置，以 YZ、BL、NW、LB、SP 这 5 点均值计算东江石龙以下段的交换通量(包括气态扩散通量和净交换通量)，以其余 14 点(GZ、SG、YH 除外)均值估算石龙以上段交换通量。3~5CNs 石龙以上和以下两段交换通量的比较如图 6-31 所示(6~8CNs 由于主要位于颗粒相上，因此扩散量及交换量未予计算)。

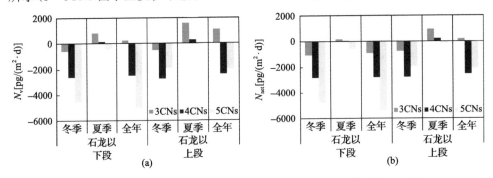

图 6-31　东江流域低氯 PCNs 的扩散通量 N_v (a) 和净交换通量 N_{net} (b)

　　从图 6-31 (a) 中可知，3~4CNs 在东江石龙以上和以下两段的扩散通量水平相当，特别是冬季；5CNs 扩散通量则显著不同，冬季石龙以下段的气态沉降通量显著高于石龙以上段。此外，季节对低氯 PCNs 的扩散作用有显著影响。整个区域范围内 3~4CNs 气态扩散方向均夏季为挥发，冬季为沉降；而 5CNs 则冬夏均为沉降，但夏季沉降量远小于冬季。与此同时，低氯 PCNs 净交换通量的规律与扩散通量基本一致[图 6-31(b)]：冬季东江流域低氯 PCNs 净交换的方向均以沉降为主；夏季 3~4CNs 交换以挥发为主，5CNs 仍以沉降为主。5CNs 在石龙以下段的沉降通量(包括气态及颗粒态)明显高于石龙以上段，且冬季更为显著。

　　根据东江流域面积(广东境内石龙以上段 23540 km², 石龙以下段 8300 km²)粗略估算东江流域低氯 PCNs 的交换量。基于广东地区四季交替不明显但却有着显著的冷暖区别的特点(11 月至次年 4 月为冷季，温度通常低于 25℃；5~10 月为暖季，温度通常高于 25℃)，因此以冬季所得到的结果估算 11 月至次年 4 月交换量，以夏季的结果估算 5~10 月交换量。由此所得东江流域 3~5CNs 的扩散量 N'_v 和净交换量 N'_{net} 的最终结果如表 6-7 所示。从表中可知，整个东江流域全年净交换量：3CNs 为 –0.44 kg，4CNs 为 –15.2 kg，5CNs 为 –17.1 kg；其交换方向均为沉降，说明受潜在污染源影响，东江流域大气中低氯 PCNs 以沉降为主。

表 6-7　东江流域低氯 PCNs 的扩散量 N'_v 和净交换量 N'_{net}　（单位：kg）

		冷季 11 月至次年 4 月(181 d)			暖季 5～10 月(184 d)			全年 (365 d)		
		石龙以下段	石龙以上段	总量	石龙以下段	石龙以上段	总量	石龙以下段	石龙以上段	总量
	3CNs	−0.88	−2.23	−3.11	1.28	6.98	8.26	0.40	4.75	5.15
$N'_v{}^a$	4CNs	−3.94	−11.7	−15.6	0.23	1.37	1.60	−3.72	−10.3	−14.0
	5CNs	−6.86	−8.26	−15.1	−0.68	−0.37	−1.05	−7.54	−8.63	−16.2
	3CNs	−1.61	−3.27	−4.88	0.24	4.20	4.44	−1.37	0.93	−0.44
$N'_{net}{}^a$	4CNs	−4.23	−12.0	−16.2	0.01	1.02	1.02	−4.22	−10.9	−15.2
	5CNs	−7.17	−8.40	−15.6	−0.91	−0.63	−1.53	−8.08	−9.02	−17.1

a.挥发为+，沉降为−。

6.5　POPs 土壤-大气交换的研究展望

由于《斯德哥尔摩公约》的影响，POPs 的研究引起科研工作者极大关注，且在近 20 年的时间得到迅速发展。但随后也带来一些研究误区，包括：①盲目追逐新型 POPs 监测；②重复性监测，缺乏深入的机理探讨。古人云："日中则昃，月满则亏"。在经历 20 年的研究繁荣期后，有学者预言 POPs 的研究已经到达瓶颈期，然而相关研究其实还远未达到极致。随着《斯德哥尔摩公约》清单中的 POPs 被禁用后，原有的一次污染源，如 POPs 的生产企业或者产品，逐渐消失，而释放到环境中的 POPs 会通过大气-界面交换，从污染的土壤或者水体中再次挥发进入大气，形成二次污染。大气-界面扩散交换也是控制有机污染物大气含量以及环境归趋的关键过程（Komprda et al., 2013）。因此，需着重针对 POPs 的大气-界面交换及二次污染开展研究。

关于 POPs 的大气-界面交换已有较多的研究（McDonough et al., 2016; Ghirardello et al., 2010），但多数研究利用逸度模型计算的逸度分数来判断迁移趋势（Mackay, 2001）。该模型假定污染物在大气-界面的分配只受辛醇-空气分配系数（K_{OA}）或亨利常数等理化参数控制，而新型有机污染物的理化参数缺乏可靠数据。同时该方法对样品的代表性要求严格，且不能校正环境因素导致的误差，具有局限性（Wang et al., 2016）。因此寻求新型的大气-界面交换的监测手段是当务之急。Meijer 等（2003a）研制出可以原位测定有机污染物土-气交换趋势的逸度采样器，通过采集分析近地面与土壤达到分配平衡的气体中污染物浓度，与大气浓度对比，判断污染物迁移趋势。该方法不需要污染物的理化参数，且能校正环境因素变化的影响，因此结果比逸度模型计算结果更准确可靠。因此研制新型逸度采样器和改进逸度模型是 POPs 土-气交换未来的研究方向。同时，寻求实际采样器原位监测与理论模型相结合的研究方法，也是 POPs 界面交换趋势的新的研究方向。

参 考 文 献

崔阳, 2015. 太原市干湿沉降中 PAHs 的特征来源及风险评价. 太原: 太原科技大学.

戴树桂, 2006. 环境化学. 北京: 高等教育出版社.

王俊, 张干, 李向东, 等, 2007a. 利用 PUF 被动采样技术监测珠江三角洲地区大气中多氯联苯分布. 环境科学, 28: 478-481.

王俊, 张干, 李向东, 等, 2007b. 珠江三角洲地区大气中多溴联苯醚的被动采样观测. 中国环境科学, 27: 10-13.

杨永亮, 潘静, 李悦, 等, 2003. 青岛近岸沉积物中持久性有机污染物多氯萘和多溴联苯醚. 科学通报, 48: 2244-2251.

周森, 崔育倩, 王玲, 2010. 短链氯化石蜡研究进展. 现代农业科技: 22-24.

Ba T, Zheng M, Zhang B, et al., 2010. Estimation and congener-specific characterization of polychlorinated naphthalene emissions from secondary nonferrous metallurgical facilities in China. Environmental Science & Technology, 44: 2441-2446.

Backe C, Cousins I T, Larsson P, 2004. PCB in soils and estimated soil-air exchange fluxes of selected PCB congeners in the south of Sweden. Environmental Pollution, 128: 59-72.

Baek S Y, Choi S D, Lee S J, et al., 2008. Assessment of the spatial distribution of coplanar PCBs, PCNs, and PBDEs in a multi-industry region of South Korea using passive air samplers. Environmental Science & Technology, 42: 7336-7340.

Barber J L, Sweetman A J, Thomas G O, et al., 2005. Spatial and temporal variability in air concentrations of short-chain ($C_{10} \sim C_{13}$) and medium-chain ($C_{14} \sim C_{17}$) chlorinated n-alkanes measured in the UK atmosphere. Environmental Science & Technology, 39: 4407-4415.

Bayen S, Obbard J P, Thomas G O, 2006. Chlorinated paraffins: A review of analysis and environmental occurrence. Environment International, 32: 915-929.

Bidleman T F, Harner T, Wiberg K, et al., 1998. Chiral pesticides as tracers of air-surface exchange. Environmental Pollution, 102: 43-49.

Bidleman T F, Leone A D, 2004. Soil-air exchange of organochlorine pesticides in the Southern United States. Environmental Pollution, 128: 49-57.

Borgen A R, Schlabach M, Gundersen H, 2000. Polychlorinated alkanes in Arctic air. Organohalogen Compounds, 47: 272-275.

Bozlaker A, Muezzinoglu A, Odabasi M, 2008. Atmospheric concentrations, dry deposition and air-soil exchange of polycyclic aromatic hydrocarbons (PAHs) in an industrial region in Turkey. Journal of Hazardous materials, 153: 1093-1102.

BUA (Beratergremium für Umweltrelevante Alstoffe), 1992. Chlorinated paraffins. German Chemical Society (GDCh) Advisory Committee on Existing Chemicals of Environmental Relevance, June (BUA Report 93).

Buryskova B, Blaha L, Vrskova D, et al., 2006. Sublethal toxic effects and induction of glutathione S-transferase by short chain chlorinated paraffins (SCCPs) and C_{12} alkane (dodecane) in *Xenopus laevis* frog embryos. Acta Veterinaria Brno, 75: 115-122.

Cabrerizo A, Dachs J, Barcelo D, 2009. Development of a soil fugacity sampler for determination of air-soil partitioning of persistent organic pollutants under field controlled conditions. Environmental Science & Technology, 43: 8257-8263.

Cabrerizo A, Dachs J, Moeckel C, et al., 2011a. Factors influencing the soil-air partitioning and the strength of soils as a secondary source of polychlorinated biphenyls to the atmosphere. Environmental Science & Technology, 45: 4785-4792.

Cabrerizo A, Dachs J, Moeckel C, et al., 2011b. Ubiquitous net volatilization of polycyclic aromatic hydrocarbons from soils and parameters influencing their soil-air partitioning. Environmental Science & Technology, 45: 4740-4747.

Cabrerizo A, Dachs J, Barcelo D, et al., 2012. Influence of organic matter content and human activities on the occurrence of organic pollutants in antarctic soils, lichens, grass, and mosses. Environmental Science & Technology, 46: 1396-1405.

Cetin B, Odabasi M, 2007. Particle-phase dry deposition and air-soil gas-exchange of polybrominated diphenyl ethers (PBDEs) in Izmir, Turkey. Environmental Science & Technology, 41: 4986-4992.

Cetin B, Yurdakul S, Keles M, et al., 2017. Atmospheric concentrations, distributions and air-soil exchange tendencies of PAHs and PCBs in a heavily industrialized area in Kocaeli, Turkey. Chemosphere, 183: 69-79.

Chakraborty P, Zhang G, Li J, et al., 2015. Occurrence and sources of selected organochlorine pesticides in the soil of seven major Indian cities: Assessment of air-soil exchange. Environmental Pollution, 204: 74-80.

Cousins I T, Beck A J, Jones K C, 1999. A review of the processes involved in the exchange of semi-volatile organic compounds (SVOC) across the air-soil interface. Science of the Total Environment, 228: 5-24.

Crookes M J, Howe P D, 1993. Environmental hazard assessment: Halogenated naphthalenes. Report Prepared for the Toxic Substances Division, Directorate for Air, Climate and Toxic Substances. Department of the Environment, London, U.K.

Degrendele C, Audy O, Hofman J, et al., 2016. Diurnal variations of air-soil exchange of semivolatile organic compounds (PAHs, PCBs, OCPs, and PBDEs) in a central European receptor area. Environmental Science & Technology, 50: 4278-4288.

Donald C E, Anderson K A, 2017. Assessing soil-air partitioning of PAHs and PCBs with a new fugacity passive sampler. Science of the Total Environment, 596: 293-302.

Drouillard K G, Tomy G T, Muir D C G, et al., 1998a. Volatility of chlorinated n-alkanes ($C_{10} \sim C_{12}$): Vapor pressures and Henry's law constants. Environmental Toxicology and Chemistry, 17: 1252-1260.

Drouillard K G, Hiebert T, Tran P, et al., 1998b. Estimating the aqueous solubilities of individual chlorinated n-alkanes ($C_{10} \sim C_{12}$) from measurements of chlorinated alkane mixtures. Environmental Toxicology and Chemistry, 17: 1261-1267.

Egeback A L, Wideqvist U, Jarnberg U, et al., 2004. Polychlorinated naphthalenes in Swedish background air. Environmental Science & Technology, 38: 4913-4920.

Falandysz J, 1998. Polychlorinated naphthalenes: an environmental update. Environmental Pollution, 101: 77-90.

Falandysz J, 2003. Chloronaphthalenes as food-chain contaminants: A review. Food Additives and Contaminants, 20: 995-1014.

Feo M L, Eljarrat E, Barcelo D, 2009. Occurrence, fate and analysis of polychlorinated *n*-alkanes in the environment. Trends in Analytical Chemistry, 28: 778-791.

Fisk A T, Wiens S C, Webster G R B, et al., 1998. Accumulation and depuration of sediment-sorbed C-12- and C-16-polychlorinated alkanes by oligochaetes (*Lumbriculus variegatus*). Environmental Toxicology and Chemistry, 17: 2019-2026.

Fisk A T, Tomy G T, Muir D C G, 1999. Toxicity of C_{10}-, C_{11}-, C_{12}-, and C_{14}-polychlorinated alkanes to Japanese medaka (*Oryzias latipes*) embryos. Environmental Toxicology and Chemistry, 18: 2894-2902.

Gevao B, Harner T, Jones K C. 2000. Sedimentary record of polychlorinated naphthalene concentrations and deposition fluxes in a dated lake core. Environmental Science & Technology, 34: 33-38.

Ghirardello D, Morselli M, Semplice M, et al., 2010. A dynamic model of the fate of organic chemicals in a multilayered air/soil system: Development and illustrative application. Environmental Science & Technology, 44: 9010-9017.

Grass B, Wenclawiak B W, Rudel H. 1994. Influence of air velocity, air-temperature, and air humidity on the volatilization of trifluralin from soil. Chemosphere, 28: 491-499.

Haglund P, Jakobsson E, Asplund L, et al., 1993. Determination of polychlorinated naphthalenes in polychlorinated biphenyl products via capillary gas-chromatography mass-spectrometry after separation by gel-permeation chromatography. Journal of Chromatography, 634: 79-86.

Harner T, Green N J L, Jones K C, 2000. Measurements of octanol-air partition coefficients for PCDD/Fs: A tool in assessing air-soil equilibrium status. Environmental Science & Technology, 34: 3109-3114.

Harner T, Bidleman T F, Jantunen L M M, et al., 2001. Soil-air exchange model of persistent pesticides in the United States cotton belt. Environmental Toxicology and Chemistry, 20: 1612-1621.

Harner T, Shoeib M, Gouin T, et al., 2006. Polychlorinated naphthalenes in Great lakes air: Assessing spatial trends and combustion inputs using PUF disk passive air samplers. Environmental Science & Technology, 40: 5333-5339.

Hayward D, 1998. Identification of bioaccumulating polychlorinated naphthalenes and their toxicological significance. Environmental Research, 76: 1-18.

Helm P A, Bidleman T F, 2003. Current combustion-related sources contribute to polychlorinated naphthalene and dioxin-like polychlorinated biphenyl levels and profiles in air in Toronto, Canada. Environmental Science & Technology, 37: 1075-1082.

Helm P A, Bidleman T F, Li H H, et al., 2004. Seasonal and spatial variation of polychlorinated naphthalenes and non-/mono-ortho-substituted polychlorinated biphenyls in Arctic air. Environmental Science & Technology, 38: 5514-5521.

Helm P A, Bidleman T F, 2005. Gas-particle partitioning of polychlorinated naphthalenes and non- and mono-ortho-substituted polychlorinated biphenyls in Arctic air. Science of the Total Environment, 342: 161-173.

Hippelein M, McLachlan M S, 1998. Soil/air partitioning of semivolatile organic compounds. 1. Method development and influence of physical-chemical properties. Environmental Science & Technology, 32: 310-316.

Hippelein M, McLachlan M S, 2000. Soil/air partitioning of semivolatile organic compounds. 2. Influence of temperature and relative humidity. Environmental Science & Technology, 34: 3521-3526.

Hoff R M, Muir D C G, Grift N P, 1992a. Annual cycle of polychlorinated-biphenyls and organohalogen pesticides in air in Southern Ontario. 1. Air concentration data. Environmental Science & Technology, 26: 266-275.

Hoff R M, Muir D C G, Grift N P, 1992b. Annual cycle of polychlorinated-biphenyls and organohalogen pesticides in air in Southern Ontario. 2. atmospheric transport and sources. Environmental Science & Technology, 26: 276-283.

Huettig J, Oehme M, 2006. Congener group patterns of chloroparaffins in marine sediments obtained by chloride attachment chemical ionization and electron capture negative ionization. Chemosphere, 64: 1573-1581.

Iino F, Imagawa T, Takeuchi M, et al., 1999. De novo synthesis mechanism of polychlorinated dibenzofurans from polycyclic aromatic hydrocarbons and the characteristic isomers of polychlorinated naphthalenes. Environmental Science & Technology, 33: 1038-1043.

Imagawa T, Takeuchi M, 1995. Relation between isomer compositions of polychlorinated naphthalens and congener compositions of PCDDs/PCDFs from incinerators. Organohalogen Compounds, 47: 272-274.

Imagawa T, Lee C W, 2001. Correlation of polychlorinated naphthalenes with polychlorinated dibenzofurans formed from waste incineration. Chemosphere, 44: 1511-1520.

Iozza S, Schmid P, Oehme M, 2009. Development of a comprehensive analytical method for the determination of chlorinated paraffins in spruce needles applied in passive air sampling. Environmental Pollution, 157: 3218-3224.

Jansson S, Fick J, Marklund S, 2008. Formation and chlorination of polychlorinated naphthalenes (PCNs) in the post-combustion zone during MSW combustion. Chemosphere, 72: 1138-1144.

Jarnberg U, Asplund L, de Wit C, et al., 1997. Distribution of polychlorinated naphthalene congeners in environmental and source-related samples. Archives of Environmental Contamination and Toxicology, 32: 232-245.

Jarnberg U G, Asplund L T, Egeback A L, et al., 1999. Polychlorinated naphthalene congener profiles in background sediments compared to a degraded Halowax 1014 technical mixture. Environmental Science & Technology, 33: 1-6.

Jones K C, 1994. Observations on long-term air-soil exchange of organic contaminants. Environmental Science and Pollution Researches, 1: 172-177.

Jury W A, Winer A M, Spencer W F, et al., 1987. Transport and transformations of organic-chemicals in the soil air water ecosystem. Reviews of Environment Contamination and Toxicology, 99: 119-164.

Kannan K, Imagawa T, Blankenship A L, et al., 1998. Isomer-specific analysis and toxic evaluation of polychlorinated naphthalenes in soil, sediment, and biota collected near the site of a former chlor-alkali plant. Environmental Science & Technology, 32: 2507-2514.

Kannan K, Yamashita N, Imagawa T, et al., 2000. Polychlorinated naphthalenes and polychlorinated biphenyls in fishes from Michigan waters including the Great Lakes. Environmental Science & Technology, 34: 566-572.

Karickhoff S W, 1981. Semiempirical estimation of sorption of hydrophobic pollutants on natural sediments and soils. Chemosphere, 10: 833-846.

Kaupp H, McLachlan M S, 1999. Atmospheric particle size distributions of polychlorinated dibenzo-p-dioxins and dibenzofurans (PCDD/Fs) and polycyclic aromatic hydrocarbons (PAHs) and their implications for wet and dry deposition. Atmospheric Environment, 33: 85-95.

Kelly B C, Ikonomou M G, Blair J D, et al., 2007. Food web-specific biomagnification of persistent organic pollutants. Science, 317: 236-239.

Kim D H, Mulholland J A, Ryu J Y, 2005. Formation of polychlorinated naphthalenes from chlorophenols. Proceedings of the Combustion Institute, 30: 1245-1253.

Komprda J, Komprdova K, Sanka M, et al., 2013. Influence of climate and land use change on spatially resolved volatilization of persistent organic pollutants (POPs) from background soils. Environmental Science & Technology, 47: 7052-7059.

Kover F D, 1975. Environmental hazard assessment report: chlorinated naphthalenes. Office of Toxic Substances, US EPA, Washington, DC.

Krauss M, Wilcke W, 2003. Polychlorinated naphthalenes in urban soils: Analysis, concentrations, and relation to other persistent organic pollutants. Environmental Pollution, 122: 75-89.

Kurt K, Perihan B, Bidleman T F, et al., 2006. Measurement of DDT fluxes from a historically treated agricultural soil in Canada. Environmental Science & Technology, 40: 4578-4585.

Lee R G M, Burnett V, Harner T, et al., 2000. Short-term temperature-dependent air-surface exchange and atmospheric concentrations of polychlorinated naphthalenes and organochlorine pesticides. Environmental Science & Technology, 34: 393-398.

Lee R G M, Coleman P, Jones J L, et al., 2005a. Emission factors and importance of PCDD/Fs, PCBs, PCNs, PAHs and PM$_{10}$ from the domestic burning of coal and wood in the UK. Environmental Science & Technology, 39: 1436-1447.

Lee R G M, Thomas G O, Jones K C, 2005b. Detailed study of factors controlling atmospheric concentrations of PCNs. Environmental Science & Technology, 39: 4729-4738.

Lee S C, Harner T, Pozo K, et al., 2007. Polychlorinated naphthalenes in the Global Atmospheric Passive Sampling (GAPS) study. Environmental Science & Technology, 41: 2680-2687.

Letcher R J, Bustnes J O, Dietz R, et al., 2010. Exposure and effects assessment of persistent organohalogen contaminants in arctic wildlife and fish. Science of the Total Environment, 408: 2995-3043.

Li J, Liu X, Zhang G, et al., 2010a. Particle deposition fluxes of BDE-209, PAHs, DDTs and chlordane in the Pearl River Delta, South China. Science of the Total Environment, 408: 3664-3670.

Li Q, Li J, Wang Y, et al., 2012. Atmospheric short-chain chlorinated paraffins in China, Japan, and South Korea. Environmental Science & Technology, 46: 11948-11954.

Li Y, Harner T, Liu L, et al., 2010b. Polychlorinated biphenyls in global air and surface soil: Distributions, air-soil exchange, and fractionation effect. Environmental Science & Technology, 44: 2784-2790.

Lohmann R, Breivik K, Dachs J, et al., 2007. Global fate of POPs: Current and future research directions. Environmental Pollution, 150: 150-165.

Lopez-Garcia P, Gelado-Caballero M D, Santana-Castellano D, et al., 2013. A three-year time-series of dust deposition flux measurements in Gran Canaria, Spain: A comparison of wet and dry surface deposition samplers. Atmospheric Environment, 79: 689-694.

Mackay D, 2001 Multimedia Environmental Models: The Fugacity Approach. Boca Raton (Fla.): Lewis.

Madeley J R, Birtley R D N, 1980. Chlorinated paraffins and the environment. 2. Aquatic and avian toxicology. Environmental Science & Technology, 14: 1215-1221.

Madeley J R, Maddock B G, 1983. The bioconcentration of a chlorinated paraffin in the tissues and organs of rainbow trout (*Salmo gairdneri*). Imperial Chemical Industries PLC, Devon, U.K.

Mari M, Schuhmacher M, Feliubadalo J, et al., 2008. Air concentrations of PCDD/Fs, PCBs and PCNs using active and passive air samplers. Chemosphere, 70: 1637-1643.

Marvin C H, Painter S, Tomy G T, et al., 2003. Spatial and temporal trends in short-chain chlorinated paraffins in Lake Ontario sediments. Environmental Science & Technology, 37: 4561-4568.

McDonough C A, Puggioni G, Helm P A, et al., 2016. Spatial distribution and air-water exchange of organic flame retardants in the lower Great Lakes. Environmental Science & Technology, 50: 9133-9141.

Meijer S N, Harner T, Helm P A, et al., 2001. Polychlorinated naphthalenes in UK soils: Time trends, markers of source, and equilibrium status. Environmental Science & Technology, 35: 4205-4213.

Meijer S N, Shoeib M, Jantunen L M M, et al., 2003a. Air-soil exchange of organochlorine pesticides in agricultural soils. 1. Field measurements using a novel *in situ* sampling device. Environmental Science & Technology, 37: 1292-1299.

Meijer S N, Shoeib M, Jones K C, et al., 2003b. Air-soil exchange of organochlorine pesticides in agricultural soils. 2. Laboratory measurements of the soil-air partition coefficient. Environmental Science & Technology, 37: 1300-1305.

Muir D C, Stem G A, Tomy G T, 2000. Chapter 8: Chlorinated Paraffins. The Handbook of Environmental Chemistry. *In*: Paasivirta J E (Ed.). New Types of Persistent Halogenated Compounds. Berlin: Springer-Verlag.

Nadal M, Schuhmacher M, Domingo J L, 2007. Levels of metals, PCBs, PCNs and PAHs in soils of a highly industrialized chemical/petrochemical area: Temporal trend. Chemosphere, 66: 267-276.

Nakano T, Matsumura C, Fujimori K, 2000. Isomer specific analysis of polychlorinated naphthalenes for environmental sample. Organohalogen Compounds, 47: 178-181.

Nizzetto L, MacLeod M, Borga K, et al., 2010. Past, present, and future controls on levels of persistent organic pollutants in the global environment. Environmental Science & Technology, 44: 6526-6531.

Noma Y, Yamamoto T, Sakai S I, 2004. Congener-specific composition of polychlorinated naphthalenes, coplanar PCBs, dibenzo-*p*-dioxins, and dibenzofurans in the Halowax series. Environmental Science & Technology, 38: 1675-1680.

OECD, 1999. Risk assessment of $C_{10} \sim C_{13}$ chloro-alkanes. Health and Safety Executive, London, U. K.

Oh J E, Gullett B, Ryan S, et al., 2007. Mechanistic relationships among PCDDs/Fs, PCNs, PAHs, CIPhs, and CIBzs in municipal waste incineration. Environmental Science & Technology, 41: 4705-4710.

OSPAR, 2001. A Background Document on Short Chain Chlorinated Paraffins. OSPAR Commission.

Peters A, Tomy G T, Stern G, et al., 1998. Polychlorinated alkanes in the atmosphere of the United Kingdom and Canada-Analytical methodology and evidence of the potential for long-range transport. Organohalogen Compounds, 35: 439-442.

Peters A J, Tomy G T, Jones K C, et al., 2000. Occurrence of $C_{10} \sim C_{13}$ polychlorinated *n*-alkanes in the atmosphere of the United Kingdom. Atmospheric Environment, 34: 3085-3090.

Renberg L, Sundstrom G, Sundhnygard K, 1980. Partition-coefficients of organic-chemicals derived from reversed phase thin-layer chromatography-Evaluation of methods and application on phosphate-esters, polychlorinated paraffins and some PCB-substitutes. Chemosphere, 9: 683-691.

Ruzickova P, Klanova J, Cupr P, et al., 2008. An assessment of air-soil exchange of polychlorinated biphenyls and organochlorine pesticides across Central and Southern Europe. Environmental Science & Technology, 42: 179-185.

Sakai S, Yamamoto T, Noma Y, et al., 2006. Formation and control of toxic polychlorinated compounds during incineration of wastes containing polychlorinated naphthalenes. Environmental Science & Technology, 40: 2247-2253.

Schneider M, Stieglitz L, Will R, et al., 1998. Formation of polychlorinated naphthalenes on fly ash. Chemosphere, 37: 2055-2070.

Schuhmacher M, Nadal M, Domingo J L, 2004. Levels of PCDD/Fs, PCBs, and PCNs in soils and vegetation in an area with chemical and petrochemical industries. Environmental Science & Technology, 38: 1960-1969.

Sharma B M, Bharat G K, Tayal S, et al., 2014. Environment and human exposure to persistent organic pollutants (POPs) in India: A systematic review of recent and historical data. Environment International, 66: 48-64.

Shen L, Wania F, Lei Y D, et al., 2005. Atmospheric distribution and long-range transport behavior of organochlorine pesticides in North America. Environmental Science & Technology, 39: 409-420.

Sijm D, Sinnige T L, 1995. Experimental octanol/water partition-coefficients of chlorinated paraffins. Chemosphere, 31: 4427-4435.

Sinkkonen S, Paasivirta J, Lahtipera M, et al., 2004. Screening of halogenated aromatic compounds in some raw material lots for an aluminium recycling plant. Environment International, 30: 363-366.

Sisman T, Geyikoglu F, 2008. The teratogenic effects of polychlorinated naphthalenes (PCNs) on early development of the zebrafish (*Danio rerio*). Environmental Toxicology and Pharmacology, 25: 83-88.

Stern G A, Braekevelt E, Helm P A, et al., 2005. Modem and historical fluxes of halogenated organic contaminants to a lake in the Canadian Arctic, as determined from annually laminated sediment cores. Science of the Total Environment, 342: 223-243.

Sultana J, Syed J H, Mahmood A, et al., 2014. Investigation of organochlorine pesticides from the Indus Basin, Pakistan: Sources, air-soil exchange fluxes and risk assessment. Science of the Total Environment, 497: 113-122.

Sweetman A J, Cousins I T, Seth R, et al., 2002. A dynamic level IV multimedia environmental model: Application to the fate of polychlorinated biphenyls in the United Kingdom over a 60-year period. Environmental Toxicology and Chemistry, 21: 930-940.

Syed J H, Malik R N, Liu D, et al., 2013. Organochlorine pesticides in air and soil and estimated air-soil exchange in Punjab, Pakistan. Science of the Total Environment, 444: 491-497.

Taniyasu S, Kannan K, Holoubek I, et al., 2003. Isomer-specific analysis of chlorinated biphenyls, naphthalenes and dibenzofurans in Delor: Polychlorinated biphenyl preparations from the former Czechoslovakia. Environmental Pollution, 126: 169-178.

Tasdemir Y, Salihoglu G, Salihoglu N K, et al., 2012. Air-soil exchange of PCBs: Seasonal variations in levels and fluxes with influence of equilibrium conditions. Environmental Pollution, 169: 90-97.

Tomy G T, Fisk A T, Westmore J B, et al., 1998. Environmental chemistry and toxicology of polychlorinated *n*-alkanes. Reviews of Environment Contamination and Toxicology, 158: 53-128.

Tomy G T, Stern G A, Lockhart W L, et al., 1999. Occurrence of $C_{10} \sim C_{13}$ polychlorinated *n*-alkanes in Canadian midlatitude and arctic lake sediments. Environmental Science & Technology, 33: 2858-2863.

Villeneuve D L, Kannan K, Khim J S, et al., 2000. Relative potencies of individual polychlorinated naphthalenes to induce dioxin-like responses in fish and mammalian *in vitro* bioassays. Archives of Environmental Contamination and Toxicology, 39: 273-281.

Wallace J C, Hites R A, 1996. Diurnal variations in atmospheric concentrations of polychlorinated biphenyls and endosulfan: Implications for sampling protocols. Environmental Science & Technology, 30: 444-446.

Wang C, Wang X, Ren J, et al., 2017. Using a passive air sampler to monitor air-soil exchange of organochlorine pesticides in the pasture of the central Tibetan Plateau. Science of the Total Environment, 580: 958-965.

Wang D, Yang M, Jia H, et al., 2008. Seasonal variation of polycyclic aromatic hydrocarbons in soil and air of Dalian areas, China: An assessment of soil-air exchange. Journal of Environmental Monitoring, 10: 1076-1083.

Wang W, Simonich S, Giri B, et al., 2011. Atmospheric concentrations and air-soil gas exchange of polycyclic aromatic hydrocarbons (PAHs) in remote, rural village and urban areas of Beijing-Tianjin region, North China. Science of the Total Environment, 409: 2942-2950.

Wang X, Sheng J, Gong P, et al., 2012a. Persistent organic pollutants in the Tibetan surface soil: Spatial distribution, air-soil exchange and implications for global cycling. Environmental Pollution, 170: 145-151.

Wang Y, Cheng Z, Li J, et al., 2012b. Polychlorinated naphthalenes (PCNs) in the surface soils of the Pearl River Delta, South China: Distribution, sources, and air-soil exchange. Environmental Pollution, 170: 1-7.

Wang Y, Li Q, Xu Y, et al., 2012c. Improved correction method for using passive air samplers to assess the distribution of PCNs in the Dongjiang River basin of the Pearl River Delta, South China. Atmospheric Environment, 54. 700-705.

Wang Y, Li J, Cheng Z, et al., 2013. Short- and medium-chain chlorinated paraffins in air and soil of subtropical terrestrial environment in the Pearl River Delta, South China: Distribution, composition, atmospheric deposition fluxes, and environmental fate. Environmental Science & Technology, 47: 2679-2687.

Wang Y, Luo C, Wang S, et al., 2015a. Assessment of the air-soil partitioning of polycyclic aromatic hydrocarbons in a paddy field using a modified fugacity sampler. Environmental Science & Technology, 49: 284-291.

Wang Y, Wang S, Luo C, et al., 2015b. The effects of rice canopy on the air-soil exchange of polycyclic aromatic hydrocarbons and organochlorine pesticides using paired passive air samplers. Environmental Pollution, 200: 35-41.

Wang Y, Luo C, Wang S, et al., 2016. The abandoned E-waste recycling site continued to act as a significant source of polychlorinated biphenyls: An *in situ* assessment using fugacity samplers. Environmental Science & Technology, 50: 8623-8630.

Wania F, Mackay D, 1993. Global fractionation and cold condensation of low volatility organochlorine compounds in Polar-Regions. Ambio, 22: 10-18.

Weistrand C, Lunden A, Noren K, 1992. Leakage of polychlorinated-biphenyls and naphthalenes from electronic equipment in a laboratory. Chemosphere, 24: 1197-1206.

WHO, 1996. Environmental Health Criteria 181: Chlorinated Paraffins. International programme on chemical safety. World Health Organization, Switzerland.

Wu X, Wang Y, Hou M, et al., 2017. Atmospheric deposition of PBDEs and DPs in Dongjiang River basin, South China. Environmental Science and Pollution Research, 24: 3882-3889.

Yamashita N, Kannan K, Imagawa T, et al., 2000a. Concentrations and profiles of polychlorinated naphthalene congeners in eighteen technical polychlorinated biphenyl preparations. Environmental Science & Technology, 34: 4236-4241.

Yamashita N, Kannan K, Imagawa T, et al., 2000b. Vertical profile of polychlorinated dibenzo-*p*-dioxins, dibenzofurans, naphthalenes, biphenyls, polycyclic aromatic hydrocarbons, and alkylphenols in a sediment core from Tokyo Bay, Japan. Environmental Science & Technology, 34: 3560-3567.

Yamashita N, Taniyasu S, Hanari N, et al., 2003. Polychlorinated naphthalene contamination of some recently manufactured industrial products and commercial goods in Japan. Journal of Environmental Science and Health Part A: Toxic/Hazardous Substances & Environmental Engineering, 38: 1745-1759.

Zeng L X, Wang Y W, Yuan B, et al., 2010. Study of distribution patterns and concentrations of short chain chlorinated paraffins in farm soils irrigated with wastewater. Organohalogen Compounds, 72: 126-129.

Zhang Y, Deng S, Liu Y, et al., 2011. A passive air sampler for characterizing the vertical concentration profile of gaseous phase polycyclic aromatic hydrocarbons in near soil surface air. Environmental Pollution, 159: 694-699.

Zhong Y, Zhu L. 2013. Distribution, input pathway and soil-air exchange of polycyclic aromatic hydrocarbons in Banshan Industry Park, China. Science of the Total Environment, 444: 177-182.

Zhu N, Schramm K-W, Wang T, et al., 2015. Lichen, moss and soil in resolving the occurrence of semi-volatile organic compounds on the southeastern Tibetan Plateau, China. Science of the Total Environment, 518: 328-336.

第7章 长江口及东海近岸POPs地球化学过程与归趋

本章导读

- 传统POPs(DDT和HCH)来源从一次排放源到二次释放源的转变,使得当前河口环境下污染物的赋存形态、迁移扩散、埋藏等过程发生深刻变化。
- 通过长江口花鸟岛采集的大气(颗粒态和气态)、水体样品,计算海气交换、干湿沉降通量,在年度尺度上评估长江河口区传统POPs在水气界面的源-汇效应。
- 通过东海泥质区传统POPs沉积记录的研究发现:来自以大气沉降为主的沉积记录,能很好地吻合物源区污染物使用历史记录,反映了一次排放来源特征;大河径流影响下的沉积记录,反映了与输出环境、河口沉积动力环境变化有关的二次搬运来源特征。

7.1 引   言

大河作为持久性有机污染物(POPs)迁移的主要途径之一,在河口和近海环境POPs地球化学过程中具有至关重要的作用。以长江为例,作为世界第三大河流,多年平均年径流总量为9240亿 m^3 ,泥沙通量约为4.8亿 t。Wang 等(2007)估算长江每年通过径流搬运入海的16种多环芳烃总量为232 t。Lin 等(2013)估算东海内陆架每年进入沉积物的16种多环芳烃总量约有240 t,沉积通量远远高于我国其他海区,如珠江口-南海北部多环芳烃沉积通量(36 t/a)(Chen, et al., 2006)、渤海湾-渤海南部沉积物中多环芳烃沉积通量(40 t/a)(Qin et al., 2011)。长江径流搬运是其重要的贡献(Lin et al., 2013)。值得关注的是,长江的输水量、输沙量与季节息息相关,约87%的长江水和泥沙集中在每年6月至11月的汛期,同时也携带大量POPs进入河口和近海区域,使得水体逸度大幅度攀升,导致POPs从水体大量挥发进入大气;与此同时,长江口近海区域受季风控制,陆风和海风带来的POPs浓度是有显著差异的。因此,会造成区域污染物源汇效应发生季节性转变。

随着传统 POPs(主要是 DDT 和 HCH)在全球范围内的削减乃至禁用,这些有机污染物逐渐从一次排放来源转为从环境介质(尤其是土壤)中的二次释放来源。人口聚集的大河沿江地带一直以来是 POPs 排放的主要源区,土壤中残留有大量历史使用的 POPs,在目前一次排放来源得到有效控制的背景下,降水和径流冲刷作用使得地表残留有机污染物仍不间断汇入受纳水体。这一过程使得原先受到土壤有机质吸附而不能完全释放进入大气的部分残留 POPs,可以通过土-水-气的途径进入大气,重新参与到大气循环中,改变原先单一的气-水-沉积物的归趋路径,尤其是在河口和近岸环境,咸淡水交换、水(沉积)动力环境的改变和季节性气团来源变化会提升水体作为二次释放源的效应。因此,随着传统 POPs 来源从一次排放源到二次释放源的转变,从全球或区域尺度上重新认识径流搬运对 POPs 源和汇、环境归趋及其生态环境影响,是当前 POPs 研究的重要内容。本章以我国长江口和近海区域内大气(包括降雨)、水和沉积物中 DDT 和 HCH 调查为例,定量揭示在持续禁用的背景下,传统 POPs(DDT 和 HCH)在各环境介质之间地球化学过程的变化规律和关键特征。

7.2 大气和降雨中 DDT 和 HCH 污染特征

长江口和东海近海是我国陆海相互作用研究的关键区域,是大气 POPs 监测的重点区域。一直以来,在冬季和春季稳定西北风的影响下,来自中国华北和华东地区长距离传输是该区域大气 POPs 的主要来源,特别是冬春之际来自内蒙古地区的沙尘暴携带大量的物质(包括 POPs)通过干湿沉降进入该海区。同时,作为陆源 POPs 向外长距离传输路径上的重要陆海转换区,区域监测结果有助于认识东亚季风对 POPs 长距离传输的影响。

7.2.1 采样点概述

采样地点位于浙江省舟山市嵊泗县花鸟岛(N30.86°,E122.67°)。花鸟岛是嵊泗列岛最北端的岛屿。花鸟岛地理位置处于上海以东约 66 km,从气候条件上属于亚热带海洋季风性气候。该岛平均海拔 235.8 m,岛屿面积 3.28 km²。岛屿位于东亚季风的途径之上,是评估亚洲大陆输出物向西北太平洋传输的理想观测站。花鸟岛常住人口不足 1000 人,且大多岛民从事捕鱼为生,没有传统内陆地区的农业耕作行为以及现代工业带来的工业活动,被认为几乎不存在本地的 POPs 排放源,这使得该岛成为开展大气研究的理想地点。同时,花鸟岛地处于长江口河口锋区域,可以同步监测长江搬运入海 POPs 的状况。

7.2.2　样品采集和分析

总悬浮颗粒物(total suspended particulate, TSP)样品与气态样品成对采集。采样器选用广州铭野环保科技有限公司的中流量采样器，采样器流量设定为 300 L/min。在中流量采样器中，大气中的 TSP 首先会被采样器中放置的石英滤膜进行拦截收集，经过过滤后的空气中的气态物质会被放置于圆柱玻璃杯中的聚氨酯泡沫(PUF)吸收，从而形成配对的颗粒态和气态样品。每季度进行连续一个月的采样，共采集了自 2013 年 10 月至 2014 年 8 月总共四个季度，具体日期为 2013 年 10 月 20日至 11 月 12 日秋季采样(共计 24 个样品)；2013 年 12 月 22 日至 2014 年 1 月 14日冬季采样(共计 23 个样品)；2014 年 3 月 27 日至 4 月 18 日春季采样(共计 23个样品)；2014 年 7 月 29 日至 8 月 26 日夏季采样(共计 23 个样品)。每个样品的采样自当日上午 8 点 30 分开始，至第二天上午 8 点为止，连续采样 23 小时 30分钟。最终四季度共采集大气样品 93 对。每季度采集两个空白样品，操作方法为：将空白石英滤膜以及 PUF 放置于采样器内，将采样器闭合至采样状态，不进行开机，1 min 后将样品取出即可视作空白样。

雨水样品用底部直径 60 cm，高 50 cm 的不锈钢桶采集。降雨时打开盖子收集雨水，待降雨结束后，将收集的雨水搬回实验室，量取体积，精确到毫升(mL)。将雨水样品用蠕动泵使水样(颗粒态与溶解态同时收集)通过填料为XAD-2/XAD-4(1∶1)的固相萃取柱进行吸附。完全吸附后，萃取柱用封口膜进行密封，并用铝箔包好置于密封袋中，存放于–20℃的冰柜中。此次研究共采集了 9个雨水样品。

将称重后的 TSP 滤膜样品，裁取 1/2 面积，折叠放入 250 mL 规格的回流管中，加入回收率指示物，以二氯甲烷为试剂用索氏抽提法抽提 48 h。索氏抽提之后，将溶液通过旋蒸仪浓缩至 5 mL，之后以正己烷作为替换溶剂进行溶剂转换，具体操作方法为分三次总共加入 15 mL 的正己烷试剂，并再次将其浓缩至 5 mL，并转移至 20 mL 样品瓶中。位于样品瓶中的溶液将再次被浓缩，通过氮吹方式浓缩至 1 mL 后，将溶液通过层析柱，使溶剂和待测物质分离。层析柱装填总长度为 10 cm，从下至上按照氧化铝、硅胶和无水硫酸钠比值为 3∶3∶1 装填。溶液加入层析柱后，用 15 mL 的正己烷-二氯甲烷混合溶液(1∶1 等体积混合)淋洗层析柱。最后将经过层析柱的淋洗液通过氮吹浓缩至约 0.5 mL 并转移至细胞瓶中，即可测样。

将采样结束的 PUF 样品用处理好的干净纱布包裹，置于回流管中进行索氏抽提 48 h。后续步骤与 TSP 处理步骤相同。

雨水(和海水)样品采用固相萃取法进行浓缩富集。萃取柱以 XAD-2 和 XAD-4 质量比为 1 : 1 为配方作为填料进行填充。加入定量体积的回收率指示物后,控制流速为 100 mL/min 通过萃取柱萃取。之后将萃取柱置于冷冻干燥机中去除柱内残留水分。干燥后的萃取柱用总量共计 100 mL 的二氯甲烷试剂进行洗脱。洗脱下的溶液通过旋转蒸发仪浓缩至 5 mL,正己烷溶剂转换,再次将溶剂转换后的溶液浓缩至 5 mL,通过氮吹将溶液浓缩至约 0.5 mL 并转移至细胞瓶中,即待测样品。

样品使用安捷伦(Agilent Technologies, Santa Clara, CA)色质谱联用仪(Gas chromatography-mass spectrometry,仪器型号为 5975)进行分析。分析之前,向样品中添加已知量的五氯硝基苯作为内标指示物用以定量分析。其 GC 分析条件如下:色谱柱:CP-SIL 8 CB(美国)毛细管柱,柱长:50 m,内径:0.25 mm,膜厚度:0.25 μm。载气 99.999%氮气,流速 1.0 mL/min,进样口温度 250℃。进样量 1 μL。升温程序:初始温度 60℃,保持 10 min,之后以每分钟 4℃升温至 290℃,保持 20 min。后运行时间:10 min。总分析时间:97.5 min。

所有实验步骤均严格遵守既定的实验方案和相应的实验室规范制度,最大程度减少实验过程中的操作误差。对待空白样品使用与所有样品相同的实验处理方法和分析方法。空白样品用以检测目标化合物的回收率和操作中的方法误差、人为污染。在样品测定的过程中,每进行 10 个样品分析即添加一个方法空白样品,以检测整个处理过程中是否存在人为污染。本次浓度测定的方法检测限为 0.06 ng/m³,低于该检测限的浓度即被视为未被检出,上述空白样品在测定过程中,DDT 和 HCH 含量均低于方法检测限,因此我们认为空白样品不含 DDT 和 HCH。

样品分析前,对所有样品添加 OCPs 的回收率指示物(TCmX + PCB-209),用以指示目标化合物的回收率。结果显示,大气样品中,TCmX 和 PCB-209 的回收率均值分别为 74%±30% 和 73%±28%,雨水和海水样品中的回收率分别为 89%±34%(TCmX)和 78%±27%(PCB-209),回收率属于较为正常的范围,因此没有进行回收率校正。

7.2.3 大气中 DDT 和 HCH 的浓度水平和季节变化

2013～2014 年长江口(花鸟岛)大气定点监测结果:颗粒态 β-HCH 和 γ-HCH 均被检出,检出率为 100%;α-HCH、p, p'-DDE、p, p'-DDD、o, p'-DDT 和 p, p'-DDT 的检出率为 83%～98%;δ-HCH 则在颗粒态样品中几乎没有被检出,说明在该研究区域中,δ-HCH 在颗粒态中的含量较低。DDT 和 HCH 在采样期间颗粒态浓度范围在 4.8～31 pg/m³,全年颗粒态浓度的均值为(19±4.5)pg/m³。其中 DDT 的全年颗粒态浓度均值为(2.9±1.8)pg/m³,HCH 的全年颗粒态浓度均值为(16±3.9)pg/m³。HCH 在颗粒态中的浓度高于对应的 DDT 浓度。从季节上看,秋季 DDT 颗粒态浓度略高于其他三个季节，达到了 $(4.7\pm2.0)\,pg/m^3$，其他季节依次为春季 $(2.9\pm1.4)\,pg/m^3$，夏季 $(2.8\pm1.7)\,pg/m^3$，以及冬季 $(2.8\pm2.7)\,pg/m^3$ [图 7-1 和表 7-1(Li et al., 2017)]。对 HCH 而言，在检出的 α-、β-、γ-HCH 单体中，颗粒态 β-HCH 全年平均浓度为 14 ± 3.6，占 HCH 比重超过 80%。β-HCH 从理化性质上来说更为稳定，在环境当中更难以被降解，尤其会在土壤有机质中不断富集。这些特性使得 β-HCH 在目前土壤中的含量高于其他 HCH 异构体(Li et al., 2006)，因此当土壤中的 β-HCH 通过风化以颗粒态的形式再次向环境中释放，使得大气中颗粒态 β-HCH 浓度提高，这也反映出研究区域大气颗粒物中 HCH 主要来自土壤的风化(Li et al., 2007)。若只计算 α-HCH 和 γ-HCH，秋季和冬季的 α-HCH 和 γ-HCH 颗粒态浓度略高于其他季节，分别达到了 $(2.1\pm1.7)\,pg/m^3$ 和 $(2.1\pm1.0)\,pg/m^3$，夏季含量为 $(1.8\pm1.7)\,pg/m^3$，春季含量为 $(0.7\pm0.3)\,pg/m^3$，全年 α-HCH 和 γ-HCH 的颗粒态平均值为 $(1.7\pm1.2)\,pg/m^3$。无论是 DDT 还是 HCH，其颗粒态浓度并没有表现出明显的季节差异，尤其是冬季，强烈的沙尘输入并没有导致浓度的显著提高，说明目前缺少新鲜 DDT 和 HCH 的使用，颗粒态 DDT 和 HCH 主要来自污染土壤的风化，而不是气态向颗粒态的转化(Ji et al., 2015)。在位于我国中部(湖北省)中国气象局大气成分观测网(China Atmosphere Watch Network，CAWNET)的大气 DDT 和 HCH 研究结果同样反映出颗粒态浓度整体水平较低、季节变化不显著的特点，这和我国当前的农药使用背景是一致的，DDT 和 HCH 在中国被广泛禁用已经达到了三十余年，DDT 和 HCH 在土壤中的残留已经下降到一个相对较低的水平(Zhan et al., 2017)。这一点明显不同于 PBDEs(尤其是 BDE-209)、多环芳烃、有机碳/元素碳(OC/EC)等污染物，冬季强劲的西北季风使得气团携带着大量来源于上风带的物质进入该区域，从而造成长江口和东海近岸颗粒态中该污染物浓度显著提高，间接证明目前我国环境中该污染物仍存在大量一次排放源(Li et al., 2015; Wang et al., 2015; Wang et al., 2014)。

DDT 和 HCH 的气态样品(PUF)中，α-HCH 在所有气态样品中均被检出，γ-HCH、p, p'-DDE、p, p'-DDD、o, p'-DDT 和 p, p'-DDT 的检出率为 77%～98%，β-HCH 和 δ-HCH 则在气态样品中几乎没有被检出。从浓度水平来看，检出的 DDT 和 HCH 的气态浓度范围在 5.0～230 pg/m^3，平均值为 $(30\pm29)\,pg/m^3$。其中 DDT 和 HCH 的全年气态平均浓度相当，分别为 $(13\pm27)\,pg/m^3$ 与 $(17\pm10)\,pg/m^3$。DDT 最高的气态浓度出现在夏季，达到 $(40\pm28)\,pg/m^3$，远高于秋季 $(5\pm3)\,pg/m^3$，春季 $(4\pm3)\,pg/m^3$，以及冬季 $(3\pm2)\,pg/m^3$(图 7-1 和表 7-1)。HCH 则没有呈现出明显的季节变化，四个季节的气态浓度分别为秋季 $(22\pm7.0)\,pg/m^3$，冬季 $(20\pm12)\,pg/m^3$，夏季 $(16\pm12)\,pg/m^3$ 以及春季 $(11\pm5)\,pg/m^3$。

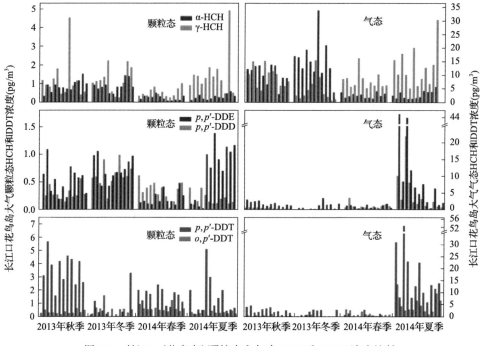

图 7-1　长江口（花鸟岛）颗粒态和气态 DDT 和 HCH 浓度比较

表 7-1　2013~2014 年度长江口（花鸟岛）大气颗粒态和气态 DDT 和 HCH 浓度　（单位：pg/m³）

颗粒态	秋季	冬季	春季	夏季
α-HCH	0.30~1.67 (0.87±0.34)	0.33~1.54 (0.87±0.32)	ND~0.62 (0.23±0.13)	0.11~0.86 (0.28±0.18)
β-HCH	11.80~17.21 (13.86±1.78)	1.11~5.13 (12.67±1.12)	3.17~25.84 (15.76±5.67)	6.90~19.71 (15.15±3.23)
γ-HCH	0.27~2.71 (0.88±0.62)	0.15~3.80 (1.19±0.88)	0.20~1.10 (0.50±0.26)	0.27~2.30 (1.19±0.60)
δ-HCH	0.24~3.77 (1.36±0.79)	0.08~0.76 (0.33±0.21)	0.30~4.04 (1.61±1.09)	0.42~1.53 (3.01±1.54)
o,p'-DDT	0.16~0.86 (0.35±0.16)	N.D.~1.91 (0.57±0.45)	0.10~2.41 (0.64±0.46)	ND~0.89 (0.31±0.21)
p,p'-DDT	0.92~11.09 (4.73±2.70)	N.D.~0.6 (0.17±0.18)	0.47~7.69 (2.33±2.13)	0.14~5.41 (1.62±1.44)
p,p'-DDE	0.07~1.09 (0.53±0.32)	0.38~1.46 (0.73±0.29)	ND~0.84 (0.20±0.19)	ND~1.41 (0.70±0.52)
p,p'-DDD	0.10~0.75 (0.30±0.14)	0.16~1.67 (0.62±0.38)	ND~0.66 (0.36±0.16)	ND~0.61 (0.18±0.14)

续表

气态	秋季	冬季	春季	夏季
α-HCH	1.06～21.31 (10.55±4.28)	2.10～46.72 (15.287±9.41)	0.75～4.60 (2.51±1.16)	0.82～7.02 (2.71±1.85)
γ-HCH	0.83～25.47 (10.16±5.86)	0.20～42.03 (8.01±11.95)	2.49～23.33 (8.00±4.72)	1.63～46.88 (13.05±10.56)
o,p'-DDT	0.11～1.61 (0.43±0.36)	ND ND	0.16～4.91 (1.30±1.23)	ND～15.30 (5.06±4.07)
p,p'-DDT	0.44～6.37 (2.72±1.59)	0.09～3.50 (1.16±1.15)	ND～2.30 (0.67±0.65)	2.60～86.77 (19.12±17.91)
p,p'-DDE	0.08～4.29 (1.78±1.10)	ND～1.70 (0.60±0.59)	0.16～3.03 (0.92±0.79)	0.53～26.10 (7.30±7.23)
p,p'-DDD	N.D.～1.06 (0.37±0.30)	ND ND	0.11～1.81 (0.74±0.56)	0.32～10.72 (3.35±3.21)

注：ND 表示未检出。

以大气总浓度(包括气态和颗粒态)作为比较，本研究长江口/近海区域大气 HCH 浓度明显低于过去十年来我国周边近海水域的调查结果，如 2006 年南海北部 [α-HCH：$(67±33)\,pg/m^3$，γ-HCH：$(771±331)\,pg/m^3$] (Zhang et al., 2007)，2009 年东南沿海[γ-HCH：$(110±76)\,pg/m^3$] (Lin et al., 2012)，2012 年东海(α-HCH：$11～63\,pg/m^3$，γ-HCH：$14～120\,pg/m^3$) (Lin et al., 2015)；与开阔大洋相比浓度相当，如 2007 年北太平洋-北极附近海域[HCH：$(13±7.5)\,pg/m^3$] (Ding et al., 2007)，2004～2005 年印度洋(α-HCH：$3.2\,pg/m^3$，γ-HCH：$13.8\,pg/m^3$) (Wurl et al., 2006)，2004 年北大西洋-北极附近海域(α-HCH：$3\,pg/m^3$，γ-HCH：$22\,pg/m^3$) (Lohmann et al., 2009)，2008 年北极(HCH：$2.1～7.7\,pg/m^3$) (Wu et al., 2010)。总体而言，本研究的 HCH 浓度已经接近目前全球海洋环境的背景值。长江口/近海区域大气 DDT 浓度相较近十年的报道同样有显著的下降，如南海[o,p'-DDT：$(196±141)\,pg/m^3$，p,p'-DDT：$(58±65)\,pg/m^3$] (Zhang et al., 2007)，东南沿海(p,p'-DDE：$1.4～17\,pg/m^3$，o,p'-DDT：$3.7～67\,pg/m^3$，p,p'-DDT：$1.0～17\,pg/m^3$) (Lin et al., 2012)，东海(p,p'-DDE：$19～56\,pg/m^3$，o,p'-DDT：$ND～27\,pg/m^3$，p,p'-DDT：$ND～14\,pg/m^3$) (Lin et al., 2015)。尽管近年来的监测结果显示大气 DDT 浓度水平在我国近海区域已经有所下降，但是与开阔大洋的报道相比，本研究区域大气 DDT 浓度仍较高(尤其是夏季浓度)，如 2008 年北冰洋地区的报道(p,p'-DDE：$ND～16\,pg/m^3$，o,p'-DDT：$ND～30\,pg/m^3$ 和 p,p'-DDT：$ND～54\,pg/m^3$) (Ding et al., 2009)，2004 年北大西洋-北极附近海域(p,p'-DDE：$0.1～16\,pg/m^3$) (Lohmann et al., 2009)，大西洋(p,p'-DDT：$<2.2～5.4\,pg/m^3$) (Jaward et al., 2004)，印度洋(p,p'-DDT：$0.2～26\,pg/m^3$) (Wurl et al., 2006)。上述结果表明目前长江和东海近海区域大气中仍有潜在 DDT 来源。

7.2.4 大气中 DDT 和 HCH 气-粒分配

颗粒态与气态的 DDT 和 HCH 浓度比值结果显示,研究区域 DDT 和 HCH(除 β-HCH)主要分布于气态中。由图 7-1 可知,DDT 各化合物浓度季节性变化较为相似,夏季高浓度尤其显著。世界其他区域研究广泛证明气态 POPs 浓度受温度的影响较大。在夏季,由于温度较高,使得 POPs 更倾向于挥发、解吸附而存在于气态中;在冬季,由于温度较低使得 POPs 更倾向于被吸附、吸收于颗粒态表面或内部而以颗粒态存在。克劳修斯-克拉珀龙方程(Clausius-Clapeyron equation)结果显示(表 7-2),DDT 化合物的斜率为负数,且绝对值较大,p 检验表明模型可信度较高。由此可以断定,气态 DDT 受温度影响较大,气态 HCH 受温度影响较小。

表 7-2 克劳修斯-克拉珀龙方程结果

	斜率	截距	r^2	p	ΔH(kJ/mol)
α-HCH	−1360	−19.66	0.02	>0.05	11.3
γ-HCH	4940	−40.44	0.14	>0.05	−41.1
o,p′-DDT	−18257	35.74	0.28	<0.05	151.8
p,p′-DDT	−3137	−14.57	0.02	>0.05	26.1
p,p′-DDE	−6955	−0.04	0.50	<0.01	57.8
p,p′-DDD	−11904	16.24	0.33	<0.01	99.0

气-粒分配模型($\log K_p$ 与 $\log P_L^0$)的结果显示,DDT 和 HCH 的斜率均偏离 −1[−0.3113~−0.7776,图 7-2(Li et al., 2017)],表明区域污染物的气-粒分配处于不平衡状态。尽管有学者指出,斜率偏离−1 不是评价气-粒分配平衡的唯一指标,但是 $\log K_p$ 与 $\log P_L^0$ 线性相关结果显示气-粒分配平衡受到气态 DDT 来源干扰,这一点反映在 $\log K_p$ 与 $\log P_L^0$ 的线性关系较差($0.08 \leqslant r^2 \leqslant 0.40$,图 7-2),尤其是气态 DDT 受季节性(主要是夏季)本地源影响较大。考虑到本研究采样点主要被海洋所包围,且当地土壤中基本无 DDT 检出,可以认为受温度控制的海水挥发对区域大气气态 DDT 有重要贡献(Ji et al., 2015)。不同于 DDT,HCH 已经在全球范围内被禁止使用超过 30 年,目前环境中已经几乎没有任何相关产品的"新"源存在。再者,由于 HCH 的蒸气压和降解速率明显高于 DDT,HCH 在土壤和水体中浓度随时间下降较快,导致近海环境中 HCH 浓度也相对较低。这种不同于 DDT 的季节变化和气-粒分配结果表明,目前长江口大气中 HCH 浓度已经接近于环境背景值,温度变化以及本地源(水气交换)对区域大气 HCH 浓度影响非常有限。

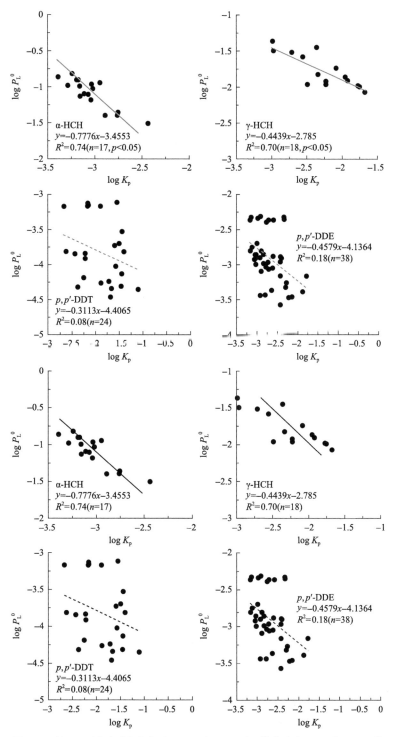

图 7-2　长江口(花鸟岛)大气中 DDT 和 HCH 气-粒分配($\log K_p$ 与 $\log P_L^0$)

7.2.5 降雨中 DDT 和 HCH 浓度水平

采样期间共计采集 9 个雨水样品，DDT(p, p'-DDT, o, p'-DDT, p, p'-DDD 和 p, p'-DDE)和 HCH(α-HCH, β-HCH, γ-HCH)在所有雨水样品中均被检出。雨水样品中 DDT 和 HCH 的浓度范围在 620~4200 pg/L 之间，平均值为(2200±1400)pg/L。其中 DDT 的浓度范围为 330~3200 pg/L，平均值为(1570±1135)pg/L。HCH 的浓度范围为 300~1500 pg/L，平均值为(593±372)pg/L(表 7-3)。由于雨水样品数量较少，因此对雨水样品不作季节性变化的分析。从浓度上来看，DDT 在雨水中的浓度要显著高于 HCH 的浓度，考虑到研究区域附近水体中 DDT 和 HCH 两者浓度水平相当(HCH 略高于 DDT)，并且研究区域内大气中无论是气态还是颗粒态 DDT 浓度都是低于或接近 HCH 浓度，所以降雨中高浓度 DDT 可能和形成降雨气团长距离传输带来的污染物相关。考虑到 HCH 禁用时间要长于 DDT，以及目前仍存在 DDT 使用，且大气长距离迁移过程中 HCH 更容易发生降解，雨水中的 DDT 高于 HCH 的浓度结果较为可信。

表 7-3　东海花鸟岛雨水中 DDT 和 HCH 的浓度水平　　　　(单位：pg/L)

日期	α-HCH	β-HCH	γ-HCH	p, p'-DDE	p, p'-DDD	o, p'-DDT	p, p'-DDT
2014.01.07	32.50	256.16	51.32	169.37	10.38	55.66	324.05
2014.03.28	36.71	536.93	75.76	259.68	37.20	168.00	196.22
2014.03.29	121.91	1078.69	294.01	966.03	141.90	456.85	1385.12
2014.04.11	25.60	215.53	54.80	89.95	4.33	107.66	120.75
2014.04.18	39.86	364.76	84.36	165.32	33.33	105.24	270.46
2014.07.31	41.85	318.08	189.65	250.45	113.16	2033.21	281.29
2014.08.15	42.59	291.68	438.60	215.91	242.77	2661.06	109.87
2014.08.18	63.90	249.50	63.43	92.89	326.62	975.80	66.45
2014.08.20	60.55	212.39	97.96	96.94	562.94	941.65	94.22

关于 DDT 和 HCH 在雨水中的浓度报道对比发现，本研究中的浓度高于美国东海岸沿海地区的浓度(Gioia et al., 2005)，显著低于 2010 年广州地区的研究(Huang et al., 2010)，以及 2014 年在土耳其布尔萨地区的研究(Cindoruk and Tasdemir, 2014)，由于降雨过程能够有效地去除大气中半挥发性污染物，相比较干净的背景点，在污染较为严重的城市区域，降雨中污染物浓度主要受城市大气污染物浓度控制。

7.2.6 区域 DDT 和 HCH 干湿沉降通量

根据区域颗粒物干沉降速率 0.5cm/s 以及测定 TSP 中 DDT 和 HCH 浓度可以估算

出，采样期间颗粒态的DDT和HCH的干沉降通量年均变化范围为2.0～15.4 ng/(m²·d)，平均值为7.9 ng/(m²·d)。其中估算出的DDT和HCH干沉降通量分别为1.4 ng/(m²·d)±0.4 ng/(m²·d)和(5.8±2.5) ng/(m²·d)。本研究采用国际上常用的沉降速率经验值对干沉降通量进行估算，因此大气DDT和HCH浓度变化是影响整个干沉降通量估算的主要因素。由于研究区域内DDT和HCH在颗粒态的浓度较低，相应的干沉降通量并不算高。因此，可以认为目前在长江口和东海近岸区域内，较长的禁用时间以及缺乏本地污染来源，海洋背景环境中的DDT和HCH在颗粒态中的浓度较低，这使得其以干沉降的形式向东海中输送量有限。基于上述干沉降通量的计算值以及长江口区域面积大约为20000 km²，因此估算出大气DDT和HCH以干沉降形式向该海区输入通量分别为10.2 kg/a和42.3 kg/a。

湿沉降通量的估算采用降雨浓度乘以降水量，可以得到DDT和HCH的湿沉降通量变化范围为0.6～21 ng/(m²·d)[平均值为(8.9±7.4)ng/(m²·d)]其中HCH的沉降通量估算为(2.1±1.3)ng/(m²·d)，DDT为(6.8±6.2)ng/(m²·d)。DDT的湿沉降通量相比于HCH更高，这与干沉降通量中的趋势不同，考虑到雨水样品中的HCH和DDT同时包含了颗粒态和溶解态，DDT/HCH的含量比值在湿沉降中(>3)相比于在干沉降中(<0.3)要远远更高，这意味着湿沉降主要来自溶解态污染物的贡献。将湿沉降通量同样以长江口区域面积(20000 km²)进粗略估算，可以得到HCH和DDT以湿沉降形式向该区域的输入通量分别为15.3 kg/a和49.5 kg/a。

综上所述，采样点花鸟岛位于长江口区域，其面积大约为20000 km²，大致估算DDT和HCH区域年大气沉降通量分别为60 kg/a和50 kg/a。Lin等(2015)围绕东海近海的研究，以东海近海100000 km²面积计算，HCH和DDT的年大气沉降通量分别为30 kg/a和150 kg/a(估算面积为100000 km²)，低于河口区。因此认为大气沉降是大气污染物一个较为有效的去除机制，沉降通量会随着传输距离增加而降低；陆源污染物长距离传输距离是控制大气干湿沉降通量的关键因素。

7.3　水体中 DDT 和 HCH 污染特征

长江沿江地带是我国重要的农业生产基地和人口集中地区，曾大量生产和使用HCH和DDT。由于历史用量大，化学性质稳定，目前流域土壤中仍有大量残留。长江流域面积广，占国土面积的18.8%，支流数量多，干流水量大，导致流域内地表污染物在径流作用下持续向河口和近海搬运。目前监测结果表明，持续多年禁用后，长江口表层水中DDT仍保持较高含量水平。Liu等(2011)结果显示整个长江流域水体中DDT和HCH浓度分别是ND～21.31 ng/L(均值3.72 ng/L)和0.11～13.68 ng/L(均值3.36 ng/L)；高值主要出现在长江中游湖北段和长江下游江苏段。Tang 等(2013)研究结果显示,长江下游到河口水体中 DDT 和 HCH 浓度均值分别 1.17 ng/L 和 2.25 ng/L。长江径流搬运已成为河口和近海水体中 DDT 和 HCH 的主要来源。

7.3.1 样品采集和分析

海水样品使用不锈钢铁桶在岛屿西北向的码头向外 100 m 处进行采集,周边活动的渔船数量稀少,保证了水体样本不受船舶污染的影响。每次采集水样 50 L,并记录海水的温度、盐度以及电导率等基本参数。每季度每隔 3～4 天采集海水样品,共计采集 5 个海水样品。水样采集后立即进行处理,首先用直径为 150 mm 的石英滤膜进行过滤(Gelman Type A/E,孔径 1μm,由 Pall Gelman 公司生产),将海水样本中的颗粒态物质吸附在滤膜上,将剩下的含有溶解态物质的水样用蠕动泵使其通过填充料为 XAD-2/XAD-4=1：1 的固相萃取柱进行吸附,之后固相萃取柱用封口膜进行密封,并用铝箔包好置于密封袋中密封,存放于−20℃的冰柜中,等待下一步分析。海水样品分析同于雨水样品,见 7.2.2。

7.3.2 水体中 DDT 和 HCH 的浓度水平和季节变化

在花鸟岛大气采样期间采集一年四个季度共计 20 个(每季度 5 个)海水样品,在所有的样品中,DDT 和 HCH 的浓度范围为 110～950 pg/L,平均值为(470±270)pg/L。其中 γ-HCH 拥有最高的均值浓度,达到了(253±260)pg/L,其后依次是 o,p'-DDT(100±130)pg/L,p,p'-DDD(50±50)pg/L,p,p'-DDT(27±28)pg/L,p,p'-DDE(21±29)pg/L,α-HCH 浓度最小,为(15±10)pg/L。图 7-3 为各化合物海水溶解态浓度的季节变化示意图(Li et al., 2017)。从浓度水平上来看,γ-HCH 和 o,p'-DDT 的浓度水平高于其他物质,这主要是由于中国,尤其是东南沿海地区在农药禁用后仍有一段时期内使用林丹(>95% γ-HCH)以及三氯杀螨醇(3%～7% o,p'-DDT),这两种杀虫剂中含有大量的 γ-HCH 和 o,p'-DDT(Wei et al., 2007);DDT 的代谢产物如 p,p'-DDD 和 p,p'-DDE,尽管长时间禁用,由于部分来自 p,p'-DDT 的转化以及在环境中比较稳定,因此浓度相对较高。而禁用时间较长的工业品六六六(α-HCH 含量 55%～80%)的主要化合物 α-HCH 浓度水平最低[(15±10)pg/L](Wei et al., 2007)。

从不同化合物的季节变化上来看,除去 p,p'-DDT 没有明显季节变化之外,其他 HCH 和 DDT 的同分异构体、代谢产物均在夏季或秋季高于其他季节,展现出较强的季节性变化。其中 γ-HCH 的浓度在秋季相较于其他三个季节抬升强烈,而 DDT 三个单体(p,p'-DDE,p,p'-DDD 和 o,p'-DDT)则在夏季更高。考虑到长江的汛期主要集中于每年的 6 月至 11 月,且汛期长江携带每年约 87%的水沙通过长江口进入中国东海,汛期中由于降雨充沛,地表径流量大,对流域内的土壤造成

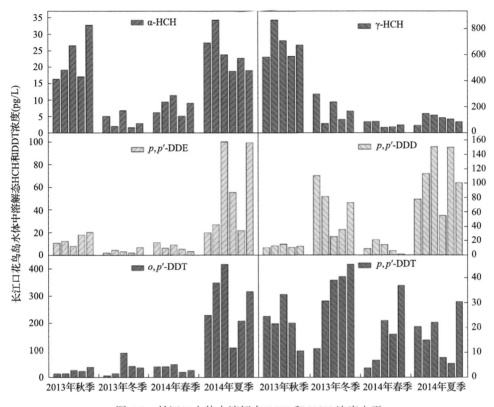

图 7-3　长江口水体中溶解态 DDT 和 HCH 浓度水平

强烈的冲刷，导致大量的有机污染物进入水体，这可能是绝大多数 DDT 和 HCH 在夏季或秋季水体中含量高于其他季节的原因。由于花鸟岛周围停泊大量的渔船，渔船的吃水部分会喷涂防腐蚀涂料，其中会添加 p, p'-DDT 来有效防止贝壳类生物对于船体的附着，而这种涂料会持续向水体中释放 p, p'-DDT，这可能是造成花鸟岛水体中 p, p'-DDT 浓度比较稳定的一个重要原因（Lin et al., 2009）。

7.3.3　区域 DDT 和 HCH 水气交换通量

基于惠特曼双膜阻力模型（Whitman two-film resistance model）理论的海气交换计算公式，将本研究中观测得的各项参数条件如风速、水温、亨利常数等带入，可以估算出海气交换通量。四季度 DDT 和 HCH 水气交换日通量见图 7-4（Li et al., 2017）。DDT 和 HCH 单体的水气交换通量范围分别为（负数表示海气交换方向为大气向水体中沉降，正数则相反）：o, p'-DDT 为 1.0～110 ng/（m²·d）；p, p'-DDE 为–23～88 ng/（m²·d）；γ-HCH 为–11～20 ng/（m²·d）；p, p'-DDD 为 0～19 ng/（m²·d）；p, p'-DDT 为–24～12 ng/（m²·d）；α-HCH 为–13～2.0 ng/（m²·d）。研究中估算的各化合物水气交换通量数值与其他地区的研究相比，如土耳其伊兹密尔（Izmir）湾（Odabasi et al., 2008）[α-HCH 为

1.9～24.8 ng/(m^2·d)；γ-HCH 为 3.4～64.9 ng/(m^2·d)]，美国五大湖地区的研究(Khairy et al., 2014)[p, p'-DDE 为 32 ng/(m^2·d)；p, p'-DDD/o, p'-DDT 为 3.0 ng/(m^2·d)]等均在同一浓度水平上。

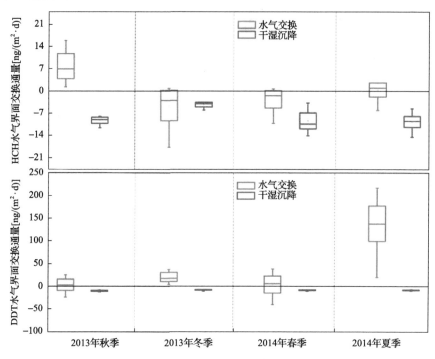

图 7-4　长江口 DDT 和 HCH 的大气沉降、水气交换通量对比

图 7-4 显示 DDT 在四个季节的海气交换通量呈现了较为不同的结果。其中，夏季水气交换通量远高于其他三个季节，海水中向大气中净挥发通量为 140 ng/(m^2·d)，而在其他三个季节中，DDT 的海气交换通量分别为冬季 21 ng/(m^2·d)，春季 9 ng/(m^2·d) 以及秋季 7 ng/(m^2·d)。与夏季的通量相比，考虑到在估算过程中的不确定性，冬季、秋季和春季的通量可以被视为平衡状态，夏季则呈现出非常强的挥发性。通过将 DDT 的水气交换通量与表层海水温度制作的相关性图 7-5 中可以发现(Li et al., 2017)，DDT 单体中 o, p'-DDT、p, p'-DDE 和 p, p'-DDD 均与表层海水温度呈现了较高的相关性，R^2 达到 0.70、0.73 和 0.53($p < 0.01$)。由此可以得出，表层的海水温度是控制 DDT 物质在水气界面交换方向的一个重要因素，这个与大气克劳修斯-克拉珀龙方程的研究结果是一致的。此外，DDT 在夏季较高的净挥发通量也有可能与海水中溶解态的浓度水平有关。通过水中溶解态 DDT 的浓度水平与水气交换通量的相关性可以发现，DDT 各单体(除 p, p'-DDT)均呈现了较好的相关性(R^2=0.28～0.73，$p < 0.01$)[图 7-6(Li et al., 2017)]。其中 p, p'-DDE、p, p'-DDE 和 o, p'-DDT 的相关性均较好，分别达到了 R^2 = 0.67、0.69 和 0.73。夏季处于长江汛

期，而长江约 87%的水沙均会在汛期输入长江口，进入东海。已经得知夏季水中溶解态的 DDT 浓度相较于其他三个季节要更高(图 7-3)，因此溶解态的 o, p'-DDT 和两个 DDT 的代谢产物(p, p'-DDE 和 p, p'-DDE)的高浓度主要受长江输入影响，这一点可以通过(p, p'-DDE + p, p'-DDD)/p, p'-DDT，的比值结果，夏季时水中溶解态的上述比值 12，比其他三个季节要远远更高(其他三个季节为 1.4～3.0)[表 7-4(Li et al., 2017)]。上述结果表明长江的搬运输入对于 DDT 的水气交换通量有着非常强的控制作用，使得原来残留在流域土壤中的 DDT 被重新释放到大气中去。同时注意到，p, p'-DDT 是个例外，一方面可能是由于长期禁用后，流域中上游残留的 p, p'-DDT 浓度较低(o, p'-DDT 是由于在近 10 年流域区域内仍然有三氯杀螨醇的使用)，没有表现出水中溶解态在夏季的显著提高，而且受到采样点船舶防锈涂层中 p, p'-DDT 持续释放而进一步受到干扰；另一方面，Lin 等(2009)认为在每年夏天(每年的 6 月 1 日至 9 月 1 日)会在沿海地区实行严格的"禁渔期"政策，以控制渔民的捕鱼力度。在禁渔期中，所有的捕鱼船舶将被禁止出海，并进行自身的船体维护。在船体维护的过程中，最重要的一部分就是喷涂防腐蚀涂层。而目前证据表明涂料中仍在继续非法添加 p, p'-DDT，这一点从气态(p, p'-DDE + p, p'-DDD)/p, p'-DDT 比值可以看出，夏季比值只有 0.68，远远低于其他三个季节(1.1～4.8，表 7-4)。这一比值在水体和大气中的鲜明反差，表明花鸟岛周围有新鲜的 p, p'-DDT 输入，这也是大气 p, p'-DDT 浓度夏季明显高于其他季节的重要原因，尽管其他 DDT(p, p'-DDE 和 p, p'-DDD)大气浓度也表现出夏季显著提高，但是需要特别强调两者之间是明显不同的。

表 7-4　HCH 和 DDT 在大气气态和水体溶解态的比值

	α-HCH/γ-HCH		(p, p'-DDE+p, p'-DDD)/p, p'-DDT		o, p'-DDT/p, p'-DDT	
	大气气态	水体溶解态	大气气态	水体溶解态	大气气态	水体溶解态
春季	0.36±0.16	0.14±0.07	4.82±4.55	2.19±2.22	3.35±4.73	4.04±4.01
夏季	0.27±0.17	0.24±0.11	0.68±0.58	12.61±2.1	0.42±0.41	19.0±10.4
秋季	1.33±0.84	0.03±0.01	1.10±0.97	1.42±3.87	0.19±0.23	1.39±1.28
冬季	5.76±4.64	0.02±0.01	2.08±2.96	3.02±5.00	1.39±2.09	2.66±4.25

与 DDT 相比，HCH 水气交换通量相对较低，并且没有出现明显的季节变化。HCH 每个季节的净通量分别为秋季挥发 8 ng/($m^2 \cdot d$)，冬季沉降–5 ng/($m^2 \cdot d$)，春季和夏季的通量较低，基本可以视作平衡状态。HCH 的水气交换通量同样与表层海水温度进行了相关性分析(图 7-5)，可以发现其相关性较低，因此 HCH 的海气交换过程并不受到温度的控制。与水体溶解态浓度的比较，HCH 中仅有 γ-HCH 的海气交换通量与水中溶解态浓度呈现了一定的相关性($R^2=0.57$，$p<0.01$)，α-HCH 的相关性较小($R^2=0.13$，$p<0.01$)(图 7-6)。实际上，γ-HCH 和 α-HCH 的

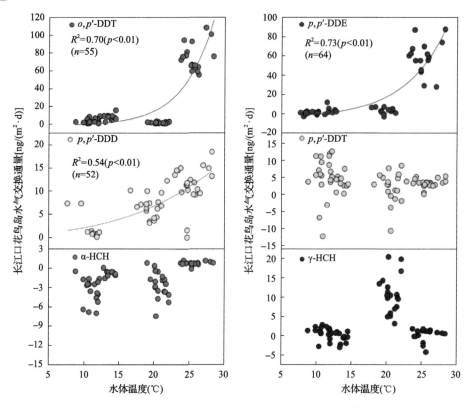

图 7-5　长江口 DDT 和 HCH 的水气交换通量与表层水温度相关关系

秋季海气交换通量分别为 10.2 ng/(m²·d) 和–2.4 ng/(m²·d)。说明在秋季时，HCH 的净挥发主要是由 γ-HCH 的水体浓度所主导的。而溶解态 γ-HCH 在秋季的浓度水平比其他三个季节要高出 6 倍左右(秋季平均 685 pg/L，其他三个季节平均值为 117.9 pg/L)。历史上的林丹(主要物质为 γ-HCH)在工业六六六禁用之后仍然有着大范围的使用，这些额外使用的林丹也对 γ-HCH 在水体中高浓度起到了一定的贡献(Wei et al., 2007)。但是为什么只出现在秋季，还有待进一步调查。α-HCH 的水气交换通量较低，且与海水表层温度和溶解态浓度均相关性较差。由于工业六六六在历史上已经被禁用相当长的时间，水体中 α-HCH 含量已经所剩无几。因此 α-HCH 的季节性变化不明显，含量也较为接近背景值水平。然而，HCH 中发现 α-HCH 在水气界面冬季呈现了轻微的沉降，结合气态 α-HCH 的浓度变化，可能是由于气态 α-HCH 在冬季的较高浓度所带来的。利用 HCH 同分异构体之间的比值 α-HCH/γ-HCH 结果发现气态中上述比值在冬季更高(冬季为 5.8，其他三个季节为 0.27～1.3，表 7-4)。对于长时间禁用的 α-HCH，附近环境中几乎不可能存在新的使用源，因此冬季高 α-HCH/γ-HCH 的比值主要原因可能来自于陆源输入的影响而非新鲜的 α-HCH 使用。通过后向气流轨迹图可以发现，冬季的气团确实来自于亚洲大陆的内部，经过长距离传输达到采样地区。而在传输的过程当中，γ-HCH 有一定概率会经由光转化再次生成 α-HCH；与此同时，γ-HCH 更低的亨利常数使得其在传输的过程当中更容易通过干湿沉降的方式从大气当中被去除，从而使得 α-HCH 的含量在经过长程传输的过程中会有所抬升(Ji et al., 2015)。以上因素使得 HCH 在冬季采样点大气中拥有更高的气态含量，主导了该季节 α-HCH 的海气交换方向以沉降为主。

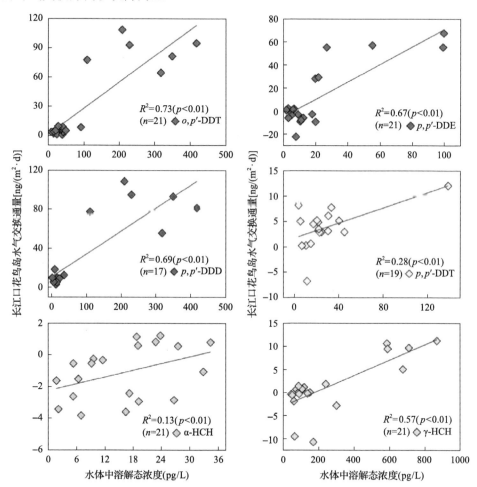

图 7-6　长江口 DDT 和 HCH 的水气交换通量与水体中溶解态浓度相关关系

综上所述，HCH 的海气交换通量较低，考虑到 α-HCH 和 γ-HCH 在本研究中的气态含量和溶解态含量均相对较低，意味着在该采样环境介质中，HCH 的含量基本代表着环境背景值。在长江的汛期(6~11 月)，河水流量增加导致水体 HCH 浓度增加，使得这一阶段的水气交换方向有短暂的改变(γ-HCH)，但基本不影响 HCH

在该区域水气界面趋于平衡的状态。另一方面，冬季大气长距离传输的贡献中，一定量 HCH 随气团迁移至长江口地区并以干湿沉降的方式进入至水体。整体而言，在采样期间 HCH 水-气界面交换(水气交换和大气干湿沉降)年通量小于 5 ng/(m$^2 \cdot$d)。对 DDT 而言，水气交换和干湿沉降通量的年平均值分别为 42 ng/(m$^2 \cdot$d)、−1 ng/(m$^2 \cdot$d) 和−7 ng/(m$^2 \cdot$d)，水气交换通量远大于大气干湿沉降，主导了 DDT 在长江口水-气界面的交换过程。水气交换通量的数值大约是大气沉降的五倍，且主要集中于夏季，在其他三个季节中，水气交换的净挥发通量与大气沉降的通量基本趋于平衡。夏季 DDT 净挥发通量达到 34 ng/(m$^2 \cdot$d)，说明水体依旧是 DDT 的一个重要源。目前 DDT 环境中的残留主要在土壤，夏季长江汛期携带了大量土壤中的 DDT 进入水体，并从水体中再次挥发进入大气环境。

花鸟岛位于长江口区域，长江口面积大约为 20000 km^2，基于本研究中的通量估算，DDT 和 HCH 的海气交换年通量分别为 DDT 挥发 0.31 t/a，而 HCH 则沉降 0.02 t/a。同期，Lin 等(2015)研究表明东海近海中 DDT 和 HCH 的海气交换年通量为挥发 11 t/a 和 3 t/a。这意味着在开阔海域中，DDT 和 HCH 均会从水体中挥发更多量至大气。这有可能是因为在开阔海域中，风速更高，大气中气态污染物的浓度水平也更低，且亨利常数会随着盐度的上升而提高，这都会使得 DDT 和 HCH 更容易从海水当中挥发出来。然而，无论是河口还是近海，由于受到东海沿岸流的控制，长江搬运(以及少部分来自钱塘江)被认为是该海区水体中 DDT 和 HCH 的主要来源。Lin 等(2015)计算河流搬运入海的 HCH 和 DDT 的通量分别是 4.5 t/a 和 6 t/a。根据上述水气交换通量，粗略计算有超过 60%的长江(钱塘江)搬运的 HCH 通过水-气界面扩散交换重新释放到大气中去，全年以大气净挥发为主，净挥发通量受季节变化影响较小；而且，挥发的主要区域发生在近海而非河口，表明尽管在河口环境中水气界面趋于平衡，河流搬运的 HCH 会进入更开阔的近海区域参与全球循环。对于 DDT，河流搬运入海的贡献无法支撑 DDT 在河口和近海的挥发，尤其是沉积物中还有近 3 t/a 的埋藏通量。因此，认为：①在近海区域 DDT 水-气界面扩散交换夏季以净挥发为主，其他季节尤其是冬季以净沉降为主；②研究区域内本地 p, p′-DDT 一次排放源是存在的；③河口和近海沉积物中埋藏的 DDT 通过再悬浮过程重新释放到水体中，也是海区内 DDT 污染的重要来源，这会在 7.4 节详细介绍。

7.4 沉积物中 DDT 和 HCH 污染特征

海洋沉积物是 POPs 最终归宿之一，大河径流搬运在河口和近海 POPs 地球化学过程和归趋中具有至关重要的作用，沉积物埋藏通量具有重要的参考价值。此外，海洋沉积物高分辨沉积记录可用于重建 POPs 输入的污染历史。

7.4.1　东海泥质区沉积背景介绍

我国东部陆架在砂质沉积区的背景上分布着多个近岸泥质区和远岸泥质区，呈斑块状出现的泥质区是东部现代陆架的细颗粒堆积中心，陆架泥质区末次冰消期后高海平面以来的沉积环境稳定，POPs 进入东部陆架的环境地球化学信息最有可能在泥质区得到高分辨率并且连续的记录。因此，东部陆架泥质区是开展 POPs 沉积记录研究的理想海区。

长江口外泥质区面积约为 1040 km^2，主要由黏土质粉砂组成，由于得到了长江入海泥沙的充沛供应，成为长江入海沉积物的堆积中心，沉积柱 N4 和 N6 就位于该泥质区。长江口外悬浮泥沙在浙闽沿岸流驱动下主要沿海岸向南输运。长江口泥沙向外扩散具有明显的季节性。夏季台湾暖流的势力较强，在东南季风的作用下向南输运的泥沙量相对较少，扩散的最南端可到温州瓯江口附近。冬春季节，偏北风盛行，加上台湾暖流势力减弱，长江入海泥沙顺岸南下，最远可至闽江河口。沉积柱 S5 和 C8 就分别位于闽浙沿岸泥质区北端和中南端位置。

DM1 点位于济州岛西南泥质区中心区域。济州岛西南泥质区距中国大陆约 400 km，沉积物质主要来自江苏省北部的老黄河口在冬季春季再悬浮泥沙，由黄海沿岸流搬运而来（Milliman et al., 1985; Saito et al., 2001）。老黄河口形成于 1855 年以前，此后黄河改道进入渤海。在 1855 年以前中国基本不存在工业，因此来自老黄河口的沉积再悬浮泥沙中人为污染贡献很少。同时由长江输送的物质受到台湾暖流的阻隔，对该地区的影响也很小（杨作升等，1992）。来自大气的干湿沉降被认为为海区内沉积物中 POPs 的主要来源。

7.4.2　样品采集和分析

本研究选择 2009 年采集于闽浙沿岸泥质区的 C8 和 2003 年采集于济州岛西南泥质区 DM1，闽浙沿岸泥质区的 S5 和长江口泥质区的 N4 和 N6 共 5 根沉积柱作为研究对象。C8 和 DM1 沉积柱样品使用重力采样器获得，S5、N4 和 N6 沉积柱使用箱式采样器获得，上层样品均无明显扰动和缺失。其他相关信息见表 7-5。沉积柱采集完成后，整体保存带回实验室，使用干净的不锈刀进行分割，分样间隔为 1 cm。分割后的样品采用铝箔进行无污染包裹后置于密实袋中，并于−20℃冰柜内保存直至有机分析。执行上述采样任务的航次均为中国海洋大学"东方红 2 号"。

沉积物样品经冷冻干燥后研磨过 80 目筛，冷冻干燥仪器型号（CHRISTALPHA1-4）。称取 3 g 左右的沉积物样品放入事先折叠好的桶状滤纸中，二氯甲烷索氏抽提 48 h，抽提前加入 TcmX 和 PCB-209 作为回收率指示物，在底瓶中加入适量事先处理好的铜片。后续的步骤参见 TSP 的分析方法（7.2.2 节）。整个实验流程最终的结果符合质量控制和质量保证要求。

表 7-5 东海泥质区沉积柱状样站点基本信息

站位	经纬度	水深 (m)	采样时间	沉积速率 (cm/a)	沉积密度 (g/cm)
N4	30°47′N 123°00′E	55	2003 年 6 月	2.45~3.88 (3.38)	2.01~0.80
N6	30°30′N 122°45′E	55	2003 年 6 月	1.65~2.85 (2.47)	1.14~0.92
S5	29°00′N 122°30′E	50	2003 年 6 月	0.72~1.22 (0.98)	1.10~0.82
C8a	27°36′N 121°36′E	50	2009 年 9 月	1.0	0.98
DM1	31°45′N 125°45′E	63	2003 年 9 月	0.28~0.36 (0.31)	0.80~0.74

注: 沉积速率和沉积密度为均值。

7.4.3 表层沉积物 DDT 和 HCH 的含量水平和空间分布

东海沉积物中 DDT 和 HCH 的含量分别是 1.2~5.6 ng/g 和 0.2~1.6 ng/g,含量水平在近十年来全球范围内的主要河口和近海调查中属于中等水平[表 7-6 (Lin et al., 2012)]。东海海域内泥质区表层沉积物 DDT 和 HCH 含量的空间分布结果来看: 闽浙沿岸泥质区南部>闽浙沿岸泥质区北部>长江口泥质区,并且随着离岸距离增加,含量逐渐降低。近岸泥质区由北到南 DDT 和 HCH 含量逐渐增加,这种分布特征与南部泥质区沉积速率由北向南降低相一致。高沉积速率可能对污染物的含量有"稀释"作用; 同时,长江径流泥沙迁移能力在搬运过程中不断降低,会对搬运悬浮物具有"分选"作用,污染物含量较高的细颗粒物往往会迁移的更远。

表 7-6 东海沉积物中 HCH 和 DDT 含量水平以及和其他河口近海区域比较

研究区域	采样年份	HCH (ng/g dw)	DDT (ng/g dw)	参考文献
东海近岸	2009	0.1~1.6	1.2~5.6	本研究
渤海	2006	0.2~3.6	0.24~5.7	(Hu et al., 2009)
南海北部	2002	0.04~2.48	0.08~1.38	(Chen et al., 2006)
越南沿岸	2008	ND~1.00	0.31~274	(Hong et al., 2008)
韩国沿岸	1997~2002	ND~5.46	0.006~135[b]	(Hong et al., 2006)
黑海 (土耳其区域)	1998	ND~37[a]	ND~71[b]	(Bakan and Ariman, 2004)
新加坡沿岸	2003	3.3~46.2	2.2~11.9[b]	(Wurl and Obbard, 2005)
里海	2000~2001	0.01~3.5	0.01~13.4[c]	(de Mora et al., 2004)

注: ND 表示未检测出。

a. HCH=α-HCH+β-HCH+γ-HCH;

b. DDT= p, p'-DDD+p, p'-DDE+p, p'-DDT;

c. DDT= p, p'-DDD+o, p'-DDD+p, p'-DDE+o, p'-DDE+p, p'-DDT+o, p'-DDT。

7.4.4 柱状沉积物 DDT 和 HCH 沉积记录

东海泥质区柱状沉积物 DDT 和 HCH 的含量和通量分布结果如图 7-7 和表 7-7 所示(Lin et al., 2016)。整体上看,污染物检出从 1950 年左右开始出现,然而不同区域的沉积记录并不一致。长江口泥质区 N4 孔中 DDT 和 HCH 含量记录曲线呈明显锯齿状波动,其中 80 年代开始波动尤为强烈。整个沉积柱中 DDT 和 HCH 含量的最高值出现在 1998 年。长江口泥质区 N6 孔 HCH 和 DDT 含量在 90 年代之前保持相对稳定,但是从 90 年代开始迅速增加,在 1999 年达到峰值后逐渐回落。沉积柱 S5、C8 和 DM1 孔分别位于闽浙沿岸泥质区北端、中南端和济州岛西南泥质区。三者之间具有类似的 HCH 含量记录曲线:从 1960 年开始到 1980 年沉积物中 HCH 含量逐步增加;80 年代初期沉积物中 HCH 含量快速下降并保持稳定;沉积柱中 HCH 含量最高值出现在 1980 年左右。DDT 含量记录曲线在闽浙沿岸泥质区和济州岛西南泥质区略有差异:DM1 孔沉积物中 DDT 含量从 1960 年开始到 1980 年逐步增加,80 年代初期沉积物中 DDT 含量快速下降并保持稳定,最高值出现在 1983 年;然而这种下降的趋势在 S5 和 C8 孔中并没有出现。

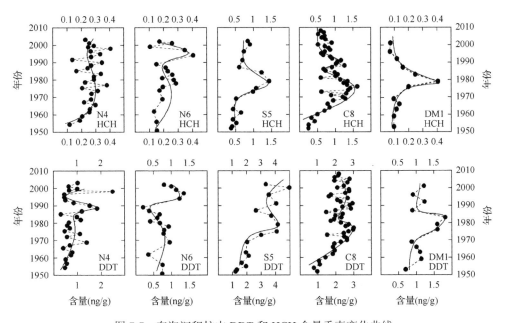

图 7-7 东海沉积柱中 DDT 和 HCH 含量垂直变化曲线

表 7-7　东海泥质区沉积柱中 DDTs 和 HCHs 的沉积记录

钻孔	含量区间 (ng/g)		通量区间 [a] [ng/(cm²·a)]		沉积总量 [b] (ng/cm²)	
	DDT	HCH	DDT	HCH	DDT	HCH
N4	0.10~1.03	0.12~0.41	0.21~2.16	0.25~0.72	86.4	31.3
N6	0.22~1.77	0.03~0.61	0.71~6.20	0.10~2.04	135.3	28.2
S5	1.22~4.98	0.33~1.44	1.53~4.76	0.34~1.40	148.6	38.0
C8	0.71~3.00	0.25~1.50	0.98~4.00	0.25~2.00	120.0	48.0
DM1	0.70~1.82	0.07~0.41	0.16~0.46	>0.01~0.10	14.8	1.8

a. 通量=含量×沉积速率×沉积物密度；

b. 沉积总量计算的时间为 2003~1953 年。

图 7-8 显示我国 50 余年来工业滴滴涕和工业六六六的使用历史记录（Wei et al.，2007）。从图中可知，1960~1980 年是我国工业滴滴涕和工业六六六农药使用的主要时期，1960 年后使用量逐步增加，1980 年的使用量超过 1960 年使用量的 3 倍，该时期使用量占到全部使用量 80%。工业六六六在禁用以后，使用量几乎为零；而工业滴滴涕由于其在医疗卫生等方面的使用，1983 年以后还保持着 1983 年使用量的 1/3 水平。比较我国 50 年来工业滴滴涕和工业六六六的使用历史记录与沉积柱 DM1 孔中 DDT 和 HCH 含量变化曲线，两者之间具有很好的对应关系。由于工业滴滴涕和工业六六六是我国历史上 HCH 和 DDT 的主要来源，因此 DM1 孔中 HCH 和 DDT 含量变化曲线与我国农药使用历史吻合。济州岛西南泥质区是东海现代细颗粒物的堆积中心，该泥质区距中国大陆约 400 km，沉积物质主要来自

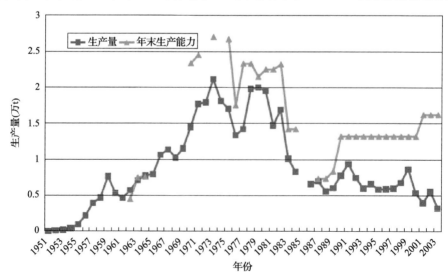

图 7-8　中国 50 余年来工业滴滴涕和工业六六六生产量年变化图

江苏省北部的老黄河口在冬季和春季再悬浮泥沙，由黄海沿岸流搬运而来，老黄海口形成与现代工业之前，被认为是清洁无污染的沉积物；同时由长江输送的物质由于受到台湾暖流的阻隔，对该地区的影响也很小。因此，DM1 孔中检出的 DDT 和 HCH 被证实主要来自大气长距离传输。

我国从 1983 年开始禁止和限制滴滴涕和六六六类农药的使用。然而，在农药大规模禁用以后，沉积柱中 N4 孔和 N6 孔中 DDT 和 HCH 含量变化曲线并没有相应地出现降低，反而增加。Zhang 等(2002)指出农药禁用以后出现大幅度的反弹，可能是和这一时期农业耕地流失有关。在 1985～1987 年和 1993～1995 年两个时期内长江流域农业耕种土地面积迅速减少，主要是由于城市化过程中对土地需求量的增加。在耕地的开发利用过程中，表层土壤遭到人为破坏，加速土壤中 DDT 和 HCH 向水体中转移，在径流搬运下最终完成从土壤到海洋沉积物中的转移。大规模农业耕地的流失造成沉积柱中 DDT 和 HCH 含量迅速增加，从农业耕地量变化曲线和沉积物中农药含量变化曲线的比较结果来看，两者时间节点也是基本吻合的。1998 年，近岸沉积柱中 DDT 和 HCH 含量都迅速增加，并且迅速回落，我们认为这次异常反弹与 1998 年长江洪水泛滥有关。在洪水泛滥的年份，长江径流量的增加会引起水体泥沙荷载率降低，在洪峰经过下游河道时，增加对下游河道的冲刷，造成下游河道沉积物的迁出量高于正常年份。长江下游地区是我国农业活动密集区，也是农药使用量大的区域，河道沉积物中 DDT 和 HCH 含量较高。因此，在洪水泛滥的年份，海洋沉积物中的 DDT 和 HCH 含量迅速增加。

闽浙沿岸泥质区沉积物仍主要来自长江径流搬运，S5 和 C8 孔 HCH 含量记录曲线和 DM1 孔类似，与我国六六六农药使用历史吻合。然而，与我国滴滴涕农药使用记录相比，DDT 含量记录曲线在 1983 年滴滴涕农药禁用以后并没有出现明显的下降，沉积柱中(DDD+DDE)/DDT 比值＞0.5 显示主要为降解产物，一定程度上说明闽浙沿岸泥质区沉积物中 DDT 含量在 90 年代的二次增加和新鲜滴滴涕的使用关系不大(图 7-9)。因此，长江流域快速城镇化过程引起的农业耕地迅速流失，仍然是导致该海区沉积中 DDT 含量增加的主要原因。

一般而言，随着时间的推移，环境中的 DDT 逐渐以降解产物 DDE 和 DDD 为主。在所有 HCH 化合物中，β-HCH 由于其挥发性和水溶性最低，也会在土壤或沉积物中不断富集。图7-9中的结果显示，近岸沉积柱中 N4、N6 和 S5 孔中 β-HCH/HCH 的比值普遍较高，表明主要来自土壤的二次搬运；在远离河口的 C8 和 DM1 孔，HCH 含量的最高值对应 β-HCH/HCH 比值较低，α-HCH 和 γ-HCH 的相对含量较高，反映出一次排放的特征。从 DDT 的角度看，沉积柱 N4 和 N6 孔位于长江口沉积区，该沉积区属于快速沉积区，长江径流搬运的 DDT 在这里迅速沉积，新鲜 DDT 得到最大程度保存；沉积柱 S5 孔位于闽浙沿岸泥质区，位于长江口沉积区的沉积物通过二次悬浮才能进入闽浙沿岸泥质区，这一过程中 DDT 组成已经发生"降解"。因

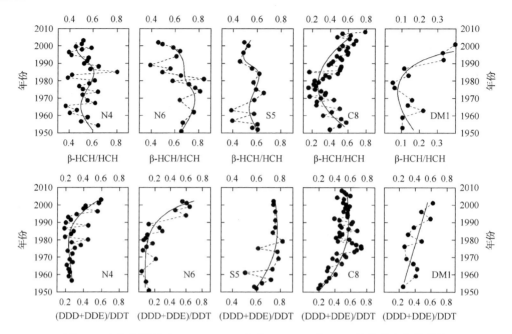

图 7-9　东海沉积柱中 β-HCH/HCH 和(DDD+DDE)/DDT 比值垂直变化曲线

此,农药禁用以前,S5 和 C8 孔中 DDT 中降解产物的比例明显高于 N4 和 N6 孔,已经表现出二次搬运的特征。农药禁用以后,特别是大规模的耕地流失和大范围水灾期间,DDT 含量增加,降解产物(DDE+DDD)的相对含量也在迅速增加,表明这一时期近岸沉积柱 N4 和 N6 孔中 DDT 主要来自二次搬运。对于 C8 孔而言,HCH 沉积记录反映一次排放,DDT 沉积记录反映二次搬运,很大程度上是由于 DDT 具有更强的颗粒物吸附性,河流搬运带来的影响范围更大,而 HCH 由于其物理性质决定主要通过大气和水气交换过程,而非径流(颗粒物)搬运过程,这一区域属于长江径流泥沙沉积的末梢区,河流搬运对沉积物中 HCH 的影响已经逐渐被大气传输所替代。通过以上的分析我们可以发现:虽然近岸沉积柱中 HCH 和 DDT 含量变化曲线各不相同,但总体上反映出长江径流搬运对泥质区沉积物中有机污染物含量的影响,表明长江径流是近岸沉积物中 DDT 和 HCH 主要输入途径;同时,随着离河口距离不断增加,近岸沉积柱中 DDT 和 HCH 含量变化曲线受到径流输入的影响越弱。其中,由于 HCH 易挥发,水溶性更大的特征,同样径流搬运的 HCH 的影响范围相比 DDT 更小。

　　本研究结果显示来自大气输入的沉积记录能很好地吻合物源区 OCPs 使用历史记录,参阅众多的研究结果也发现来自大气沉降为主的沉积记录,一般都完整地记录了使用历史,具有一次排放来源特征。如 Wong 等(1995)在对美国安大略湖大气沉降区域内沉积钻孔中 DDT 和 HCB 含量时间变化的研究表明,其沉积记录与美国 DDT 和 HCB 的使用量具有一致的变化趋势，特别是 DDT 的沉积记录，与几个关键的时期都吻合得非常好：在美国，从 1939 年开始 DDT 被作为杀虫剂使用，60 年代是使用高峰期，1972 年被禁止。Van Meter 等 (1997)1996 年对美国东南部六个山地水库沉积钻孔中 DDT 和 PCBs 含量时间变化研究表明，沉积钻孔中 DDT 和 PCBs 含量在禁用后明显下降。到 2005 年，Van Meter 和 Mahler (2005) 进一步完善了他的工作，对全美国范围内 38 个湖泊进行沉积柱采样分析，结果表明 DDT 和 PCBs 持续下降。Barra 等 (2001) 对智利山地湖泊的沉积钻孔研究表明 DDT 沉积记录和智利的 DDT 使用历史吻合。本研究计算得到 DM1 沉积柱表层沉积物 DDT 的沉积通量为 0.3 ng/(cm$^2 \cdot$a)，该结果在一定程度上可以作为该地区大气沉积通量的参考数值。该结果和实际的大气干湿沉积的研究结果也具有一定的可比性：Wong 等 (2004) 在我国香港地区收集的大气干湿沉积的数据 DDT 的沉积通量为 ND～0.21 ng/(m$^2 \cdot$d) [ND～0.76 ng/(cm$^2 \cdot$a)]；Takase 等 (2003) 在日本的大气干湿沉积的 DDT 沉积通量为 0.15～0.46 ng/(m$^2 \cdot$d)。

　　在多数情况下，近海环境中有机污染物的沉积记录并没有和区域实际使用历史记录吻合。各种研究结果给出的解释包括：人类对农业耕地的大规模破坏加速了污染物从土壤向沉积物中的迁移 (Zhang et al., 2002)，流域内清淤以及大型水库的建设，流域洪水泛滥导致大量土壤被直接冲入河道等。这主要反映出有机污染物的径流搬运状况发生改变，特别是人类活动带来的影响。综上所述，海洋环境中通常存在两种主要的沉积记录类 (图 7-10)：第一类，大河控制的沉积记录模式，主要特征是反映出与大河径流搬运的输出环境、河口沉积动力环境变化有关的沉积记录特征。该沉积记录主要出现在河口或近海，往往不存在固定的模式，组成特征以降解产物为主；第二类，非大河控制的沉积记录模式，该沉积记录的主要特征是污染物

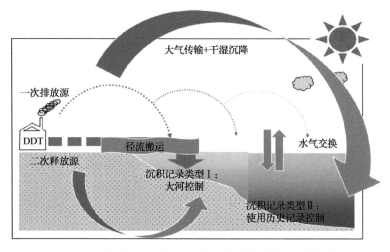

图 7-10　DDT 和 HCH 来源、迁移途径和沉积记录关系模型示意图

沉积记录与区域污染物的使用和排放历史吻合，且尽可能地保持一次排放的组成特征。此类记录主要出现在开放海洋，一般认为大气长距离输入是沉积物中该污染物的主要来源。在大气输入为主的沉积记录模式中，主要来自一次排放源贡献。在径流输入为主的沉积模式中，一次排放源和二次搬运源，两者兼有。

7.4.5 区域 DDT 和 HCH 沉积埋藏通量

参考给出的东海内陆架不同区域的沉积速率(Lim et al., 2007)，计算得出该海区 DDT 和 HCH 的沉积通量分别为 3 t/a 和 0.6 t/a。比较之下，东海内陆架海区 DDTs 和 HCHs 沉积通量明显高于珠江口-南海北部 OCPs 沉积通量(0.17 t/a)，以及渤海湾-渤海南部 OCPs 沉积通量(0.20 t/a)。表明长江口和近海沉积物是 DDT 和 HCH 重要的汇，大气干湿沉降的贡献只占到埋藏通量的 1/10 甚至更低，巨量污染物埋藏量和长江径流搬运有直接关系。无论是基于表层沉积物的埋藏通量 DDT/HCH 比值 5，还是基于沉积柱的埋藏通量比值 2.8~4.8(表 7-7，不包括 DM1)。DDT 在东海近岸沉积物中的通量远远高于 HCH 的通量。历史上，我国 DDT 的使用量仅为 HCH 使用量的 1/10。因此，可以认为沉积物并非 HCH 的主要汇，这和我们之前的水气交换的结论也是一致的，河流搬运的 HCH 更多的是通过大气挥发的方式重新进入大气参与全球循环。这在一定程度上是由 HCH 的物理性质决定的，由于大气和水体具有很强的流动性就造成 HCH 扩散地更快更广，特别是 α-HCH 和 γ-HCH。

7.5 结　语

长江口大气中颗粒态的 DDT 和 HCH 季节性变化不明显，且浓度水平较低，表明大气长距离传输对区域污染物贡献较少。DDT 和 HCH 主要分布于气态，气态 HCH 季节变化依然不明显。温度变化、长距离大气传输以及本地源(水气交换)对区域大气 HCH 浓度影响非常有限。反映出 HCH 在中国被广泛禁用三十余年后，目前长江口大气中 HCH 浓度已经接近于环境背景值。与之不同，海水的再释放是大气气态 DDT(主要是 p,p'-DDE 和 p,p'-DDD)的主要来源，尤其是夏季。汛期由于降雨充沛，地表径流量大，对长江流域内的土壤造成强烈的冲刷，导致大量降解 DDT 进入水体，这可能是绝大多数 DDT 在夏季水体含量异常增加的主要原因。

在长江口和近海水气 DDT 和 HCH 交换通量远大于大气干湿沉降，主导了区域水气界面交换过程，表明水体是区域大气污染物的主要源。尤其需要指出的是，水体中 DDT 和 HCH 的再释放主要发生在开阔海域，而不是长江口。因此，在 DDT 和 HCH 一次排放源减少的大背景下，土壤中残留的污染物随河流的搬运作用直至进入偏远海域再释放，而近海沉积物季节性再悬浮过程，对再释放也起了一定的促进作用。

通量半衡的结果显示(图 7-11)，长江搬运入海的 DDT 和 HCH 是区域的主要来源，有超过 70%的 HCH 通过水-气界面扩散交换重新释放到大气中去，水体中 HCH 以溶解态为主，全年以大气净挥发为主，净挥发通量受季节变化影响较小；对于 DDT 而言，颗粒态和溶解态之间并未发生显著转移，颗粒态 DDT 仍以沉积物埋藏为最终归宿，而水-气界面扩散交换夏季以净挥发为主，冬季以净沉降为主，这和长江径流、气团来源等季节变化有直接关系。同时，认为中国河口和近海区域环境中存在着 DDT 的新鲜使用来源。

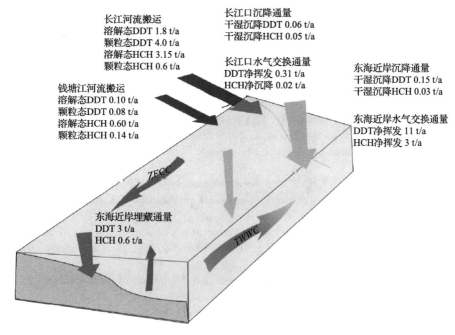

长江河流搬运
溶解态DDT 1.8 t/a
颗粒态DDT 4.0 t/a
溶解态HCH 3.15 t/a
颗粒态HCH 0.6 t/a

长江口沉降通量
干湿沉降DDT 0.06 t/a
干湿沉降HCH 0.05 t/a

长江口水气交换通量
DDT净挥发 0.31 t/a
HCH净沉降 0.02 t/a

东海近岸沉降通量
干湿沉降DDT 0.15 t/a
干湿沉降HCH 0.03 t/a

钱塘江河流搬运
溶解态DDT 0.10 t/a
颗粒态DDT 0.08 t/a
溶解态HCH 0.60 t/a
颗粒态HCH 0.14 t/a

东海近岸水气交换通量
DDT净挥发 11 t/a
HCH净挥发 3 t/a

ZFCC

东海近岸埋藏通量
DDT 3 t/a
HCH 0.6 t/a

TWWC

图 7-11　长江口东海近海 DDT 和 HCH 通量源汇关系

历史上，我国 DDT 的使用量仅为 HCH 使用量的 1/10，而沉积物的埋藏通量 DDT/HCH 比值 5。因此，可以认为沉积物并非 HCH 的主要汇，这和水气交换的研究结论也是一致的，河流搬运的 HCH 更多的是通过大气挥发的方式重新进入大气参与全球循环。因此，在我国 HCH 长期禁用的背景下，土壤中残留的 HCH 通过长江径流的跨境传输，对于 HCH 在东亚甚至全球尺度的生物地球化学循环，起到了十分重要的作用。

参 考 文 献

杨作升, 郭志刚, 王兆祥, 等, 1992. 黄东海陆架悬浮体向其东部深海区输送的宏观格局. 海洋学报(中文版), 14: 81-90.

Bakan G, Ariman S, 2004. Persistent organochlorine residues in sediments along the coast of Mid-Black Sea region of Turkey. Marine Pollution Bulletin, 48: 1031-1039.

Barra R, Cisternas M, Urrutia R, et al., 2001. First report on chlorinated pesticide deposition in a sediment core from a small lake in central Chile. Chemosphere, 45: 749-757.

Chen S, Luo X, Mai B, et al., 2006. Distribution and mass inventories of polycyclic aromatic hydrocarbons and organochlorine pesticides in sediments of the Pearl River Estuary and the Northern South China Sea. Environmental Science & Technology, 40: 709-714.

Cindoruk S S, Tasdemir Y, 2014. The investigation of atmospheric deposition distribution of organochlorine pesticides (OCPs) in Turkey. Atmospheric Environment, 87: 207-217.

de Mora S, Villeneuve J P, Reza Sheikholeslami M, et al., 2004. Organochlorinated compounds in Caspian Sea sediments. Marine Pollution Bulletin, 48: 30-43.

Ding X, Wang X, Wang Q, et al., 2009. Atmospheric DDTs over the North Pacific Ocean and the adjacent Arctic region: Spatial distribution, congener patterns and source implication. Atmospheric Environment, 43: 4319-4326.

Ding X, Wang X, Xie Z, et al., 2007. Atmospheric hexachlorocyclohexanes in the North Pacific Ocean and the Adjacent Arctic region: Spatial patterns, chiral signatures, and sea-air exchanges. Environmental Science & Technology, 41: 5204-5209.

Gioia R, Offenberg J H, Gigliotti C L, et al., 2005. Atmospheric concentrations and deposition of organochlorine pesticides in the US Mid-Atlantic region. Atmospheric Environment, 39: 2309-2322.

Hong S H, Yim U H, Shim W J, et al., 2006. Nationwide monitoring of polychlorinated biphenyls and organochlorine pesticides in sediments from coastal environment of Korea. Chemosphere, 64: 1479-1488.

Hong S H, Yim U H, Shim W J, et al., 2008. Persistent organochlorine residues in estuarine and marine sediments from Ha Long Bay, Hai Phong Bay, and Ba Lat Estuary, Vietnam. Chemosphere, 72: 1193-1202.

Hu L, Zhang G, Zheng B, et al., 2009. Occurrence and distribution of organochlorine pesticides (OCPs) in surface sediments of the Bohai Sea, China. Chemosphere, 77: 663-672.

Huang D, Peng P A, Xu Y, et al., 2010. Distribution, regional sources and deposition fluxes of organochlorine pesticides in precipitation in Guangzhou, South China. Atmospheric Research, 97: 115-123.

Jaward F M, Barber J L, Booij K, et al., 2004. Evidence for dynamic air-water coupling and cycling of persistent organic pollutants over the open Atlantic Ocean. Environmental Science & Technology, 38: 2617-2625.

Ji T, Lin T, Wang F, et al., 2015. Seasonal variation of organochlorine pesticides in the gaseous phase and aerosols over the East China Sea. Atmospheric Environment, 109: 31-41.

Khairy M, Muir D, Teixeira C, et al., 2014. Spatial trends, sources, and air-water exchange of organochlorine pesticides in the Great Lakes Basin using low density polyethylene passive samplers. Environmental Science & Technology, 48: 9315-9324.

Li J, Zhang G, Guo L, et al., 2007. Organochlorine pesticides in the atmosphere of Guangzhou and Hong Kong: Regional sources and long-range atmospheric transport. Atmospheric Environment, 41: 3889-3903.

Li J, Zhang G, Qi S, et al., 2006. Concentrations, enantiomeric compositions, and sources of HCH, DDT and chlordane in soils from the Pearl River Delta, South China. Science of The Total Environment, 372: 215-224.

Li Y, Lin T, Wang F, et al., 2015. Seasonal variation of polybrominated diphenyl ethers in PM$_{2.5}$ aerosols over the East China Sea. Chemosphere, 119: 675-681.

Li Z, Lin T, Li Y, et al., 2017. Atmospheric deposition and air-sea gas exchange fluxes of DDT and HCH in the Yangtze River Estuary, East China Sea. Journal of Geophysical Research: Atmospheres, 122: 7664-7677.

Lim D I, Choi J Y, Jung H S, et al., 2007. Recent sediment accumulation and origin of shelf mud deposits in the Yellow and East China Seas. Progress in Oceanography, 73: 145-159.

Lin T, Guo Z, Li Y, et al., 2015. Air-seawater exchange of organochlorine pesticides along the sediment plume of a large contaminated river. Environmental Science & Technology, 49: 5354-5362.

Lin T, Hu L, Guo Z, et al., 2013. Deposition fluxes and fate of polycyclic aromatic hydrocarbons in the Yangtze River estuarine-inner shelf in the East China Sea. Global Biogeochemical Cycles, 27: 77-87.

Lin T, Hu L, Shi X, et al., 2012. Distribution and sources of organochlorine pesticides in sediments of the coastal East China Sea. Marine Pollution Bulletin, 64: 1549-1555.

Lin T, Hu Z, Zhang G, et al., 2009. Levels and mass burden of DDTs in sediments from fishing harbors: The importance of DDT-containing antifouling paint to the coastal environment of China. Environmental Science & Technology, 43: 8033-8038.

Lin T, Li J, Xu Y, et al., 2012. Organochlorine pesticides in seawater and the surrounding atmosphere of the marginal seas of China: Spatial distribution, sources and air-water exchange. Science of The Total Environment, 435: 244-252.

Lin T, Nizzetto L, Guo Z, et al., 2016. DDTs and HCHs in sediment cores from the coastal East China Sea. Science of The Total Environment, 539: 388-394.

Liu C, Yuan G, Yang Z, et al., 2011. Levels of organochlorine pesticides in natural water along the Yangtze River, from headstream to estuary, and factors determining these levels. Environmental Earth Sciences, 62: 953-960.

Lohmann R, Gioia R, Jones K C, et al., 2009. Organochlorine pesticides and PAHs in the surface water and atmosphere of the North Atlantic and Arctic ocean. Environmental Science & Technology, 43: 5633-5639.

Milliman J D, Shen H, Yang Z, et al., 1985. Transport and deposition of river sediment in the Changjiang estuary and adjacent continental shelf. Continental Shelf Research, 4: 37-45.

Odabasi M, Cetin B, Demircioglu E, et al., 2008. Air-water exchange of polychlorinated biphenyls (PCBs) and organochlorine pesticides (OCPs) at a coastal site in Izmir Bay, Turkey. Marine Chemistry, 109: 115-129.

Qin Y, Zheng B, Lei K, et al., 2011. Distribution and mass inventory of polycyclic aromatic hydrocarbons in the sediments of the south Bohai Sea, China. Marine Pollution Bulletin, 62: 371-376.

Saito Y, Yang Z, Hori K, 2001. The Huanghe (Yellow River) and Changjiang (Yangtze River) deltas: A review on their characteristics, evolution and sediment discharge during the Holocene. Geomorphology, 41: 219-231.

Takase Y, Murayama H, Mitobe H, et al., 2003. Persistent organic pollutants in rain at Niigata, Japan. Atmospheric Environment, 37: 4077-4085.

Tang Z, Huang Q, Yang Y, et al., 2013. Organochlorine pesticides in the lower reaches of Yangtze River: Occurrence, ecological risk and temporal trends. Ecotoxicology and Environmental Safety, 87: 89-97.

Van Metre P C, Callender E, Fuller C C, 1997. Historical trends in organochlorine compounds in river basins identified using sediment cores from reservoirs. Environmental Science & Technology, 31: 2339-2344.

Van Metre P C, Mahler B J, 2005. Trends in hydrophobic organic contaminants in urban and reference lake sediments across the United States, 1970—2001. Environmental Science & Technology, 39: 5567-5574.

Wang F, Guo Z, Lin T, et al., 2015. Characterization of carbonaceous aerosols over the East China Sea: The impact of the East Asian continental outflow. Atmospheric Environment, 110: 163-173.

Wang F, Lin T, Li Y, et al., 2014. Sources of polycyclic aromatic hydrocarbons in PM$_{2.5}$ over the East China Sea, a downwind domain of East Asian continental outflow. Atmospheric Environment, 92: 484-492.

Wang J, Guan Y, Ni H, et al., 2007. Polycyclic aromatic hydrocarbons in riverine runoff of the Pearl River Delta (China): Concentrations, fluxes, and fate. Environmental Science & Technology, 41: 5614-5619.

Wei D, Kameya T, Urano K, 2007. Environmental management of pesticidal POPs in China: Past, present and future. Environment International, 33: 894-902.

Wong C S, Sanders G, Engstrom D R, et al., 1995. Accumulation, inventory, and diagenesis of chlorinated hydrocarbons in Lake Ontario Sediments. Environmental Science & Technology, 29: 2661-2672.

Wong H L, Giesy J P, Lam P K S, 2004. Atmospheric deposition and fluxes of organochlorine pesticides and coplanar polychlorinated biphenyls in aquatic environments of Hong Kong, China. Environmental Science & Technology, 38: 6513-6521.

Wu X, Lam J C W, Xia C, et al., 2010. Atmospheric HCH concentrations over the marine boundary layer from Shanghai, China to the Arctic Ocean: Role of human activity and climate change. Environmental Science & Technology, 44: 8422-8428.

Wurl O, Obbard J P, 2005. Organochlorine pesticides, polychlorinated biphenyls and polybrominated diphenyl ethers in Singapore's coastal marine sediments. Chemosphere, 58: 925-933.

Wurl O, Potter J R, Obbard J P, et al., 2006. Persistent organic pollutants in the equatorial atmosphere over the open Indian Ocean. Environmental Science & Technology, 40: 1454-1461.

Zhan L, Lin T, Wang Z, et al., 2017. Occurrence and air-soil exchange of organochlorine pesticides and polychlorinated biphenyls at a CAWNET background site in central China: Implications for influencing factors and fate. Chemosphere, 186: 475-487.

Zhang G, Li J, Cheng H, et al., 2007. Distribution of organochlorine pesticides in the Northern South China Sea: Implications for land outflow and air-sea exchange. Environmental Science & Technology, 41: 3884-3890.

Zhang G, Parker A, House A, et al., 2002. Sedimentary records of DDT and HCH in the Pearl River Delta, South China. Environmental Science & Technology, 36: 3671-3677.

附录 缩略语（英汉对照）

AHH   aryl hydrocarbon hydroxylase, 芳烃羟化酶

APFN   ammonium perfluorononanoate, 全氟壬酸铵

BCF   bioconcentration factor, 生物浓缩因子

BFRs   brominated flame retardants, 溴系阻燃剂

BTBPE   1,2-bis(2,4,6-tribromophenoxy)ethane, 1,2-二(2,4,6-三溴苯氧基)乙烷

CPs   polychlorinated paraffins, 氯化石蜡

CTE   cold trapping effect, 冷凝捕集效应

DBDPE   decabromdiphenylethane, 十溴二苯基乙烷

DDT   dichlorodiphenyltrichloroethane, 滴滴涕

DP   dechlorane plus, 得克隆

ECNI   electron capture negative chemical ionization, 电子捕获负化学电离

ER   enantiomeric ratio, 对映体比例

EROD   ethoxyresorufin O-deethylase, 7-乙氧基异吩噁唑脱乙基酶

EVA   ethylene vinyl acetate, 乙烯-醋酸乙烯酯树脂

FFE   forest filter effect, 森林过滤效应

FTAs   fluorotelomer acrylates, 氟聚丙烯酸酯

FTOHs   fluorotelomer alcohols, 氟调醇

FTOs   fluorotelomer olefins, 氟调聚烯烃

GPC   gel permeation chromatography, 凝胶渗透色谱

HBB   hexabromobenzene, 六溴苯

HCB   hexachlorobenzene, 六氯苯

HCBD   hexachlorobutadiene, 六氯丁二烯

HCH   hexachlorocyclohexane, 六六六

ICES   International Council for the Exploration of the Seas, 国际海洋考察理事会

IPSI   index of potential source influence, 潜在污染源影响指数

LDPE   low density polyethylene, 低密度聚乙烯

LRTP   long-range transport potential, 长距离迁移潜势

MCCPs   medium-chain chlorinated paraffins, 中链氯化石蜡

MDL   method detection limit, 方法检测限

MPs	microplastics, 微塑料	
NBFRs	novel brominated flame retardants, 新型溴代阻燃剂	
OCPs	organochloride pesticides, 有机氯农药	
PAHs	polycyclic aromatic hydrocarbons, 多环芳烃	
PAS	passive atmospheric sampling, 大气被动采样	
PBDEs	polybrominated diphenyl ethers, 多溴二苯醚	
PBEB	pentabromoethylbenzene, 2,3,4,5,6-五溴乙基苯	
PCBs	polychlorinated biphenyls, 多氯联苯	
PCDD/Fs	polychlorinated dibenzo-*p*-dioxins/furans, 多氯代二苯并二噁英/呋喃	
PCNB	pentachloronitrobenzene, 五氯硝基苯	
PCNs	polychlorinated naphthalenes, 多氯萘	
PCP	pentachlorophenol, 五氯酚	
PFAAs	perfluoroalkyl acids, 全氟烷基酸	
PFASs	perfluoroalkyl sulfonates, 全氟烷基磺酸	
PFCAs	perfluorinated carboxylic acids, 全氟烷基羧酸	
PFCs	per- and poly-fluoroalkyl chemicals, 全/多氟化合物	
PFOA	perfluorooctanoic acid, 全氟辛基羧酸	
PFOS	perfluorooctane sulfonate, 全氟辛基磺酸	
POG	polymer-coated glass, 聚合物涂层玻璃杯	
POPs	persistent organic pollutants, 持久性有机污染物	
PRC	performance reference compound, 效能参考化合物	
PUF	polyurethane foam, 聚氨酯泡沫	
SCCPs	short-chain chlorinated paraffins, 短链氯化石蜡	
SIM	single ion monitoring, 单离子监测	
SPMD	semipermeable membrane device, 半透膜装置	
TBB	2-ethylhexyl-2,3,4,5-tetrabromobenzoate, 2-乙基己基-2,3,4,5-四溴苯甲酸	
TBPH	bis(2-ethylhexyl)tetrabromophthalate, 双(2-乙基己基)-四溴邻苯二甲酸酯	
TEQ	toxic equivalency, 毒性当量	
TN	total nitrogen, 总氮	
TOC	total organic carbon, 总有机碳	
TSP	total suspended particulate, 总悬浮颗粒物	
VOC	volatile organic compound, 挥发性有机物	

索　引